Fifth Revised Edition

Common Sense Dictionary for

WINE

소믈리에도 즐겨 보는

와인상식사전

이재술 저

(주)백산출판사

추천사

와인은 우리의 삶을 풍부하게 해준다. 적당한 양의 와인은 우리의 건강을 지키고 잔병을 다스리게 한다. 의학의 아버지라 불리는 히포크라테스도 와인으로 병을 치료했다는 기록이 있다. 매일 바쁜 일상에 허덕이는 현대인들은 정신적인 스트레스 외에도 매연과 공해에 찌든 환경 속에서 생활하고 있고, 여기다 운동부족과 서구화된 식습관으로 결국 우리의 몸을 산성화시키고 있다. 우리 조상들이 건강한 삶을 누린 이유 중 하나는 식사할 때 꼭 반주飯酒를 즐겼던 습관이 일조 一助한 셈이 아닌가 싶기도 하다.

2002년 미국 타임TIME지에서 10대 건강식품에 적포도주가 포함된다고 보도한 바 있다. 미국 하버드 의대 데이비드 싱클레어 교수팀은 잡지 〈Nature〉에서 레드와인에 다량 함유되어 있는 화학물질 레스베라트롤resveratrol이 생명을 연장시키는 장수 물질이라고 밝혔다. 육류, 버터 등 하루 지방 섭취율이 40%가 넘는 프랑스인의 심장병 사망률이 미국의 1/3에 불과한 이유가 하루 2잔의 레드 와인에 있다는 '프렌치 패러독스French Paradox'만 보아도, 와인의 효능은 주목할 만하다. 독주들은 현대인의 성인병을 유발하는 산성화를 촉진시키지만, 와인은 무기질이 풍부한, 유일한 약알칼리성이라서 건강에 좋을 수밖에 없다.

남성들은 여성들보다 심장질환이 많은 편인데 폴리페놀 성분은 혈류개선, 고혈압 등 성인병 예방에 좋다. 또한 여성들은 칼슘, 철분들이 빠져나가서 골다공증이 발생할 수 있지만 적당량의 와인을 마시면 이를 예방할 수 있기도 하다.

진정, 항우울작용 등 정신건강에 이로운 점도 빼놓을 수 없다. 지적 기능을 자극하고 활기를 주며 상냥하고 쉽게 동화하는 심성과 안정감을 준다.

자! 오늘부터라도 저녁식사 때 와인 한두 잔으로 건강을 지켜보는 건 어떨까?

와인에 조예가 깊은 이재술 소믈리에는 나의 친구로 '소믈리에도 즐겨 보는 와인 상식사전'은 와인을 접하는 분들에게 매우 유익한 책이 될 것이라 생각한다. 다시 한 번 출간을 축하드린다.

IBK 기업은행장 김도진

품격이 있는 사람, 향기가 느껴지는 사람.

우리 문화에는 언제부터인가 '척' 하는 문화가 생겨나기 시작했다. 1970년대 이후 급격한 산업화로 농경문화에서 도시문화로 급변하면서 먹고 사는 것이 아닌 어떻게 먹고 사느냐로 관심이 바뀌어갔다. 1980년대에 접어들면서 기업을 중심으로 사보를 발행해 호텔에서 양식 먹는 방법, 와인 마시는 방법 등을 교육했다. 물론 궁극적 목적은 외국과의 비즈니스 자리에서 실수하면 안 되기 때문이었다. 이후 그 맛과 멋을 알면서 한끼를 먹는 것이 아닌 어떤 음식을 어떻게 즐기느냐로 관심이 바뀌어갔다. 와인도 마찬가지다. 우린 구멍가게에서 달달한 진로와인 하나면 특별한 날을 충분히 즐길 수 있었다. 하지만 와인의 맛을 알면서 그 다양성과 오묘한 맛과 멋에 빠져들기 시작했다. 그러나 이는 일부 층에서만 누리던 문화일 뿐이었다.

그래서 가끔은 와인자리에서 조금 안다고 지나치게 아는 척, 모르면서 자존심 때문에 또 아는 척하는 경우가 많았다. 이 모든 것이 30년간 놀라운 경제 발전 다시 말해 압축성장이 낳은 폐해였다.

이로 인해 많은 사람들은 와인에 대한 좋은 인식보다는 '척' 하는 술의 대명사처럼 여겨왔다.

셰익스피어는 "꽃에도 향기가 있듯이 사람에게 품격이라는 것이 있다"고 했다. 유럽에서의 인간관계는 와인이 대신했고 그와 와인을 마시면 품격을 알 수 있다고 했다. 이제 우리에게도 와인은 사교와 인품을 알게 해주는 가교 역할을 한다.

이재술 그는 진정한 향기가 나는 와인으로 시작해 와인으로 끝이 나는 사람입니다. 누구나 와인 전문가가 될 수 있지만 아무나 향기 나는 와인 전문가가 되는 건 아닙니다. 뿐만 아니라 그는 대한민국에서 음악을 가장 사랑하는 사람 중 한 분으로, 앤티크 오디오와 1만 장이 넘는 LP를 보유한 음악 마니아이기도 합니다.

골프와 와인은 떼려야 뗄 수 없는 관계입니다. 그가 다시 우리 삶의 문화 질을 높이려는 시도를 하고 있습니다. 와인 전문 책을 다시 개정해서 내놓습니다.

미국 가정에는 '베드타임bedtime 스토리'와, 어른들의 '베드타임 리딩reading'이 있습니다.

이재술 그는 우리에게 '베드타임bedtime 스토리'로, 또 와인 마니아에게는 '베드타임 리딩^{reading}'으로 다가오고 있습니다.

　　와인 서적을 내며 제게 추천사를 부탁해 왔고 깊은 고민 끝에 졸필로 '아는 척'을 해봅니다.

시인, 재능대 교수, 레저신문사 편집국장 이종현

"와인은 사람의 마음을 즐겁게 해주며 이 즐거움은 모든 미덕의 어머니다." 독일 철학자 괴테의 말이다.

와인은 그저 취할 목적으로 마시는 술이 아니라 삶을 풍요롭게 만들어주는 술, 분위기와 대화를 유쾌하게 만드는 술이며, 여기에 더해 다양한 맛과 향을 가지고 있다. 영혼에는 웃음이, 몸에는 와인이 필요하다고까지 말한 사람이 있을 정도로 건강음료로까지 각광받는다. 미국의 UCLA에서 10대 건강음료를 선정한 적이 있는데 레드 와인이 당당히 2위에 오른 것을 보면 건강까지 지켜주고 생명을 연장시켜 주니 가히 '신이 내린 최고의 선물'이라 해도 과언이 아닐 것이다.

특히 와인은 안주 없이 마실 수도 있지만 맛이 어울리는 음식과 함께했을 때 그 맛이 더해진다는 점에서 독특한 매력을 가지고 있다. 결혼을 뜻하는 프랑스 말인 "마리아주"로 프랑스인들은 이런 맛의 조화를 칭송하였다. 다른 술과 달리 다양한 향, 맛, 색깔을 가지고 있어 눈으로 관찰하고 코로 향을 맡고 혀와 입안 가득히 시간에 따라 다양하고 은은하게 퍼지는 맛을 즐기며, 귀로는 잔을 부딪치며 건배할 때 들려오는 아름다운 소리도 즐긴다. 시인 예이츠는 와인은 입으로 들고 사랑은 눈으로 든다고 했는데 우리말 번역은 와인을 술로 바꿔 놓았다. 맥주나 위스키가 아니다. 물론 소주나 막걸리도 아니다. 상상해 보라.

사회적 음주도 우리나라처럼 직장 생활이나 업무의 연장으로 상하 수직관계를 공고히 하고자 이용되는 나라도 없을 것이다. 즐거운 듯 보여도 만나는 사람들끼리 좀처럼 마음을 터놓기 힘드니 술잔은 계속 오가게 되고, 다음날 피곤은 가중된다. 이와 달리 와인 술자리는 누구도 지배하지 않고 서로 대등하면서도 부드러운 분위기가 만들어지는 경우가 많다. 와인이란 술 자체의 특성과 함께 프랑스에서 형성된 와인 예절이 원인이 아닐까? 와인 예절을 공부하고 실천하면서 느끼고 깨닫게 된 것은 상대방을 존중하고 사랑하는 정신이 반영되었다는 것이다.

술을 마시면 대부분 과음해서 기본적인 예의도 무시되거나 정도를 벗어난 행동도 하고, 나아가 건강도 해치는 것을 많이 보게 된다. 물론 와인도 지나치게 마시면 그럴 위험이 전혀 없는 것은 아니나 혼자 한 병 이상 마시거나 너무 빨리 마시지만 않으면 그럴 위험이 적다. 개정된 우리나라 암 예방 수칙에 의하면 술은 적은 양도 해롭다고 했으니 적절히 참고는 해야 할 것이다. 우리나라에서는 대개 희석식 소주 애주가들의 경우 한 잔의 소주가 한 잔으로 끝나지 않기 때문이다. 와인 애호가들의 암 위험성에 대한 면밀한 연구 결과가 없어 이 수칙은 개인별로 적용되어야 하지 않을까 하는 생각이다. 와인은 과실주의 특성상 너무 많이 마시면 다음날 무척 괴롭기 때문에 제동장치가 있는 것과 같다. 스트레스 해소를 도와주고 마음을 열게 해주면서도 기본적 예의는 망각하지 않을 정도의 기분 좋은 취기, 그 적당한 선에서 자신을 컨트롤할 수 있는 술이 바로 와인이 아닐까 한다. 아무튼 와인도 과음은 절대적으로 피해야 한다.

수년 전 와인이 인연이 되어 만나게 된 이래 와인 예찬에 공감하며 많은 와인 관련 지식과 정보를 제공해 준 이재술 소믈리에는 거의 국보급 와인 전문가이다. 오랜 실무 경험과 더불어 따뜻한 인간미가 전해지는 와인의 향기와 같은 분이다. 요즈음은 잦은 강의 때문에 못 만날 때도 있어 섭섭하지만 더 많은 분들이 와인을 제대로 즐길 수 있도록 책을 낸다 하니 참으로 반가운 마음이다.

가벼운 마음으로 와인의 세계에 입문하는 것은 분명 행운일 것이다. 이미 와인을 어느 정도 경험하신 분들도 와인의 즐거움을 더욱 배가시킬 수 있는 좋은 팁들을 이 책을 통해 얻을 것이라 확신한다.

국립암센터 국제암대학원대학교 교수 김영우

어떻게 감히 와인을 논하는가. 단지 알아가려고 노력 중일 뿐이다. 태생이 술과는 거리가 멀다. 모임에서 가장 곤란한 건 술자리이다. 방송 일을 하는 나에게 술이 육화되었다면 좀 더 편한 사회적 관계가 형성되었을 것이다. 지천명知天命이 되고서야 술을 바라보는 시각이 '관조'하는 것으로 서서히 바뀌는 것을 알게 되었다.

물론 관조를 넘어 술을 받아들이겠다는 것은 아니다. 다만 와인을 통해 '세상 보기'가 바뀌는 것을 느끼고 있다. 너무도 좋은 햇살 아래 '커피 마시는 풍경'과 '짙은 어둠이 내린 바에서 기울이는 와인 한 잔의 풍경'에는 공통점이 있음을 요즘 들어 깨닫는다.

낮에 마시는 커피가 인간에게 용기와 편안함을 준다면, 저녁에 마시는 와인은 인간의 창조력과 상상력을 만들어주는 것이라는 생각이 든다.

프랑스의 미생물학자 루이스 파스퇴르가 "한 병의 와인에는 세상의 그 어떤 책보다도 더 많은 철학이 들어 있다"고 말한 그 명언이 이제는 조금 이해가 간다. 방송을 끝내고 집으로 돌아오는 길에 유독 허전할 때가 있다. 살면서 가끔은 비우고 싶고 또 채우고도 싶어진다. 집으로 돌아와서 딱 한 잔 채워서 마시고 싶은 것이 바로 와인이다. 아주 천천히 그리고 밀도있게 나를 돌아보고, 생각하고, 함께 이야기하면서 마실 수 있는 것이 와인이다.

그래서일까 유럽 속담에 "와인을 천천히 오랫동안 마시는 사람이 더 오래산다"고 한 것 같다. 실제로 와인을 적당히 마시면 위를 강화하고 피를 맑게 해 육체와 정신 기능을 강화시킨다고 한다.

꼭 필요할 때, 꼭 한 잔 마실 수 있는 것이 와인이다. "신이 물을 만들었다면, 인간은 와인을 만들었다"는 빅토르 위고의 말처럼 한 잔의 와인은 철학처럼 삶에 다가왔을 것이다.

태생적으로 술을 못한다. 하지만 와인을 통해 비움과 채움의 정신적 허기를 한 번 채워보고 싶다. 서원밸리 이재술 소믈리에를 통해 그나마 와인에 대해 조금은 알게 됐다. 마침 와인관련 책까지 낸다고 해서 와인과 관련해 작은 소회를 적어본다.

살면서 힘들고, 외롭고 고통스러울 때 와인이 위로가 되었으면 하는 바람이다.

방송인 박미선

11

향기와 풍류風流로 즐기는 와인

선비들은 좋은 산수 경치를 찾아다니며 호연지기를 키우고 대자연을 유람하며 시詩, 서書, 금琴, 주酒를 즐겼다는 내용이 많다. 이것을 풍류風流라 하여 생활의 주요 활동으로 삼았음을 다양한 자료나 조선의 르네상스라 불리는 신윤복의 풍속도 그림에서 다수의 선비들이 둘러앉아 음악인과 기생들을 초빙해서 거문고를 타고 시흥을 즐기는 것을 보며 유추해 본다.

과거에는 가정에서 동동주나 다양한 약술을 많이 빚어서 귀인이나 지인 또는 비즈니스 상대자에게 흔히 초청 또는 권유하는 말로 "약주 한잔 하시죠?" "약주 한잔 모시겠습니다"라고 했듯이 이 시대에는 진정으로 향기도 있고 건강에도 좋은 와인을 마셔야 한다고 늘 생각하며 나름대로 상식을 익히고 있다. 과거 풍류를 즐기던 선비들이 필수품으로 꼽았던 주류가 청주 막걸리에서 이젠 와인이 아닌가 생각하며 와인을 권해 즐겨야 한다고 생각한다.

주향백리~ 화향천리~ 인향만리~

서예가, 오디오 마니아, 가수와 조경산림가로서 풍류를 알고 싶은 간절한 마음에서 생활권에 다양한 수목과 화목류, 야생화, 자연석, 수경시설 등 멋진 자연경관을 조성한 곳에서 또한 풍광 좋은 명소에 와인과 음악을 필수로 추가해서 귀인들과 함께 즐기면 인향만리는 저절로 만들어지고 유지되리라 생각한다.

橫看成嶺側成峰(횡간성령측성봉)　　遠近高低各不同(원근고저각부동)
가로로 보면 고개, 세로로 보면 봉우리　원근고저에 따라 모습이 제각각일세.

不識廬山眞面目(불식여산진면목)　　只緣身在此山中(지연신재차산중)
여산의 참모습을 알지 못하는 까닭은　단지 이 몸이 산 속에 있기 때문이지.

蘇軾(東坡 소식, 동파), 題西林壁(제서림벽) 중에서

풍류는 음풍농월(吟風弄月 : 맑은 바람과 밝은 달에 대하여 시를 짓고 즐겁게 놂)과 같은 뜻으로 이런 생활은 중국의 도연명이나 소동파의 세계같이 관념적인 즐거움도 누렸을 텐데 소동파의 제서림벽 중 일부를 인용하여 "불식와인진면목 지연신재무관심(와인의 참모습을 알지 못함은 단지 이 몸이 관심이 없기 때문이다)"이라고 해석하여 매사에 각별한 관심을 가지고 늘 깨어 있어야겠다고 생각하며 "百識而不如一行(백식이불여일행)"으로 실행력이 가장 중요하다고 여긴다.

　"모든 인연에는 오고가는 시기가 있고 다 때가 있다."는 법정의 시절인연같이 오랫동안 알고 지낸 인연으로 늘 대화 내용에는 와인속담 명언 중 "와인, 여자, 음악을 모르면 인생을 헛산 거다.(작자미상)"라는 말에 공감하며 지식과 정보를 공유해준 이재술 소믈리에 전문가를 알게 되어 무한히 기쁘고 감사하게 여기며 지내는데 추천사를 부탁받았다. 저자와는 공통점도 많고 상생을 기대하며, 부족하지만 몇 자 써보겠다고 쾌히 대답했다.

　저자는 천주교신자로 오디오 마니아, 아날로그 소스 LP수집가로 애주가로서 자천타천 시대적 풍류가의 클래스에 들고, 또한 와인과 풍류를 알고 싶은 사람들에게 와인상식사전을 소개하여 큰 기쁨과 보람이 있으리라 확신해 본다.

　와인과 음악 오디오와 아날로그 LP를 통하여도 와인과 골프를 연계한 활동에도 분명 教學相長(교학상장)을 기대하며 "風流酒洗百年塵(풍류주세백년진)(증산도중)" 풍류주 와인을 통하여 세상사 백년 티끌이 깨끗이 씻기고 작가의 꿈 '와인 & 아날로그 LP바'의 재기성공을 위해 또한 이 책이 베스트셀러로 등극하여 와인계 최고의 작가가 되길 두 손 모아 빌어본다. 더불어 멋진 노후를 함께 즐기고 싶다.

　와인은 음악과도 같다. 그런 점에서 음악과 와인은 하나다.　　- 랄프 에머슨

주)덕유조경 대표이사 농학박사
경남대학교 관광학부 겸임교수 산림조경가
추사체서예가, 오디오 마니아, 트로트가수 이재우

Prologue

성공 비즈니스의 조력자, 와인의 세계는 끝없이 항해하는 바다와도 같다. 84년 호텔신라 근무 시부터 와인을 공부한 지 30년이 넘었지만 아직 모르는 게 너무 많다. 남들은 와인이 어렵다고 말하곤 하는데 이것이 바로 와인의 매력이다.

이 책이 나오기까지 물심양면으로 도와주신 많은 분들에게 지면으로나마 감사의 마음을 전하고 싶다.

대보그룹 최등규 회장님, 마리오아울렛 홍성열 회장님, 삼성벤처투자 최영준 대표이사님, 유한양행 조욱제 사장님, 태광그룹 일주학술문화재단 허승조 회장님, 송원중 회장님, 동원 F&B 김재옥 부회장님, 벨스트리트파트너스 박용만 회장님, 피유시스 권인욱 대표님, 대보건설 정광식 사장님, 토러스투자자문 김영민 대표이사, 도미누스인베스트먼트 정도현 대표, 고병욱 부사장, 정회훈 모건스탠리 한국지사장, (株)德裕에코造景 이재우 대표, 불이티앤씨(株) 안덕조 회장, NH 케미칼 김정규 대표께도 감사드리며 특히 호텔신라부터 삼성에버랜드까지 모셨던 멘토이신 허태학 회장님께도 고마움을 전하고 싶다. 동원와이 이재홍 대표이사, 에이스주류 성민석 대표, TYC코퍼레이션 정택주 대표, (주)포커스코 남상기 대표, 호텔신라 문승순, 박종관, 김기원 후배, 백산출판사 진성원 상무님, 편집부 신화정씨에게도 감사드린다.

그 외 도움 주신 건우기업 변천섭 회장님, W-재단 총재 홍경근 회장님, 채동욱 전 김찰총장님, 국일특수인쇄 권오국 회장님께도 감사를 표한다.

아울러 사랑하는 아내 데레사, FC동탄 U-15 축구코치인 큰아들 이세호 베드로, 호텔신라 와인소믈리에로 근무하는 작은아들 이창호 요셉, 그리고 항상 노심초사 걱정하셨던 부모님께 이 책을 바친다.

나는 58년생 개띠이지만 와인 목욕을 한 지가 벌써 15년이 되었는데도 피부가 반질반질한 편이다. 이렇게 하면 피로감은 싹 사라지고 컨디션은 최상이 된다.

와인은 단순히 술로 치부하기에는 너무 많은 것을 담고 있는 생명체이다.

포도를 심고 수확해서 블렌딩을 거쳐 제맛이 나오기까지는 적어도 3년이라는 시간을 기다려야 한다. 그리고 그 3년간 포도가 자라는 역사와 문화, 기후, 직접 수확한 농부의 땀, 가장 좋은 맛을 찾기 위한 양조자의 노력이 모두 그 안에 스며든다. 그 이야기를 알고 마시면 도도하기만 했던 와인 맛은 나긋나긋해진다.

모든 사람이 와인이 어렵다고 하지만 알고 보면 와인만큼 배워도 끝이 없어 재미나는 것도 없다. 예술작품 감상하듯 와인도 맛을 통해 문화를 누리는 하나의 방법이다.

와인이 어렵다고 하지만 알아가는 기쁨 또한 매우 크고 재밌지 않은가?

이 또한 매력이며 평생 우아한 친구가 될 수 있는 이유이기도 하다.

마시고 취하는 것 이상의 취미거리와 평생 동반자가 될 수 있는 것이 바로 와인과 LP 음악이기도 하다.

대한민국의 와인문화를 선도하는 신세계그룹의 정용진 부회장님도 와인애호가로 알려져 있는데 미국의 유명한 컬트 와인인 쉐이퍼 빈야드를 인수한 것은 그만큼 와인을 좋아하는 분들에게 기분 좋은 소식이며, 우리나라의 국격을 높인 것이라 생각한다.

요즘과 같은 글로벌 시대에 비즈니스 미팅이나 작은 모임에서의 적정한 와인 매너나 테이블 매너는 세련된 인상을 줄 수 있으므로 현대인의 필수 교양으로 인식될 수 있다.

와인 한 잔으로 한껏 가까워진 상대방과의 진지한 대화는 이제 그를 더욱 깊이 있게 이해하게 해줄 것이다.

흔히들 국제 비즈니스에서 와인은 단순한 술이 아니고 언어라고 한다. 심지어 외국인들은 와인을 얼마나 아는가 하는 것으로 그 사람을 가늠하기도 한다. 따라서 와인 한 잔을 함께하고 맛에 대해 제대로 표현하는 것은 국제화 시대에는 단순한 개인의 기호를 넘어 비즈니스맨의 커뮤니케이션 전략이라 하겠다.

한 병의 와인을 사이에 놓고 당신이 나누었던 대화와 눈길과 우정과 사랑은 모두 아름다운 추억으로 오랫동안 남을 것이다.

와인 한 잔을 따르면서 퐁퐁 소리를 듣고 밝은 빛깔을 보면서 그리고 기분 좋은 냄새를 맡으면서 우리는 잠시 행복해질 수 있다. 행복한 순간에는 아무것도 생각나지 않는다.

오직 기쁨만이 그 자리에 존재한다. 걱정이나 슬픔은 그 순간 없다. 그리고 그러한 순간이 자꾸자꾸 모이다 보면 결국 인생은 행복해진다. 와인 잔을 앞에 놓고 잠시 생각해 보니 세상을 살면 살수록 우리에겐 참된 용기와 행동하는 지성이 필요하다는 것을 느낀다.

와인은 고객의 수준을 보여주는 상품 즉 돈만 있는 것이 아니라 고상한 취미까지 있음을 보여주는 것이라고 할 수 있다.

모쪼록 이 책이 비즈니스맨들께 제대로 된 와인 지식을 전달하면서도 비즈니스를 돕는 매개체가 될 수 있기를 희망하며 성공 비즈니스를 기원하는 의미에서 와인 한 잔을 권하고 싶다.

와인에는 농부의 땀, 와이너리의 철학, 대지의 고마움, 하늘의 경이로움이 한 방울에 모두 담겨 있다.

많이 부족하지만 앞으로도 더욱 수정 보완하여 책의 완성도를 높일 예정이니 독자분들의 애정어린 지도편달을 부탁드린다.

세계 공통어가 영어라면 세계 문화의 공통어는 와인이고 결국 와인을 알면 맛과 멋, 그리고 낭만까지 알 수 있는 것이다.

서원밸리컨트리클럽에서

이래술

CONTENTS

PART 1

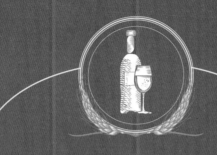

와인
개념
상식
(槪念常識)

01

Wine이란?

와인만큼 역사와 문화가 깃든 술이 있을까?

와인은 포도를 발효시켜 만든 주류酒類이다. 기술적으로 와인은 어떠한 과일로도 생산이 가능하나 대부분의 와인은 포도로 만들어진다.

포도는 껍질에 붙어 있는 야생 효모에 의해 저절로 발효되어 와인이 된다. 따라서 와인의 역사는 포도를 담는 그릇의 발명과 함께 시작되었다고 해도 과언이 아니다. 전설에 의하면 포도를 매우 좋아했던 한 페르시아 왕이 포도를 항아리에 넣어두고 자기만 먹으려고 '독약毒藥'이라고 써 놓고는 그만 잊어버렸다. 세월이 지난 후 그 왕의 한 아내가 왕의 사랑을 잃게 되자 죽으려고 그 독약을 마셨는데 죽지 않고 오히려 기분이 좋아지는 것을 알게 되었다. 그 왕비는 이것을 왕에게 주었는데 이것을 마신 왕은 기분이 좋아져 그 왕비를 사랑하게 되었다. 와인이 우연히 만들어지게 되었다는 것을 재미있게 표현한 이야기이다. 와인이 어렵게 느껴지는 이유는 우선 와인의 종류가 너무 다양하기 때문일 것이다. 생산국가와 생산지역, 생산회사와 생산자, 품종과 제조방법 등에 따라 와인의 종류는 너무나 다양하다. 몇 개의 이름으로 정리되는 소주나 맥주, 위스키 등과 달리 와인은 다양한 출신성분과 구성요소에 따라 각각 다른 이름을 지니고 있다. 게다가 모두 먼 이국땅에서 온 이국의 술이다. 개중에는 생전 처음 들어보는 긴 이름을 가진 것도 있고 발음하기 힘든 이탈리아어나 프랑스어 와인 이름도 부지기수다. 아무리 라벨^{Label}을 들여다봐도 대체 어디서, 누가, 무엇으로 만들었는지조차 파악하기 힘들 때가 많다. 레드 와인이냐 화이트 와인이냐만 간신히 구분하고 나면 밑천이 떨어지기 일쑤다.

상황이 이러하니 와인이 어려울 수밖에 없고, 어려우니 두려울 수밖에 없다. 두려우니 맛을 모르는 것은 당연한 결과다.

와인을 자연스럽게 마시다 보면 어느 날 지금 마시는 와인에 대해 알고 싶은 기분이 들 것이다. 라벨에 적힌 단어들을 꼼꼼히 읽어보면서 이 와인 한 병에 깃들어 있는 사연을 알아보고 싶은 생각이 들기 마련이다. 그렇게 마음이 동動했을 때, 와인 책이나 인터넷을 통해 정보를 하나씩 접하면 그것은 곧 체험이 되어 깊이 저장된다. 그러니까 몸으로 천천히 체득해 나가는 것만큼 좋은 것이 없다는 말이다.

초보자는 가볍고 부드러운 맛을 지닌 대중적인 와인에서 시작하되, 와인 노트를 작성하면 큰 도움을 받을 수 있다. 한번 마셔본 와인에 관해서는 작은 느낌이라도 기록해 보는 것이다. 노트에 적을 때는 이왕이면 '와인 색깔이 매우 붉고 아름다워 바라보고 있으면 빨려드는 것 같은 느낌이다.' 등의 구체적인 느낌을 살려주는 것이 좋다.

와인을 알아가기 전 와인은 우리가 생각하고 있는 것보다 엄청난 세계가 있다는 것을 먼저 인지하고 시작하는 것이 좋다.

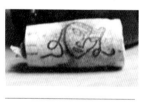

결국 와인 배우기를 시작하는 사람들은 와인의 방대한 자료, 정보량에 놀라게 되는데, 와인에 대한 기초적인 상식만을 세대로 알고 있으면 누구라도 와인에 쉽게 접근할 수 있으며 또한 전문가가 될 수 있다. 와인은 복잡하고 어려운 것이 매력이기도 하다.

* Villa M. Falling Mask Cork

와인명 Gianni Gagliardo

이태리 피에몬테 지방의 가족경영 생산자로, La Morra, Barolo, Monforte d'Alba, Serralunga d'Alba, Monticello d'Alba 등 피에몬테의 보석 같은 생산지에서 다채로운 와인을 만들고 있다.

1974년 설립된 지아니 갈리아르도는 이태리 전통 와인을 생산하는 가족 중심의 회사로 피에몬테의 전통을 중시하면서도 감각적이고 세련된 와인을 생산하는 곳이다. 1978년 처음으로 수출하기 시작해서, 약 20만 병을 생산하고 있으며, 그중 반은 이태리 시장에 공급하고, 나머지 반은 유럽과 미국, 아시아까지 세계 약 50개국에 수출하고 있다.

특이한 점은, 지아니 갈리아르도의 로고에 있다. 일명 'Falling Mask'라 불리는 독특한 가면 모양의 로고는 지아니 갈리아르도가 추구하는 가치인 사랑과 우정을 뜻한다. '이 와인 한잔과 함께, 인간에게 씌워진 모든 가식의 가면을 벗어버리고 사랑과 우정과 희망을 이야기하자!'라는 의미가 담겨 있다.

한국어	포도주	레드 와인	화이트 와인	로제 와인	발포성 와인
영어	Wine	Red Wine	White Wine	Rose Wine	Sparkling Wine
불어	Vin	Vin Rouge	Vin blanc	Vin Rose	Champagne/Cremant
독어	Wein	Rotwein	Weibwein	Rosewein	Sekt
이태리어	Vino	Vino Rosso	Vino Bianco	Vino Rosato	Spumante
스페인어	Vino	Vino Tinto	Vino Blanco	Vino Rosado	Cava
라틴어	Vinum				
포르투갈	Vinho				

* Italia Barolo Tour, 2002, 2018, 2019

소믈리에도 즐겨 보는 와인상식사전

02

세기의 대결, 파리의 심판(審判)

와인은 긴장을 늦추고
너그러운 태도를 지니게 함으로써
일상을 더 편하고 느긋하게 만든다.

_Benjamin Franklin

1976년 5월 24일, 파리의 한 호텔에서 프랑스 와인 전문가들이 모여 프랑스 와인과 미국 캘리포니아 와인을 놓고 블라인드 테이스팅Blind Tasting을 한 적이 있었다. 블라인드 테이스팅이란 상표를 가리고 와인을 시음해 보는 것이다. 당시만 해도 프랑스 와인과 미국 와인은 비교 자체가 안 될 정도로 수준 차이가 크게 난다고 인식되고 있었다. 프랑스 와인은 곧 고급와인이고 미국 와인은 중저급 와인으로 알려져 있었던 것이다. 미국의 와인 생산업자들이 신발을 벗고 뛰어도 역사와 전통을 자랑하는 프랑스 와인을 따라잡을 수 없다는 자부심이 하늘을 찔렀다. 그렇게 수준 차이가 난다고 알려진 두 나라의 와인을 버젓이 블라인드 테이스팅한다는 것도 어찌 보면 우스운 일이었지만, 프랑스 입장에서는 프랑스 와인의 우수성을 한번 더 입증한다고 해서 나쁠 것이 없었고, 미국 쪽에서는 또 나름대로 믿는 구석이 있었기에 이루어진 테이스팅이었다.

그런데 결과는 모든 전문가들의 예상을 완전히 뒤엎었다. 레드 와인과 화이트 와인 둘 다 미국 와인이 1위를 차지한 것이다. 프랑스 와인 전문가들은 너무 충격을 받은 탓인지 이 결과를 인정하지 않으려 했을 정도였다. 프랑스 사람답지 않게, 숙성이 얼마 안 된 어린 와인을 대상으로 맛을 평가하는 바람에 제대로 된 평가가 이뤄지지 않았다는 변명을 했을 정도이다. 물론 이 일을 계기로 미국 와인의 위상이 높아진 것은 당연한 일이었다.

30년이 지난 2006년, 프랑스 와인과 미국 와인은 또 한 번의 대결을 벌이게 되었다. 프랑스인들은 30년 전의 굴욕屈辱을 벗고 싶어 했지만 결국은 더 큰 굴욕을 얻고 말았다. 그들의 요구대로 장기 숙성된 고급와인을 상대로 한 블라인드 테이스팅에서도 미국의 캘리포니아 와인이 1위를 차지했기 때문이다.

그렇다고 이 블라인드 테이스팅 결과를, 와인 생산국의 수준을 절대적으로 평가하는 수단으로 삼을 수는 없다. 미국 와인의 우수성이 입증되었다고 해서 프랑스 와인의 수준이 더 낮다는 뜻은 아니라는 말이다. 프랑스 와인은 여전히 세계 최고 수준이다. 블라인드 테이스팅은 와인에 대한 모든 정보를 배제하고 하는 것이다. 모든 정보를 배제하고 오직 맛과 향에만 의존하면 생각과는 다른 결과를 만날 수 있다. 실제로 블라인드 테이스팅에서 최고급의 비싼 와인보다 중저가의 와인이 더 높은 점수를 얻는 결과가 심심찮게 나타난다. 이 말은 곧 우리가 평소에 와인을 접할 때 그 와인을 둘러싼 정보 혹은 아우라Aura에 의해 맛과 향을 혼동하기 십상이라는

뜻이다. 고급와인이라는 말을 듣고 마시면 왠지 더 맛있게 느껴지고, 싸구려 와인이라는 말을 들으면 별로인 것처럼 느껴진다는 말이다.

특히 와인 초보자들이 많이 저지르는 실수가 남의 입맛에 귀기울이느라 내 입맛을 등한시等閑視한다는 점이다.

그러나 와인 맛에는 정답이 없다. 아무리 뛰어난 와인 전문가라 할지라도 블라인드 테이스팅에서 저가의 와인을 선택한 뒤 결과를 보고는 막상 자신의 입맛에 놀라기도 한다. 중요한 것은 나의 미각이고 내 취향이다. 그러니 기죽지 말고 내 입맛에 충실하게 반응하고, 그것을 드러내기 바란다. 그것이 와인과 빨리 친해지는 방법이다.

소믈리에도 즐겨 보는 와인상식사전

1976, The Judgement of Paris

Ranking	Red Wine	Vintage	Origin
1	스택스 립 와인셀러	1973	미국
2	샤또 무똥 로칠드	1970	프랑스
3	샤또 몽로즈	1970	프랑스
4	샤또 오브리옹	1970	프랑스
5	리지 빈야드 몬테 벨로	1971	미국
6	샤또 레오빌 라스 카즈	1971	프랑스
7	하이츠 와인셀러 마르타스 빈야드	1970	미국
8	클로 뒤발 와이너리	1972	미국
9	마야카마스 빈야드	1971	미국
10	프리마크 아베이 와이너리	1969	미국

Ranking	White Wine	Vintage	Origin
1	샤또 몬텔레나	1973	미국
2	뫼르소 샤름 룰로	1973	프랑스
3	샬론 빈야드	1974	미국
4	스프링 마운틴 빈야드	1973	미국
5	본 클로 데 무쉬 조지프 드루엥	1973	프랑스
6	프리마크 아베이 와이너리	1972	미국
7	바타르몽라셰 라모네 프루동	1973	프랑스
8	퓔리니몽라셰 레 퓌셀 도멘 르플레브	1972	프랑스
9	비더크레스트 빈야드	1972	미국
10	데이비드 브루스 와이너리	1973	미국

2006년 재대결 결과

Ranking	Red Wine	Vintage	Origin	76년 순위
1	리지 빈야드 몬테 벨로	1971	미국	5
2	스택스 립 와인셀러	1973	미국	1
3	마야카마스 빈야드	1971	미국	7
4	하이츠 와인셀러 마르타스 빈야드	1970	미국	9
5	클로 뒤발 와이너리	1972	미국	8
6	샤또 무똥 로칠드	1970	프랑스	2
7	샤또 몽로즈	1970	프랑스	4
8	샤또 오브리옹	1970	프랑스	3
9	샤또 레오빌 라스 카즈	1971	프랑스	6
10	프리마크 아베이 와이너리	1967	미국	10

와인 수첩 활용하기

[1976년 파리 테이스팅 - 화이트 와인 부문 1위]

와인명 Chateau Montelena, Napa Valley Chardonnay 2012

U.S.A > California > Napa Valley

White / 750㎖ / 10~12°C

제조사 : Chateau Montelena

품종 : Chardonnay

소비자가 : 18만 원 ~20만 원 내외

로버트 파커 : 90점

이 와인으로 인하여 '파리의 심판'이란 책이 출간되었으며, '와인 미라클'(BOTTLE SHOCK)의 지목으로 영화가 나오기도 함

 와인 수첩 활용하기

와인명 RIDGE BELLO

생산자 : Ridge Vineyards

국가/생산지역 : U.S.A > California > San Mateo County > Santa Cruz Mountains

주요품종 : Cabernet Sauvignon 88%, Merlot 8%, Cabernet Franc 4%

등급 : Santa Cruz Mountains AVA

음용온도 : 16~18°C

추천음식 : 소고기, 양고기, 치즈 등과 잘 어울린다.

* 1976년 파리의 심판에서 우승한 샤토 몬텔레나 1973(화이트 와인·왼쪽)과 스택스 립 와인셀러 1973(레드 와인)은 미국 역사를 만든 물건 101가지에 포함됐다.
스미스소니언 미국 역사박물관 캡처

* 왼쪽부터 1976년 파리의 심판에서 우승한 화이트 와인 샤토 몬텔레나와 레드 와인 스택스 립 와인 셀라. 1986년 재대결에서 우승한 클로 뒤 발 와이너리와 하이츠 와인셀러 마르타스 빈야드, 2006년 30주년 재대결에서 우승한 리지 빈야드 몬테 벨로. 오늘날에는 와인 명칭과 레이블이 사진과 같이 바뀌었다.

* 유일하게 참석한 미국 시사지 타임의 파리 특파원 조지 M. 태버스 쓴 '파리의 심판' 기사

[1976년 파리 테이스팅 - 레드 와인부문 1위]

와인명 Stag's Leap Wine Cellars, SLV Cabernet Sauvignon 2009
U.S.A >California >Napa Valley Red / 750㎖ / Table Wine / 16~18℃
제조사 : Stag's Leap Wine Cellars
품종 : Cabernet Sauvignon 99%, Petit Verdot 1%
로버트 파커 : 91점(2009 Vin.)
Story : 이 세상에서 가장 뛰어난 카베르네 소비뇽 와인 중 하나가 인디언 전설 속에서 사슴이 뛰어 날았다는 나파 밸리에서 생산되고 있다.
스택스 립이란 이름은 어느 날 사냥꾼에 쫓기던 수사슴(Stag)이 두 절벽 사이를 펄쩍 뛰어넘어(Leaf) 도망쳤다는 인디언 전설에서 비롯된 것이라 한다.
• Established 1970
* 약 5~60만 원대

이 두 와이너리의 차이는 어퍼스트로피apostrophe(')의 위치 차이
(Stag's/Stag')로 구분할 수 있다.

• First Vintage 1983
약 6~10만 원대

샬론 빈야드
in 와인 미라클

1972년, 신세계 와인의 지각변동이 있었던 파리의 심판이라는 희대의 와인 시음회를 배경으로 와인 미라클(Bottle Shock)의 이야기는 시작된다. 나파 화이트 와인 중 1위를 차지한 샤또 몬텔레나의 이야기를 중심으로 풀어나가는 이 영화는 오너 와인메이커 짐 바렛의 스토리를 중심으로 이야기를 써 내려간다. 샤또 몬탈레나 샤도네이는 결국 파리의 심판 화이트 와인 부분에서 1위를 차지하고 이후 세계의 와인시장은 지각 변동을 겪게 된다. 재미있는 점은 그 당시 파리의 심판에 출품한 와인들 모두 나파 밸리의 값비싼 와인들이었으나 단 하나의 예외, 그것이 바로 샬론 빈야드 샤도네이다. 유일한 캘리포니아 몬테레이 와인인 샬론 빈야드 샤도네이는 미국 화이트 와인 2위, 전체 3위를 차지한 와인이다. 또한 재미있는 점은 샤또 몬탈레나의 짐 바렛의 아들 보 바렛이 패러다임 빈야드의 헤드 와인메이커 하이디 바렛의 남편이라는 점이다.

* 와인 미라클(감독 : 랜딜 밀러 / 출연 : 앨런 릭먼 외 / 개봉 : 2008, 미국)
'파리의 심판'에 관한 영화 제목은 와인미라클로 소개되었으나 원제목은 '보틀 쇼크'이다.

About Freemark Abbey Winery

* 2023. 6월 Freemark Winery 방문

 와인 수첩 활용하기

와인명 Freemark Abbey Sycamore

생산자 : Jackson Family Wines

국가/생산지역 : U.S.A > California > Napa County > Napa Valley

주요품종 : Cabernet Sauvignon 85.4%, Merlot 6.5%, Cabernet Franc 6.1%, Petit Verdot 2%

등급 : Napa Valley AVA

알코올 : 14.5 % 음용온도 : 16~18 ℃

추천음식 : 붉은 육류, 스테이크, 로스트비프, 훈제오리, 파스타, 치즈, 한국음식 등

*1976년 파리 테이스팅에 화이트, 레드 모두 선정된 유일한 와이너리

*Michelin 3 스타 The Fat Duck (London)에 Listing

소믈리에도 즐겨 보는 와인상식사전

03

와인의 제조과정과 테이스팅 시 기본 전문용어

와인은 과학과 예술의 조화롭고 아름다운 걸작품傑作品이다.

고대에 다른 과실들, 즉 사과, 배, 밤, 대추 등은 낙과落科되면 썩어서 없어졌지만 포도는 떨어져 자연발효自然醱酵되어 포도주가 되었다. 이것도 신神의 섭리인 듯하다.

포도나무에 열린 포도열매로 언제부터 와인을 만들기 시작했는지에 대한 기록 역시 자세하게 남아 있지는 않지만 와인이 인류가 최초로 마신 술이라는 사실은 부정할 수 없는 사실이다. 인류의 오랜 역사서 중 하나인 성경은 물론 그리스 신화에도 포도주는 빠지지 않고 등장한다.

고대사회의 제사나 예식에도 빠지지 않고 등장했고 로마시대에는 군인들의 식수食水로도 사용되었다. 군인들이 나쁜 식수로 배탈이 나는 것을 방지하기 위해 심기 시작한 포도나무는 적군의 잠입을 어렵게 하는 구실도 톡톡히 했다. 로마가 유럽을 점령해 식민지화했던

• 시토(Citeaux), 베네딕트(Benedict) 가톨릭 수도사(修道士)들에 의해 고품질 와인이 유지되어 왔다.

시기에 군인이 주둔한 지역에 포도나무를 심기 시작한 것이 결국 유럽에 와인을 전파하는 계기로 작용하게 되었다.

그 이후로도 그리스도교 전파, 백년전쟁 등 유럽 역사의 중요한 사건에 와인은 늘 함께했고 중세에는 유럽의 수도원을 중심으로 와인이 생산되기 시작했다. 18C에 유리병과 코르크 마개가 발명되면서 와인의 수요는 더 급증했고 중요한 무역상품으로도 떠오르게 되었다. 신대륙에 와인이 전파되기 시작한 것은 대략 17C 이후로 알려져 있다. 그래서 교회의 성찬식聖餐式에서 미사주로 사용하기 위해 얼마나 정성 들여 와인을 빚었을까? 예수의 첫 번째 기적도 '가나안의 혼인잔치Les Noces de Cana'에서 술을 포도주로 변화시킨 것으로 전해진다.

예수께서 '최후의 만찬' 자리에서 성체성사聖體聖事를 제정하면서 축성하는 술 또한 포도주였고, 이에 포도주가 미사Mass에 사용되면서 서구에서는 신성한 이미지 또한 가지게 되었다.

유럽은 지반에 석회가 포함된 지역이 많아서 물에 석회가 섞여 뿌옇게 되고 당연히 마시지 못하는 물이 되는 경우가 많았던 데다 각종 오물로 인해 강물이 더러워지는 일이 빈번했기에 그대로 마실 수가 없었다는, 전설과도 같이 널리 퍼진 속설이 있다. 그렇기에 당시 중세에서는 와인과 맥주를 물 대신 마시기 시작했다고 알려졌으며, 이것에 대해 심지어 서양권에서조차 오랫동안 큰 이의가 제기되지 않은 채 학자들까지도 인용해 오곤 했다. 고대 로마 병사의 경우 식수를 찾지 못하는 경우나 비상시를 대비해서 '포스카posca'라고 하는 식초 수준의 묽은 와인을 상비하고 다녔는데 이것이 와전되었다고 보는 시각도 있다.

와인은 포도즙을 발효시켜서 만든 알코올성의 양조주를 일컫는다. 또한 넓은 의미에선 포도의 즙으로 만든 알코올성 음료뿐만 아니라 뭇 과실이나 꽃 혹은 약초를 발효시켜서 만든 알코올성 음료를 총칭하는 말로도 확장되어 쓰인다.

영어의 'Wine'은 한국어로는 포도주로 번역하나 엄밀히 말해서 완전히 같은 것은 아니다. 그리하여 체리와인, 감와인, 오미자와인 등으로 쓰고 있다.

한 그루의 포도나무는 어떻게 와인으로 다시 태어날까? 와인 만드는 방법은 와인의 종류가 레드 와인이냐 화이트 와인이냐에 따라 조금 차이가 난다.

포도나무는 평균적으로 개화기에서 100일 후면 수확기에 이른다.

와인양조에 영향을 미치는 주요소는 지리적 위치, 토양, 날씨, 포도, 와인양조과정으로 볼 수 있다.

레드 와인을 만들기 위해서는 먼저 잘 익은 양조용 포도를 수확해 포도송이에서 알맹이만 분리해 낸 다음 포도를 으깨 즙을 낸다. 키아누 리브스Keanu Charles Reeves가 주연한 영화 '구름 속의 산책A Walk in the Clouds'에 등장하는 포도 으깨는 장면은, 큰 나무통에 포도를 넣고 부녀자들이 맨발로 들어가 음악에 맞춰 춤을 추면서 포도를 밟는 멋진 광경으로 연출되고 있다. 실제로 포도농장에서 포도밟기 행사는 축제만큼이나 즐겁고 흥겨운, 또 중요한 행사였고 과거의 포도재배 농가들은 대부분 이 방법을 이용해 포도즙을 냈다. 발로 밟는 이유는 포도씨와 껍질이 손상되는 것을 방지하기 위해서 였으나, 현재는 기계로 포도알을 터트리면서 포도알을 으깨는 이유는 포도주스를 만들고 껍질에 붙어 있는 효모와 접촉 시키기 위해 포도를 으깨는 것이다.

지금은 이 역할을 모두 분쇄기粉碎機라 불리는 기계가 대신하고 있다. 사람의 발바닥을 대신해 분쇄기가 포도알맹이를 모두 으깨고 나면, 으깨어진 고형물은 참나무 오크통 혹은 스테인리스 스틸로 만들어진 발효조에서 발효를 시작한다. 이 과정에서 공기와 포도껍질에서 자생하는 효모酵母가 포도에 들어 있는 포도당葡萄糖, 과당果糖에 접촉한다. 효모는 당분을 좋아하기 때문에 당분을 모조리 먹어치우는데, 당분이 알코올로 변하고, 당분糖分이 알코올화되는 것을 가리켜 발효라고 부르는 것이다. 모든 당분이 알코올로 바뀌는 것은 아니고 일부는 남아서 와인의 맛을 달콤하게 만든다. 또 이때 포도껍질, 줄기, 씨에 들어 있던 색소와 타닌Tannin성분이 녹아들어 색이 만들어지고 와인 특유의 텁텁한 타닌 맛이 스며들게 된다. 타닌은 얼

마나 들어 있느냐에 따라 와인의 향과 맛에 미치는 영향이 크고, 어느 정도 방부제防腐劑 역할을 하므로 병입한 상태로 오래 보관할 수 있도록 도와주는 역할도 한다.

레드 와인의 색을 결정하는 것은 바로 포도껍질이다. 이 포도껍질에서 최대한 많은 빛깔과 맛을 우려내야 하기 때문에 레드 와인을 발효할 때는 화이트 와인을 발효할 때보다 더 높은 온도에서 발효를 진행한다. 양조통을 휘젓고 밑에 침전되어 있는 포도즙을 퍼 올리거나 자연스럽게 포도껍질에서 색이 배어나오도록 지켜보기도 한다.

* 구름 속의 산책 中 포도 으깨는 장면

어느 정도 원하는 색깔이 나오면 고형물을 분리시키는 압착작업壓搾作業에 들어간다. 발효조醱酵槽 중간층의 액부터 먼저 뽑아내는데, 힘을 가하지 않고 자연적으로 유출되는 이 중간층 액을 'Free run wine'압착 전 포도의 무게로 저절로 나온 즙이라 부르며 고급와인을 만드는 데 사용한다. 그다음 남아 있는 고형물을 완전히 압착시켜 나오는 액을 'Press wine'이라 부르는데 이 와인에는 타닌 함량이 많다. 타닌을 어느 정도 분리해 프리런 와인에 혼합하거나 저급와인을 만드는 데 사용한다.

와인 만들기는 여기서 끝나는 것이 아니다. 2차 발효가 기다리고 있다. 2차 발효는 와인의 맛을 좀 더 부드럽고 세련되게 만들기 위해 필요한 과정이다. 포도에 들어 있는 사과산Malic Acid, 沙果酸이 박테리아에 의해 젖산으로 변하도록 만들어 맛을 보강하는 과정이다.

2차 발효까지 끝나면 여과를 시작하는데, 보통 13중 필터를 사용해 여과한 다음 병에 담는다. 인간의 힘이 닿는 것은 여기까지지만, 와인의 변화는 여기서 끝나지 않는다. 와인은 병입 순간부터 숙성이 시작되기 때문이다. 병에 들어가 있는 동안 타닌과 신맛이 약해지거나 부드러워지고 빛깔도 연해진다. 몇 달이 지나야 제대로 된 맛을 내는 와인도 있고, 몇 년이 지나야 참맛을 내는 와인도 있다. 와인 제조업자는 이 모든 경우의 수를 감안해 와인을 생산해야 한다. 언뜻 보면 간단해 보이는 와인 생산공정이 결코 만만치 않음은 이 때문이다.

　　　　　　　　　　　　　　　　　　　소믈리에도 즐겨 보는 와인상식사전

화이트 와인은 주로 청포도를 사용하지만 껍질을 제거한 적포도를 사용해 만들기도 한다. 포도껍질에만 색소가 들어 있기 때문에 껍질을 제거하면 어떤 품종이든 화이트 와인을 만들 수 있다.

화이트 포도품종, 즉 청포도를 분쇄기에 넣어 포도껍질과 씨를 분리해 과즙을 낸다. 껍질과 씨를 분리했기 때문에 빛깔이 투명하고 타닌도 적을 수밖에 없다. 그렇다고 포도껍질과 줄기를 모두 버리는 것은 아니고 여기서도 일정부분 포도즙을 짜낸다. 와인에 타닌과 색깔을 덧입히기 위해서이다. 분쇄기를 거친 과즙은 압착기를 통과해 모두 짜내어져 양조통에서 발효에 들어간다.

로제 와인은 레드 와인과 화이트 와인의 중간색인 핑크, 연한 주황빛을 내는 와인으로 레드 와인 품종으로 레드 와인 방식을 따라 만들되 핑크색이 도는 시점에서 껍질을 제거하고 과즙만을 가지고 양조를 한다. 그래서 빛깔은 레드 와인이면서 맛은 화이트 와인에 가까운, 색다른 매력을 지니고 있으며, 생선요리와 비교적 잘 어울린다.

* 뉴질랜드 Villa Maria, 2016. 동물들의 먹이방지용 그물막

화이트 와인과 로제 와인은 어릴 때 과일향이 사라지기 전에 마시는 것이 좋다.

여기까지는 와인을 생산해 내는 데 있어 가장 기본적인 과정이다. 여기에 더해 알코올 도수를 높이거나 향을 더하기 위해서는 또 첨가해야 할 과정이 있다.

증류주인 브랜디Brandy를 첨가하면 와인의 알코올 도수를 16~20% 높일 수 있는데 이러한 와인을 주정 강화 와인Fortified Wine이라 부른다. 포르투갈의 포트Port, 마데이라Madeira, 스페인의 셰리Sherry 등이 대표적인 주정 강화 와인이다.

향을 더하기 위해서는 와인 발효 전후에 과실즙이나 천연향을 첨가하는데 이러한 와인을 가향 와인Flavored Wine이라 부르며 베르무트Vermouth 등이 있다.

스파클링 와인Sparkling Wine의 경우에는 발효과정에서 기포를 더한다. 모든 와인은 발효될 때 당분이 분해되면서 탄산가스가 발생하므로 오크통에서 탄산가스를 증발시킨 뒤 병에 담는 데 비해, 스파클링 와인은 1차 발효가 끝난 와인에 효모^{酵母}와 당^糖을 첨가해 병 속에서 2차 발효를 시키며 거품을 생성시켜 만드는 것이다.

스페셜 와인이라는 것도 있다. 일반적인 방법이 아닌 특별한 계기(?)로 탄생한 와인을 가리키는 것으로, 얼어버린 포도를 압착해 만든 아이스 와인과 곰팡이균에 감염되어 더 달콤한 맛을 내는 귀부 와인 등이 스페셜 와인에 속한다.

와인을 분류하는 가장 기본적인 방법은 색에 의해 분류하는 것이다. 만드는 방법 역시 와인 색에 따라 달라지듯이 와인에 있어 색은 그 정체성을 결정짓는 데 가장 중요한 요소이다.

그런데 레드 와인이라고 해서 그저 붉기만 한 것은 아니고 보라색에 가까운 진한 자주색에서부터 밝은 루비색에 이르기까지 붉은색 안에서도 매우 다양한 빛깔들을 지녔다. 화이트 와인 역시 투명한 화이트부터 아주 연한 황금색, 호박색, 볏짚색 등 다양한 색을 띠고 있다.

맛으로 나눌 때는 Bone-dry(매우 드라이), Dry, Off-dry Medium-dry, Medium-sweet, Sweet, Very-sweet 등으로 나눌 수 있다. 드라이한 맛은 사전적인 뜻 그대로 '무미건조한' 맛을 말한다. 무미건조하다고 해서 맛이 없는 것은 아니고 단맛이 적고 쓴맛이 강한 편이다. 스위트한 맛은 반대로 단맛이 강하고 쓴맛이 약하다.

무게감으로 분류할 때는 마시면 떫떠름하고 씁쓸한 맛을 드라이하다고 한다. 풀바디 와인^{full-bodied wine}, 미디엄바디 와인^{medium-bodied wine}, 라이트바디 와인^{light-bodied wine}으로 나누어진다. 입안에서 느껴지는 맛의 무게감과 맛의 진한 정도를 바디^{body}라고 하는데, 이러한 무게감과 진한 정도는 당분, 타닌의 함량과 알코올 도수에 의해 결정된다.

▲스틸 와인(Stil Wine)의 당도(糖度)

- 완전 드라이 : 1잔당 0칼로리(1g/L 미만)
- 드라이 : 1잔당 0∼6칼로리(1∼17g/L)
- 오프 드라이 : 1잔당 6∼21칼로리(17∼35g/L)
- 미디엄 드라이 : 1잔당 21∼72칼로리(35∼120g/L)
- 스위트 드라이 : 1잔당 72칼로리 이상(120g/L 이상)

소믈리에도 즐겨 보는 와인상식사전

풀바디 와인은 말 그대로 입안에 머금었을 때 입안에서 가득차는 무게감을 느끼게 하는 와인으로 당분과 타닌의 함량이 높고 알코올 도수 역시 높은 편이다. 미디엄바디 와인은 풀바디보다 조금 적은 무게감이 느껴지는 와인이고 라이트바디는 가볍고 경쾌한 맛의 와인이다. 예를 들어 입안의 일반물과 소금물의 느껴지는 차이로 생각해 보면 알 수 있다.

저장기간에 따른 분류는 비숙성와인Young Wine은 3년 이내에 마시지 않으면 변질되어 빨리 소비해야 하는 와인을 말하며, 숙성와인Aged Wine, Old Wine은 3~10년 정도 숙성시킬 때 품질이 좋아지는 와인이며, 장기숙성와인Great Wine은 10년 이상 장기숙성시키면 최상품이 되는 와인을 말한다.

첨언하면, 레드 와인은 타닌이 있고 여러 과실 향을 지닌다. 화이트 와인은 타닌이 아주 적거나 없는 편이며, 허브와 채소 향을 풍기며 산미가 높다. 로제와인은 약간의 타닌과 산미가 있다. 화이트 와인보다는 묵직하게 다가오는 것이 장미빛깔의 로제Rose 와인이다.

포도나무는 대개 심은 지 3년은 되어야 주조용으로 적합한 포도를 생산해 내며, 레드 와인은 보통 투명한 빛깔을 띠면 마시기 적합한 시기가 된 것이다.

와인의 종류

와인의 종류에서 테이블 와인은 약 8~15%의 알코올이며 말 그대로 식탁용 와인으로 식사와 함께 마시는 와인을 말한다. 또한 스파클링 와인은 약 8~12%의 알코올+CO_2이며, 주정 강화 와인은 17~22%의 알코올이다. 모든 와인은 이 세 가지 중 적어도 하나에는 속한다.

무알코올 와인이라고 불리는 와인도 0.05% 소량의 알코올을 포함할 수 있으며, 1.2%까지의 알코올을 포함하는 무알코올이라 불리는 와인 종류도 있다. 엄밀히 말하면 저알코올 와인이라 부르는 것이 적절하다고 볼 수 있다.

🍷 바이오 다이내믹(Bio Dynamic)

바이오 다이내믹스^{Biodynamics}는 토양과 포도나무의 건강을 위해, 특수방법으로 만든 퇴비나 식물에 기초한 조제품을 활용한다. 심지어 포도밭과 와이너리의 작업 일정을 음력^{陰曆}에 따라 정하기도 한다.

오스트리아 철학자 루돌프 슈타이너$^{Rudolf\ Steiner}$에 의해 1920년대에 처음으로 대중화되었다. 와인 인

* 프랑스 랑그독 루시옹 제라르 베르트랑, 바이오 다이내믹 와인 Cigalus

증기관은 Demeter International과 Biodyvin이다. 인증된 생체 역학 와인은 최대 100mg/L의 아황산염을 함유하고 있으며 비^{非}바이오 다이내믹 와인과는 다른 맛을 보일 필요가 없다.

나파 밸리 세인트 헬레나에 있는 코리슨^{Corison} 포도밭에서는 새 둥지를 설치한다. 멕시코 파랑지빠귀 같은 새들이 해충을 잡아먹어 살충제를 사용할 필요가 없는 경우도 있다.

* 포도나무를 보호하기 위하여 농부는 포도밭 주위의 장미에 있는 진딧물을 보고 병충해를 예방하며, 전기고압선을 설치하여 동물의 침입을 막는다.

🍷 주정 강화 와인(Fortified Wine)

일반 와인에 알코올이나 오드비Eae de vie: 브랜디의 원액를 첨가하여 알코올 도수를 18% 이상으로 높인 와인으로 포트와인Port Wine과 셰리와인Sherry Wine이 대표적이다.

알코올 강화 와인은 프랑스와 영국의 백년전쟁 이후 프랑스의 보르도 지역이 영국의 속령으로부터 벗어나게 된 데서 기인한다고 볼 수 있다. 전쟁 이후에도 영국과 프랑스 사이가 좋지 않아 영국은 보르도 와인을 더이상 수입하지 않았고, 보르도 와인이 그리웠던 영국인들은 새로운 시장인 포르투갈과 스페인으로 눈을 돌렸다. 그러나 보르도 지역에 비해 거리가 멀어, 장거리 운송이나 항해, 고온의 보관환경으로부터 와인이 변질되는 것을 막고자 와인에 도수가 높은 브랜디를 가미한 데서 유래되었다. 프랑스에서는 이러한 강화 와인을 르 뱅 비네Le Vin Vine, 르 뱅 뮈떼Le Vin Mute라고 부른다.

포트 와인은 포르투갈의 토링가 나시오날, 토링가 프란체스카, 틴타 바로카, 틴타 까오, 틴타 로리츠 품종이 이용되며 부분적으로 발효된 와인에 브랜디를 블렌딩하여 효모의 발효를 중단시키는 방법으로 제조된다. 이런 방법으로 효모의 발효를 중지시켜 과즙 본래의 높은 당도를 유지하면서도 알코올 도수를 높일 수 있다.

셰리 와인Sherry Wine은 스페인의 바라메라 싼뤼카, 산타마리아 푸에르토, 라 프론테라 예레즈마을로 연결되는 작은 삼각지에서 생산된다. 이 지역은 온도가 매우 높고 기후가 건조할 뿐만 아니라 백악질 토양으로 드라이하고 풍부한 향미를 가진 와인을 생산하기에 매우 적합하다.

이 밖의 알코올 강화 와인으로 프랑스 남부지역의 뱅 두 나뛰렐ViN Doux Naturel, 포르투갈의 마데이라Madeira, 이탈리아에 있는 섬 시칠리아의 마르살라Marsala 등이 있다.

포트와인과 셰리와인 같은 알코올 강화 와인은 식전주로도 쓰이지만, 치즈나 케이크와 곁들여 마시는 디저트 와인으로도 많이 이용된다. 칵테일 베이스는 물론이고 요리의 풍미를 높이는 주방와인으로도 이용가치가 높다.

자연 와인(Natural Wine)

지속 가능한 유기 또는 생물 역학 포도 재배로 생산되는 와인을 설명할 때 일반적으로 사용되는 용어. 와인은 이산화황^{아황산염}을 포함하여 최소한의 첨가물을 사용하여 처리된다. 정화와 청정이 부족하기 때문에 자연 포도주는 일반적으로 흐리고 일부는 여전히 효모 퇴적물을 포함할 수 있다. 일반적으로 말하자면, 천연 포도주는 깨지기 쉽고 민감하므로 조심스럽게 보관해야 한다.

유기농 와인(Organic Wine)

자연의 법칙, 즉 생태학적 순환의 법칙에 따라, 제초제, 살충제 등 합성 농약, 화학비료, 식물 성장 조절제^{호르몬제}, 가축 사료 첨가제 등 일체의 화학합성 첨가물을 사용하지 않고 유기물과 자연 광석, 미생물 등 자연적인 자재만을 사용하는 농법을 말한다.

유기농법에 의해 재배된 포도는 매우 강건해서 양조 시 최소량의 화공물질이 사용되었다. 또한 양조과정이 특급 포도주와 같은 방법에 의해 이루어졌기 때문에 장기보관도 가능하다고 볼 수 있다.

유기농 포도는 유기적으로 재배된 포도로 만들어야 하며 수용 가능한 첨가제를 사용해서 가공해야 한다. 미국에서는 이산화황을 첨가하면 안 되며, EU에서는 이산화황을 첨가할 수 있으나 일반 와인에 비해 최대 허용치가 낮다.

비건 와인(Vegan Wine)

비건 와인은 와인 양조 과정에 동물성 제품을 사용하지 않고 만든 와인을 의미한다.

대부분 와인은 포도로만 만든다고 생각하지만, 와인 양조 과정에는 여러 동물성 제품이 사용된다. 대표적인 예로, 청징제^{Fining agent}를 들 수 있다. 알코올 발효를 마친 와인은 와인병에

소믈리에도 즐겨 보는 와인상식사전

담기 전 여과로 제거할 수 없는 와인 속 작은 입자를 없애는 정제^{청징, Fining}작업을 한다. 이때 청징제로 달걀흰자 또는 우유에서 발견되는 단백질인 카제인 등이 쓰인다. 비건 와인은 청징 과정에 동물성 제품을 쓰지 않기에 와인을 오랜 시간 가만히 두어 자연스레 입자가 와인 바닥에 가라앉게 내버려 두거나, 보통 비동물성 제품인 점토나 벤토나이트^{Bentonite}를 사용해 청징한다.

또한, 와인을 병에 담은 뒤 코르크 마개로 와인병을 막는데, 비건 와인에는 우유 기반 접착제를 써서 만든 코르크를 쓰지 않는다. 비건 와인에는 와인병 입구를 밀봉하는 밀랍도 쓰지 않는다.

점점 더 많은 와인 소매업자와 와인 생산자가 비건 와인임을 강조해 소비자 선택을 돕고 있지만, 현재(2020년 기준) 유럽 연합과 미국 와인에 반드시 비건 와인임을 라벨 표시하라는 규정은 없다.

🍷 무알코올 와인(Non-Alcoholic Wine)

섭취 후 운전이 가능한 와인이 등장했고, 어느 순간 시장에서 생각보다 큰 비중을 차지하고 있다. 그것은 바로 무알코올 와인이다.

최근 무알코올 주류들은 전 세계적으로 많은 사람들의 관심을 받고 있으며, 한국에서도 역시 요즘 MZ세대의 마음을 사로잡으며 무알코올 와인과 무알코올 맥주의 비중이 커지고 있다. 좋은 식사와 함께 즐길 수 있는 와인을 찾고 있는 추세이기 때문인데, 이제 파티에서 술을 잘 즐기지 못하는 사람들도 함께 분위기를 내고 파티를 즐길 수 있도록 무알코올 와인의 세계에 관심을 가져보는 것도 좋을 것이다.

포도 품종의 특징을 가장 잘 표현할 수 있도록 전통적인 방식으로 정교하게 양조하여 실제 알코올 와인보다 더 강한 아로마를 느낄 수 있도록 양조과정에 많은 노력을 부여했다. 알코올 성분은 내부가 진공 상태인 특수 설비를 이용하여 매우 섬세한 방법으로 제거한다. 30℃ 이하의 온도에서 진행되는 이 방식은 매우 완만하게 진행되기 때문에 열손상이 없는 관계로 다른 방식에 비해 성분의 변화를 최소화한다. 단 몇 분 안에 알코올이 끓는 점에 도달하여 증발 현상이 시작되는 29℃까지 데워지기 때문에 매우 효과적이며 최적의 상태에서 정확한 알코올 추출을 보장한다.

이재술의 **WINE TOUR** 🍷
서원밸리컨트리클럽 수석 와인소믈리에 yagmog2@naver.com

프랑스의 남부 랑구독 루씨용(Languedoc-Roussillon)에서 북부 샹파뉴(Champagne)까지 유명 와이너리 탐방

삼성에버랜드 근무시절, 회사의 배려로 2002년 중앙대 와인소믈리에 과정을 1년 동안 공부할 기회가 있었다. 그래서 그 해 여름 월드컵이 끝나고 이태리를 거쳐 프랑스 부르고뉴의 샤블리까지 11일간 와인투어를 갔다. 그리고 15년이 지난 지금. 다시 프랑스를 찾게 돼 감회가 새로웠다. 이번이 다섯 번째 세계 와인투어인데, 이제야 와인의 그 깊고 넓은 세계를 조금 알 수 있는 듯하다. 점점 깊어지는 이 세계를 어찌 짧은 글로써 표현 할 수 있을까? 프랑스 와인의 떼루아(Terroir) 및 양조 전통을 이해하고 현지의 와인 테이스팅을 통한 와인의 맛과 멋을 알며, 미쉐린(Michelin) 스타 레스토랑의 음식의 맛과 와인판매, 테이블 세팅 등 문화체험을 하는 소중한 기회였다. 프랑스 북토의 남부에서 북부까지 종단하기에는 짧은 기간이기에 바쁘게 움직였다. 하나라도 더 보기 위해.

남프랑스의 전설로 불리는 제라드 베르트랑(Gerard Bertrand)

처음 방문한 곳은 랑구독의 제라드 베르트랑이다. 이곳은 늦가을로 접어드는 시기였고, 포도를 수확해서 첫 발효를 시작했다고 한다. 첫날은 몽펠리에에서 조금 올라간 나르본(Narbonne)의 제라르 베네트랑 본사인 이곳의 와인을 생산하는 샤토 호스피탈레(Chateau D'Hospitale)에서 투숙했다. 다음날은 양조장 시갈루스(Cigalus), 클로도라(Clos d'Ora)를 방문했고, 오후에 샤토 호스피탈레의 Master class에서 클로 도라와 화이트 와인 시갈루스 등 10가지의 테이스팅을 실시했다.

제라드 베르트랑은 13개의 샤토를 운영하고 있었으며 이곳 호스피탈레는 양조장, 객실 38개와 테이스팅룸, 레스토랑, 아트 작품 전시실을 운영, 여러 나라의 고객들이 이미 숙박을 하고 있었다. 제라드 베르트랑은 특이하게 랑구독에 위치하고 있지만 각 와인너리의 특성을 살려 명칭을 붙이고 있었는데, 샤토 호스피탈레(샤토 7곳), 시갈러스, 도메인 드 빌마조(Domaine de Villemajou), 클로 도라의 이름을 붙이고 있었다.

* 와이너리, 양조장을 보르도에서는 샤토(Chateau) 부르고뉴에서는 Clos(울타리를 친 포도밭), 혹은 Domain(특히 옛날 개인, 정부동의) 소유지)이라 부른다.

평화, 사랑, 조화

이번 투어로 인해 프랑스 남부 지방인 랑그독이 뛰어난 품질과 지중해성 기후로 특급 와인 산지로 각광받고 있음을 알 수 있었다. 남프랑스에 위치한 랑그독 루시용 지방은 지중해 연안 지역이며 온화한 겨울을 동반한 반건조성 지중해 기후가 특징이다. 기원전 600년부터 포도를 재배했으며, 2차 세계대전 이전까지는 주로 편하게 마실 수 있는 와인을 생산하고 있었다. 랑그독 루시용은 2000년대 들어 또 다른 명성을 서서히 얻기 시작했다. 평범한 와인을 생산하던 랑그독을 보르도와 어깨를 나란히 하는 명품 산지로 올려놓은 인물이 바로 '랑그독의 황제'로 불리는 제라드 베르트랑(Gerard Bertrand · 53)이다.

이 날 제라드 베르트랑의 클로 도라 2013(Gerard Bertrand, L'Hospitalitas AOP La Clape Coteaux du Languedoc 2013)을 테이스팅했다. 클로 도라(Clos d'Ora)의 오라(Ora)는 기도를 의미한다. 따라서 클로 도라는 '기도의 밭'이라는 뜻이다. 이 와인은 완성시키는 데 무려 17년이나 걸린 제라드 베르트랑의 명품 와인으로 1년에 만 병만 생산된다. 랑그독 내 미네르부아(Minervois) 지역에서 생산된 프랑스 남부 대표 품종, 그르나슈, 시라, 무르베드르, 카리냥을 섞어 만든다. 그르나슈는 과일향이 풍부하고 알콜도수가 높아 와인에 묵직한 바디감을 주지만 산도가 낮아 와인이 일찍 늙어버려서 산도가 높고 카베르네 쇼비뇽을 능가하는 스파이시한 캐릭터를 지닌 시라와 무르베드르를 섞어 블렌딩한다.

포도밭은 모두 바이오다이나믹 농법(Bio Dynamic Farming, 어떤 화학적인 물질도 사용하지 않는 유기농법을 넘어서서 월력(月曆)에 따른 농사짓기와 자연의 기운을 담아 와인 메이킹하는 것)으로 경작하며 포도는 밭 별로 다시 분리해 이에 따라 침용과 발효를 진행한다. 이 와인은 12개월간 프랑스산 오크통에서 숙성이 진행된다. 블랙커런트, 블랙베리 등 농익은 검은 베리류의 향과 함께 연기, 담배, 가죽향이 느껴진다. 살짝 읽은 바이올렛, 장미, 민트, 미네랄 향이 와인의 고급스러움을 더한다. 와인을 목으로 넘긴 뒤에도 달콤한 베리향이 오래 입안에 남아 있다. 향, 바디감, 산도 등 와인의 모든 요소가 조화롭고 균형미 있게 어우러져 있다. 기도의 밭이라는 와인 이름처럼 이 와인의 메시지는 평화, 사랑, 조화라고 한다. '클로 도라'는 다음날 아침 다시 테이스팅을 했는데도 그 파워가 살아있는 것이 대단해서 그랑크뤼급 와인과 비견할 정도의 와인이라 생각한다.

스포츠맨십, 경영에 접목

제라드 베르트랑의 와인들은 각기 다른 개성을 보여주며 동시에 프랑스 남부 작은 마을의 각기 다른 개성의 때루아를 잘 표현해 주고 있었다. 베르트랑은 젊은 시절 프랑스 프로 럭비 팀의 촉망받는 선수였다. 190cm 장신의 거구인 그에게 럭비는 딱 맞는 운동이다. 선수 생활을 하던 그에게 인생의 전환기가 찾아온다. 22살이던 1987년 부친 조지 베르트랑이 갑작스런 교통사고로 세상을 떠났다. 그리고 베르트랑이 부친이 운영하던 소규모 와이너리인 도멘 빌마주에서 막 와인 일을 배우기 시작하게 된 것. 그는 아버지에 대해 이렇게 회고했다.

"부친이 돌아가시고 갑작스럽게 가족 사업을 물려받아 와인업계에 발을 들여 놓았다. 10살 때 아버지가 도멘 빌마주에 데려가 포도 수확과 와인 메이킹 기술을 가르쳐 주시던 기억이 있다. 이 때 아버지로부터 '와인은 기술이 아닌 열정으로 만든다'는 것을 어렴풋하게 느낄 수 있었다. 이 작은 경험이 오늘날 성공으로 이어진 디딤돌이 됐다."

그가 와이너리를 맡으면서 가족경영 와이너리는 새 국면을 맞이한다. 럭비에서 익힌 룰과 팀워크를 중시하는 스포츠맨십을 경영에 접목한다. 아울러 자신의 고향에 대한 자부심을 바탕으로 와인 제조에 변혁을 가져온다.

유기농, 바이오다이나믹 농법 사용

바이오다이나믹스 와인, 다른 말로 생체역학 와인은 인공비료나 농약 등을 사용하지 않고 포도를 재배할 뿐만 아니라 나무의 상태와 생장되는 주기를 계산해가면서 재배한 포도열매로 양조를 한 와인을 말한다. 생체역학 와인을 생산하는 와인 생산자들은 오스트리아의 유명한 철학자인 루돌프 슈타이너가 수립한 원칙을 따르며 포도나무의 생체리듬을 맞춰서 가지를 치고, 비료도 주기를 맞춰 주는 등 꼼꼼하게 재배를 한다. 녹차, 나뭇잎 등을 말려서 녹인 물을 주며 영양분을 공급해 극소량의 유황, 또는 구리혼합물 외에 일절 화학약품이나 인공적인 비료, 그리고 어떠한 살충제나 제초제 등도 사용하지 않으며 농기계

도 사용하지 않는 전통적인 방법으로 밭을 갈고 있었다. 와인의 도수를 올리기 위해서 당분을 인위적으로 첨가하지도 않으며 100% 자연의 효모로만 발효한다.

포도나무에 음악을 들려줘 포도나무가 안정적으로 편안하게 자랄 수 있도록 하거나, 포도 덩굴을 어루만지며 잘 자라라는 주문을 외우는 경우도 있다. 와인 역시 자연의 산물이기 때문에 이들의 작업에 찬사를 보내고 싶다.

그는 "보르도가 오랫동안 프랑스 와인의 전통을 만들어 왔지만 미래는 남프랑스에 있다고 확신한다. 보르도는 유명세 때문에 지나치게 가격이 비싸다. 남프랑스를 대표하는 랑그독 와인은 가장 진보적인 트렌드인 유기농과 바이오 다이나믹 농법을 사용한다. 이런 랑그독이 어떻게 빛을 보지 않을 수 있겠나."라고 힘있게 말했다.

남프랑스 와인 철학 담은 책 출간

또 1992년 자신의 이름을 따 제라드 베르트랑 와이너리를 설립하고 프랑스 오드 지역의 '도멘 드 시갈루스(Domaine de Cigalus)'와 에로 지역에 여러 와이너리를 매입해 확장한다. 아울러 1993~1994년 럭비 팀 주장까지 맡아 운동과 와인 사업을 병행했다.

베르트랑 대표는 "럭비에서 배운 팀워크와 승리에 대한 목표와 전략이 와이너리 경영에 큰 도움이 됐다."고 설명했다. 그러면서 그가 만든 여러 와인이 평론가로부터 90점 대의 눈에 띄는 점수를 받는다. 와인 애호가들 사이에서 "바이오다이나믹 농법을 접목한 랑그독에서 프리미엄 와인

이 나올 수 있다."는 목소리도 서서히 나오기 시작했다.

현재 제라드 베르트랑 와인은 125개국에 수출한다. 20년 전 20여 개국에 비하면 괄목할만한 성장이다. 그와 250여 명의 직원이 하나의 럭비 팀처럼 완벽한 호흡을 맞추고 있다. 지난해 2월에는 그의 남프랑스 와인 철학을 담은 '와인, 달과 별(Wine, Moon and Star)'을 출간했다.

와인은 장기 숙성이 가능할 만큼 훌륭한 파워를 갖고 있다. 또한 제라드 베르트랑의 와인은 기존 프랑스 와인과 다르게 라벨에 와인 설명을 쉽게 풀이한다. 신대륙 와인처럼 편안하고 소비자가 쉽게 알아볼 수 있도록 라벨에 표기한 것도 작은 배려이기도 하다. 또한 특이한 점은 제라드 베르트랑이 추구하는 철학인데 세계적인 럭비선수에서 와인전문가로 전향을 한 그는 '생활 속의 문화와 예술'에 대한 높은 관심을 갖고 있다. 특히 와이너리가 속한 지중해 문화권에서 와인과 함께 예술을 전도하고자 하는 소명을 갖고 매년 5일 동안 와인 재즈 페스티벌을 개최하고 있기도 하다. 그 축제기간 동안 그는 '음식과 음악, 예술 그리고 와인을 즐길 것'을 강조한다. 이러한 그의 철학은 분명 그 와인에도 반영이 돼 '제라드 베르트랑의 와인은 단순히 먹고 마시는 데에서 끝나는 것이 아닌 그 순간을 진정으로 즐기고, 함께하는 이들과 행복을 공유하길 원하는 이들을 위해

안성맞춤인 와인이 아닐까' 하는 생각마저 든다. 그 역사는 오래되지 않았지만 제라드 베르트랑 그들이 추구하는 철학은 분명하다. 음식, 음악, 예술, 그리고 와인. 특별할 것 같은 키워드지만 생활 속에서 우리가 항상 추구하는 것들이다. 맛있는 음식과 좋은 음악 그리고 좋은 와인 이것이 함께 한다면 소중한 사람들과 함께 있는 그 시간이 너무나도 즐거울 것이며, 그 자체가 바로 예술이지 않을까 하는 생각이 든다.

프랑스 북부 론의 3대 거장
프랑수아 빌라르(Francois Villard)

'프랑수아 빌라르'는 프랑스 론 북부지역 와인의 르네상스를 이끈 3대 거장인 '프랑수아 빌라르'의 와이너리(포도주 양조장)로 1989년에 설립됐다. 셰프 출신인 '프랑수아 빌라르'는 절제력 있는 숙성 기술과 제한된 오크 에이징을 통해 자신만의 와인 스타일을 창조했다. 또 포도나무를 유기농 방식으로 재배하는 친환경적인 와인메이커다. 특히 '프랑수아 빌라르'는 '2016년 프랑스 미쉐린 가이드'에 등재된 3스타 레스토랑 25개 중 18개 레스토랑에 리스팅된 실력파 와인이며, 소량 생산되고 있어 와인 마니아들에게 귀한 와인으로 불린다. 레드와인은 '라펠 데 세렌(L'Appel des Sereines)' 등 시라 품종의 와인이다. 화이트와인은 '꽁뚜르 드 드뽕싱(Contours de Deponcins)' 등 미네랄과 열대과일향이 풍부하며 꽃 향과 맛의 조화가 특징이다.

이곳은 론(Rhône) 강을 끼고 있으며 경사진 곳에 포도나무가 자라고 있었다. 입구는 작았지만 발효조는 대형이라 놀랐고 멀리 산비탈에 이기갈의 간판과 포도나무가 보였다. 2002년 방문 시 기억에 남는 와이너리라서 이번엔 들리지 못했지만 간판만으로도 반가웠다.

미국인이 만든 부르고뉴 본(Beaune), 알렉스 감발(Alex Gambal)

본 시내에 있는 부르고뉴 와인의 '알렉스 감발'을 방문했다. 부르고뉴 와인은 프랑스 전체 와인 생산량의 1%에 불과한 희소성 있는 와인이다. 이에 다시 한 번 놀랐으며 '알렉스 감발'은 그 중에서도 특히 희소성이 높은 와인으로 알려져 수요가 점차 증가하고 있다. 전 세계적으로 6만 병에 불과하며, 국내에는 800여 병 정도만 들어오는 와인이다.

이 와인은 미국 워싱턴 D.C 출신인 '알렉스 감발'이 1990년대 후반 부르고뉴 지방에 설립한 네고시앙에서 시작됐다. 특히 보수적이기로 유명한 프랑스 부르고뉴 지역 내에서는 항상 이방인의 이미지가 있었다. 20여 년에 걸쳐 일관성 있게 좋은 품질의 와인을 생산해 제품력을 인정받아 여타 부르고뉴 와인보다 더 유명해졌다.

알렉스 감발 부르고뉴 피노누아는 부드럽고 순수한 붉은 과일의 맛과 향, 풍부한 타닌이 특징이며, 시간이 지날수록 훌륭한 맛을 띤다. 알렉스 감발 부르고뉴 샤르도네는 산도, 미네랄의 조화가 잘 이뤄져 풍부한 과일 향과 함께 복합적인 맛을 자랑한다.

부르고뉴 와인은 생산량이 매우 적어 대중화되지는 않았지만 그 맛이 매우 복합적이며 오묘해 와인애호가들은 부르고뉴의 피노누아 품종을 많이 찾는다. 피노누아의 풍부한 과일 향과 그 빛깔은 정말 대단한 매력을 지니고 있다. 그래서 와인애호가들은 여러 가지 품종을 거쳐서 거의 마지막엔 피노누아와 샴페인을 찾게 되는 것이다.

다음날 알렉스 감발에서 운영하는 포도밭을 방문했다. 사샤뉴 몽라쉐, 바타르 몽라쉐 등 황금벌판을 직접 방문 하니 그 감동은 어찌하랴.

그 감동을 안고 저녁에는 미쉐린 2스타 샤토 루즈(Chateau LOUGE)를 방문했다. 천장의 장식, 벽면의 편백나무, 테이블에 놓인 백합 한 송이는 이미 필자의 마음을 사로잡았고 음식의 맛은 생각만큼 담백한 프렌치 음식 그대로였다. 음식을 충분히 맛 본 후 나폴레옹이 즐겨 마셨다는 제브리 샹베르탕을 맛보기도 했다. 또 알렉스 감발의 Chardonnay 100%인 사샤뉴 몽라쉐(Alex Gambal Chassagne Montrachet)를 테이스팅했다. 잘 익은 과일, 바닐라향이 은근하게 느껴지며 크림처럼 부드럽고, 시트러스와 함께 신선함과 생동감이 살아있으며 풍부한 와인의 개성이 잘 느껴진다. 긴 여운과 함께 풍부함이 은근하게 느껴지는 와인이기도 하다. 여기에서 무려 30가지를 테이스팅했다.

샴페인의 고장 랭스(Reims) 떼땅져 (Taittinger)

샹파뉴의 랭스에 위치하고 있는 떼땅져 와이너리도 방문했다. 떼땅져는 1734년 프랑스 샹파뉴 지역에 설립된 샴페인 하우스를 '삐에르 떼땅져'가 계승한 것으로 지금까지 전 세계 150여 개국에서 550만 병이 소비되는 고급 샴페인 브랜드다. 특히 여성들이 좋아하는 스타일로 만드는 것이 특징인데, 샴페인을 만드는 주요품종인 샤르도네, 피노누아, 피노 무니에르를 골고루 블렌딩해 만든 떼땅져 녹턴은 영롱한 금빛과 섬세한 기포를 발산하며 크림 같은 질감과 상쾌한 풍미가 아주 돋보이는 샴페인이다.

소믈리에도 즐겨 보는 와인상식사전

이날 테이스팅한 것 중에 떼땅져 꽁뜨 드 샹빠뉴 로제 2006(Taittinger Comtes de Champagne Rose)는 Pinot Noir 70%, Chardonnay 30%로 떼땅져 최고의 와인이며 특별히 좋았던 해에만 생산했다고 한다. 또 프리런 주스만을 사용하고, 100% 그랑크뤼 밭에서 생산된 포도만을 사용 한다고 전한다. 테이스팅을 해 보니 역시 느낌이 좋았고, 야생베리, 아몬드, 감초 힌트, 장미향과 우아함, 파워풀, 오일리 텍스처, 고급스러움이 넘쳐났다.

마지막 날 파리 시내 벼룩시장에 들려서 LP 수집이 취미인 필자는 'DI CONDOR PASA' LP판도 한 장 구입하고 아주 골동품인 새끼 손까락만 한 와인스크루우도 하나 구입했다. 또 파리에서 제일 크고 유명한 와인 숍 'LAVINIA'에도 방문해 프랑스 와인산지 지도와 와인 악세서리 등을 구입하며 투어의 마지막날임을 실감했다. 만났던 그 어떤 것도 모두 기억하고 싶어 작은 와인 악세서리 하나에도 의미를 찾으며 보게 됐다.
하나하나 의미 있게 기억될 이번 와인투어를 통해 느낀 산 경험을 짧은 글로나마 전달하고 싶고, 이러한 경험으로 우리나라, 그리고 서원밸리컨트리클럽만의 독특한 와인문화 발전에 기여할 수 있기를 바라본다.

"Life is too short to drink bad wine."

04

샴페인의 매력(魅力)

한 잔의 샴페인은 우리를 유쾌하게 만들고 용기를 북돋아주며
상상력을 자극하고 재치 넘치게 만든다.

_Winston Churchill

1. 개요

 샴페인(Champagne)이란?

"샴페인은 기쁜 날 따는 것이 아니고, 샴페인을 딸 때가 기쁜 날이다."

포도주의 한 종류. 스파클링 와인 중 프랑스의 샹파뉴 지역에서만 만든 술로, 전통 방식으로 탄산을 갖도록 양조한 고급 와인이다. 샴페인은 영어로 읽었을 때 이름이고, 프랑스어로는 샹파뉴Champagne라고 한다. 지명地名 샹파뉴와 철자도 똑같다. 프랑스의 샹파뉴 지역에서만 생산된 포도만을 사용하여, 전통 양조법으로 생산한 것만 샴페인이라는 이름을 쓸 수 있다. 같은 프랑스에서 생산된 거품 와인도 샹파뉴가 아니라 '크레망'이나 '뱅 무스'로 불린다. 샴페인 제조법을 따르지만 샹파뉴에서 만들지 않은 와인은 크레망, 제조법도 제조지도 샹파뉴가 아니면 뱅 무스Vin mousseux이다.

샴페인 양조에는 피노 누아pinot noir(오렌지와 레드 와인 풍미), 피노 뫼니에pinot meunier(풍부함과 노란 사과향), 그리고 청포도인 샤르도네chardonnay(감귤류향) 등의 3가지 품종을 주로 사용하고 있다. 검은 포도는 껍질은 제거하고 만들기 때문에 레드 와인이 아닌 화이트 와인의 형태로 만들어지게 된다. 대부분의 제품은 상기 3개 품종을 서로 배합blending하여 생산하지만, 일부 제품은 검은 포도로만, 또는 청포도로만 만든 것이 있다. 전자前者는 검은 포도로 만든 화이트 와인이라는 뜻에서 블랑 드 누아르Blanc de Noir, 후자後者는 청포도로 만든 화이트 와인이라는 뜻에서 블랑 드 블랑Blanc de Blanc이라고 부른다. 거기에 적당한 양조 기법을 활용해 생산하는 로제Rosé도 있다.

- **샴페인 포도품종**

* Chardonnay   * Pinot Noir   * Pinot Meunier

2. 역사

17세기 샹파뉴 지방은 원래 부르고뉴와 더불어 프랑스의 왕족과 귀족들이 마시던 고급 스틸 와인의 산지였다. 하지만 이 스틸 와인에 큰 문제가 발생하게 된다. 바로 기포Bubble가 생겨 발효 중인 와인이 들어 있던 병이 종종 깨지는 현상이 생긴 것이다. 다른 지역에 비해 다소 추운 샹파뉴 지역에서는 겨울이면 와인 발효가 중단됐다가 날씨가 포근해지는 봄에 재차 발효가 진행되면서 탄산가스가 발생하곤 했다. 이렇게 생겨난 탄산가스가 포화 상태에 이르면서 병을 깨뜨렸던 것이다. 처음엔 이를 '악마의 술'이라 부르며 기피하기도 했다. 이 골치 아픈 기포를 없애고 훌륭한 스틸 와인 Still Wine, 탄산이 없는 와인을 완성하라는 임무를 맡고 샹 파뉴 지방의 오빌레Hautvillers수도원의 관리자로 파견

된 수도자가 바로 돔 페리뇽(1638~1715)이다. 1668년 샹파뉴 지방 오빌레 수도원의 취사와 와인 담당 수도자로 부임한 그는 독특한 방식으로 병이 터지지 않으면서도 거품이 살아 있는 와인을 개발한다. 부드럽고 산뜻한 샹파뉴는 곧 귀족과 왕실로부터 큰 인기를 얻었는데, 오늘날까지도 품위 있는 파티에서 빠져서는 안 되는 존재로 사랑받고 있다.

3. 용어

- **블랑 드 블랑(Blanc de Blanc)** : 100% 샤르도네Chardonnay 품종으로 만든 스파클링 와인
- **블랑 드 누아(Blanc de Noir)** : 피노 누아Pinot Noir와 피노 뫼니에Pinot Meunier로 만든 스파클링 와인
- **코토 샹프누아(Coteaux Champenois)** : 거품이 없는 샹파뉴 지방 제조의 스틸 와인
- **로제 데 리세(Rosé des Riceys)** : 100% 피노 누아로 만든 스틸로제 와인
- **논 빈티지(Non Vintage)** : 여러 해에 수확하여 만들어진 원액을 블렌딩해 레이블에 빈티지를 표기하지 않는 샴페인을 뜻한다. 법적 숙성 기간은 12개월이나 대부분 18~30개월인 경우가 많다.
- **밀레짐(millésime), 빈티지(Vintage)** : 레이블에 표기된 해당 수확 연도에 수확한 가장 좋은 포도로만 만들어진 샴페인이다. 품질이 좋고 대부분 고가의 가격대를 형성하고 있다. 법적 숙성 기간은 36개월이나 실제로는 그 이상 숙성한 후 판매하는 경우가 많다.
- **도사주** : 샹파뉴는 마지막에 찌꺼기를 제거하는 작업(데고르주망)을 하고 제거

된 찌꺼기만큼 당분을 보충한 다음 코르크 마개로 막는데 이것을 보당, 즉 도 사주dosage라 한다. 이때 첨가되는 액체 당분을 외부에서 첨가되는 액당이라는 뜻의 '리쾨르 덱스페디시옹Liqueur d'Expedition이라고 한다. 이 액당의 양에 따라 샹파뉴의 맛이 달라지는데 그 단 정도를 라벨에 표시한다.

샴페인은 보통 브뤼Brut 정도로 당분을 첨가한 것이 많다.

- **브뤼 내추얼(Brut Nature)** : 당분 첨가 거의 없음
- **엑스트라 브뤼(Extra Brut)** : 당분 첨가 1리터당 0~6g
- **브뤼(Brut)** : 당분 첨가 1리터당 12g 이하
- **엑스트라 섹(Extra Sec, Extra dry)** : 당분이 1리터당 12~20g
- **섹(Sec, dry)** : 1리터당 17~35g
- **드미 섹(Demi Sec, midium dry)** : 1리터당 35~50g
- **두(Doux, sweet)** : 1리터에 50g 이상
- **리치(Rich)** : 매우 닮, 관례적 표현이다.

- **프레스티지 퀴베(Prestige Cuvee)** : 테트 드 퀴베Tête de Cuvée라고도 하며, 각 샴페인 하우스의 최고가 와인이다. 대체적으로 빈티지 샴페인으로 출시되며 전통적인 양조 방법으로 양조되는 경우가 많으며 수년간 숙성 후 출시된다. 많은 대형 샴페인 하우스들도 프레스티지 퀴베는 본인들 소유의 포도밭에서 또는 하나의 포도원에서만 수확한 포도로 만든다. 프레스티지 퀴베는 블랑 드 블랑, 블랑 드 누아, 로제 등 다양한 스타일로 만들어지며 모든 샴페인 하우스들이 프레스티지 퀴베를 만들진 않는다. 대표적인 프레스티지 퀴베로는 모엣 에 샹동Moet et Chandon의 돔 페리뇽Dom Perignon, 떼땅저Taittinger의 꽁뜨 드 샹파뉴Comte de Champagne, 루이 로드레Louis Roederer의 크리스털Cristal, 로랑페리에Laurent Perrier의 그랑 시에클Grand Siecle, 페리에주에Perrier-Jouet의 벨 에포크Belle Epoque; 미국 시장에서는 Fleur de Champagne으로 출시, 폴 로저Pol Roger의 퀴베 서 윈스턴 처칠Cuvee Sir Winston Churchill, 루이나Ruinart의 돔 루이나Dom Ruinart, 뵈브 클리코-퐁사르댕Veuve Clicquot-Ponsardin의 라 그랑 담La Grand Dame 등이 있다.

4. 주요 산지

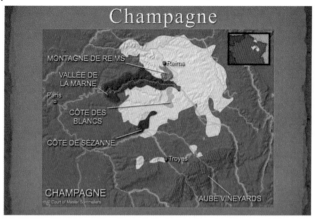

샹파뉴 지역은 세 지구로 나뉘어 있다.

- 중심지인 랭스 남쪽의 언덕몽타뉴 드 랭스Reims
- 피노 뫼니에 품종을 주로 재배하는 발레 드 라 마른Vallee de la Marne
- 에페르네시 남쪽의 샤르도네주 재배지인 코트 데 블랑Cotes de Blanc

5. 마시는 법

주로 식전주로 입안을 상쾌하게 하고 식욕을 자극하는 데 사용된다. 가볍게 즐길 수 있기 때문에 파티나 클럽에서도 은근히 많이 소비되는 편이다. 샴페인은 "차갑게" 마시는 것이 좋다. 이유는 온도가 올라가면 상쾌한 맛이 떨어지고 기포의 질감이 무거워지기 때문. 아이스 버킷에 얼음을 채워서 칠링chilling하는 것이 정석이고 요즘엔 보냉제가 든 샴페인 쿨러Cooler라는 제품도 나온다. 얼음이나 버킷이 없다면 냉장고에 넣어뒀다가 마시기 10~20분 전에 꺼내두면 적당한 온도가 된다. 다만 온도가 오래 유지되진 않으니 샴페인이나 스파클링 와인을 자주 마신다면 얼음이나 쿨러를 하나 구비하자. 훨씬 오랜 시간 맛있는 샴페인을 즐길 수 있다. 마실 때에는 벌컥벌컥 마시기보다는 입에 살짝 머금어 기포를 즐기고, 혀를 굴리면서 질감까지 느껴보도록 하자. 단, 너무 오래 머금으면 온도가 올라가서 맛이 없다. 마찬가지로 차게 나오기 때문에 잔을 잡을 때 잔의 다리를 잡고 마시는 것이 권장 사양이다. 샴페인 전용잔은 잔의 다리가 길고, 볼의 형태도 길고 입구가 좁은 모양을 갖추고 있다. 기포를 좁은 잔에 가두고, 차갑게 서빙된 샴페인의 온도에 체온이 전달되지 않도록 하기 위해서 잔의 다리가 긴 것이다. 잔은 튤립 모양의 길고 좁은 샴페인 잔을 쓰는 것이 좋다. 이전에는 고급 샴페인은 복잡한 향을 즐길 수 있게 입구가 넓은 화이트 와인 잔을 쓰는 것을 권했었다. 하지만 최신 연구에 따르면 샴페인의 향은 대부분 기포에 있고, 샴페인 잔이 기포가 전 표면에서 골고루 터지기 때문에 향이 더 잘 발산된다. 마찬가지로 샴페인을 따를 때에는 맥주를 따르는 것처럼 기울여서 따르자. 기포가 보존되어 더 맛있어진다. 하지만 격식을 갖추어서 따라야 할 때는 직각으로 놓인 잔에 절반 정도 샴페인을 따르고, 확 올라온 기포가 꺼질 때까지 잠시간 기다린 뒤 마저 잔의 7 내지 8할까지 첨잔하는 것이 정석이다.

6. Story

영국에서 애프터눈 티Afternoon Tea를 마실 때, 입안을 상쾌하게 하기 위해서 샴페인을 마신다고 한다. 홍차를 마시기 전에 입안을 새롭게 하는 역할을 한다. 캐비어Caviar와도 찰떡궁합인 술로 꼽힌다. 아름다운 플룻Flute잔에 담긴 샴페인과 검고 영롱한 캐비어는 럭셔리-럭셔리 조합의 대명사로 각국의 항공사가 1등석에서만 제공하는 특급 서비스로 유명하다.

* 2013.11월 10일, 미 해군의 최신형 핵 항공모함 USS 제럴드 R 포드호의 진수식이 미국 버지니아 뉴포트뉴스의 헌팅턴 잉갈스 조선소에서 거행된 가운데 포드 전 대통령의 딸 수전 베일즈가 참석해 축복을 기원하며 관례대로 샴페인병을 배에 깨뜨리고 있다.

소믈리에도 즐겨 보는 와인상식사전

이 포드급 항공모함은 전보다 빨리 제트기들을 이륙시킬 수 있고 승무원을 최소화해서 경비를 대폭 절약할 수 있는 차세대 항공모함이다. 선박을 완성할 때 진수식進水式에서 샴페인 병을 배에 부딪치게 해서 깨뜨리는 절차 아닌 절차를 밟고 이름을 부여받는다고 한다.

서유럽에서는 18세기부터 사제를 불러 포도주를 바치는 풍습이 있었는데 이것이 현대의 뱃머리에 포도주나 샴페인 등의 술병을 깨뜨리는 의식으로 바뀐다. 그리고 도끼로 진수선을 절단하는데 상선의 경우엔 선주의 딸이나 아내가, 군함은 진수식에 참여한 VIP(남성)의 부인, 딸이나 VIP(여성) 본인이 하게 된다. 국내 조선소의 경우 조선 3사 모두 절단에 쓰는 도끼로 순금을 입힌 특제 강철 도끼를 사용한다. 미 해군 같은 경우에는 전사자나 이름있는 군인의 이름을 명명한 군함이 진수될 때 명명되는 사람의 어머니나 딸, 아내가 샴페인병을 터트린다. 공통점은 이를 행하는 사람은 여성이라는 것으로 이들을 업계에서는 선박의 대모大母 혹은 스폰서라 부르며 이러한 전통은 국내외 할 것 없이 함선의 종류 불문 21세기에도 꾸준히 유지되는 중이다. 진수식 때 남자가 샴페인 병을 던지거나, 던진 병이 안 깨지는 경우가 종종 있는데 이 경우 그 배의 함생이 별로 좋지 않을 것이라는 징크스가 존재한다. 대표적으로 K-19, 에드먼드 피츠제럴드, 아크로열 등은 진수식에서 샴페인 병이 깨지지 않았다고 한다. 문화권에 따라 샴페인이 아닌 물건을 사용하거나 추가적인 퍼포먼스를 하기도 한다. 예를 들어 인도의 경우 샴페인을 깨트린 후 코코넛을 깨고 선원들이 민속요를 부르는 퍼포먼스를 추가적으로 한다. 그리스나 러시아와 같이 정교회가 강세인 국가에선 정교회 사제가 직접 성수聖水를 뿌리며 선박을 축복하는 의식을 치르기도 한다.

샴페인을 냉장고에 보관할 때 병 입구에 금속성 포크나 숟가락을 꽂아두면 신선하게 유지할 수 있다는 이야기가 있는데, 저명한 샴페인 연구자에 의하면 실제론 별 효과가 없다고 한다. 그냥 샴페인 스토퍼를 사서 꽂은 후 냉장고에 차갑게 보관하는 것이 좋다.

샴페인의 품질을 구분하면 다음과 같다. 가볍고 섬세한 것(샤르보 에피스, 랑송, 자크송), 가벼운 것부터 중간 것(떼땡져, 포모리, G.H 멈, 도츠, 빌카르 살몽, 로랑

페리에, 뤼나르 페르 에피스, 페리주에), 중간 것(살롱, 파이퍼 하이직, 샤를 하이드지크, 모에샹동, 폴로져), 중간에서 풀까지(루이 로드레, 앙리오), 풀하고 리치한 것(뵈브 클리코, A. 크리티엔, 볼링져, 크룩)으로 볼 수 있다.

언급되는 가격은 국내 권장소비자 가격 기준이며, 국내 권장소비자 가격은 많이 부풀려져 있어 실제 구매 가격과는 최대 2배 가까이 차이가 날 수도 있다.

보통 가격대

모엣샹동 임페리얼(Moet & Chandon Imperial)

아주 무난무난한 느낌이며, 다소 남성적이고 딱히 튀는 곳이 없다.

멈, 꼬르동 루즈(G.H.Mumm, Cordon Rouge)

영화 〈카사블랑카〉에서 "당신 눈동자에 건배!"의 주인공, 복숭아, 살구 같은 달콤한 과실향에 캐러멜, 바닐라 같은 부드럽고 크리미한 느낌이다.

뵈브클리코 옐로라벨(Veuve Clicquot Yellow Label)

드라이하고 깔끔하게 딱 떨어지는 스타일, 여름에 시원하게 마시면 좋다.

하지만 뵈브veuve가 '과부'를 뜻하기 때문에 결혼선물로는 기피되는 와인이기도 하다.

샴페인의 고급스러운 이미지에 비해 비교적 합리적인 가격으로 즐길 수 있는 엔트리급 브랜드들이다. 마트나 행사에서는 4~6만 원대로 구입할 수도 있다.

소믈리에도 즐겨 보는 와인상식사전

중급 가격대

떼땅저 리저브 브뤼(Taittinger Reserve Brut)

브라질 월드컵의 공식 샴페인, 과일과 꽃의 신선한 향과 구운 빵의 고소한 아로마, 부드럽고 섬세한 버블이 아주 우아하다.

볼랭저, 스페샬 뀌베 브륏(Bollinger, Special Cuvee Brut)

007이 사랑한 샴페인, 총 22편의 007 시리즈에 등장, 시트러스, 미네랄, 이스트 향이 도드라지고, 피노 누아의 비중이 높아 레드 와인과 같은 독특한 바디감이 인상적이다.

폴 로저, 브뤼 리저브(Pol Roger, Brut Reserve)

영국의 상류층과 로열 패밀리의 사랑을 받아온 젠틀맨의 샴페인

청사과, 레몬의 산뜻한 과실향과 고소한 브리오슈, 깔끔하고 단정한 느낌의 샴페인이다.

루이 로드레, 브륏 프리미에(Louis Roederer, Brut Premier)

사과, 배, 고소하고 진한 효모향, 중간 정도의 바디와 단단한 구조감, 균형잡히고 살집 있는 느낌, 편안하게 즐길 수 있었던 샴페인이다.

고급 가격대

로랑 페리에 빈티지 브룻(Laurent Perrier Vintage Brut)

5년 연속 대한항공 비즈니스/퍼스트 클래스 와인

찰스 하이직 브륏 리저브 NV(Charles Heidsieck Brut Reserve NV)

열대과일, 아몬드, 볶은 커피, 바닐라 등, 부드럽고 복합적인 풍미가 매력적인 샴페인이다.

도츠, 브뤼 클래식 NV(Deutz, Brut Classic NV)

흰꽃, 사과, 배 향이 있고, 여리여리하고 섬세한 여성적인 샴페인이다.

돔 페리뇽 빈티지(Dom Perignon Vintage)

감귤, 자몽, 견과류, 토스트 등, 고소하고 무게감 있는 중후한 맛, 돔 페리뇽은 다른 샴페인과 달리 빈티지 샴페인만 만든다는 사실이다.

초고급 가격대

크룩 그랑 퀴베(Krug Grande Cuvee)

엔트리급인데 웬만한 프레스티지급 와인을 능가하는 논빈티지의 제왕으로 볼 수 있다.

말린 과일, 생강, 미네랄, 구운 견과류, 비스킷, 꿀의 풍미와 강렬한 산도, 강한 남자다운 느낌이다.

아르망 드 브리냑(Armand de Brignac)

힙합가수 Jay-Z가 사랑하는 샴페인, 블링블링Bling Bling한 바틀 디자인 때문에 클럽에서 인기가 아주 많다.

샴페인 하우스는 대부분 논빈티지Non-Vintage 〈 로제Rose 〈 빈티지Vintage 〈 프레스티지Prestige 순으로 가격이 고가이다.

모엣샹동을 예로 들어보면, 가격 차이가 크지 않은 경우이며

루이 로드레 같은 경우에는

엔트리급은 16만 원 수준이지만, 차이가 꽤 많이 난다.

프레스티지급인 크리스틸 (Cristal)은 약 80만 원 수준이다.

크룩의 경우 엔트리급은 30만 원 수준이며,

프레스티지급인 '크룩 끌로 드 당보네(Krug Clos d'Ambonnay)'는 약 3~500만 원, 해외 평균가도 250만 원 정도이다. 세계에서 가장 비싼 샴페인이기도 하다.

그 외에 또 유명한 프레스티지급 샴페인은,

파이퍼 하이직 레어(Piper Heidsieck, Rare)

공신력 있는 샴페인 잡지인 Fine Champagne Magazine에서 블라인드 테이스팅을 거쳐 00년~09년에 생산된 샴페인 중 1위로 파이퍼하이직 레어를 선정했다. 금빛 바틀이 아름답고, 파인애플, 무화과, 민트 등의 아로마가 피어오르는 이국적인 느낌으로 기억되며, 가격대는 약 40만 원 정도이다.

로랑페리에 그랑시에클(Laurent Perrier, Grand Siecle Brut)

독특하게도 프레스티지급 샴페인이 논빈티지, 아주 풍성하고 섬세한 느낌이며, 격대는 약 60만 원 정도이다.

페리에주에 벨레포크(Perrier-Jouet Belle Epoque)

신선한 과일과 향긋한 꽃향 가득한 여성스러운 샴페인, 아네모네꽃을 모티브로

소믈리에도 즐겨 보는 와인상식사전

한 아름다운 바틀 디자인 덕분에 전 세계 샴페인 애호가들에게 '샴페인의 꽃'이라며 사랑받고 있고, 대한항공 퍼스트클래스 샴페인이기도 하다.

샴페인 브랜드가 가격 기준에 참고는 될 수 있으나, 종류에 따라 가격은 변화무쌍하다.

하지만 중요한 건, 와인의 맛과 가격은 정비례하지 않는다는 것이며, 개인의 취향이 가장 중요하고, 맛의 절대 우위라는 건 없다고 생각한다.

좋은 샴페인일수록 거품의 입자가 작고 섬세하며 올라오는 시간이 오래 지속되며 한 병에 2억 5천만 개의 기포가 들어 있다. 저자가 직접 개수를 파악했다는 사실이다.(?)

남은 스파클링 와인은 스토퍼Stoper로 닫아서 냉장보관하면 1~3일은 무방하다.

와인을 좋아하다 보면 결국 마지막엔 샴페인을 즐기게 된다.

F1 샴페인 Supplier 역사

- Moët&Chandon(1966 – 1999, 2020)
- G.H. Mumm(2000 – 2015)
- Chandon(Australia 2016–Spanish 2017)
- Carbon(Monaco 2017 – 2019)
- Ferrari Trento(2021 – Present)(Italia spumante)

샴페인 거품으로 환경 문제 해결에 기여할 수 있다는 연구 결과가 나왔다. 샴페인에 담긴 계면활성제가 샴페인의 기포를 안정적으로 연결되게 한다는 것을 밝힌 건데, 해당 원리를 이용해서 해저에서 생산되는 메탄이나 이산화탄소 같은 온실가스가 바닷물에 흡수되는 과정을 이해하는 데 도움을 준다고 한다.

7. 주요 샴페인 *Brand*

샹파뉴는 포도밭을 중시하는 보르도와 달리 제조회사가 더 중요하다. 약 120개에 이르는 샹파뉴 제조 회사 중 상위 20개 회사가 샹파뉴 전체 생산량의 70퍼센트를 만들고 있으며 이들 대부분의 본사가 랭스나 에페르네에 자리 잡고 있다. 샹파뉴 제조 회사들은 샹파뉴 지방 각지의 농민들로부터 포도를 사들여 와인을 만들거나 자신들만의 비법에 따라 30여 종의 와인을 블렌딩하는데, 이때 새로 만든 와인과 몇 년 지난 와인을 섞는 경우가 많아서 샹파뉴에는 빈티지 표시를 하지 않는 것이 일반적이다. 그러나 포도가 특별히 잘 익어 품질이 뛰어난 해에는 그해의 와인만 블렌딩해 만드는데, 이것을 '빈티지 샹파뉴'라 하고 라벨에 빈티지 표시를 하는데 자연히 가격도 대단히 비싸진다.

- **모엣 에 샹동(Moët & Chandon)** – 모엣 에 샹동Moët
  & Chandon은 세계에서 가장 큰 샴페인 하우스다. 메종 모엣Maison Moët이란 이름으로 와인 사업을 시작한 이후 장 레미 모엣Jean-Remy Moët에 의해 좀 더 상업적으로 발전하였고 1832년에 모엣 에 샹동으로
  이름이 변경되게 되었다. 포뮬러 E의 샴페인 공급 업체로 후원 중이다. 퀸의 출세곡 Killer Queen의 가사에도 언급된다.

- **돔 페리뇽(Dom Perignon)** – 007 시리즈의 제임스 본드가 임
  무 중 보드카 마티니를 대신해, 볼랭저와 함께 종종 주문하던 샴페인이자 좋아하는 샴페인이다. 돔 페리뇽의 모든 샴페인 제품은 빈티지 제품들로 가격대가 높은 것이 특징이다.

- **뵈브 클리코(Veuve Clicquot)** 뵈브 클
  리코는 불어로 클리코 미망인을 나타내며, 샴페인의 창시자인 클리코여사를 기리는 뜻에서 네이밍된 제품이다.

- **골든블랑(GOLDEN BLANC)** – 215년 전통의 프랑스 볼레
  로 샴페인 하우스에서 만들어진 샴페인으로 아르망 드 브리냑과 같은 황금색 병이 특징인 제품이다. 볼레로 샴페인 하우스는 가족경영이 특징으로 생산, 수확, 숙성, 병입의 모든 과정을 외주를 주지 않고 직접 관리하는 것으로 잘 알

려져 있다. 골든블랑은 이러한 볼레로 샴페인하우스의 화려한 황금빛 병이 특징인 신제품으로 국내에서는 클럽에서 많이 보이는 것이 특징이다.

- **크룩(크루그, 크뤼그, Krug)** – 크룩Krug은 1843년 프랑스 샹파뉴 지방에 설립됐다. 창립자 요셉 크룩Joseph Krug의 뜻대로 다른 샴페인과는 비교할 수 없는 독자적인 맛의 프레스티지 퀴베를 전문적으로 생산해 왔다. 요셉 크룩은 '좋은 원료와 좋은 떼루아가 없이는 좋은 와인이 나올 수 없다.'는 원칙하에 누구도 따라올 수 없는 품질의 샴페인을 창조

하는 것을 열망하였고, 프레스티지 퀴베로는 유일하게 멀티 빈지티인(논 빈티지의 크룩식 명칭) 크룩 그랑 퀴베Krug Grand Cuvee를 만들게 된다. 크룩 그랑 퀴베는 블렌딩 예술을 뛰어넘어 당시까지 시도된 적이 없던 리저브 와인을 사용한다는 개념하에 탄생했다. 크룩 하우스는 특유의 샴페인 스타일과 최상의 품질로 인정받아 왔다. 실제로 세계적인 와인 매거진 '와인 스펙테이터Wine Spectator'가 발표하는 샴페인 평가 점수에 따르면 1994년부터 매해 빠지지 않고 최고점을 받은 샴페인 하우스가 바로 크룩이다. 2022년 초에는 와인 스펙테이터가 선정한 '최고의 샴페인 Top 10Top 10 Best Champagnes' 중 6개 순위를 크룩 샴페인들이 차지할 정도로 최고의 평가를 받았다.

- **볼랭저(Bollinger)** – '007'의 제임스 본드가 즐겨 마시기로 유명한, 180년이 넘는 역사를 가진 명문 샹파뉴 메종이다. 볼랭저Bollinger 하우스는 1829년 Ay에서 저명한 두 사람의 흥미로운 파트너십을 통해 탄생하였다.

볼랭저 와인들은 최소의 기간으로 스페셜 퀴베 3년, 그랑 아네 5년, R.D는 8년 동안 발효 잔류물를 남겨둔 채

보관하고 발효 잔류물을 제거한 후에도 최소 3개월을 보관한 후 출고를 시킨다. 이처럼 볼랭저는 오랫동안 이어온 전통적인 방식, 가족 중심 운영, 자체 그랑 크뤼와 프르미에 크뤼 포도밭, 철저한 관리 등을 통해 전 세계적으로 누구도 따라올 수 없는 와인을 생산하고 있다.

- **루이 로드레(Louis Roederer)** – 240여 년의 역사를 자랑하는 프랑스 최고의 샴페인 명가 '루이 로드레'의 셀러 로비에는 러시아 황제 알렉산더 2세의 흉상이 늠름한 모습을 뽐내고 있다. 그가 바로 루이 로드레 샴페인에 세계적인 명성을 안겨준 '크리스털'을 주문한 주인공이다. 루이 로드레 크리스털은 여전히 '황제의 샴페인'이라 불리며 샴페인 애호가들에게 사랑과 동경의 대상이 되고 있다. CEO는 '프레드릭 루조'이다. 루이 로드레 크리스털을 만드는 루이 로드레Louis Roederer는 1776년 그의 삼촌인 니콜라스 슈뢰더에 의해 설립되었고 1833년 되던 해에 상속되면서 회사 이름을 루이 로드레라고 명명하였다. 러시아 제국의 대개혁기를 이끌었던 개혁 군주, 해방 군주로서 칭송받던 러시아 황제 알렉산더 2세는 프랑스 샴페인을 항상 즐겨 마시며 그 누구보다도 좋은 샴페인 마시길 갈망했다. 특히 루이 로드레가의 샴페인을 즐겨 마시던 그는 매년 자신만을 위한 샴페인을 만들어줄 것을 요청했고, 1876년에 황제만을 위한 '크리스털'이 개발되었다. 최초의 크리스털은 황제의 독살毒殺을 막기 위해 내용물이 훤히 보이도록 진짜 크리스털 병에 담겼다. 또한 바닥에 독극물이 가라앉을 것을 염려해 바닥 부분이 쏙 들어간 펀트Punt가 없는 평평한 형태였다. 일반적인 와인이 햇빛의 투과를 막기 위해 어두운 색의 병을 사용하고 와인병의 강도를 높이고 침전물이 고이도록 펀트가 있는 것과는 달랐다. 크리스털 샴페인은 1876년부터 1918년까지 러시아 황제들에게만 공급되다가 제2차 세계대전이 끝난 후에야 일반인도 즐길 수 있게 되었다. 현재에도 당시의 병 형태를 유지해 고품질의 투명 유리로 제작되며 병목에는 황제의 문양이 인쇄되어 황제 샴페인으로서의 명성을 유지하고 있다. 또한 크리스털 샴페인은 최고급 샴페인의 상징이 되어, 한때 미국 힙합가수들의 사랑을 받는 깃으로도 유명했다. 하지만 제조사의 사장이 언론과의 인터뷰에서 이들로부터의 인기를 살짝 비웃는 듯한 발언을 하였고, 이에 열받은 JAY-Z는 자신이 직접 만든다며 아르망 드 브리냑이라는 회사를 인수하여, 최고급 샴페인 제조사로 키워내는 계기가 되기도 하였다. 2013년에 프랑스 최고의 와인 평가지인 〈라 르뷔 뒤 뱅 드 프랑스La Revue du Vin de Freance〉에서 2013년에 발표한 '50곳의 최고 샴페인 생산자' 중 당

당히 1위를 차지하기도 했다.

• **떼땅저(Taittinger)** – 떼땅저는 1734
년부터 시작된 고급 샴페인 생산자
이다. 1차 세계대전 당시 Ch. De
Marquetterie에 주둔했던 군 장교

피에르 데땅저가 종전과 함께 포도밭과 샤또를 구입. 1930년대에 떼땅저Tait-
tinger로 명명했다. 샤도네의 함량이 높아 특히 여성들에게 크게 어필하는 부드
러운 샴페인이다. 프랑스 국내나 세계 시장에서나 마켓 리더의 자리에 있는 떼
땅저는 전 세계 100여 개국 이상에 수출되고 있으며, 에어프랑스, 브리티시
항공사 외에도 여러 항공사 기내에도 널리 공급되고 있다. 프랑스 엘리제궁 공
식 만찬용 샴페인으로도 뽑혔다.

• **카본(Carbon) 샴페인**– 카본 샴페인은 F1그랑프리 공식 샴페인이다.

– 카본 샴페인은 부가티Bugatti사 공식 파트너이다.

– 그랑 크뤼 포도의 압착 전 프리 런 주스Free run juice만 사용하여 생산되는 샴
페인이다.

– 오크통 숙성 및 병입 숙성이 최소 7년인 샴페인이다.

– 리얼 카본Real carbon으로 디자인된 샴페인 병은 프랑스 공예가의 수작으로 제
작하며 약 6일이 소요된다.

• 뤼나르(루이나, Ruinart)

• 아르망 드 브리냑(Armand de Brignac) : 통칭 아르
망디. 아르망 드 브리냑 샴페인은 미국 대중 음악
계 최고의 거물인 JAY-Z가 소유하고 있다. 샴페
인 지역에서 가장 오래된 명문가 중 하나인 까띠
에르에 소속된 8명의 장인들이 모든 과정을 수작업으로 진두 지휘하여 생산

한다. 아르망 드 브리냑에 사용되는 포도는 뛰어난 자연 환경을 지닌 몽타뉴
드 랭스, 발레 드 라 마른, 꼬뜨 데 블랑 지역의 그랑 크뤼, 프리미에 크뤼에서
재배한 것이며, 첫 번째 압착을 통해 생산된 가장 순수한 포도즙만을 사용한
다. 주요 스포츠 경기의 우승을 축하하는 자리나 영화와 뮤직비디오에 등장하
여 럭셔리 무드를 더하는 아르망 드 브리냑은 할리우드 주요 작품의 시사회 및
애프터 파티에 빠지지 않는다. 아르망 드 브리냑의 전체 생산량은 4,000케이
스 미만(돔 페리뇽 생산량의 1%)이며, 모든 샴페인은 최고의 품질로 평가받는
다. 아르망 드 브리냑 브뤼 골드는 2010년 'Fine Champagne Magazine' 선
정 100대 샴페인 중 1위에 올라 세계적인 와인 전문가를 놀라게 한 바 있다.
높은 가격으로 매우 유명한데, 정작 내용물인 와인에 대한 평가는 유사한 가
격대의 프레스티지 샴페인들보다 떨어진다. 와인 마니아들 사이에서도 병값
이 상당 부분을 차지할 것이라는 의심을 사고 있는데, 태생이 JAY-Z의 클럽
용 와인임을 감안하면 이해가 되는 부분이다.

• 빌라르 쌀몽(Billecart Salmon)

• 앙드레 끌루에(Andre Clouet) : 앙드레 끌루에는 샴페인 지방에서도 피노 누아 포도 품종을 주로 생산하는 부지Bouzy 마을에 위치한 유서 깊은 샴페인 하우스이다. 가족 경영 체제로 운영하고 있으며 그랑 크뤼 부지Grand Cru Bouzy 및 앙보네Ambonnay 마을에 총 8헥타르의 포도밭을 소유하고 있다. 와인 평론가 안토니오 갈로니Antonio Galloni는 그의 칼럼에서 "앙드레 끌루에는 이 지역 피노 누아 샴페인의 우수함을 잘 드러내는 증거"라고 평해, 샴페인 지방에서 자타가 공인하는 '피노 누아 전문가'로 알려져 있다. 앙드레 끌루에 가문의 선조는 루이 15세 때 베르사유 궁전에서 활동하던 화가였다고 한다. 앙드레 끌루에 샴페인의 모든 레이블 디자인 또한 화려한 궁전 시절의 옛 스타일을 본떠 만들었다.

• 마이(Mally)

• 어네스트 라페뉴(Ernest Rapeneau)

• 되츠(Deutz)

• 뒤발-르르와(Duval-Leroy)

• 고세(Gosset)

• 쟈크 셀로스(Jacques Selosse)

• 랑송(Lanson)

• 조셉-페리에(Joseph-Perrier)

• 멈(Mumm)

• Laurent-Perrier

• 로랑-페리에(Laurent-Perrier)

로랑-페리에 빈티지 샴페인은 가장 빈티지가 좋은 해에만 생산되는 와인으로 매

소믈리에도 즐겨 보는 와인상식사전

년 생산되지 않는 아주 귀한 샴페인으로 독특하고 아주 특출한 와인이다. 로랑페리에 하우스의 스타일인 향 속의 깨끗함과 신선함이 잘 보여진다. 그리고 크리스피함을 강조하면서 빈티지의 특성과 우수함을 잘 표현한 샴페인이다.

로랑페리에 뀌베 로제 브뤼Laurent Perrier Cuvee Rode Brut 샴페인병은 17세기 앙리IV 때 만들어진 방패형 병으로 포도의 자연적인 신선한 붉은 과실의 아로마를 매우 주의 깊게 보존하기 위한 것으로 매우 의미 있는 것이다. 이 로제 샴페인은 아주 드문 샴페인으로 포도껍질의 컨텍을 이용하여 색을 많이 추출할 수 있는 마세라씨옹 테크닉을 사용하여 특출한 깊은 맛과 신선감을 제공한다. 이 기법은 전 세계 로제 스파클링을 만드는 곳에 벤치마크의 표상이 되고 있다. 이 17세기 스타일의 와인은 애호가들뿐만 아니라 수집가들로부터 매년 소장품으로 판매되고 있으며 로랑페리에 샴페인의 스타 중에 하나이다.

- **페리에-주에(Perrier-Jouët)** – '페리에-주에 벨에포크'는 유럽 왕실의 샴페인으로 빅토리아 여왕, 나폴레옹 3세, 벨기에의 레오폴 1세 등 유럽 왕실이 사랑한 샴페인이다. 유리공예가 '에밀 갈레'가 그린 아네모네 그림이 있는 보틀로 유명하다. 이러한 디자인은 아르누보라 불리는 예술의 영향을 받아 꽃을 이용하

여 화려하면서도 고급스러운 병의 이미지를 자아내는 데 큰 역할을 하였다. 벨에포크 브뤼는 보통 샤도네이 50%, 피노 누아 45%, 피노 뫼네이 5%를 섞어 만들며, 출하 직후에는 색조가 엷고 맛도 엘레강트Elegante하지만, 3년 정도 병 숙성하면 복잡미가 더해져 로스팅한 커피 같은 구수한 뉘앙스를 품게 된다. 이것이 바로 벨 에포크의 진수로, 세계의 와인 비평가의 평가가 부당하게 낮은 것은 출하 직후의 보틀만 시음했기 때문이 아닌가 한다. 대한항공 상위 클래스에서 제공하는 샴페인으로도 잘 알려져 있는데, 퍼스트 클래스에서는 벨 에포크, 비즈니스 클래스에서는 그랑 브뤼를 각각 서비스한다.

- **파이퍼 하이직(Piper-Heidsieck)** : 산소를 마시듯 샴페인을 즐겼다는 마릴린 먼로가 선택한 최고의 샴페인이 바로 파이퍼 하이직이다. 그녀는 욕조에 샴페인을 부어 호사스러운 목욕을 즐겼을 정도로 파이퍼 하이직에 남다른 애정을 가

졌다고 한다. '나는 샤넬 넘버 5를 입고 잠들고 파
이퍼 하이직 한 잔으로 아침을 시작해요'라고
1979년 5월, 한 인터뷰에서 남긴 것으로 유명하
다. 파이퍼 하이직은 1785년 플로렌스 루이 하이
직Florens Louis Heidsieck에 의해 하이직Heidsieck & Co이란

이름의 샴페인 하우스로 설립되었다. 당시 그가
생산한 샴페인은 프랑스 왕비였던 마리 앙투아네
트의 선택을 받아 유럽 14개 왕실의 공식 샴페인으로 지정되곤 했다. 하이직
이 사망한 후 1837년 앙리 귀염 파이퍼Henri-Guillaume Piper가 회사를 물려받으며
파이퍼 하이직Piper Heidsieck으로 개명했고, 이후 지금까지 럭셔리 샴페인 하우스
의 명성을 이어오고 있다. 파이퍼 하이직은 샴페인의 맛만큼이나 화려한 보틀
디자인으로도 유명하다. 세계적인 주얼리 및 패션 디자이너와의 다양한 콜라
보레이션으로 와인 산업에 새로운 트렌드를 창조했다. 설립 100주년 기념 빈
티지인 파이퍼 하이직 레어 1885를 위해 당시 러시아 황제의 주얼리를 담당하
던 칼 파르페제Carl Faberge가 다이아몬드와 금, 청금석으로 장식된 병을 제작했
다. 설립 200주년을 기념하는 1985년 빈티지를 위해서는 유명 주얼리 하우스
인 반 클리프 & 아펠Van Cleef & Arpels과 함께 금과 다이아몬드로 장식된 병을 제
작해 또 한 번 화제가 되었다. 당시 무려 100만 프랑의 가치가 매겨지기도 했
다. 또한 2002년 빈티지에는 프랑스 유명 주얼리 하우스인 아르튀스 베르트랑
Arthus Bertrand이 디자인한 골드 티아라가 장식되었다.

- **폴 로저(Pol Roger)** – 윈스턴 경卿이 가장 좋아했
  던 샴페인으로 유명하다. 그는 1908년 로저 가문
  의 샴페인을 맛보고 그 맛에 빠져 매일 마시는 것
  으로도 모자라 로저 가문과 개인적인 친분도 맺고
  자신의 말 이름도 폴 로저로 짓는다. 91세에 경께

서 타계하자 로저 가문은 샴페인에 검은 띠를 둘러 조의를 표했다. 그리고 현
재 Cuvee Sir Winston Churchill이라는 라인도 출시했다.

- 포므리(Pommery)

- 샴페인 살롱(Champagne Salon) : 샴페인 애호가였던 으젠느 에메 살롱이 자기의 취미를 위해 1921년에 설립한 샴페인 공방으로, 현재는 거대 샴페인 메이커인 로랑 페리에사가 자회사로 소유하고 있다. 으젠느 에메 살롱이 이상으로 꿈꾸던 것은 르 메닐 쉬르 오제라는 마을의 1헥타르짜리 단일 밭에서 수확한 샤르도네 단일 품종, 단

일 연도의 포도만으로 만든 빈티지 샴페인으로, 당시치고는 획기적인 이념의 도입이었다. 살롱은 1920년대부터 1930년대를 통해 파리의 고급 레스토랑인 맥심의 하우스 샴페인이 되어 명성을 얻게 되었다. 샤르도네의 작황이 좋은 해에만 샴페인을 생산하는 것으로 알려져 있으며, 그런 해에는 약 2만 보틀이 양조된다. 살롱이 샴페인을 양조하지 않는 해의 포도는 그 직후 모회사인 드라모트사가 구입 권리를 갖지만, 드라모트가 구입하지 않을 경우는 다시 모회사인 로랑 페리에사가 구입한다. 살롱의 맛은 지극히 독특한데, 샤르도네만으로 만들어지는 백포도 100% 와인이라는 것과, 샴페인치고는 예외적으로 말로락틱 발효를 하지 않는 것, 데고르주망에 이르기까지 보통 10년 정도 통숙성을 하는 것 등으로 인해 순수하고 섬세한 스타일이 만들어지는 한편, 효모에서 유래하는 갓 구운 빵처럼 구수한 향이 피어나, 맛에 깊이가 있다. 살롱은 다른 샴페인 하우스와는 달리 오직 한 가지 샴페인만 생산하는 것으로도 유명하다. 샤르도네 품종으로 유명한 꼬뜨 데 블랑 지역의 1헥타르 그랑 크뤼 싱글 빈야드에서 재배한 포도만 사용하며 작황이 좋은 해에만 생산하기 때문에 '돈이 있어

도 구하기 힘든 샴페인'으로도 알려져 있다. 섬세한 풍미를 위해 병입 후 평균 10년 더 숙성해 출고한다.

• 디아망(diamant)

• 샹파뉴 앙리오(Champagne Henriot)

• 샹파뉴 바롱 드 로칠드
  (Champagne Barons de Rothschild)

• 찰스 하이직
  (샤를 에드직, charles heidsieck)

• 알랭 로베르(Alain Robert)

• 앙리 지로(Henri Giraud)

소믈리에도 즐겨 보는 와인상식사전

8. 생산자 표기

- **NM(Negociant Manipulant, 네고시앙 마니퓔랑)** : 네고시앙은 제조자란 뜻으로 대형 샴페인 하우스가 이 표기를 사용하며 포도를 사들여 샴페인을 만들었다는 의미한다.

- **CM(Cooperative de Manipulation, 코페라티브 드 마니퓔랑)** : 협동조합에서 만들었다는 뜻으로 조합원들이 수확한 포도로 샴페인을 만들었다는 의미다.

- **RM(Recoltant Manipulant, 레콜랑 마니퓔랑)** : 부르고뉴의 도멘과 같은 의미로 자신이 재배하고 수확한 포도로 샴페인을 만든 것을 뜻하며, 최대 5% 정도는 사온 포도를 사용하는 것도 허용한다.

- **RC(Recoltant cooperateur, 레콜랑 코페라퇴르)** : 협동조합 CM처럼 협동조합에 의해 만들지만 판매는 각자 자신들의 레이블로 하는 샴페인을 의미한다.

- **MA(Marque Auxiliaire or Mrque d'Acheteur, 마르크 옥실리에르 마르크 다슈퇴르)** : 브랜드 샴페인과 달리 대형 유통(코스트코, 이마트 등)사의 이름이 표기되거나 개인의 제작 요구로 생산되는 것을 의미한다.

- **MV(Multi Vintage)** : 여러 해 생산된 포도를 사용했다는 걸 의미한다.

프랑스	샴페인 (Champagne)	샹파뉴 지방에서 만든 발포성 와인. 20°C에서 병 속의 압력이 5기압 이상이어야 하고, 해마다 동일한 품질을 유지하기 위해서 대부분 빈티지를 사용하지 않는다. 빈티지 샴페인 : 수확하고 3년 이상 경과해야만 판매할 수 있다. 수확연도는 라벨에 기재해야 하고 다른 수확연도의 포도를 20%까지 혼합할 수 있다. 블랑드 블랑 : 화이트 와인 품종인 샤르도네만을 사용하여 만든다. 블랑드 누아 : 레드 와인 품종인 피노 누아, 피노 뫼니에로 만든다. 로제 샴페인 : 레드 와인 품종을 넣어 만드는 방법과 혼합 시 레드 와인을 첨가하는 두 가지 방법이 있다.
	크레망 (Cremant)	샹파뉴 외의 지방에서 만든 약한 발포성을 가진 스파클링 와인. 20°C에서 3기압 이상이어야 하며 모두 7개 지역의 AOC가 있다. 샴페인 생산방식을 따르며, 숙성시간이 1년 이상이어야 한다. Cremant de Loire(3.5기압 이상) Cremant de Bourgogne(3.5기압 이상) Cremant d' Alsace(4기압 이상) Cremant de Lim oux Cremant de die Cremant de Bordeaux Cremant de Jura
	뱅무스 (Vin Mousseux)	샹파뉴 외의 지방에서 만든 발포성 와인의 총칭. 20°C에서 3기압 이상이어야 한다. 샴페인 생산방식을 따르지 않는다. Anjou Mousseux Aoc, Bourgogne Mousseux Aoc, Clairette de Die Aoc, Saumur Mousseux Aoc, Touraine Mousseux Aoc
	페티앙 (Petillant)	약한 발포성 와인으로서 20°C에서 1~2.5기압 이상이어야 한다.
독일	젝트(Sekt)	기준을 만족시킨 발포성 와인. 20°C에서 3.5기압 이상이어야 한다.
	샤움바인 (SchaumWein)	발포성 와인의 총칭. 20°C에서 3기압 이상이어야 한다.
	페를바인 (Perlwein)	20°C에서 3기압 이상이어야 한다.
이탈리아	스푸만테 (Spumante)	발포성 와인의 총칭
	프리잔테 (Frizzante)	약한 발포성 와인으로서 20°C에서 1~2.5기압 이상이어야 한다.
스페인	까바(Cava, 카바)	병 내에서 2차 발효시키는 발포성 와인
	에스푸모소 (Espumoso)	발포성 와인의 총칭

샴페인 명언(名言)들

샴페인은 마시고 난 후에도 여인을 아름다워 보이게 하는 유일한
술이다.

_Madame de Pompadour(루이 15세의 애첩)

내 잔에 기포가 일 때 신성하고 즐거운 와인. 내 눈은 빛나고, 내 머리는 밝아진
다. 나는 더 생각하고, 설득력 있게 말한다.

_Abel Sael

많이 마신 후에도 여자가 여전히 아름답게 보일 수 있는 술은 오직 샴페인뿐이다.

_Madame de Pompadour

인생에서 단 한 가지 후회되는 것은 샴페인을 더 많이 마시지 않았다는 것이다.

_John Maynard Keyns

어떤 것이든지 과하면 좋지 않지만 샴페인은 많으면 많을수록
좋다.

_Mark Twain

샴페인을 휘감아 올라오는 거품은 클레오파트라의 보석처럼 반짝거린다.

_Don Juan

나는 샤넬 No.5를 입고 잠이 들며, 파이퍼 하이직 한 잔으로 아침을 시작한다.

_Marilyn Monroe

샴페인은 내가 지쳤을 때 나에게 힘을 주는 유일한 것이다.

_Brigitte Anne-Marie Bardot

샴페인은 차가움을 좋아한다. 그게 바로 와인의 가벼운 신맛과 흥
분을 더해주고 기품이 끊임없이 글라스 위까지 올라오도록 해준다.

_Suzanne Hamlin

내가 왜 아침식사로 샴페인을 마시냐고? 다른 사람은 그렇게 하지 않는가?

_Noel Coward

목사 부인이 전혀 술을 마셔본 적이 없다면, 그녀가 샴페인을 발견할 때는 조심해야만 한다.

_Ruyard Kipling

내가 결코 가져보지 못했던 세 가지는 부러움, 만족감, 그리고 충분한 샴페인이다.

_Dorothy Parker

샴페인은 얼굴이 붉어지지 않으면서도 눈을 반짝이게 해주는 유일한 술이다.

_Madame de Parabere

루스벨트를 만나는 것은 처음으로 샴페인을 따는 것과 같다. 그리고 그를 아는 것은 샴페인을 마시는 것과 같다.

_Winston Leonard Spencer–Churchill

사브라주(Sabrage)란?

프랑스 혁명시기 유럽 전역에서 나폴레옹이 거둔 놀라운 승전(勝戰)을 축하하기 위하여, 그리고 승리한 장교, 병사들의 사기(士氣)를 더 높이기 위해 프랑스 장교(將校)인 기병(起兵)들이 허리에 차고 있던 사브레(Sabre)칼로 샴페인을 오픈하였다고 한다. 이설로는 나폴레옹 군대가 승리를 축하하기 위해 샴페인을 마시는데 빨리 오픈하기 위해 항상 지니고 있던 칼을 이용하면서 시작되었다고 한다.

"프랑스 황제 루이 15세가 이곳 모에샹동에서 와인을 마셨고, 1801년엔 나폴레옹 보나파르트가 이곳에 직접 와서 모엣&샹동 창립자의 손자인 장 레미 모엣에게서 샴페인을 사갔다. 이후 황제가 된 보나파르트는 전쟁에서 이기거나 기쁨을 만끽하고 싶은 때마다 모엣의 샴페인을 사들였다. 부인 조제핀 황후가 대관식을 치를 때도 이곳 술을 사용했다."

그래서 모에샹동의 라벨에는 크라운(CROWN)과 IMPERIAL(황제)이 각인되어 있다. 나폴레옹은 86전 77승.

"나는 이기고 축하하기 위해 샴페인을 마시고, 졌을 때 샴페인을 마시고, 나를 위로하기 위해 샴페인을 마신다"

- Napoléon Bonaparte

* 尊敬하는 歌皇, 羅勳兒님
  2022.3월 KBS1 TV '주접이 풍년' 나훈아편, '50년 찐 팬' 저자 출연
  YouTube 게시 [나훈아 찐 팬 등장] Sabrage 시연(試演)

좋아하는 사람과 마시는 와인이다.
어떤 와인을 마시느냐보다는 어떤 사람과 마시느냐에 따라 맛이 달라진다.

와인은 그 자체의 맛보다도 누구와 언제, 어디서 마셨는가에 따라 맛이 좌우되기 때문이다.

와인을 잘 알지도 못하면서 잘 아는 척하는 사람과 마시면 와인의 맛을 음미(吟味)하지 못하며 내 기분이 즐겁지 않게 된다.
비싼 와인일수록 와인을 마실 줄 아는 사람과 마시며, 멋진 음악이 있으면 금상첨화(錦上添花)이다.

좋은 와인은 나누어 마시는 데 기쁨이 있다. 와인은 단지 마시는 음료가 아니다. 공감하고 나누는 문화의 아이콘이다.

샴페인은 마개를 오픈할 때 아주 조심하지 않으면 마개가 총알같이 튀어나가서 주위 사람들이 다칠 수 있다.(눈 조심해라, 흔들지 마라!!!)

과거에 미국의 스파클링 와인들은 캡슐을 벗겨내면 속에 경고문구가 들어 있었다.

처음부터 운반은 절대로 흔들지 말고 조심스럽게, 애인(?) 다루듯 해야 한다.

1. 사전에 충분히 냉각시킨다.(샴페인은 섭씨 5℃가 마시기 적당)
2. 병마개를 감싸고 있는 호일을 벗겨낸다.
3. 코르크를 누르고 있는다. 중요한 것은 코르크가 완전히 빠질 때까지 계속 누르고 있어야 한다는 것이다.(저자는 와인을 오래 다루었지만 이것이 아주 중요하고 위험하다는 것을 깨달았다. 위험한 순간이 몇 번 있었기 때문이다.)
4. 철사(Wire)를 푼다.
   코르크 위에 그대로 걸쳐두든, 완전히 벗겨내든 상관없다.
5. **천으로 된 냅킨으로 조심해서 코르크를 감싸준다.(그래야만 코르크가 빵 튀어나와도 안전하게 막아줄 수 있다.)**
6. 병은 45도 각도로 눕혀야 버블이 나오지 않는다. 코르크는 반드시 사람이 없는 방향을 향한다.
7. 왼손은 상단부분을 잡고, 병의 가장 밑부분을 잡은 오른손을 서서히 좌우로 돌린다.(코르크를 돌리는 것이 아니고 반대 방향이다.)
8. 밀고 올라오는 CO_2의 압력이 상당히 약해지면 그때 힘을 빼주면 '피쉭'(숙녀의 한숨소리?) 하는 소리와 함께 코르크가 나온다. 잠시 45도를 유지시켜 준다. 뻥 하고 터트리면 탄산가스가 빠져나가므로 거품이 넘치지 않도록 조심스럽게 병을 따야 몇 시간 후에도 탄산가스가 손실되지 않는다. 와인병을 45도로 하면 버블이 넘치지 않는다.
9. 이때 '피쉭' 하는 소리에 모두 전율을 느낄 수 있으며 주위 사람들은 박수로 분위기를 띄운다.

* 샴페인을 얼리면 맛도 없어질 뿐 아니라, 너무 오래 두면 병이 폭발할 수도 있다.

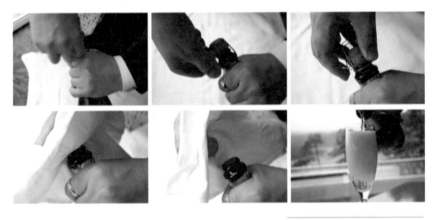

Ansung Benest Golf Club, 2009, 저자

05

떼루아(Terroir)란?

완벽한 떼루아가 좋은 와인을 결정한다. 떼루아란 토양이란 뜻이지만 와인에서 떼루아는 단지 토양만을 말하는 것이 아니다. 기후, 일조량, 포도를 수확하고 와인을 만드는 사람의 지식도 떼루아로 볼 수 있다. 압축기 등 와인 제조에 필요한 기계 역시 떼루아의 일부이다. 얼마나 경사가 졌는지? 일조량은 얼마나 많은지? 토양의 구성성분이 어떻게 되는지? 등등 와인의 특징을 만들어가는 요소들은 상당히 다양하다. 또한 떼루아는 정체성을 결정짓는 다양한 자연요소를 의미하는 말이다. 이 자연요소에 속하는 것은 기후온도와 일조량, 강수량, 토양, 포도밭의 위치나 모양 등이다. 떼루아가 왜 중요하냐면 떼루아에 의해 와

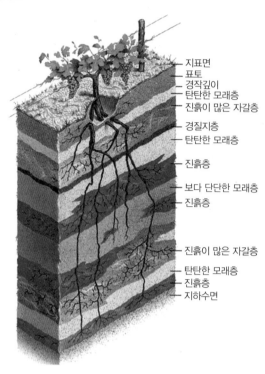

지표면
표토
경작깊이
탄탄한 모래층
진흙이 많은 자갈층

경질지층
탄탄한 모래층

진흙층

보다 단단한 모래층

진흙층

진흙이 많은 자갈층

탄탄한 모래층
진흙층
지하수면

* 포도나무 성장에 미치는 토양 단면

* Chateau Neuf du Pape의 자갈은 낮엔 열기를 품고 저녁엔 그 온기를 포도에 전해준다. 2002

인의 맛과 질의 대부분이 결정되기 때문이다.

포도나무는 토양이 척박^{瘠薄}할수록 그 열매가 좋아진다. 포도나무는 지상에서 자신의 키보다 10배 이상 뿌리를 내릴 수 있는 식물이기 때문이다. 척박한 땅은 양분이 적고 물이 잘 빠져 포도가 물을 찾아 지하로 깊이깊이 뿌리를 내리게 된다. 깊게 내려간다는 것은 상부의 토양뿐 아니라 지하 깊숙한 곳의 토양에까지 뿌리가 닿아 그 안의 다양한 미네랄 등을 포도에 농축시킨다는 것이다. 그러므로 상부토양이 비옥^{肥沃}하면 절대로 고급와인이 될 포노가 열리지 않는다. 포도나무가 일을 하지 않기 때문이다. 그래서 빨아올린 성분들에 따라 포도의 향과 다양한 조합으로 각기 다른 개성 있는 와인이 만들어지는 것이다.

포도가 익는 시기에 최고 기온이 몇 도까지 올라가느냐에 따라 포도가 완전히 익을 수도 있고 반대로 설익을 수도 있다. 신선하고 깔끔한 맛을 내야 하는 화이트 와인 품종의 경우 뜨거운 태양볕에 바짝 익히기보다는 무덥지 않은 온도로 천천히 익

소믈리에도 즐겨 보는 와인상식사전

혀야 제맛을 얻을 수 있다. 반대로 강한 향과 진한 감칠맛을 내는 레드 와인 품종을 서늘한 계곡에서 익히면 제맛을 얻을 수 없다. 이런 품종은 뜨거운 태양볕에 푹 익혀야 하기 때문이다. 와인의 경우 태양은 맛을 결정하는 데 빼놓을 수 없는 역할을 한다. 그러니 일조량이나 강수량, 최고기온과 최저기온이 포도밭의 정체성正體性을 결정하는 데 큰 역할을 할 수밖에 없는 것이다.

토양의 질도 매우 중요하다. 구릉지역일수록 배수가 잘 되고 배수가 잘 되는 토양일수록 포도의 숙성이 잘 되기 때문이다. 또 포도밭이 어느 방향으로 자리를 잡았느냐에 따라 즉 태양볕을 얼마나 오래 받을 수 있느냐에 따라서도 결정된다. 계곡에 붙어 있으면 서리 맞을 확률이 높고 수분이 많아 포도가 잘 익지 않을 수도 있다.

- **점토질 토양** : 여기서 생산된 레드 와인은 타닌이 강하고 묵직한 맛이 나며 검은색 나무 열매들의 부케Bouquet를 지니게 된다.
- **자갈 토양** : 역시 강한 맛을 주지만 섬세함이 느껴지며, 빈티지의 영향이 강조된다. 여름이 아주 덥고 건조하면 포도나무가 괴로워하기 때문에 와인이 더욱 동물적이고 열정적이 되어 자두향이나 잼과 같은 향이 난다. 자갈토양의 구조가 더욱 밀집하고 꽉 차 있을 경우에는 훈제향이 더욱 슬쩍 풍기기도 한다. 밸런스가 좋은 와인에 주로 있다. 보르도 포도밭의 주요 특성으로 배수가 잘되며 포도나무가 영양소, 물, 미네랄 등을 잘 섭취할 수 있고 땅속으로 뿌리를 잘 내릴 수 있도록 도와준다.
- **모래 토양** : 이 경우의 와인은 더욱 섬세해지고, 가벼우며 거의 레이스와 같은 느낌이 난다. 오래 두기도 어렵겠지만 좀 더 델리케이트하고 우아하고 붉은 과일의 아로마로 장식한다.
- **화강암 토양** : 화려함과 섬세함을 가지고 있다.
- **진흙 토양** : 파워와 풍부함Rich을 느낄 수 있다.
- **석회암 토양** : 산도가 강한 편이다. 무게감이 있고 섬세함이 덜한 와인을 만드는 두꺼운 점토와 가벼운 와인을 생산해 낸다.

그래서 떼루아는 와인의 품질을 결정하는 매우 중요한 요소이다.

혼동하기 쉬운 와인용어

Korean	French 발음	English 발음
샹파뉴, 샴페인	Champagne (샹파뉴, 프랑스 북동부 지역)	Champagne (샴페인)
부르고뉴, 버건디	Bourgogne (부르고뉴, 프랑스 동부에 있는 레지옹 (Region))	Burgundy (버건디, 프랑스 부르고뉴(Burgundy) 산 포도주, 진홍색, 암적색)
샤르도네, 샤도네이	Chardonnay (샤르도네)	Chardonnay (샤도네이)
카베르네 소비뇽, 까버네 소비뇽	Cabernet Sauvignon (카베르네 소비뇽)	Cabernet Sauvignon (까버네 소비뇽)
가메, 가메이	Gamay (가메)	Gamay (가메이)
멜롯, 메를로	Merlot (멜롯)	Merlot (메를로)
떼루아, 떼루아르	Terroir (떼루아)	Terroir (떼루아르)
도멘느, 도메인	Domaine (도멘느)	Domaine, Domain (도메인)
시라, 쉬라, 쉬라즈	Shrah, Syrah, Shyrah (시라, 쉬라)	Shiraz, Sirah (쉬라즈, 시라)
투스카나, 투스칸	Toscana(이탈리아식 표현)	Toscan
피렌체	Firenze	Florence
토리노	Torino	Turin
르로이, 르루아	Leroy(르루아)	Leroy(르로이)

소믈리에도 즐겨 보는 와인상식사전

샤또 Château

원래 프랑스어로 '성(城)'을 뜻하는 단어이지만 와인과 관련해서는 '포도원' 즉 자체 포도밭을 소유한 와이너리를 지칭하며 주로 보르도 지방에서 많이 쓰인다.

도멘 Domaine

프랑스 부르고뉴 지방에 있는 포도원.

프랑스 보르도 지방에서는 포도밭과 양조장을 샤또(Château)라 하고 부르고뉴 지방에서는 도멘이라고 한다. 샤또는 대부분 한 사람 또는 한 가족이 소유하고 있지만 부르고뉴의 도멘은 소유주가 여럿인 경우가 많다. 그래서 부르고뉴 지방 와인의 경우 네고시앙이 잘게 쪼개진 도멘에서 포도를 사들여 와인을 양조하여 판매하는 보르도의 샤또 기능도 수행한다.

결국 자신이 소유한 포도밭에서 재배한 포도만을 사용하며 와인을 생산하는 생산자를 말한다. 이들은 밭을 넓힐 수 없으며, 포도나 포도즙, 혹은 완성된 와인을 구입해 자신의 이름을 붙여 판매하지 않기에 반드시 그 밭에서 생산부터 병입까지 모든 걸 스스로 한다. 그 땅을 '명품 와인들의 놀이터'라고 지칭했다.

떼누타 Tenuta

샤또, 도멘, 에스테이트처럼 와이너리를 표현하는 용어를 이탈리아에서는 떼누타라고 부른다.

에스테이트 Estate

미국에서는 포도밭과 양조장을 에스테이트라고 한다.

낀따 Quita

포르투갈어로 '농장' '농가'라는 뜻이지만 보편적으로 와이너리를 지칭할 때 쓰인다.

크티마 Ktima

그리스에서는 와이너리를 크티마라고 한다.

카스텔로 Castello

1. 성(城), 성곽, 큰 저택(邸宅) 2. 요새(要塞) 3. 선루(船樓)
이탈리아어로 '성(Castle)'을 가리킨다. 프랑스의 샤또와 같은 의미로 이탈리아에서 와이너리를 지칭할 때 쓰이는 말이다.

아지엔다 아그리꼴라 Azienda Agricola

이탈리아에서 포도밭을 소유하고 와인을 양조하면서, 올리브나 다른 농작물을 재배하는 곳을 아지엔다 아그리꼴라라고 부른다.

아지엔다 비니꼴라 Azienda Vinicola

이탈리아에서는 포도를 재배해서 파는 곳을 일컫는 말이었으나 양조를 시작하고 와이너리의 형태를 갖추게 된 이후에도 이 명칭을 계속 사용하는 와이너리들이 존재한다.

깐띠나 Cantina

이탈리이아에서 와이너리를 표현할 때 제일 많이 쓰이는 단어이다. '지하실'이라는 뜻이 있어 와인숍, 레스토랑에서 와인이나 물품 보관하는 장소를 말하기도 한다. 스페인, 멕시코에서도 같은 뜻으로 사용되기도 한다.

페우도 Feudo

라틴어 'Feudum'에서 유래한 말로 영토를 뜻한다. 이탈리아의 사르데냐, 시칠리아(Sicilia)의 섬에서 더 많이 사용되었다. 이 두 섬을 제외한 남쪽에서도 와이너리 이름에 페우도를 쓰는 곳이 간혹 있다.

클로 Clos

불어로 '부르고뉴(Bourgogne) 지방의 담으로 둘러싸인 포도밭(원)'을 뜻한다.

와인용어로 '담장이 있는 포도원(Enclosed Field, Enclosed Vineyard)'을 가리키는 불어이다. 프랑스와 미국 등 여러 나라에서 포도원을 가리키기도 한다. 이 단어는 특히 부르고뉴(Bourgogne) 지방의 담장이 있는 포도원을 뜻{중세시대 시토 수도회와 베네딕틴 수도회(Benedictine Priests)가 토질, 재배환경 등의 차이에 근거하여 경계를 구분, 담장을 쌓았다}한다.

보데가 Bodega
'포도주를 파는 술집, 포도주 저장 창고, 식품 잡화점'이라는 뜻이며 스페인의 와인 저장 창고를 말한다.

안바우게비트 Anbaugebiet
독일에서는 Winery를 Anbaugebiet라 부른다.

아데가 Adega
포르투갈에서 와인을 저장하는 곳으로 주로 지상(地上)에 위치한다.

06

포도품종의 종류 및 특징

와인 품종을 굳이 알아야 할까?

새로 와인시장에 뛰어든 신세계 와인국들이 라벨에 포도품종을 크게 써넣기 시작하면서 와인 품종이 와인의 맛과 질을 결정하는 중요한 평가기준으로 떠오르게 되었다. 신세계 와인국들이 품종을 써넣기 시작한 것은 아마도 와인 맛을 결정하는 기준점을 좀 더 다양하게 확대시키려는 의도로 보인다. 그런데 와인 품종을 공부해야 하는 진짜 이유는 신세계 와인 맛을 알아보기 위해서라기보다는 품종을 아는 만큼 와인 맛을 알 수 있기 때문이다.

레드 와인 품종

1. 카베르네 소비뇽, 까버네 소비뇽 *Cabernet Sauvignon*

"포도 품종의 황제"

Mission, Deer Hunter의 로버트 드니로의 이미지

- **맛의 특징** : Tannic

- **와인의 향기** : 숙성이 덜 된 경우 까시스(블랙커런트), 삼나무 향기

  숙성 후는 후추, 생강, 송로버섯, 연필 부스러기, 다크 초콜릿, 오크향
- **대표지역** : 프랑스 보르도(블렌딩)/ 호주, 칠레 등의 뉴월드
- **대표 와인** : Château Mouton Rothschild
- **와인의 특징** : 푸른빛을 띤 적포도, 씨에 타닌 많고, 와인의 Structure(뼈) 구성, 타닌의 맛이 강한 것이 특징

2. 메를로 *Merlot*

"넉넉하고 부드러운 맛"

- **와인의 향기** : 숙성이 덜 된 경우, 흙 냄새

  숙성 후 서양자두 등 과일향, 장미꽃, 박하향
- **대표지역** : 프랑스 보르도 지방 중 쌩떼밀리옹, 뽀므롤
- **대표 와인** : Petrus, Cheval Blanc
- **와인의 특징** : 타닌이 적고 순한 맛

  와인에 부드러움을 제공(몸의 살 기능)

  와인 초보자나 편한 자리에 적격

3. 피노 누아 *Pinot Noir*

"넉넉하고 부드러운 맛"

복잡 미묘한 귀족적인 맛의 신비, 부르고뉴의 귀족적인 이미지

- **맛의 특징** : Earthy, Animal
- **와인의 향기** : 라스베리, 딸기, 체리 등의 과일향

  숙성에 따라 부엽토, 송로버섯 등 흙 향기
- **대표지역** : 프랑스 부르고뉴 지방(레드 와인 단일 품종)/ 미국 오리건
- **대표 와인** : Domaine de la Romanée-Conti
- **와인의 특징** : 과일향 강함. 토양조건에 따라 개성이 상이품종이 지닌 맛이라기보다는 '토지'가 지니고 있는 맛

4. 시라, 쉬라, 쉬라즈 *Syrah(Shiraz)*

"한국 음식과 가장 잘 어울리는 편한 와인"

- **맛의 특징** : Spicy
- **와인의 향기** : 후추, 양념(쉬라즈–과일 향)
- **대표지역** : 프랑스 꼬뜨 드 론 지방/ 호주의 대표품종(쉬라즈)
- **대표 와인** : Hermitage
- **와인의 특징** : 검은빛을 띤 진한 적색으로 타닌도 풍부 스파이시한 맛 때문에 맵고 짠 한국음식과 절묘한 조화

5. 산지오베제 *Sangiovese*

"이탈리아 와인의 특징인 음식과 함께할 때 가장 자신을 드러내는 와인"

- **맛의 특징** : Acid
- **와인의 향기** : 나무딸기, 블랙커런트(까시스), 자두 등 과일향기, 담배잎, 허브향
- **대표 지역** : 이탈리아 중부 토스카나 지방 '끼안띠'의 주요 품종
- **대표 와인** : Chianti, Brunello di Montalcino
- **와인의 특징** : 붉은색을 띠고 타닌은 좀 약하지만 약간 신맛, 알코올 도수가 높으며 장기 숙성형 와인

6. 말벡 *Malbec*

지방에 따라 명칭이 다른 포도품종이다. 까오르^{Cahors} 지방 와인의 주요 구성성분이며 이 지방에서는 오세루아^{Auxerrois}, 뚜렌느^{Touraine} 지방에서는 꼬^{Cot}, 보르도^{Bordeaux} 지방에서는 말벡^{Malbec}이라 불린다. 타닌^{Tannin}성분이 많고 색상이 강하며 조합용으로 사용한다. Malbec의 품종에서는 검은 과일, 계피, 바닐라, 익은 자두, 마른 자두의 향이 난다.

7. 템프라니요 *Tempranillo*

템프라니요^{Tempranillo}는 스페인 리오하^{Rioja} 지역에서 유래한 레드 품종이다. 과거 부르고뉴의 수도사가 산티아고 순례길에 오르며, 스페인에 전해졌다고 알려져 있다. 템프라니요는 숙성된 경우 피노 누아와 상당히 비슷한 모습을 보인다. 템프라니요^{Tempranillo}는 일찍이라는 스페인어로 조생종인 이 품종의 특징을 딴 이름이다. 템프라니요는 서늘한 기후에서 자란 경우, 우아함과 산미가 좋다. 따라서, 스페인에서는 해발고도가 800m까지 올라가는 리베라 델 두에로^{Ribera del Duero} 지역, 해발고도가 500~750m 사이인 리오하^{Rioja} 지역 그리고 토로^{Toro} 지역의 템프라니요가 최상의 모습을 보인다.

8. 네비올로 *Nebbiolo*

이탈리아 바롤로편 참조

- **기타 레드 와인품종**

  - 가메이^{Gamay} : 프랑스 보졸레 지방, 보졸레 누보

  - 까베르네 프랑^{Cabernet Franc} : 프랑스 보르도 지방

- 바르베라^{Barbera} : 이탈리아 품종, 소량의 타닌, 과일향 풍부

- **전 세계 적포도 품종의 특징**

우측으로 갈수록 컬러가 진하고, 숙성이 필요한 와인이며, 바디감이 풀바디하고, 타닌 함유량이 많다.

가메 〈 피노 누아 〈 템프라니요 〈 산지오베제, 메를로〈 진판델 〈 카베르네 소비뇽 〈 네비올로 〈 시라/쉬라즈

화이트 와인 품종

1. 샤르도네 *Chardonnay*

"화이트 와인의 여왕"

우아하고 기품있는 이미지의 그레이스 켈리 같은 이미지

- **맛의 특징** : Elegant
- **와인의 향기** : 사과, 버터, 바닐라, 토스트 향
- **대표지역** : 프랑스 부르고뉴, 샤블리/ 뉴월드 캘리포니아
- **와인의 특징** : 시원한 기호 선호, 중성적인[Neuter] 성격

2. 소비뇽 블랑 *Sauvignon Blanc*

"신선한 과일 향과 풋풋함이 특징"

새침떼기 17세 소녀, 오드리 햅번 이미지

- **맛의 특징** : Fresh
- **와인의 향기** : 나무상자, 풀향, 허브향, 고양이 오줌 냄새, 신선하고 상쾌한 향기
- **대표지역** : 프랑스 루아르, 상세르/ 뉴질랜드 말보로 지역
- **대표 와인** : Sancerre
- **와인의 특징** : 약간 온난기후 선호

  지금 막 깎아낸 '잔디밭 향기'가 나는 인기품종

3. 리슬링 *Riesling*

"달콤하고 부드러운 맛"

여성의 와인, 귀여운 요정의 이미지

- **맛의 특징** : Fruity
- **와인의 향기** : 꽃과 파란 사과, 라임, 감귤계의 향기, 꿀, 토스트 향
- **대표지역** : 독일 모젤
- **대표 와인** : 트리텐하이머 아포테케

- **와인의 특징** : 비교적 추위에 강하고 껍질이 얇아 귀부현상 잘 일어남. 알코올 도수가 낮아 여성이나 술을 못하는 사람들에게 특히 잘 어울림

- **기타 화이트 와인품종**

  - 게뷔르츠트라미너Gewurztraminer : 독일, 알자스

  - 뮈스카Muscat : 독일의 미디엄 드라이 품종

  - 세미용Semillon : 프랑스 메독 남부 소떼른 지역, 귀부 와인

  - 쉬냉블랑Chenin Blanc : 프랑스 남부 루아르 지방

Wine Producing Regions of the World

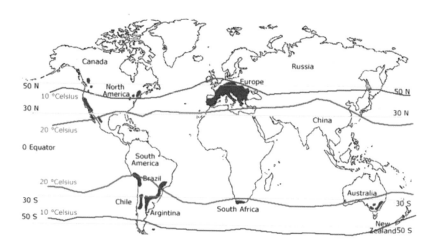

자연적인 조건에서 포도는 연평균 기온이 10~20도인 등온선 사이 지역에서 자란다. 이 지역을 와인벨트라고 하며 이 두 등온선은 남북위 30~50도 사이에서 나타나기 때문에 남북위 30도와 50도 사이를 와인존Wine Zone이라고 한다.

Wine Zone : N,S 30~50도, Wine Belt : N,S 10~21도

우리나라도 위도 30~50도 사이에 위치해 있기 때문에 와인벨트 내에 위치해 있다고 할 수 있으나, 대한민국의 여름은 비가 많이 오기 때문에 양조용 포도를 잘 키우기에 적합한 기후는 아니다.

• 일반 식용(食用) 포도와 양조용(釀造用) 포도

포도는 품종 자체가 다르다. 양조용 포도는 식용 포도에 비해 씨알이 훨씬 작다. '껍질과 씨가 절반'이라는 말까지 있을 정도여서 식용으로 먹기에는 적당하지 않다. 그러나 타닌 성분의 대부분이 껍질과 씨(특히씨)에 몰려 있기 때문에 식용 포도에 비해 양조 후 타닌 농도가 높아지며, 양조용 포도는 식용 포도보다 당도가 훨씬 높아 풍부한 알콜(알코올)을 얻을 수 있다. 효모가 당분을 발효시켜 알코올을 만들어 내므로, 당도가 떨어지는 포도는 충분한 알코올 함량을 얻지 못한다. 이런 양조용 포도가 잘 자라는 기후는 여름에 고온 건조한 지중해성 기후를 보이는 지역, 즉 대륙 왼쪽 지역이다. 서유럽의 남부~중부, 북아메리카 대륙의 캘리포니아 지방, 칠레 같은 곳이다. 식용포도는 알이 크고 수분이 많고 껍질은 얇고 씨가 없으며, 타닌이 적고 향이 적고 당도는 17~19Brix이다. 양조용 포도는 알이 작고, 더 달고 씨가 있고 껍질이 두껍고 당도가 24~26Brix이다.

세계의 청포도품종 최적의 재배지는 아래와 같다.

리슬링, 독일, 프랑스 알자스, 뉴욕주, 워싱턴

소비뇽 블랑, 프랑스 보르도, 루아르 밸리, 뉴질랜드, 캘리포니아(퓌메 블랑)

샤르도네, 프랑스 부르고뉴, 프랑스 샹파뉴, 캘리포니아, 오스트레일리아

공통적 아로마는 다음과 같다.

리슬링, 과일향, 리치향, 달콤한 향

소비뇽 블랑, 그레이트프루트향, 풀잎향, 허브향, 고양이 오줌, 올리브향

샤르도네, 풋사과, 버터, 시트러스향, 그레이트프루트향, 멜론, 오크향, 파인애플, 토스트, 바닐라향

레드 품종

카베르네 소비뇽(Cabernet Sauvignon)
블랙커런트, 삼나무(시더)향, 강한 타닌, 초콜릿향

멜롯(Merlot)
풍부하고 부드러운 느낌, 풍부한 자두향

피노 누아(Pinot Noir)
체리, 산딸기, 제비꽃, 날고기(game)향, 중간 루비색

시라(Syrah, 쉬라즈 Shiraz)
검은 후추, 다크 초콜릿향, 짙은 색, 타닌이 강함

그르나슈(Grenache)
여리고 달콜한 향, 잘 익음, 로제 와인에 유용

산지오베제(Sangiovese)
건자두향부터 농장 냄새까지 다양. 생기가 있음

카베르네 프랑(Cabernet Franc)
묵은 나뭇잎 향, 신선하나 묵직한 경우는 드묾

템프라니요(Tempranillo)
담뱃잎, 향신료, 가죽향

무르베드르(Mourvedre)
동물 냄새, 블랙베리향, 알코올과 타닌이 강함

네비올로(Nebbiolo)
타르 장미, 제비꽃 향, 검은빛을 띠는 오렌지색

진판델(Zinfandel)
온화한 베리향, 알코올과 당도 높음, 스파이시

말벡(Malbec)
아르헨티나산은 풍부한 향신료향

화이트 품종

샤르도네(Chardonnay)
다양한 지역에서 재배되는 대중적 품종. 짧은 오크 숙성

리슬링(Riesling)
풍부한 향, 섬세 상큼하며 밝은 느낌. 오크 숙성은 거의 하지 않음

소비뇽 블랑(Sauvignon Blanc)
풀, 풋과일향, 예리한 느낌. 오크 숙성은 거의 하지 않음

게뷔르츠트라미너(Gewurztraminer)
리치, 장미향, 알코올에 강해 취하는 느낌. 짙은 색

세미용(Semillon)
무화과, 시트러스(감귤류), 라놀린(양털기름), 풀바디

슈냉 블랑(Chenin Blanc)
꿀향, 젖은 밀짚 냄새, 대표적 다용도 품종

뮈스카 블랑(Muscat Blanc)
덜 익은 포도향, 비교적 단순함, 종종 단맛

비오니에(Viognier)
산사꽃, 살구향, 풀바디하며 빨리 취함

피노 블랑(Pinot Blanc)
활기차고 가벼움. 샤르도네와 유사

마르산(Marsanne)
아몬드, 마르지판(Marzipan) 과자향, 풀바디

* Taittinger, 2018. 13세기 떼땅저 까브는 수도원이었고, 지하 18m의 지하동굴 4km. 총 300만 병이 저장되어 있고, 수도원의 자취와 전쟁 중 대피한 사람들의 낙서가 남아 있다.

* Champagne Taittinger Winery, pupitre, 2017 뿌삐트르(pupitre): 'A'자 모양의 경사진 나무판 2차 발효과정을 거친 후 침전물을 모으기 위한 병 돌리기 작업(르미아주, Remuage, riddling)을 하는데 9개월에서 5년 이상 해야 하는 상당한 인내심을 요구하는 작업이며, 이때 병에 점을 찍어 돌리는 각도를 맞춘다. 현대적인 르미아주는 504개의 병을 보관할 수 있는 자동화 장치인 기로팔레트(Gyro palette)이다.

07

와인, 자살(自殺)과의 그 밀접한 관계

"와인을 마시면서는 자살을 할 수가 없습니다."

한국은 지금 OECD가입 국가 중 자살률 1위라는 불명예를 안고 있다. 과거에는 자살의 원인으로 작용하는 것이 대부분 생활고나 병고 등이었는데, 21세기에 들어서는 우울증, 혹은 이유 없는 자살 등이 많은 비율을 차지하고 있다. 사회적으로 성공한 4,50대의 자살률이 높아지는 원인에 대해 일부에서는 '사회 전체가 우울증을 앓고 있다.'고 처방하기도 했다.

호텔에 오래 근무한 덕분에 오랜 세월 알고 지내온 고객들이 많은데, 고객들 중 회사 중역으로 일하며 사회 구성원으로 활발한 활동을 하다 은퇴 후에 공허함을 크게 느끼는 사람들이 적지 않다. 그들이 가끔 내게 사는 재미를 잃어버렸다는 말을 털어놓는데, 그럴 때마다 나는 잊지 않고 와인 공부를 해보라는 조언을 한다.

그럴 때면 다들 와인은 이렇게 레스토랑에 들렀을 때 가끔 마시면 되는 것이지 이 나이에 무슨 공부까지 하냐고 반문反問을 한다. 그런데 와인 공부를 시작하면 얻게 되는 이득이 한두 가지가 아니다.

첫째는 와인을 자주 마시게 된다는 점이다. 와인은 하루에 한 잔 정도, 매일 꾸준히 마시는 것이 가장 좋다. 적당한 양의 와인은 건강을 지키고 잔병을 다스려 준다. 100%의 자연음료로 당분, 비타민, 미네랄 등 600여 가지의 영양소가 함유되어 있고, 와인은 우리 몸에 흡수된 다음부터 알칼리성으로 작용한다. 대부분의 술들이 우리 몸에서 산성으로 작용하는 데 비해 와인만이 알칼리성을 나타내는 것은 칼륨, 칼슘, 나트륨 등 무기질이 풍부하기 때문이다. 그러니까 와인은 알칼리성 식품이라서 좋다기보다는 무기질이 많이 들어 있기 때문에 좋다고 해야 한다. 와인에 들어 있는 폴리페놀 성분은 심장질환과 고혈압 같은 성인병 예방에도 더없이 좋다. 무엇보다 중요한 것은 와인이 이미 수세기 전부터 우울증 치료제로 쓰여왔다는 점이다. 와인을 마시면 나도 모르게 우울증 치료를 하는 셈이니 은퇴 후 찾아오는 정신적 방황을 치유하는 데도 분명 도움이 될 것이다.

둘째는 와인으로 인해 다양한 문화와 역사, 예술을 접하게 된다는 점이다. 와인을 공부하다 보면 자연스레 유럽의 문화와 역사, 경제에 관심을 갖게 된다. 자연스레 신대륙의 지리를 공부하게 된다. 또 와인 투어는 의미없이 떠나는 해외여행과는 달리 자연과 완벽하게 어울리고 자연의 산물을 경험하는 여행을 하게 해줄 것이다.

셋째는 치매癡呆에 걸리지 않는다는 점이다. 와인의 역사는 물론 와인 에티켓, 와인 라벨, 와인품종 등을 익히고 외우다 보면 치매에 걸릴 시간이 없을 것이다. 와인은 영어, 불어, 이탈리아어, 독어, 스페인어 등 각 나라의 언어를 공부해야 이해할 수 있다. 연구에 따르면, 적포도주에 들어 있는 레스베라트롤은 알츠하이머를 가진 사람들의 뇌 명판에 핵심 성분인 베타아밀로이드 단백질의 형성을 억제한다고 한다.

넷째는 대화가 많아진다는 점이다. 와인은 혼자서 조용히 마시는 술이 아니라 가족, 친구와 즐겁게 대화를 나누며 즐기는 술이다. 빨리 취하지 않으니 알코올에 깊이 빠져들 위험도 적고 다음 날 숙취에 대한 두려움도 적다. 평소 말이 없던 사람도 와인을 즐기기 시작하면 말이 많아진다. 마시면서 실수하고, 마시고 나서 후회하는 술이 아니라 마시면서 즐겁고, 마시고 나면 또 다음날을 기약하고 싶은 술이 바로 와인이다.

이외에도 꼽을 수 있는 장점들이 수없이 많지만, 한 줄로 요약하면 와인은 우리를 즐겁게 만들고 우리의 삶을 풍요롭게 한다는 것이다. 자살은 즐거움과 가장 대척점에 있는 단어일 것이다. 그러니 혹시 삶이 우울로 가득차 있다면, 자살에 대한 욕구가 가끔 치밀어 오른다면 지금 당장 와인 한 병을 사기 바란다. 만약 이런 생각이 든다면 친구를 불러 와인을 마시며 서로 마음속 깊이 있는 대화를 나누어보시라. 그러면 반드시 마음을 고쳐 먹을 수 있다. 와인은 대화의 술이기 때문이며 와인을 알고 즐기는 사람이면 절대 자살할 수 없는 것이다. 중요한 것은 한 병을 한번에 마셔서는 절대 안 된다는 사실이다. 하루에 한 잔 내지 한 잔 반 정도만 마시면서 와인과 한번 친해지기 바란다. 얼마 안 돼 삶이 즐거워질 것이다. 장담할 수 있다.

샤또 샤스 스플린(Chateau Chasse Spleen)

"Bonjour Tristesse"… 슬픔이여 안녕!
우울하고 슬픔에 잠겨 있는 보들레르에게
위로가 되어주었던 와인.
보르도 메독 지방의 Ch. Chasse-Spleen이다.

슬픔을 한숨에 떨쳐버리는 샤스 스플린
악의 꽃, 파리의 우울로 잘 알려진 프랑스의 천재 시인 '샤를 보들레르Charles Baudelaire' 자신은 태어날 때부터 저주를 받았다고 생각하면서 우울증에 시달린 보들레르가 사랑한 와인. 바로 프랑스 보르도 와인 '샤또 샤스 스플린Chateau Chasse-Spleen', 샤스는 내쫓다, 스플린은 슬픔·우울을 뜻한다. 즉 '슬픔이여 안녕'이라는 이름을 가졌으며, 이 와인을 마시고 우울증에서 벗어날 수 있었던 보들레르 시인이 샤스 스플린이라는 이름을 헌정했다. 이런 보들레르를 기려서 샤스 스플린의 라벨에는 유명 시인의 시 한 구절이 매년 들어가고 있다.

슬픔이여 안녕, 샤스 스플린
취하라, 항상 취해 있으라.
술이건, 시건, 미덕이건 당신 뜻대로

— 보들레르 '취하라' 중에서

이유 있는 변명, 우리가 와인을 마셔야 하는 이유(理由)

와인 마시면 뼈가 튼튼 미국 오리건주립대학 연구팀의 발표에 따르면 하루에 와인 한두 잔을 즐기는 여성들이 골다공증에 걸릴 확률이 낮은 것으로 나타났다. 이는 와인이 골다공증에 중요한 여성 호르몬 에스트로겐과 유사한 역할을 하기 때문인 것으로 분석하고 있다.

우울증이여 안녕 스페인 나바라대학은 하루 한 잔의 와인이면 우울증을 예방할 수 있다고 했다. 55~80세 5천 명의 생활습관을 연구한 결과 일주일에 2~7잔의 와인을 마시면 그렇지 않은 사람보다 우울증에 걸릴 위험이 32% 낮은 것으로 나타났다.

치매 예방에 좋은 와인 레드 와인으로 뇌의 인지능력을 높일 수 있다는 결과를 영국 옥스퍼드대학에서 발표했다. 70~74세 노인 2천여 명을 대상으로 조사한 결과 레드 와인을 매일 반 잔씩 규칙적으로 마신 사람들은 6가지 인지능력검사에서 높은 점수를 기록해 와인이 치매 예방에 효과적이라는 것을 밝혀냈다.

충치까지 예방 레드 와인이 충치를 유발하는 박테리아 제거에 효과적이라는 결과를 스페인 국립연구위원회가 밝혔다. 연구진은 와인 속 폴리페놀 성분이 박테리아의 성장을 막아주는 것으로 분석했다.

와인으로 노안 예방 위스콘신대학 연구팀은 43~84세 성인 5천 명을 대상으로 26년간 조사한 결과 술을 마시지 않는 사람보다 일주일에 한 번 정도 와인을 마신 사람이 노안이 올 확률이 49% 낮은 것으로 나타났다. 연구를 주도한 로날드 클라인(Ronard Klein) 박사는 "나이가 들면 노안을 피할 수는 없지만 적당한 와인 섭취와 꾸준한 운동이 노안을 예방할 수 있다"고 말했다.

전립선암을 예방하는 와인 미국 앨라배마대학 의학부의 코럴 라마티니어 박사팀은 레드 와인에 함유된 레스베라트롤 성분이 전립선암 예방에 도움이 된다는 결과를 발표했다. 연구팀은 수컷 실험용 쥐들에게 레스베라트롤을 섭취하게 한 결과 전립선암 발생 위험이 87% 낮아진다는 결과를 얻어냈다.

신장질환에 좋은 와인 하루에 한 잔 정도의 와인을 마시면 신장질환에 도움이 된다고 미국 콜로라도 덴버대학의 연구팀이 밝혔다. 미국인 5천여 명의 와인섭취량을 분석한 결과 와인을 적당히 섭취한 사람들이 만성질환 위험이 감소한 것으로 나타났다.

중년 여성의 건강에도 와인 중년 여성이 하루에 1~2잔의 와인을 마시면 노년기에 훨씬 건강하게 살 수 있다는 결과를 하버드 의대에서 발표했다. 만 70세 여성 1만여 명의 건강상태를 조사한 결과 와인을 마신 여성들은 심장병, 암, 기억력 등에 있어 문제가 발생할 확률이 그렇지 않은 여성들보다 28%가량 줄어들었다고 한다.

여드름에도 와인 UCLA 의대에서는 레드 와인에서 발견되는 레스베라트롤을 여드름 치료제와 병행해서 사용할 경우 상호 간에 효과가 증폭된다는 사실도 밝혀내었다.

당뇨병 예방의 효과 와인에 함유된 플라보노이드를 많이 섭취하면 당뇨병 예방에 효과적인 것으로 밝혀졌다. 런던의 킹스칼리지 연구팀은 18~76세 1,997명을 대상으로 연구한 결과 이 성분을 섭취하면 인슐린의 내성을 줄이고 당 조절능력이 개선되는 것을 증명했다.

출처 : 월간지 Wine review, 2017년 9월호

1. Interesting(흥미)
세상에 별만큼 다양한 와인이 있고, 와인은 흥미가 있다. 모두 다르기 때문에 이만큼 흥미 있는 것은 없다.

2. Educational(배우는 즐거움)
와인은 단순한 마시는 것 이상으로 누가, 어디서, 어떻게 만들었고, 그들의 문화와 언어까지 관심을 갖도록 만든다.

3. Stimulation(대화 소재)
와인은 좋은 소재거리가 된다. 사회적인 모임이나 세대들 간의 대화에도 활기를 준다.

4. Social(좋은 인맥)
와인은 비즈니스나 사적인 파티에서 참석자들에게 즐거움과 성공적인 모임이 되도록 기여한다.

5. Festive(축제의 즐거움)
스파클링 와인, 특히 샴페인은 무엇을 기념하기에 아주 적절하고, 즐거움은 두 배 이상이 된다.

6. Sharing(함께함)
와인은 혼자 마시는 것보다 누군가와 함께 나눌 때 훨씬 즐겁다.

7. Historical(스토리텔링)
와인은 생명, 제사와 신화의 상징이고, 인간의 문명과 생산자의 철학이 깃든 스토리가 있는 주류이다.

8. For food(음식과의 마리아주)
와인은 오랫동안 식사를 도와왔다. 와인과 음식을 매칭시키는 것은 끝없는 즐거움 중에 하나다.

9. Good for you(건강)
와인은 건강에 좋다. 웰빙과 장수 시대의 트렌드에 더할 나위 없는 동반자가 아닐까?

10. Wine is for Lovers!!!(연인들의 술)
무엇보다도 와인은 연인들을 위한 것이다.
이보다 더 많은 화젯거리가 있는 건 없지 않을까?

* Alain Delon & Charles Bronson

08

동양의 신비로 극찬(極讚)받은 마주앙

신(神)은 사람이 울 수 있도록
눈물을 만들었고,
웃도록 와인을 만들었다.

_Antoine Dejoziere

'마주 앉아서'라는 의미를 지닌 한글 이름 마주앙은 포도밭은 많지만 와인 생산은 전무했던 우리나라에서 1977년부터 생산된 최초의 와인이다.

리슬링Riesling과 같은 우수한 품질의 품종을 도입해 독일의 라인, 모젤 같은 지역과 유사한 기후와 토양을 가진 경북 청하에 포도밭을 조성해 양조용 포도를 생산했고 경북 경산

* Jimmy Carter 대통령, 朴正熙 대통령,
청와대 영빈관, 1978

에 와인공장을 지어 독일 와인 타입의 마주앙 레드와 마주앙 화이트를 생산하기 시작했다.

1977년 출시와 동시에 로마 교황청의 승인을 받아 한국 천주교 미사주로 봉헌돼 현재까지 미사에 사용되고 있으며 품질을 인정받게 된 것이다.

그동안 수입 와인에 의존해 왔던 미사주를 마주앙으로 바꾸게 되면서 많은 사람들이 마주앙을 접할 수 있게 된 것이다.

* 마주앙 미사주

* 포도주 축성식 미사(Mass)

이후 마주앙 판매율은 국내 와인시장의 70% 이상을 차지하게 되었다. 물론 공식적으로 수입와인이 들어오지 않았던 때이기도 했지만 가장 큰 이유는 품질을 인정받았기 때문이다. 국가 간 정상회담이 있을 때마다 외국 정상들에게 소개되어 극찬을 받았다. 의전상 국가 정상회담을 하면 그 나라 최고의 와인을 내놓는 것이 관례였기 때문이다. 1978년 카터^{Jimmy} ^{Carter} 대통령 방한 시에는 한 수행기자가 귀국선물로 가져간 마주앙이 와인 전문가들에게 소개되고 워싱턴 포스트^{The Washington Post}지에 기사로 실리며 '동양東洋의 신비神秘'로 극찬되기도 했다.

박 대통령의 지시가 없었다면 아마도 지금까지 한국에서는 제대로 된 와인이 생산되지 못했을 것이라 생각한다.

저자가 호텔신라에 근무했던 시절^{1984~1996}, 청와대 영빈관에서 디너가 있을 때마다 파티를 지원하러 나가곤 했는데, 그 당시는 마주앙이 만찬에 서비스되었고, 나는 그때부터 본격적으로 마주앙의 매력에 빠져버렸다.

마주앙 와인 중 특히 사랑받는 마주앙 스페셜 화이트의 가장 큰 매력은 리슬링 특유의 달콤하면서도 시원한 맛이 난다는 점이다. 저가의 화이트 와인은 단맛만 두드러지거나 신맛만 두드러지는 경우가 많은데 마주앙 화이트 와인은 단맛과 신맛이 적절하게 어울려 있으면서 부드럽고 깔끔한 맛을 지녔다.

마주앙(MAJUANG)

한국 대표 와인 마주앙MAJUANG

와인 선택을 쉽게 해주는 베스트셀링 와인 마주앙MAJUANG

'마주앙'은 1977년에 출시된 국내 최장수 와인 브랜드이다. 1980~90년대를 거치며 '마주앙'은 생산공장 증설과 제품 포트폴리오 다양화를 통해 국내 와인시장의 대중화를 이끌었다.

경산공장에서 생산하는 '마주앙 레드' '마주앙 화이트'를 비롯, 마주앙 모젤독일, 마주앙 메독프랑스, 마주앙벨라이태리 등 다양한 포트폴리오를 보유하고 있으며 지금은 롯데주류에서 생산한다.

한국 최초의 와인, 해태상 아래에 묻히다

• 대한민국 술테마박물관
출처 : 라이브러리 '매일경제'

1974년 해태주조에서 프랑스 보르도 타입의 정통와인인 '노블와인'을 출시하였고 현재까지 우리나라 최초의 정통와인으로 기록되어 있다.

1975년 박정희 정부 당시 여의도 국회의사당 준공을 앞둔 상태였는데 악귀를 물리치자는 의견으로 의사당 앞에 해태상을 놓았다. 해태산업은 암수 1쌍의 해태상을 기증하게 되는데, 해태주조가 노블와인 백포도주 72병을 해태상 아래 36병씩 나눠 묻었고100년 뒤인 2075년 국가의 경사가 있을 때 건배주로 사용하기로 약속했다고 한다. 2075년이 되어야 이 와인을 볼 수 있다.

1969년 우리나라 최초의 와인인 사과와인 파라다이스가 만들어졌으며, 그 역사는 아래와 같다.

1번 타자 : 애플와인 파라다이스
1969년 파라다이스에서 우리나라 최초의 대구 사과를 이용하여 만든 과실주이며, 1982년 '올림피아'를 생산, 1987년 파라다이스가 수석농산으로 바뀌면서 '위하여(爲何汝)'로 명칭을 변경하여 생산

2번 타자 : 노블와인
1974년 국회의사당 입구에 있는 해태상을 해태그룹에서 만들어 기증하면서 1975년 해태상 아래 수십 병을 묻고 100년 후인 2075년에 꺼낼 계획으로 노블와인 시리즈 생산, '노블로제' '노블 클래식' '노블 스페셜'을 출시

3번 타자 : 마주앙

1977년 동양맥주에서 기술력과 마케팅으로 국내시장을 장악하며 마주앙 시리즈 생산

4번 타자 : 두리랑

1984년 대구 금복주에서 생산, 이어 '엘리지앙(1988)' 출시

5번 타자 : 샤또 몽블르

1985년 진로에서 1976년부터 포도밭 106만 평 조성, 이어서 '듀엣(1994)' 생산

6번 타자 : 그랑쥬아

1987년 대선주조에서 스파클링 와인으로 생산하였고, 1989년에는 '앙코르'도 개발

출처 및 참고 : 김준철, 『와인』; 김성실, 『역사 속의 와인』

* Argentina Trapiche

PART

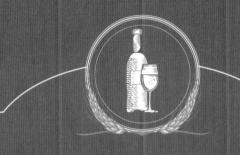

와인
국가별
상식
(國家別常識)

* Champagne

와인 세계의 자존심(自尊心), 프랑스

신은 물을 만들었지만
인간은 와인을 만들었다.
_프랑스 낭만파 시인, Victor Hugo

프랑스는 지형과 토양, 기후 등 와인 생산에 필요한 조건이 완벽하게 갖추어져 있다. 여기에 역사도 오래되어 와인 문화도 상당히 발달되었다. 이탈리아, 스페인을 필두로 하는 구대륙과 미국, 칠레를 필두로 하는 신대륙 와인들이 끊임없이 도

전장을 내밀고 있고, 현재 일부 미국 와인은 프랑스 와인을 능가한다는 평이지만, 그래도 사람들은 아직 프랑스 와인을 제일로 치는 경향이 강하다. 로마 제국 시대에도 프랑스 지방의 포도주가 너무 훌륭하여 이탈리아산 포도주가 경쟁에서 밀릴 것을 염려해 로마 황제가 당시 프랑스 지방의 포도 농장을 모조리 파괴하라는 명을 기원후 92년에 내렸다가 200년이 지나서야 다시 포도 재배가 허용되기도 했을 정도였다. 파리의 심판 때 이미지를 구긴 적도 있었다.

프랑스의 AOC 제도

프랑스 와인을 제대로 이해하려면 AOC^{Appellation d'Origine Contrôlée, 아펠라시옹 도리진 콩}트롤레라는 원산지 호칭 제한 제도(지리적 표시제)에 대한 이해가 필요하다. AC 혹은 AOC라는 약자로 불리며 프랑스 와인의 최고 등급제에 속한다. 19세기 후반부터 20세기 초반까지 필록세라로 인해 와인산업이 초토화되었고, 프랑스 와인의 품귀현상으로 가짜 와인이 판을 치게 된다. 이에 프랑스 정부가 방관할 수 없는 지경에까지 이르자, 1907년에 품질관련 법규를 제정한다. 대략적인 내용은 포도, 포도즙 외의 재료로 만든 알코올 음료는 재료명을 기입해야 한다는 것이다. 당시에는 샤토에서 생산한 와인을 오크통째로 구매한 중간/소매업자들이 병에 나눠 담아서 코르크 마개를 닫고 판매하는 것이 일반적이었다. 요즘에야 대부분 샤토에서 직접 병입하지만 전근대시대에 가짜 와인을 얼마나 만들기 쉬웠을지 답이 금방 나온다. 아펠라시옹 도리진 콩트롤레라는 단어의 이미는 '원산지 통제 명칭'으로 '원산지 통제법'이라 부르기도 한다. 프랑스에서 원산지 통제법이 제정된 것은 1935년부터이다. 보르도, 부르고뉴 등 명산지를 함부로 라벨에 기재할 수 없도록 원산지호칭 제한제도, 즉 AOC 제도를 도입하게 된다. 원산지별로 엄격한 와인 생산조건을 정해놓고 여기에 합당해야만 AOC를 라벨에 표기할 수 있다. 이 법이 발휘되면서 자연재해나 병원균 등으로 인해 유명한 산지의 포도가 흉작이 되었을 때, 타 지역의 포도를 구입해 유명 산지의 와인으로 만들어 판매할 수 없게 되었다.

 AOP(Appellation d'Origine Protégée) 원산지 보호 명칭

프랑스 와인 등급

2012 이전 등급	등급	2012 이후 개정 등급
AOC(Appellation d'Origine Controlee)	최상급	AOP(Appellation d'Origine Protegee)
VDQS(Vin delimite de qualite superieure)	상급	
V.d.P(Vin de Pays)	중급	I.G.P (Indication Geographique Protegee
V.d.T(Vin de Table)	보급형	V.d.F(Vin de France)

※ 2012 이전 등급   ※ 2012 이후 개정 등급

유럽이 통합은 되었으나 국가도 많고 기준도 제멋대로라 모든 것이 각 국가별로 복잡하고 기준도 제각각이다.

이에 농산물의 원산지 명칭과 지리적 가치를 보호하며 중시하는 프랑스는 1992년 유럽연합EU이 발족되자마자 농산물 보호정책의 유럽연합 규정을 만들도록 고무시켰다. 2009년 이후 유럽의 농산물에 유럽공동적용 등급의 로고가 등장하기 시작했는데, 이것이 바로 원산지보호명칭인 AOPAppellation d'origine Protégée이다.

AOP는 산물들의 원산지와 노하우, 떼루아 등을 제한하고 통제하는 개념에서 보호하는 개념으로 컨셉이 바뀌었으며, 이것은 프랑스의 기존 AOC등급과 같은 레벨이므로 이미 AOC등급을 획득한 제품들은 거의 전부 AOP로 갈아탔다.

2016년 1월 4일부터 모든 유럽연합 가입국들의 해당제품들에 AOP에티켓(라벨) 부착이 의무화되었으며, 단 2012년부터 AOP 명칭을 사용하기 시작한 프랑스 와인만은 전통적인 관례로 사용하던 AOC명칭을 계속 유지할 수 있도록 예외적인 허용을 받아냈다.

AOC

AOC 등급은 이 제도에서 최상위 등급이며, 전체 와인 생산량에서 35%의 비중을 차지한다. 즉, 라벨에 Appellation 생산지 Contrôlée라고 적혀 있으면 맛은 모르지만 품질은 어느 정도 보장된다는 뜻이다. 즉 Appellation 생산지 Contrôlée로 구분되는 와인의 경우 각 생산지별 와인 생산규정을 준수하여 생산된 해당지역의 와인임을 나타내는 것이다. 나무당 최대 수확량과 최소 알코올 도수도 규제하고 포도 재배방법과 양조방법도 엄격하게 규제한다. 물론 규제를 잘 지켰는지 테이스팅도 철저하게 한다.

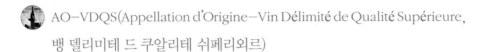 AO-VDQS(Appellation d'Origine-Vin Délimité de Qualité Supérieure, 뱅 델리미테 드 쿠알리테 쉬페리외르)

AOC 등급 바로 아래 등급이며 프랑스 와인의 1% 정도만이 이 등급을 적용받아 그 수가 매우 적다. 우리나라에는 거의 들어오지 않으며 특정지역과 품종, 최대 수확량과 최소 알코올, 재배법, 양조법 등에 규제를 받는데 AOC보다는 덜 엄격한 편이다. AOC가 원산지호칭 제한 와인이라면 이는 특정 지역 생산 고품질와인이다. EU는 이 두 등급을 묶어서 VAPRD라는 등급으로 분류한다.

VdP(Vins de Pays, 뱅 드 페이)

일명 '지역 와인'으로 불리며 지역적인 특성이 강하고 개성 강한 와인에게 적용되는 등급이다. 지역과 품종을 규제하고 품질검사도 실시하지만 AOC에 비하면 규제가 느슨한 편이다. 100% 단일 품종을 사용하며 150개의 지역 와인이 있다. VdP는 생산지 명칭을 사용할 수 있다. 갈수록 중요성이 부각되는 등급이다. 프랑스에서는 1979년에 이 등급을 신설하면서 품질규제 규정을 느슨하게 풀었다. 즉, 특정 지역 고유 품종이 아닌 포도품종의 사용을 허용하고, 심지어 양조업자가 라벨에 지역명 대신 포도품종을 와인 명칭으로 사용하는 것까지 허용하였다. 미국 시장에 와인을 수출하는 이들에게는 이런 변화로 인해 와인 판매가 더 수월해졌다. 미국의 소비자들이 포도품종을 보고 와인을 구매하는 추세가 되고 있기 때문이다. 뱅 드 페이 등급의 와인을 가장 많이 생산하는 곳은 프랑스의 남부 지역인, 랑그독과 루시옹이다.

🍷 VdT(Vins de Table, 뱅 드 타블)

가장 일반적인 와인에 적용하며 프랑스와 이태리인들이 식사 중에 많이 사용하여 테이블 와인, 일상와인이라 부른다.

VdT는 주로 프랑스 전역에서 생산된 와인을 블렌딩한 와인에 적용되며 이 등급용 와인의 라벨에는 지역명을 표기하지 않는다. 값이 저렴한 만큼 품질이 낮은 와인도 있지만 뱅 드 페이보다 비싼 와인도 적지 않다. 프랑스 전역, 심지어는 외국에서 들여온 포도로 만드는 와인이기 때문에 당연히 생산지명을 쓸 수 없다.

이 등급의 와인은 대체로 테이블 와인이며 프랑스에서 생산되는 와인의 35%를 차지한다. 사실 프랑스 와인의 대부분은 간편한 음료처럼 즐기는 용도로 나온다. 뱅 드 타블에 속하는 와인 대다수는 상표명을 내세워 팔리며 값싼 캘리포니아 저그 와인Jug wine의 프랑스판이라 할 수 있다. 그러니 와인을 사러 프랑스의 식료품점에 들어갔다가 라벨도 없이 플라스틱 용기에 담겨 있는 와인을 볼 수도 있다. 레드 와인인지 화이트 와인인지 로제 와인인지는 플라스틱 용기에 비치는 색을 보고 구분해야 한다. 용기에는 달랑 알코올 함량만 표기되어 있는데, 대체로 9~14%대 수준이다.

🍷 그랑 크뤼(Grand Cru)

프랑스 와인의 등급은 특급포도원이라는 의미를 가진다. 보르도Bordeaux에서는 메독Médoc 지구와 생테밀리옹Saint-Emillion 지구의 특급포도원들을 의미한다. 메독은 1855년의 그랑 크뤼 클라세Grand Crus Classé에 의하여 61개 와인 생산자를 5개 등급으로 분류한 것이며, 생테밀리옹은 46개의 특급포도원을 의미한다. 특히 보르도 지역에서는 1등급을 의미하는 프리미에 그랑 크뤼Primier Grand Cru가 5대 샤토(샤또)로 일컬어지며, 보르도의 최고급와인으로 널리 이해되고 있다. 반면에 부르고뉴Bourgogne

지역에서는 그랑 크뤼라고 하면 1~2%의 최고급 특급밭을 칭한다. 그 아래로는 프리미에 크뤼로 1등급밭을 구분하고 있다. 보르도에서는 그랑 크뤼라고 하면 61개의 샤토 중 하나를 의미하는 것이나, 부르고뉴에서는 특급밭을 의미한다. 또한 보르도의 프리미에 그랑 크뤼는 특급밭이지만, 부르고뉴의 프리미에는 1등급밭을 의미하니, 보르도와 부르고뉴에서 프리미에는 각각 의미하는 바가 다르니 유의해야한다.

보르도 와인 등급제

보르도 지방에서 생산되는 우수 와인에 부여되는 등급제에 대해 다룬다. 프랑스 와인의 원산지 표기와 관련한 등급제, 소위 AOC 시스템과는 별개의 등급제로, 브랜드 가치가 높은 우수한 와인들에 개별적으로 부여된 일종의 훈장 같은 것이다. 보르도 지방 내의 각 세부 지구별로 서로 다른 등급 제도가 도입되어 있다.

1. 1855년 그랑 크뤼 클라세(Grand Cru Classé en 1855)

1855년 파리박람회를 개최하면서 나폴레옹 3세가 전 세계를 상대로 프랑스 최대 특산품인 보르도 와인을 홍보할 목적으로 도입한 등급제도. 다음의 2개 지구에 도입되었다.

- **메독 지구** : 1등급~5등급의 5단계로 분류
- **소테른 지구** : 특1등급/ 1등급/ 2등급의 3단계로 분류

'그랑 크뤼Grand Cru'라는 것은 영어로 grand growth, 즉 뛰어난 포도원을 뜻하며 '클라세classe'는 영어로 클래스class, 즉 등급을 뜻한다. 따라서 '그랑 크뤼 클라세'란 '우수 포도원 등급'이라는 뜻이 된다.

등급 분류의 기준이 거래 가격이었기 때문에 등급 분류 과정은 중개상들의 정보를 종합할 수 있는 보르도 상공회의소가 주관이 되었다. 일류 샤토가 집중된 메독 지구와 소테른 지구에 대해 당시 와인 거래 가격을 바탕으로 각 샤토의 토질과 지명도 등을 감안해 이 지방의 약 500개 샤토 가운데 우수한 샤토를 뽑아 그랑 크뤼 클

라세로 등급을 나누어 지정했다.

이 등급제는 160년이 지난 지금까지 세습되어 이어지고 있다. 세월이 흐르는 동안 많은 샤토들이 포도원 일부를 매입하거나 매각하는 등 포도원 구성에 변화를 겪었고, 시장에서의 가치 평가도 상향된 샤토가 있는가 하면 하향된 샤토가 있지만 등급에는 여전히 변화없이 그대로 이어지고 있는 상태다.

등급이 조정된 예외는 단 2건으로, 5등급의 샤토 캉트메를과 1등급의 샤토 무통 로칠드다. 캉트 메를은 생산량의 거의 전량을 중개상을 통하지 않고 네덜란드에 직수출했기 때문에 중개상의 거래 정보가 없어 등급에 누락되었다. 이에 샤토 측은 등급 발표 직후 자료를 정리 제출하여 등급에 추가 진입할 수 있었다. 무통 로칠드는 원래 2등급으로 분류되었으나 1973년 1등급으로 승급했다. 무통 로칠드의 승급에 여러 논란이 있어 별도의 논란 챕터에서 후술하도록 하겠다. 요약하자면 등급에 걸맞은 품질 향상을 이룬 것이 사실이긴 하지만 소유주인 필립 드 로칠드 남작Baron Philippe de Rothschild의 집요한 로비의 결과라는 것이 중평이다.

1.1. 메독 지구 그랑 크뤼 클라세(Grands Crus Classés en 1855 / Médoc)

메독Médoc 지구의 그랑 크뤼 클라세 와인은 1~5등급으로 구분되며, 현재 총 61개 생산자샤토가 지정되었다. 메독 지구를 대상으로 한 등급제이지만, 그라브 지구의 샤토 오브리만은 유일한 예외로 이 등급에 포함되었다.

그랑 크뤼 클라세는 160년 전의 당시의 가치를 기준으로 한 것이기 때문에 현 시점에서는 무의미하다는 견해도 있을 정도로, 와인 품질을 항상 보장하진 않는다. 각 샤토의 지명도와 와인 품질의 변화에 따라 1960년에 등급 조정을 시도하였으나 샤토의 거센 반발로 현재까지 유지되고 있는 실정이다. 실제로 2등급인데도 등급 값을 못하는 와인이 꽤 있는가 하면 5등급인데도 2등급에 준하는 평가를 받는 와인도 있다. 소비자 입장에서는 그랑 크뤼 등급의 숫자를 맹신하지 않는 것이 좋다.

- 1등급(프르미에 그랑 크뤼 클라세 / Premier Grand Crus Classé / First Growths)
  : 5개

  – Château Lafite-Rothschild / Pauillac

  – Château Latour / Pauillac

  – Château Mouton-Rothschild / Pauillac

  – Château Margaux / Margaux

  – Château Haut-Brion / Pessac-Leog-
    nan, Graves

- 2등급(되지엠 크뤼 클라세 / Deuxiémes Crus Classés / Second Growths) : 14개

  – Château Pichon-Longueville Baron / Pauillac

  – Château Pichon-Longueville Comtesse de Lalande / Pauillac

  – Château Ducru-Beaucaillou / St.Julien

  – Château Gruaud-Larose / St.Julien

  – Château Léoville-Las Cases / St.Julien

  – Château Léoville-Barton / St.Julien

  – Château Léoville-Poyferré / St.Julien

  – Château Cos d'Estournel / St.Estèphe

  – Château Montrose / St.Estèphe

  – Château Brane-Cantenac / Cantenac, Margaux

  – Château Durfort-Vivens / Margaux

  – Château Lascombes / Margaux

  – Château Rauzan-Ségla / Margaux

  – Château Rauzan-Gassies / Margaux

- 3등급(트루아지엠 크뤼 클라세 / Troisiémes Crus Classés / Third Growths) : 14개

  – Château Lagrange) / St.Julien

  – Château Langoa-Barton / St.Julien

- Château Boyd-Cantenac / Margaux

- Château Cantenac-Brown / Cantenac, Margaux

- Château Desmirail / Margaux

- Château Ferrière / Margaux

- Château Giscours / Labarde, Margaux

- Château d'Issan / Cantenac, Margaux

- Château Kirwan / Cantenac, Margaux

- Château Malescot St-Exupéry / Margaux

- Château Marquis d'Alesme Becker / Margaux

- Château Palmer / Cantenac, Margaux

- Château Calon-Ségur / St.Estèphe

- Château La Lagune / Ludon, Haut-Médoc

• 4등급(카트리엠 크뤼 클라세 / Quatriémes Crus Classés / Fourth Growths) :
10개

- Château Duhart-Milon / Pauillac

- Château Marquis-de-Terme / Margaux

- Château Pouget / Cantenac, Margaux

- Château Prieuré-Lichine / Cantenac, Margaux

- Château Beychevelle / St.Julien

- Château Branaire-Ducru / St.Julien

- Château St. Pierre / St.Julien

- Château Talbot / St.Julien

- Château Lafon Rochet) / St.Estèphe

- Château La Tour Carnet / St.Laurent, Haut-Médoc

• 5등급(생키엠 크뤼 클라세 / Cinquiémes Crus Classés / Fifth Growths) : 18개

- Château d'Armailhac / Pauillac

- Château Batailley / Pauillac

- Château Clerc-Milon / Pauillac

- Château Croizet-Bages / Pauillac

- Château Grand-Puy-Ducasse / Pauillac

- Château Grand-Puy-Lacoste / Pauillac

- Château Haut-Bages-Libéral / Pauillac

- Château Haut-Batailley / Pauillac

- Château Lynch-Bages / Pauillac

- Château Lynch-Moussas / Pauillac

- Château Pédesclaux / Pauillac

- Château Pontet-Canet / Pauillac

- Château Dauzac / Labarde, Margaux

- Château du Tertre / Arsac, Margaux

- Château Cos-Labory / St.Estèphe

- Château Belgrave / St.Laurent, Haut-Médoc

- Château Camensac / St.Laurent, Haut-Médoc

- Château Cantemerle / Macau, Haut-Médoc

1.2. 소테른 지구 그랑 크뤼 클라세(Grands Crus Classés en 1855 / Sauternes)

1855년 메독 지구와 동시에 소테른 지구에도 그랑 크뤼 클라세 등급제가 도입되었다. 총 27개의 샤토가 특1등급, 1등급, 2등급으로 분류되었다. 아래 리스트의 마을명은 소테른, 바르삭, 봄, 파르그, 프레냑으로 되어 있는데 이것은 행정구역상의 마을이고 원산지 표시제상으로는 소테른과 바르삭의 2가지 AOC만 존재한다. 때문에 봄, 파르그, 프레냑 마을의 와인은 레이블상에는 소테른으로 기재된다.

• 특1등급(Premier Cru Supérieur / 프르미에 크뤼 쉬페리외르) : 1개

- Château d'Yquem / Sauternes

- 1등급(Premier Crus / 프르미에 크뤼) : 11개

  - Château Climens / Barsac

  - Clos Haut-Peyraguey / Bommes, Sauternes

  - Château Coutet / Barsac

  - Château Guiraud / Sauternes

  - Château Lafaurie-Peyraguey / Bommes, Sauternes

  - Château Rabaud-Promis / Bommes, Sauternes

  - Château de Rayne-Vigneau / Bommes, Sauternes

  - Château Rieussec / Fargues, Sauternes

  - Château Sigalas-Rabaud / Sauternes

  - Château Suduiraut / Preignac, Sauternes

  - Château La Tour-Blanche / Bommes, Sauternes

- 2등급(Deuxièmes Crus / 두지엠 크뤼) : 15개

  - Château d'Arche / Sauternes

  - Château Broustet / Barsac

  - Château Caillou / Barsac

  - Château Doisy-Daëne / Barsac

  - Château Doisy-Dubroca / Barsac

  - Château Doisy-Védrines / Barsac

  - Château Filhot / Sauternes

  - Château Lamothe / Sauternes

  - Château Lamothe-Guignard / Sauternes

  - Château de Malle / Preignac, Sauternes

  - Château de Myrat / Barsac

  - Château Nairac / Barsac

  - Château Romer du Hayot / Fargues, Sauternes

  - Château Romer / Fargues, Sauternes

- Château Suau / Barsac

2. 그라브 크뤼 클라세(Crus Classés de Graves)

1등급, 2등급과 같은 차등없이 그라브 지구의 우수한 레드/화이트 생산자를 지정했다. 1959년도에 정부의 공인 등급으로 인정받았다. 몇몇 생산자는 레드와 화이트 모두 리스트에 올라 있다. 라 미씨옹 오브리옹, 파프 클레망 등은 레드/화이트 모두 높은 평가를 얻고 있지만 그랑 크뤼 클라세 리스트에는 레드만 올라 있다.

샤토 라 투르 오브리옹Château La Tour-Haut-Brion은 2005년 빈티지를 마지막으로 더이상 생산되지 않는다. 2006년부터 라 투르 오브리옹의 포도원은 샤토 라 미숑 오브리옹La Mission Haut-Brion의 포도원에 통합되어 세컨드 와인인 라 샤펠 드 라 미숑 오브리옹La Chapelle de la Mission Haut Brion을 빚는 데 쓰이게 되었다.

3. 생테밀리옹 그랑 크뤼 클라세(Saint-Émilion Grand Cru Classés)

생테밀리옹 그랑 크뤼 클라세는 AOC와 별개로 이 지역의 우수 생산자를 선정하여 부여한 별도의 등급제다. 1955년 6월 16일 처음 제정되어 10년마다 개정하여 1969, 1986, 1996, 2006, 2012, 2022년에 개정되었다. 2006년 개정 결과에 대해 기나긴 기나긴 소송전이 있었으며, 2012년 개정 등급마저도 소송에 휩싸여 파행을 겪었다. 최신 2022년 개정에서는 톱 샤토인 슈발 블랑, 오존, 앙젤뤼스가 등급제를 거부하고 이탈하여 등급제의 위상에 심각하게 금이 갔다는 것이 중평이다. 상세한 소송전 내용은 본 문서의논란 챕터를 참고.

원산지명으로는 생테밀리옹Saint-Émilion AOC와 생테밀리옹 그랑 크뤼Saint-Émilion Grand Cru AOC가 있으며 주로 후자에 속한 샤토들이 등급 부여의 대상이 된다. 원산지명인 '생테밀리옹 그랑 크뤼'와 등급제명인 '생테밀리옹 그랑 크뤼 클라세'가 이름이 비슷하여 소비자 입장에서 무척 혼동을 일으키게 되는 부분. '클라세Classé'까지 레이블에 기재되어 있어야 진짜 고급 와인이라고 생각하면 된다.생테밀리옹 그랑 크뤼 클라세는 내부적으로는 프르미에 그랑 크뤼 클라세 A, 프르미에 그랑 크뤼 클라세 B, 그랑 크뤼 클라세의 3단계로 등급이 구분된다. 레이블에는 보통 A/B의 구분없이 '프르미에 그랑 크뤼 클라세'로만 표기되는 것이 일반적이다.

3.1. 생테밀리옹 그랑 크뤼 클라세(2012)

- **프르미에 그랑 크뤼 클라세 A(Premier Grand Crus Classé A)**
  - Château Cheval Blanc
  - Château Ausone
  - Château Angélus [d]
  - Château Pavie [d]

- **프르미에 그랑 크뤼 클라세 B(Premier Grand Crus Classé B)**
  - Château Beauséjour(Duffau–Lagarrosse)
  - Château Beauséjour Bécot
  - Château Bélair–Monange
  - Château Canon
  - Château Canon–la–Gaffelière [d]
  - Château Figeac
  - Clos Fourtet
  - Château La Gaffelière
  - Château Larcis Ducasse [d]
  - La Mondotte [d]
  - Château Pavie–Macquin [a][d]
  - Château Troplong Mondot [a][d]
  - Château Trotte Vieille
  - Château Valandraud [d]

- **그랑 크뤼 클라세(Grand Crus Classés)**
  - Château Balestard la Tonnelle
  - Château Barde–Haut [d]
  - Château Bellefont–Belcier [c][d]
  - Château Bellevue [b]

- Château Berliquet

- Château Cadet Bon [b]

- Château Cap de Mourlin

- Château Chauvin

- Château Clos de Sarpe [d]

- Château Corbin

- Château Côte de Baleau [d]

- Château Dassault

- Château Destieux [c][d]

- Château de Ferrand [d]

- Château de Pressac [d]

- Château Faugères [d]

- Château Faurie de Souchard [b]

- Château Fleur−Cardinale [c][d]

- Château Fombrauge [d]

- Château Fonplégade

- Château Fonroque

- Château Franc Mayne

- Château Grand Corbin [c][d]

- Château Grand Corbin−Despagne [c][d]

- Château Grand Mayne

- Château Grand Pontet

- Château Guadet → Chateau Guadet−St.Julien [d]

- Château Haut Sarpe

- Château Jean Faure [d]

- Château Laniote

- Château Larmande

- Château Laroque

- Château Laroze

- Château la Clotte

- Château la Commanderie [d]

- Château la Couspaude

- Château la Dominique

- Château La Fleur Morange [d]

- Château la Madelaine [d]

- Château La Marzelle [b]

- Château la Serre

- Château La Tour Figeac

- Château le Prieuré

- Château les Grandes Murailles

- Château l'Arrosée

- Château Monbousquet [c][d]

- Château Moulin du Cadet

- Château Pavie—Decesse

- Château Peby Faugères

- Château Petit Faurie de Soutard [b]

- Château Quinault l'Enclos [d]

- Château Ripeau

- Château Rochebelle [d]

- Château Saint Georges(Côte Pavie)

- Château Sansonnet [d]

- Château Soutard

- Château Tertre Daugay [b]

- Château Villemaurine [b]

- Château Yon Figeac [b]

- Clos de l'Oratoire

- Clos des Jacobins

- Clos la Madeleine

- Clos Saint-Martin

- Couvent des Jacobins

• 전(前) 그랑 크뤼 클라세

- Château Corbin Michotte [e]

- Château La Tour du Pin Figeac(Giraud-Bélivier) [b][e]

- Château La Tour du Pin Figeac(Moueix) [b][f]

2008년도에 판결된 2006년 분류 무효화 결정에 따라 다음의 [a]~[c]의 변동이 있었다. 2012년 개정에 따른 변동은 [d]~[f] 로 마킹했다.

[a] : 2006년 프르미에 크랑크뤼 클라세로 승급했으나 2008년 강등됨

[b] : 2006년 강등되어 등급 제외되었으나 2008년 재진입

[c] : 2006년 등급 진입했으나 2008년 제외됨

[d] : 2012년 승급

[e] : 2012년 강등

[f] : 2012년 등급 분류 신청을 하지 않았으며 샤토 슈발 블랑에 흡수됨

샤토 벨레 르Château Belair는 프르미에 그랑 크뤼 클라세 B에 속해 있었으나 샤토 벨레르 모낭쥬와 합병했다.

샤토 라클뤼지에르Château la Clusière는 샤토 파비에 흡수되었다.

샤토 퀴레-봉-마들렌Château Curé-Bon-la-Madeleine은 샤토 카농에 흡수되었다.

샤토 카데 피올라Château Cadet Piola는 샤토 수타르에 흡수되었다.

샤토 베르가Château Bergat는 샤토 트로트베이유에 흡수되었다.

샤토 오-코르방Château Haut-Corbin은 그랑 코르방에 흡수되었다.

샤토 마트라Château Matras는 샤토 카농에 부분 흡수되었다.

소믈리에도 즐겨 보는 와인상식사전

3.2. 생테밀리옹 그랑 크뤼 클라세(2022)

- **프르미에 그랑 크뤼 클라세 A(Premier Grand Crus Classé A)**
  - Château Figeac(승급)
  - Château Pavie

- **프르미에 그랑 크뤼 클라세(Premier Grand Crus Classé)**
  - Château Beau-Séjour Bécot
  - Château Beauséjour(Duffau-Lagarrosse)
  - Château Bélair-Monange
  - Château Canon
  - Château Canon-la-Gaffelière
  - Château Larcis Ducasse
  - Château Pavie-Macquin
  - Château Troplong Mondot
  - Château Trotte Vieille
  - Château Valandraud
  - Clos Fourtet
  - La Mondotte

- **그랑 크뤼 클라세(Grand Crus Classés)**
  - Château Badette(신규)
  - Château Balestard la Tonnelle
  - Château Barde-Haut
  - Château Bellefont-Belcier
  - Château Bellevue
  - Château Berliquet
  - Château Boutisse(신규)
  - Château Cadet Bon
  - Château Cap de Mourlin

- Château Chauvin

- Château Clos de Sarpe

- Château Corbin

- Château Corbin Michotte(신규)

- Château Côte de Baleau

- Château Croix De Labrie(신규)

- Château Dassault

- Château de Ferrand

- Château de Pressac

- Château Destieux

- Château Faugères

- Château Fleur-Cardinale

- Château Fombrauge

- Château Fonplégade

- Château Fonroque

- Château Franc Mayne

- Château Grand Corbin

- Château Grand Corbin-Despagne

- Château Grand Mayne

- Château Guadet

- Château Haut Sarpe

- Château Jean Faure

- Château la Commanderie

- Château la Confession(신규)

- Château la Couspaude

- Château la Croizille(신규)

- Château la Dominique

- Château La Fleur Morange

소믈리에도 즐겨 보는 와인상식사전

- Château La Marzelle

- Château la Serre

- Château La Tour Figeac

- Château Laniote

- Château Larmande

- Château Laroque

- Château Laroze

- Château le Chatelet(신규)

- Château le Prieuré

- Château Mangot(신규)

- Château Monbousquet

- Château Montlabert(신규)

- Château Montlisse(신규)

- Château Moulin du Cadet

- Château Peby Faugères

- Château Petit Faurie de Soutard

- Château Ripeau

- Château Rochebelle

- Château Rol Valentin(신규)

- Château Saint Georges(Côte Pavie)

- Château Sansonnet

- Château Soutard

- Château Tour Baladoz(신규)

- Château Tour Saint Christophe(신규)

- Château Villemaurine

- Château Yon Figeac

- Clos Badon Thunevin(신규)

- Clos de l'Oratoire

- Clos des Jacobins

- Clos Dubreuil(신규)

- Clos Saint-Julien(신규)

- Clos Saint-Martin

- Couvent des Jacobins

- Lassegue(신규)

4. 크뤼 부르주아(Cru Bourgeois)

메독 지구 그랑 크뤼 클라세 분류에 들지 못한 샤토들이 모여 자체적으로 도입한 등급제.

4.1. 2003년 개정(2007년 폐지)

상업회의소와 농업회의소에 의해 1932년에 처음 만들어진 크뤼 부르주아 등급은 오랫동안 정부의 공인을 받지 못하고 민간차원에서 유지되었다. 최초에 444개 샤토가 크뤼 부르주아급으로 분류되었지만 매년 심사를 하여 샤토수가 늘었다 줄었다 하다가 2003년 정부가 인정하는 공인 등급으로 개편되면서 247개 샤토로 축소 정리되었다.

이때 크뤼 부르주아 등급이지만 그랑 크뤼 수준의 와인을 양조하는 것으로 정평이 나 있던 샤토 소시앙도 말레Château Sociando Mallet 같은 곳은 자신의 와인이 등급에 의해 분류되는 것 자체를 거부하여 심사 신청을 하지 않아 등급 목록에서 빠져버렸다.

2003년 등급 분류는 심사 과정을 문제 삼은 소송 끝에 2007년 폐지되었으며, 이를 대신할 새로운 등급제가 2010년부터 운영되고 있다. 소송 및 등급 폐지와 관련한 상세한 내용 본 문서의 논란 챕터를 참고.

• 크뤼 부르주아 2003 등급리스트(PDF)

4.2. 2010년 개정

크뤼 부르주아의 2003년 개편안은 소송 끝에 폐지되었고, '크뤼 부르주아'라는 명칭을 레이블에 기재하는 것도 금지되었다.

이에 크뤼 부르주아 연합은 새로운 시스템을 정부에 제안했다. 「라벨 크뤼 부르주아」라고 불리는 이 새로운 시스템은 생산/품질 표준에 기반하며 '등급제가 아니라 품질 마크'임을 표방하고 있다. 메독 지구 전체가 대상이며 매년 리스트를 개정한다.

2008년 2월에 새 시스템은 2003년 등급에 있던 샤토 중 180곳의 동의를 얻었으며, 추가로 95개의 새로운 샤토의 동의를 끌어냈다. 개정안은 새로운 생산 규정, 독립된 품질 검사를 요구하며 크뤼 부르주아 쉬페리외르, 크뤼 부르주아 엑셉시오넬의 용어는 폐지되고 단일 등급으로 운영된다.

2009년에는 정부가 '크뤼 부르주아'의 명칭 사용을 다시 허용함으로써 '라벨 크뤼 부르주아'는 가칭으로 남게 되고 새로운 크뤼 부르주아 등급이 2010년 공개되어 2008년 빈티지부터 적용되었다. (고급 와인은 18~24개월 정도의 숙성 기간을 거쳐 출하되므로 2008년산 와인은 2010년에 시장에 출하된다.)

2008년 등급은 290개 샤토가 신청을 했으며, 243개가 승인되었다.

2009년 등급은 304개 샤토가 신청하여 246개가 승인되었다.

한편, 2003년 등급에서 크뤼 부르주아 엑셉시오넬로 분류되었던 샤토들 중 6곳은 새 등급제 참여를 거부하고 레젝셉시오넬Les Exceptionnels이라는 별도의 단체를 구성했다.

- 크뤼 부르주아 2009 등급리스트(PDF)
- 크뤼 부르주아 2010 등급리스트(PDF)

4.3. 2020년 개정

크뤼 부르주아 연합은 2020년 2월 시스템을 다시 개편하였다. 엑셉시오넬, 쉬페리외르 등급이 부활하여 이전(2003년)처럼 3단계의 등급이 나뉘었으며 크뤼 부르주아 엑셉시오넬 14개, 크뤼 부르주아 쉬페리외르 56개, 크뤼 부르주아 179개. 총 249개로 정리되었다. 매년 개정하던 것은 5년마다 개정하는 것으로 바뀌었다. 2020년 개정은 2018~2022년의 5개 빈티지에 적용된다.

• 크뤼 부르주아 2020 등급리스트(PDF)

4.4. 2025년 개정(예정)

다음 등급 개정은 2017~2021 빈티지의 테이스팅 결과를 바탕으로 2025년 발표 예정이며 2023~2027년의 5개 빈티지에 적용된다.

5. 크뤼 아르티장(Cru Artisan)

150년 전 메독에서는 작은 포도밭을 가진 와이너리들을 크뤼 아르티장 또는 크뤼 페이장Cru Paysan이라 불렀었다. 그러다가 1989년 이들은 크뤼 아르티장 조합을 설립했고, 1994년 메독의 8개[9]지구의 생산지들 중 5ha 면적의 가족 경영 소규모 와이너리에 크뤼 아르티장 등급을 제정해 부여했다. 10년마다 등급을 갱신하며 2006년 11월 정부의 공식 승인을 받았다. 현재는 5년마다 갱신되며 현재 총 36개의 샤토가 여기에 속해 있다.

• 메독(Médoc) 지구 : 11개
  - Château Andron
  - Château Bejac Romelys
  - Château Gadet Terrefort
  - Château Garance Haut Grenat
  - Château Haut Brisey
  - Château Haut Couloumey
  - Château Haut-Blaignan
  - Château Haut-Gravat
  - Château la Tessonière
  - Château les Graves de Loirac
  - Château Vieux Gadet

• 오메독(Haut-Médoc) 지구 : 15개
  - Château d'Osmond

- Château de Coudot

- Château de Lauga

- Château du Hâ

- Château Grand Brun

- Château Lamongeau

- Château le Bouscat

- Château Micalet

- Château Moutte Blanc

- Château Pey Mallet

- Château Tour Bel Air

- Château Tour du Goua

- Château Viallet Nouhant

- Château Vieux Gabarey

- Domaine Grand Lafont

• 생테스테프(Saint-Estèphe) 지구 : 3개

- Château Graves de Pez

- Château Linot

- Château Marceline

• 생쥘리앙(Saint-Julien) 지구 : 1개

- Château la Fleur Lauga

• 물리(Moulis-Médoc) 지구 : 1개

- Château Lagorce Bernadas

• 리스트락(Listrac-Médoc) 지구 : 1개

- Château Dacher de Delmonte

• 마고(Margaux) 지구 : 4개

- Château des Graviers

- Château les Barraillots

- Château Moutte Blanc

- Clos de Bigos

* 샤토 무트 블랑은 이름은 같지만 2가지 와인이 있다. 마고 마을명으로 연간 2,400병 출하하는 것과 보르도 쉬페르외르 지방명으로 연간 15,000병 출하하는 것이 있다.

6. 논란

6.1. 샤토 무통 로칠드의 승급 논란

PABLO PICASSO

We have to approach art as immediate as that of Picasso in a way that is entirely direct, honest, spontaneous and innocent... What we absolutely must not do is put him on a pedestal like some horror in a cemetery and talk about him as "a great man": everything about him is alive, in constant movement, refusing to be confined in a lifeless statue. One of the grossest errors propagated about Picasso, and one we hear most often, is the idea that he is something to do with the Surrealists. In fact, in the majority of his paintings, the subject is almost always completely down to earth, never drawn from the dim world of dreams, never capable of being turned into a symbol, in other words not in any way Surrealist. Human limbs, human subjects in human surroundings; that is first and foremost what we find in Picasso.

Michel Leiris, *Document 2*, 1930.

Nothing can be done without solitude. I have created solitude for myself no-one ever dreams exists. It's very difficult to be alone nowadays because we have wristwatches. Have you ever seen a saint with a wristwatch? I've looked everywhere and I haven't been able to find a single one, not even on saints who are meant to be the patron saints of clockmakers

Picasso to Tériade, 1932.

무통의 1등급 승급은 1973년 6월 21일 당시 프랑스 농림부 장관이었던 자크 시라크의 승인으로 이루어졌다. 무통이 승격을 주장한 근거로는 밭이 역사적으로 라피트의 일부였다는 것, 등급제 실시 1년 전인 1854년과 1858년 출하가격이 라피트와 같았다는 것 등이었다고 한다. 그러나 1855년 등급제에 앞선 토머스 제퍼슨이나 로튼 등에 의한 사적 분류에서의 위상이나, 당시 10년간의 평균가를 따져보

소믈리에도 즐겨 보는 와인상식사전

면 무통의 출하가격은 1급 샤토들에 비해 명백히 열세였다는 지적이 있다. 반대로 1845년 빌헬름 프랑크의 분류에서는 무통이 마고, 라투르보다 비싼 값에 책정되었으며, 당시 무통이 2등급으로 분류된 것은 라이벌 관계인 라피트의 방해공작 때문이라는 설도 있다.

무엇보다 자크 시라크가 무통의 승급을 승인하기까지의 과정 자체가 불투명하다는 것이 논란의 핵심. 이 결정이 관보로 발행된 기록도 없고, 1973년 2월 23일 5명의 주요 크루티에(와인 중개인)가 모여 보르도 상공회의소에서 등급제에 관한 공청회를 열었다고 하는데, 그 회의록도 남아 있지 않다고 한다. 공청회 이후 보르도 상공회의소의 부회장이 농림부 장관에게 보낸 서한에 '1등급 샤토 리스트를 이제부터 알파벳 순으로 발표하도록 요청한다'라고 적혀 있고, 그 명단에 무통이 포함되어 있었다는 것이 현재 알려진 공식 기록이다.

무통의 오너 필립 드 로칠드 남작은 일평생을 무통의 승급에 바쳤다고 해도 좋을 정도로 와인의 평판 향상을 위해 집요한 노력을 했는데, 와인 자체의 품질 향상에 힘쓴 것은 물론이고 로비에도 막대한 노력을 쏟았다고 전해진다. 고관 대작들을 초대한 연회 자리에서 안 좋은 빈티지의 라피트와 좋은 빈티지의 무통을 나란히 서빙했다는 이야기는 유명하다.

결과적으로 무통의 승급은 사실로서 받아들여지고 있고, 현재는 1등급에 걸맞은 품질을 내고 있다는 것에도 대부분의 와인 애호가들 사이에 큰 이견이 없으나, 승급 과정에서의 불투명성과 의혹은 깨끗히 해소되지 않은 채라고 볼 수 있을 것 같다.

6.2. 2006년 생테밀리옹 등급 심사 소송

생테밀리옹 등급은 1954년에 처음 제정되어 1969, 1979, 1984, 1996, 2006, 2012, 2022년에 개정되었다. 특히 2006년, 2012년 개정과 관련하여 길고 긴 소송전이 있었다. 2006년 개정에서 강등당한 샤토 중 일부가 심사위원단의 구성방식과 심사방식에 있어서 불공정성을 문제삼아 소송을 제기했다. 당시 강등되어 리스트에서 사라진 샤토는 다음과 같다. 그리고 강등된 것은 아니지만 인수 합병에 의해 2개 샤토가 더 사라졌다.

• 강등된 샤토

- Château Faurie-de-Souchard
- Château Bellevue
- Château Cadet-Bon
- Château Guadet St-Julien
- Château La Marzelle
- Château Petit-Faurie-de-Soutard
- Château Tertre-Daugay
- Château La Tour-du-Pin-Figeac(Giraud-Bélivier)
- Château La Tour-du-Pin-Figeac(Moueix)
- Château Villemaurine
- Château Yon-Figeac

• 인수합병으로 사라진 샤토

- Château Curé-Bon : Château Canon에 합병
- Château La Clusière : Château Pavie에 합병

소송의 이유는 심사위원의 일부가 특정 샤토와 관련있는 인물이었고 심사가 공정하지 않았다는 것이다. (법원이 밝힌 바에 따르면 심사위원들이 직접 방문한 샤토는 전체 95개의 중에서 7개뿐이었다고 함)

2007년 3월, 보르도 법원은 2006년의 개정된 등급체계에 대한 보류 판결을 내렸다. 1996년 개정은 10년간만 유효하기 때문에 2006년 심사 결과에 대한 보류 판결로 인해 생테밀리옹 등급은 공중에 뜬 상태가 되어 버려 대혼란이 일어났지만 2007년 11월에 프랑스 대법원은 보르도 법원의 판결을 뒤집어 「보르도 법원의 등급 보류 판결은 법적으로 적합하지 않다」고 결론내어 2006년의 개정 등급 체계는 일단은 수습되는 듯 보였다.

그러나 대법원의 판결은 「2006년 등급 분류 보류 판결은 무효」라는 것뿐이고 심사의 공정성을 둘러싼 소송은 계속 진행되었다. 이듬해인 2008년 7월에 법원은 등

급 심사 과정에서 와인 시음 절차에 문제가 있음을 인정했고, 해당 등급 심사 결과 (2006년 등급 조정 결과)를 무효화하며 생테밀리옹 등급은 공중에 붕 뜬 상태가 되어버린다.

재심사를 위해서는 약 2년의 시간이 필요하기 때문에 INAO는 프랑스 정부에 기존 생테밀리옹 등급으로의 복귀를 요청했고, 새 등급심사 결과가 나올 때까지 2006~2009 빈티지의 와인에 대해 기존 1996년 등급제가 잠정적으로 유지되게 되었다. 이 결과에 대해 2006년 승급된 샤토들은 강한 불만을 드러내었다.

2012년 등급 분류는 생테밀리옹과 보르도의 생산자/거래상 등 신디케이트에 연관되지 않도록 INAO가 외부에 의뢰하여 부르고뉴, 론, 샹파뉴, 루아르, 프로방스 등지에서 7명의 심사위원이 선발되었다. 그 결과 샤토 파비, 샤토 앙젤뤼스가 프르미에 클라세 A로 승급했고, 라르시스 뒤카스, 카농 라 가플리에르, 발랑드로, 라 몽도트가 프르미에 그랑 크뤼 클라세B로 승급했다. 샤토 마들렌은 샤토 벨에르 모낭쥐에 합병되어 리스트에서 사라졌다. 샤토 라 투르 뒤 팡 피작(무익스)은 샤토 슈발 블랑에 인수합병 절차를 진행 중이어서 2012년 심사에 응하지 않았다.

6.3. 2012년 생테밀리옹 등급 심사 소송

2013년 1월 샤토 라투르 뒤 팡 피작(지로-벨리비에), 샤토 크로크 미쇼트, 샤토 코르방 미쇼트는 2012년 등급 선정에 절차상의 문제가 있다며 보르도 법원에 소송을 제기했다.[16] 8년간 진행된 이 소송은 결국 2021년 10월, 샤토 앙젤뤼스의 오너인 위베르 드 부아르 드 라포레스트 Hubert de Boüard de Laforest가 2012년 생테밀리옹 등급 심사에 불법적 영향을 미쳤다는 판결이 나오며 등급 체계에 새로운 파문을 던졌다.

드 부아르가 2012년 분류 심사 당시 INAO와 상품인증관리처(ODG)의 지부장 및 여러 샤토의 자문을 맡고 있었으며 그런 자신의 지위를 활용해 등급 심사에 개입했다는 것이 유죄로 인정되었다. 검찰은 부아르를 기소하며 10만 유로의 벌금을 구형했고 법원에서 벌금 6만 유로가 선고되었다. 다만 원고가 심사 결과 강등된 것에 드 부아르가 직접적 영향을 미쳤다는 증거는 발견할 수 없었다고 한다.

6.4. 2022년 생테밀리옹 등급 심사 거부

2021년 7월, 생테밀리옹 등급제의 최상위급 샤토인 샤토 슈발 블랑과 샤토 오존이 생테밀리옹 그랑 크뤼 클라세 등급에 더이상 참여하지 않겠다고 이탈 선언을 했다. 이유는 변경된 등급 심사 방식이 와인의 품질 자체보다 브랜드화에 치중해 있다는 것이다. 오존의 매니저 폴린 보티에는 언론과의 인터뷰에서 '등급 심사에 있어 테루아와 테이스팅에 대한 부분이 마케팅과 소셜 미디어에 비해 너무 적다'고 언급하였다. 2022년 1월 5일에는 샤토 앙젤뤼스마저 2022년도 등급제 심사에 참여하지 않겠다고 이탈 선언을 했다. 관련기사1佛 관련기사2英 오너가 심사와 관련하여 벌금형을 맞은 것이 등급제와 척을 지게 된 주된 원인으로 보인다. 여기에 설상가상으로 2022년 6월 1일 샤토 라 가플리에르도 2022년 심사에 응하지 않고 등급제 이탈을 결정했다.

결과적으로 2022년판 새 등급제에서 샤토 피작이 승급하여 1등급 양조장은 피작과 파비 2곳이 남게 되었으며, 슈발 블랑, 오존, 앙젤뤼스 등 최정상급 샤토들이 대거 이탈해 버렸기 때문에 등급제의 위상에 심각한 타격을 입었다고 볼 수 있다.

6.5. 2003년 크뤼 부르주아 등급 심사 소송

크뤼 부르주아 등급의 2003년 개정은 490개의 샤토가 등급 신청을 했지만 절반가량이 심사에서 탈락했고, 1932년 등급 리스트에 있던 샤토 중에서도 77개의 탈락자가 발생했다. 심사 결과에 불만을 가진 70여 개 샤토들은 심사위원단 선정상의 투명성을 문제삼아 단체로 소송을 제기하기에 이르렀다. 법정 공방 끝에 2007년 2월, 심사위원 18명 중 4명이 등급을 받은 샤토와 관련이 있는 인물이므로 2003년 등급 판정은 무효라는 판결이 보르도 법원에서 내려지게 되었다.

2003년 재분류의 백지화 판결에 의해 크뤼 부르주아 등급은 1932년 분류(444개 샤토)로 회귀하게 될 것으로 전망되었지만 같은 해인 2007년 7월, 프랑스 정부는 크뤼 부르주아라는 이름을 라벨에 쓰는 것을 아예 불법화해 버린다. 크뤼 부르주아 연합은 기존이 등급제와는 다른 형태의 새로운 시스템을 정부에 제안했고, 이것을 2010년에 발표하여 2008년 빈티지부터 적용했다.

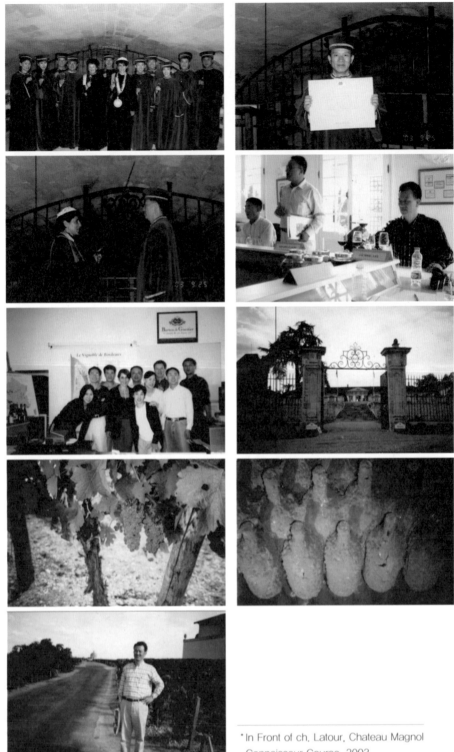

* In Front of ch, Latour, Chateau Magnol
Connaisseur Course, 2003

* Bordeaux Saint -Emilion

　　　　　　　　　　　소믈리에도 즐겨 보는 와인상식사전

보르도 와인 생산지

1. 개요

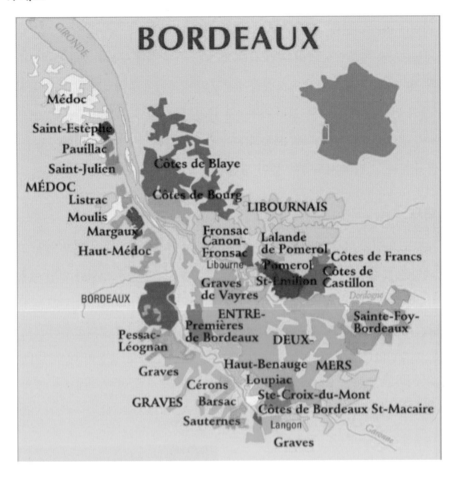

　보르도Bordeaux 지방은 프랑스 남서부에 위치한 세계 최대의 고급와인 생산지다. '보르도'라는 이름은 'Au bord de l'eau'(물 근처)라는 뜻에서 유래했고, 멕시코 난류의 영향으로 따뜻하고 온화한 해양성 기후를 갖추고 있다. 이곳의 와인은 가론강과 도르도뉴강이 합류하여 대서양으로 흘러가는 지롱드강 지역에서 대부분 출하된다. 포도 재배 면적이 총 11만 3천ha로 프랑스에서 가장 많은 와인을 출하한다.

　보르도는 행정구역상으로는 면적 49.36km²의 작은 도시이지만, 와인 생산지로서의 보르도는 서울시 면적(605.33km²) 약 2배 정도의 넓은 지역이다.

보르도의 와인 생산 비율은 레드 와인 85%, 화이트 와인 13%, 스위트 와인 2%이다.

보르도에는 와인산지로 인가받은 '지역'이 20곳이나 있고, 재배되는 포도의 품종도 지역에 따라 다르다. 당연히 와인의 맛도 달라진다.

지롱드강을 기준으로 강의 왼편(좌안)과 오른편(우안)을 구분하기도 하며, 이 지역에 저마다의 특성을 가진 포도원들이 분포되어 와인이 출하되고 있다. 대표적으로 강의 왼편은 메독Medoc, 그라브Graves로 구분되며, 강의 오른편(우안)은 포므롤Pomerol, 생테밀리옹Saint-Emillion, 프롱삭Fronsac으로 구분된다. 각 산지 안에 수많은 영역별 구분과 그 안의 샤토Chateau들이 경쟁하고 있다.

2. 역사

보르도 와인의 역사는 고대 그리스와 고대 로마시대까지 거슬러 올라간다. 고대의 와인은 그리스와 로마로부터 발전했는데, 특히 로마인들은 열렬한 와인 애호가들이었다. 그들의 엄청난 와인 수요를 충당하기 위해 지금의 이탈리아반도는 물론 프랑스 전역에까지 포도밭이 확장되었다. 보르도는 1세기 무렵 로마로부터 포도 재배를 전수받았다고 전해진다. 4세기 집정관을 지낸 보르도 출신의 아우소니우스Ausonius, 310~395, 프랑스식 표기는 Ausone가 기록한 것처럼, 생산된 와인은 대부분 같은 지역에서 소비되었다.

대서양과 맞닿아 있는 보르도는 지롱드강을 비롯해 크고 작은 강들이 있어 오래전부터 와인뿐만 아니라 각종 상품의 무역 요충지였다. 보르도가 와인 무역의 중심지로 각광받게 된 것은 13세기부터다. 이때는 보르도가 영국령에 속했던 시기다.

보르도 와인이 유럽에서 명성을 얻게 된 것은 상징적으로 1152년 5월 18

* 삼성전자 보르도 TV 광고, 2006년 출시 6개월 만에 100만 대 판매

소믈리에도 즐겨 보는 와인상식사전

일로 거슬러 간다. 프랑스 서부를 차지하고 있던 아키텐 공국의 상속녀 엘레오노르는 프랑스 왕 루이 7세와 이혼하고 노르망디 공작이자 앙주의 백작인 앙리와 재혼했다. 2년 뒤 앙리가 영국의 국왕 헨리 2세로 등극하면서 당시 가론강을 중심으로 한 서남부 아키텐 지역의 엘레아노르Eleanor of quitaine 지역이 영국령에 속하게 된다. 그 후 아키텐에 속한 보르도는 영국이 프랑스와 벌인 전쟁에서 군수물자를 조달하고, 스페인의 침략에 맞서 싸우면서 영국 왕실의 신임을 얻었다. 영국 왕실은 보르도 와인에 대한 세금을 낮춰주며 보르도 와인에 특혜를 주었다.

이때부터 보르도 와인의 독주가 시작됐다. 보르도 와인은 13세기가 끝날 때까지 영국 시장을 거의 독점하다시피 했다. 영국 왕실에서 구입했다는 사실 하나만으로 보르도 와인은 가치를 인정받은 셈이다. 보르도 인근 지방에 포도밭들이 빼곡하게 들어서게 된 것도 이후의 일이다. 포도밭은 지롱드강과 그 지류들로 넓게 퍼져나갔고, 곧 유럽의 주요 와인 생산지로 자리를 잡았다. 이때부터 그곳에서 생산된 모든 와인이 영국으로 수출되었는데 영국인들은 이 포도주를 클라렛claret이라고 불렀다. 다른 지역에서 나는 포도주는 약간 노란색이 섞인 붉은빛이었던 데 비해, 보르도의 포도주는 짙은 적색을 띠었기 때문이다. 라틴어의 클라라툼claratum에서 유래한 클라렛은 '밝은clear'을 뜻한다.

보르도 성공의 단적인 예는 수출량에서 알 수 있다. 1305년부터 1308년까지 보르도항에서 내보낸 와인의 양은 무려 9만 8,000배럴이나 된다. 그 후 보르도가 프랑스에 귀속되면서 영국으로의 수출은 잠시 주춤했지만, 이미 보르도 와인은 다른 지역과는 차별화된 고급와인으로 인식된 후였다. 근현대에 들어서 보르도 와인은 필록세라와 1, 2차 세계대전이란 악재를 만나기도 했지만 이미 세계 와인 애호가들의 위시 리스트에 단단히 자리매김하며 지금까지 승승장구하고 있다.

1855년 파리 엑스포 이후부터 보르도는 지명뿐만 아니라 와인색을 나타내는 것으로 클라렛을 대체하여 쓰고 있다. 오늘날 짙은 붉은색을 나타내는 용어로는 클라렛보다는 보르도가 일반적이 되었고, 보르도는 색을 나타내는 용어로도 널리 쓰인다. 2006년 그 당시 삼성전자의 보르도 TV 광고를 보면 알 수 있다.

3. Story

보르도 와인은 지롱드강 유역에서 대부분 레드 와인을 출하하고 있으며, 일부 지역(소테른–바르삭)에서만 귀부 와인이 생산되고 있다. 물론 화이트 와인도 생산되고 있지만 보르도 와인의 80% 정도는 레드 와인이다.

1855년 메독 지구의 레드 와인과 소테른–바르삭 지구의 귀부 와인에 순위를 부여하면서 시작된 서열화 작업의 결과로 그랑 크뤼Grand Cru 등급이 탄생하기도 하였다. 1855년 개최된 파리박람회에서 나폴레옹 3세는 보르도 와인을 전 세계에 소개하고자 하였고, 17세기부터 비공식적으로 유지되었던 샤토의 명성에 따라 61개를 5개의 등급으로 분류하게 된 것이다.

빈티지별 품질 차이가 있기 때문에, 이것에 대해 이해하고 있어야 구매할 때 좋다. 장기 보관으로 적합한 빈티지(1982, 1988, 1989, 1990, 1996, 1998, 2000, 2005, 2006, 2009 등)와 빠른 소비가 가능한 빈티지(대표적으로 2007, 2011 등)를 구분해 두면 시음 적기에 알맞은 최적의 와인을 소비하기에 좋다.

와인 라벨에 보르도Bordeaux만 표기되어 있다면, 광활한 보르도 지역에서 포도를 수확해 양조한 것임을 나타낸다. 당연히 특정 마을 단위보다는 품질 관리가 어려울 것이므로 대부분은 저렴하게 판매되는 편이지만, 반드시 저렴하기만 한 것은 아니다. 대중적인 와인들에서 찾아보기 쉽다. 또한 보르도Bordeaux산 화이트 와인의 경우, 소테른–바르삭Sauternes-Barsac에서 생산하는 귀부 와인을 제외하면 보르도Bordeaux만을 표기하는 것이 일반적이다.

－ 무통카데Mouton Cadet, 지롤라트Girolate, 샤토 몽페라Château Mont-Perat, 블랑(화이트)

1) 샤토/ 샤또(Château)

샤토는 성Castle, 대저택이란 프랑스어로 포도원에 위치한 저택과 양조장, 포도밭까지 함께 지칭하는 단어로 포도원에서 수확한 포도로 양조 후 병입, 출하까지 하는 와이너리를 통칭한다. 주로 보르도 지방에서 생산된 최상급 와인에 붙는 레이블을 뜻한다.

이 단어가 와이너리에 붙기 시작한 것은 19세기 보르도가 최초다. 그랑 크뤼 클라세 1등급에 빛나는 샤또 마고와 샤또 오브리옹도 18세기에는 그냥 마고와 오브리옹으로 불렸다. 여기에 샤또라는 이름을 붙인 것은 이들의 포도밭 한가운데 성에 준하는 대저택이 있었기 때문이다. 다른 이유로는 와인의 가치를 샤또라는 이름을 붙여 더욱 차별화하려는 목적도 있었다고 한다.

1855년 보르도 메독 와인에 대한 등급 분류가 이루어질 때까지 샤또라는 이름이 붙은 와인은 오브리옹, 마고, 라피트, 라뚜르밖에 없었다고 한다. 그러나 20세기에는 등급 분류의 대상이 되는 모든 와인 앞에 샤또라는 단어가 붙었다. 샤또, 즉 성이라고 하기에는 민망할 정도로 작은 탑 수준의 건축물만 있어도 샤또라는 명칭을 붙였다. 샤또라는 단어를 붙이면 귀족 가문과 관계가 있는 것 같은 분위기를 풍길 수 있기 때문이다. 그 후 샤또라는 명칭은 보르도를 넘어 프랑스 전역으로 퍼져나갔고 유럽 전역에서 유행하게 된다.

2) 세컨드 와인("18 가성비 좋은 세컨트 와인의 가치"편 참조)

3) 품종("06 포도품종의 종류 및 특징"편 참조)

보르도 와인의 특징이라면 블렌딩이라고 할 수 있다. 포도품종에 따라 익는 시기가 다른 점을 이용해 병충해나 흉작에 대비하기 위해 시작된 것으로 보는 견해가 많다. 각 포도원의 토양에 적합한 2~3종류의 포도를 재배하고, 적절한 비율로 배합하는 것이 특징이다. 이는 단일 품종으로 양조한 와인보다 복합적이고 풍부한 특징이 있다. 샤토마다 다른 포도의 발육 상태 및 토양과 기후의 특징, 저마다 다른 배합 비율 때문에 실질적으로 완벽하게 같은 와인은 존재하기 어렵다는 것이 나름의 매력이다.

레드 와인 품종으로 카베르네 소비뇽Cabernet Sauvignon, 메를로Merlot가 주품종으로 재배되고 있으며, 보조품종으로 카베르네 프랑Cabernet Franc, 쁘띠 베르도Petit Verdot, 말벡Malbec 등이 널리 재배되고 있다. 한편 화이트 와인으로는 귀부 와인에 쓰이는 세미용Semillon이 있고, 소비뇽 블랑Sauvignon blanc 등이 주품종으로 재배되고 있으며, 위니 블랑Ugni Blanc, 뮈스카델Muscadelle 등이 보조품종으로 재배되고 있다.

4. 등급(프랑스 와인 등급 참조)

프랑스 지역별 분류

라벨에 기록된 산지명이 '넓은 지역일수록 격이 낮고 좁아질수록 격이 높다'는 것이 보르도 와인의 원칙이다. 예를 들어 라벨에 마을 이름이 적혀 있는 와인은 단순히 '오메독'이란 지역명이 적혀 있는 것보다 상급이며, '보르도'라는 지방명만 들어가 있는 와인은 급이 꽤 낮은 데일리 와인이라 할 수 있다.

예) 마을 이름 〉 오메독 〉 보르도

1) 좌안(左岸)

5대 샤토로 잘 알려진 지롱드강 서쪽에 펼쳐진 유명 지구들로 '좌안左岸'이라 총칭한다. 이들 좌안의 와인은 강 상류 쪽이며 자갈이 많아 '카베르네 소비뇽'종을 중심으로 만들며, 맛은 농후하고 신맛, '카시스'라는 독특한 향이 있으며 떫은맛과 신맛이 강한 것이 특징이다.

(1) 메독(Médoc)

메독 지역은 보르도Bordeaux 와인산지 내에서도 세계 최고라고 불리며, 토양의 성질과 포도품종의 조화가 좋은 것으로 평가되고 있다. 메독 지역은 북쪽의 바-메독Bas-Médoc과 남쪽의 오-메독Haut-Médoc으로 구분되며, 메독 지역에서는 레드 와인을 생산한다.

메독 지역의 토양은 잔자갈, 점토질,석회암으로 구성되어 있으며, 오-메독Haut-Médoc의 경우에는 세부지역마다 토양의 성격이 좀 다르다. 마고Margaux 지역은 흰 자갈, 포이악Pauillac 지역은 자갈과 모래, 생테스테프Saint-Estèhe 지역과 물리Moulis 지역은 자갈과 모래, 점토질을 가지고 있다. 생쥘리앙Saint-Julien은 자갈, 리스트락Listrac 지역은 석회석의 토양을 가지고 있다.

바메독Bas-Médoc은 메를로Merlot가 주품종으로 재배되고 있으나, 오메독Haut-Médoc에서는 카베르네 소비뇽Cabernet Sauvignon이 주품종으로 재배되고 있다. 이외에 보조품종으로 카베르네 프랑Cabernet Franc, 말벡Malbec, 쁘띠 베르도Petit Verdot 등도 재배되고 있다.

4만 676에이커, 레드 와인만 생산

ⓐ 바메독(Bas-Médoc)

메독Médoc의 북쪽 지역을 말하며, 전통적으로 그냥 '메독Médoc'이라 부르면 이곳을 말한다. Bas는 '낮다', haut는 '높다'는 의미이며, 메독Médoc에서도 북쪽의 낮은 지대를 가리켜 바-메독Bas-Médoc이라고 한다. 단, bas의 낮다는 의미가 와인품질도 낮은 것으로 볼 수 있기 때문에, 이 지역의 와인 생산자들은 메독Médoc만을 표기한다.

대체로 대중적이고 편안한 와인들이다. 메독은 전체 메독 지역의 북쪽에 자리 잡고 있다. 면적은 약 5,700ha로, 전체 메독 와인산지 중에서도 가장 넓은 지역이다. 와인의 특징은 한마디로 정의 내리기 어렵지만, 전체적으로 균형이 잘 잡혀 있고, 향도 풍부하다. 와인은 대체로 루비색의 영롱한 아름다움을 자랑한다.

이 지역은 오-메독Haut-Médoc 대비 장기 보관용 와인보다는 빠른 소비가 가능한 와인들을 중심으로 출하하고 있다. 그렇다고 오-메독Haut-Médoc 와인 전체가 장기보관용이라는 의미는 아니고, 장기보관에 유리한 카베르네 소비뇽Cabernet Sauvignon의 재배에 조금 불리하기 때문이다. 어쨌든 바-메독Bas-Médoc에서 1855년 그랑 크뤼 클라세Grand Crus Classé로 분류된 샤토는 전무하다.

- **기타**
  - 샤토 그레이삭(Château Greysac) : 크뤼 부르주아급의 와인이며, 메독Médoc의 특징을 잘 나타내는 와인 중 하나라는 평이다.
  - 마주앙 메독(Majuang Médoc) : 우리나라에서 메독Médoc의 와이너리에게 위탁 생산한 제품이라, AOC Médoc이 라벨에 명기되어 있다. 저렴한 가격과 데일리로 소비하기에 적당한 품질이라는 평가를 받았다.
  - 노블 메독(Noble Médoc) : 우리나라의 와인 유통업체가 메독Médoc 지역의 네고시앙Nogociant과 협력해서 출시하고 있다.

ⓑ 오메독(Haut-Médoc)

메독Médoc 지역의 남쪽을 의미하며, 이 지역은 다시 북쪽부터 생테스테프Saint-Estèphe, 포이악Pauillac, 생쥘리앙Saint-Julien, 리스트락Listrac, 물리Moulis, 마고Margaux로 구분된다. 위 6개의 마을(아펠라시옹)에서만 와인라벨에 마을 명을 쓸 수 있다. 마을 이름이 적혀 있는 와인은 그 마을에서 수확한 포도로만 만들었기에 보르도 안에서 생산된 고급와인은 대부분 이 여섯 마을에서 탄생한다. 나머지 약 50개의 마을에서 출하되는 와인에는 Haut-Médoc만을 표기한다. 일반적으로 바메독Bas-Médoc 생산 와인보다는 오메독Haut-Médoc의 와인이 고급이며, 이 중에서도 위 6개의 마을 이름이 사용된 와인이 조금 더 고급와인이다.

이 지역에서는 카베르네 소비뇽Cabernet Sauvignon을 주품종으로 메를로Merlot, 카베르네 프랑Cabernet Franc, 쁘띠 베르도Petit Verdot 등을 블렌딩한 와인을 주로 생산한다. 부르주아급의 샤토들이 상당히 많으나 빈티지만 좋으면 가성비도 좋을 여지가 충분하다. 또한 작황에 따라 일정 조건 미만으로 수확된 포도를 이용해 세컨드 라벨 개념으로 출하하는 샤토Château들도 많이 있다. 와인을 고를 때 연도별 작황을 잘 파악하고 있으면, 퍼스트 라벨이나 고급와인의 평범한 빈티지보다 좋은 품질의 와인을 고를 수도 있다.

- **2등급, 되지엠 크뤼(Deuxièmes Crus)**
  - 샤또 베르나도뜨Château Bernadotte

- **3등급, 트루아지엠 크뤼(Troisièmes Crus)**
  - 샤토 라 라귄Château La Lagune

- **4등급, 카트리엠 크뤼(Quatriemes Crus)**
  - 샤토 라 투르 카르네Château La Tour Carnet

- **5등급, 생키엠 크뤼(Cinquemes Crus)**
  - 샤토 벨그라브Château Belgrave
  - 샤토 카망삭Château Camensac
    - 라 끌로제리 드 까멍삭La Closerie de Camensac

- 레 알레 드 깡뜨메를르^{르 잘레 드 캉트메를르, Les Allees de Cantemerle}

- 라 바롱 드 깡뜨메를르^{La Baron de Cantemerle}

가. 생테스테프(Saint-Estèphe)

Le Médoc

　보르도를 가로지르는 지롱드강을 따라 포이약(포이악)에서 멀지 않은 곳에 있다. 면적은 약 1,300ha 정도로 메독의 주요 4개 마을 중에서 포도 재배면적이 가장 넓다. 생테스테프는 마을을 둘러싼 페즈, 레이삭, 마르뷔제, 생코르비앙, 코스, 블랑케 등의 마을까지 포함한다. 세부 마을까지 쭉 이어지는 아름다운 포도밭은 약 7km에 걸쳐졌는데, 포도밭 어디서나 유유히 흐르는 지롱드강을 볼 수 있다. 생테스테프 와인은 특별하다. 색이 진하고, 강건하며, 타닌이 풍부해 몇몇 와인의 숙성 잠재력은 그야말로 놀라울 정도다.

　석회암, 이회암 위에 충적토와 자갈로 이루어진 비옥한 곳으로 경사가 원만하고 배수가 잘 되는 지역이다. 주품종으로 카베르네 소비뇽^{Cabernet Sauvignon}이 주로 재배되고 있으나, 보조품종으로 메를로^{Merlot}, 카베르네 프랑^{Cabernet Franc}, 쁘띠 베르도^{Petit Verdot}도 널리 재배된다. 이 지역은 다른 곳에 비하여 메를로^{Merlot}의 비중이 높은 블렌딩의 특성이 있다. 메를로의 비중이 높으면 와인에 부드러운 질감이 더해진다. 간혹 메를로만으로 와인을 만드는 곳도 있는데, 고품질일수록 카베르네 소비뇽 못지않은 강건함을 보인다.

• 2등급, 되지엠 크뤼(Deuxièmes Crus)

　－ 샤토 코스 데스투르넬Château Cos d'Estournel : 메독의 샤토 중에서도 약간 특이
　하다. '코스'는 메독에서 처음으로 인도에 수출한 샤토다. 동양풍 탑 디자인
　은 그것과 연관이 있다고 한다.

　　－ 레 파고드 드 꼬스Les pagodes de Cos[Super Second]

　　－ 라 담므 드 몽로즈La Dame de Montrose[Super Second]

• 3등급, 트루아지엠 크뤼(Troisièmes Crus)

　－ 샤토 칼롱 세귀르Château Calon-Ségur, 깔롱 세귀

　　－ 마르끼(마르꿰) 드 깔롱Marquis de Claon

• 4등급, 카트리엠 크뤼(Quatriemes Crus)

　－ 샤토 라퐁 로쉐Château Lafon Rochet

　　－ 레 뻬렐르 드 라퐁－로쉐Les Pelerins de Lafon-Rochet

　　－ 라 샤펠 드 라퐁 로쉐La Chapelle de Lafon Rochet

• 5등급, 생키엠 크뤼(Cinquemes Crus)

　－ 샤토 꼬스 라보리Château Cos-Labory

　　－ 르 샤름므 라보리Le Charme Labory

　－ 크뤼 부르주아Cru Bourgeois

　　－ 샤또 펠랑 세귀르Chateau Phelan segur

　　　－ 프랑크 훼랑Frank Phelan

• 보르도 와인 등급

그랑크뤼 클라세 특급 와인(메독, 생떼밀리옹, 그라브지역) 〉크뤼 아르티장과
크뤼 부르주아(메독지역만 해당) 〉아펠라시옹(예 : 앙트르 뒤 메르) 〉보르도 슈페
리어 〉일반적인 보르도

• Great vintage

2010, 2009, 2008, 2005, 2003, 2000, 1998, 1990, 1989

나. 포이약 / 포이악(Pauillac)

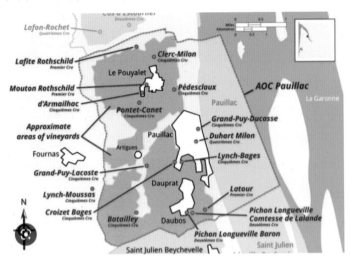

포이약은 메독의 중심에 자리했다. 이곳에는 18개의 그랑크뤼 클라세 샤또(샤토)를 포함 수준급의 와이너리들이 몰려 있다. 포이약은 이름 자체로 와인 애호가들에게 믿음을 주는 보르도 와인의 노른자위다. 그랑크뤼 클라세 1등급 5개 샤또 중 3곳이 바로 이곳에 몰려 있다. 그래서 포이약을 보르도 와인의 수도라고 일컫기도 한다. 포이약은 오메독의 작은 마을들과 마찬가지로 자갈 토양으로 이루어져 있고, 메마르고 척박해서 배수가 좋다. 주로 재배되는 카베르네 소비뇽은 깊게 뿌리를 내려 높은 품질의 포도를 영글게 한다. 특히, 포도의 과즙이 풍부하고 강렬해 구조가 탄탄한 와인을 빚을 수 있으며, 숙성 잠재력이 뛰어나다. 잘 숙성된 포이약 와인은 향신료, 담배, 가죽 향의 부케가 특징이다. 아로마는 붉은 과일과 검은 과일이 층층이 겹쳐 시음자를 황홀하게 한다. 포이약 와인을 어린 빈티지로 즐기는 이는 드물다. 어느 정도 숙성된 것을 마시는 것이 일반적이다.

자갈과 모래가 많고, 메독^{Médoc} 지역에서 가장 깊은 자갈층을 가진다. 배수가 잘되고 경사가 원만하고, 기후 또한 카베르네 소비뇽^{Cabernet Sauvignon}의 재배에 좋은 지역으로 알려져 있다. 이 때문에 고품질의 카베르네 소비뇽을 주품종으로 하는 무겁고 중후한 느낌의 와인이 생산되고 있다. 또한 고급와인 생산자가 많은 곳도 바로 이곳, 포이악이다. 특히 양고기를 활용한 음식과 잘 어울리는 레드 와인을 생산한다. 대부분의 1등급을 그 유명한 로스차일드 가문의 프랑스 분가인 로칠드 가문에서 소유하고 있다.

- 1등급, 프리미에 그랑크뤼(Premiers Grand Crus Classe)
  - 샤토 라투르Château Latour
    - 레 포르 드 라투르Les Forts de Latour : '샤토 라투르'의 세컨드 와인
    - 샤또 라피트 로칠드Chateau Lafite Rothschild
    - 까루아드(카뤼아드) 드 라피트Carruades de Lafite : '샤토 라피트 로쉴드'의 세컨드 와인
  - 샤토 무통 로쉴드Château Mouton Rothschild
    - 르 쁘띠 무통 드 무통 로쉴드Le Petit Mouton de Mouton Rothschild : 샤토 무통 로쉴드의 세컨드 와인

- 2등급, 되지엠 크뤼(Deuxièmes Crus)
  - 샤토 피숑–롱그빌 바롱Château Pichon-Longueville Baron
    - 레 투레르 드 롱그빌Les Tourelles de Longueville
  - 샤토 피숑–롱그빌 콩테스 드 라랑드Château Pichon-Longueville Comtesse de Lalande
    - 라 레제르브 드 라 콩떼스La Réserve de la Comtesse[Super Second]

- 4등급, 카트리엠 크뤼(Quatriemes Crus)
  - 샤토 뒤아르–밀롱Château Duhart-Milon
    - 물랭 드 듀아르Moulin de Duhart

- 5등급, 생키엠 크뤼(Cinquemes Crus)
  - 샤토 다르마이악Château d'Armailhac : '샤토 무통 바론느 필립'이었으나 1989년 빈티지 이후로 지금의 이름으로 돌아왔다.
  - 샤토 바타이예Château Batailley
  - 샤토 클레르–밀롱Château Clerc-Milon
  - 샤토 크르와제(끄로아제)–바쥐Château Croizet-Bages
  - 샤토 그랑–퓌–뒤카스Château Grand-Puy-Ducasse

– 샤토 그랑-퓌-라코스테^{샤또 그랑 퓌이 라꼬스트}, Château Grand-Puy-Lacoste

　　• 라꼬스트 보리^{Lacoste-Borie}

– 샤토 오-바쥐-리베랄^{Château Haut-Hages-Libéral}

　　• 라 플러레 드 오 바쥬 리베랄^{La Fleur de Haut Bages Liberal}

– 샤토 오-바타이예^{Château Haut-Batailley}

– 샤또 린쉬 바쥬^{Ch. lynch Bages}

　　• 샤또 린쉬 바쥬 아베루^{Ch. lynch Bages Averous[SuperSecond]} : 세컨드 와인

　　• 에쇼 드 랭슈 바쥬^{Echo de Lynch-Bages}

– 샤토 린쉬-무사^{Château Lynch-Moussas}

– 샤토 페데스클로^{Château Pédesclaux}

– 샤토 퐁테-카네^{샤또 뽕테-까네}, Château Pontet-Canet

　 지리적으로 샤토 무통 로쉴드 바로 옆에 위치한다.

　　• 샤토 레 오트 드 퐁테^{Château Les Hauts de Pontet} : 세컨드 와인

다. 생 줄리앙 / 생-쥘리엥(Saint-Julien)

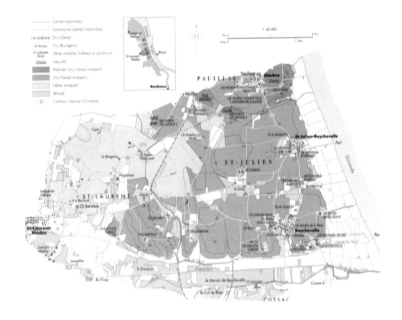

생 줄리앙은 북쪽에는 포이약, 남쪽에는 퀴삭, 서쪽에는 생 로랑의 중간에 자리 잡고 있다. 동쪽은 모두가 부러워하는 환경을 갖췄는데, 이는 바다에서 메독을 부드럽게 감싸 안고 내륙으로 들어오는 지롱드강 덕분으로 포도 재배에 안성맞춤이다. 오랜 시간 강에서 밀려나와 퇴적된 자갈과 진흙, 석회토의 축복은 물론 지롱드강 덕분에 치명적인 봄 서리나 여름의 건조한 혹서의 피해가 덜하기 때문이다. 생 줄리앙의 포도밭은 900ha가 넘는다. 이곳의 떼루아는 다른 지역보다 상대적으로 일관성이 있다. 자갈과 진흙이 섞인 토양은 그 두께가 수백 미터에 달해 포도나무는 더욱 깊이 뿌리를 내린다. 이런 환경에 환상적으로 적응하는 품종이 바로 카베르네 소비뇽이다. 생 줄리앙에는 그랑크뤼 클라세 샤토 11곳이 몰려 있다. 11개의 그랑크뤼 클라세 샤토들이 차지하는 포도밭은 생 줄리앙 전체의 80%에 달한다. 생 줄리앙은 메독에서도 상위급 와인 생산지로 꼽히며, 매우 균형 잡힌 와인의 대명사로 널리 알려져 있다. 생 줄리앙이라는 단어가 레이블에 적혀 있는 것만으로도 와인 애호가들은 와인의 품질에 신뢰를 갖는다. 흔히 생 줄리앙의 와인을 두고 포이약의 강인함과 마고의 우아함을 동시에 지녔다고 평가한다. 그 이유는 생 줄리앙 와인의 풍부한 타닌과 섬세한 아로마가 조화를 이루기 때문이다. 영할 때도 좋지만, 숙성된 생 줄리앙 와인은 환상적일 정도로 매력적이다. 아주 뛰어난 빈티지의 경우 20~50년까지 숙성시킬 수 있다.

주로 작은 자갈로 이루어진 토양으로, 모래와 풍적황토 및 하층에는 철분이 풍부한 반층, 이회토, 자갈로 구성되어 있다. 포이약Pauillac처럼 향과 맛이 집약되어 있지만, 조금 더 부드럽고 우아하면서 세련된 인상을 주는 와인을 주로 생산한다.

• 2등급, 되지엠 크뤼(Deuxièmes Crus)

- 샤토 뒤크뤼-보카(이)유Château Durcu-Beaucaillou
  - 소유주 : Francois-Xavier Borie(프랑수아-사비에 보리)
  - Wine 제조 책임자 : Rene Lusseau(르네 루쏘)
  - 재배되는 포도품종 : Cabernet Sauvignon, Merlot, Cabernet Franc, Petit Verdot

- 라 크로이제 드 보카이유La Croix de Beaucaillou)[Super Second] : 세컨드 와인

  - 샤토 그뤼오-라로즈Château Gruaud-Larose

    - 사르제 드 그뤼오 라로즈Sarget de Gruaud-Larose

  - 샤토 레오빌 라스 카스Château Léoville-Las Cases

    - 클로 뒤 마르키Clos de Marquis[Super Second]

    - 르 쁘띠 리옹 뒤 마르뀌 드 라스 까즈Le Petit Lion du Marquis de Las Cases

  - 샤토 레오빌 바르통Château Léoville-Barton

    - 라 레제브 드 레오빌 바르똥La Reserve de Leoville Barton

    - 레이디 랑고아Lady Langoa

  - 샤또 레오빌 뿌아페레Château Leoville-Poyferre

    - 빠삐용 뒤 꼬네따블Pavillon du Conetable

• 3등급, 트루아지엠 크뤼(Troisièmes Crus)

  - 샤토 라그랑쥬Château Lagrange

    - 레 피에 드 라그랑쥬Les Fiefs de Lagrange

  - 샤토 랑고아-바르통Château Langoa-Barton

• 4등급, 카트리엠 크뤼(Quatriemes Crus)

  - 샤토 베슈벨샤또 베이슈벨, Château Beychevelle

    - 어미랄 드 베이슈벨Amiral de Beychevelle

  - 샤토 생 피에르Château St. Pierre

  - 샤토 딸보Château Talbot

    - 꼬네따블 딸보Connetable Talbot : 샤토 탈보의 세컨드 와인

  - 샤토 브라네르-뒤크뤼샤또 브라넬 듀크류, Château Branaire-Ducru

    - 샤토 듀륵Chateau Duluc

• 기타

  - 샤토 글로리아Château Gloria : 고품질의 와인을 생산하는 것으로 유명하다.

    - 샤또 뻬이마르땡Ch. Peymartin

  - **샤토 라랑드**Château Lalande

라. 리스트락(Listrac)

그랑크뤼 클라세Grand Crus Classé로 지정된 샤토는 없어 지명도가 떨어지나, 18개의 크뤼 부르주아급의 샤토들이 와인을 생산하고 있다. 자갈이 적고 묵직한 점토질 토양으로 구성되어 있어 메를로Merlot를 주로 재배하고 있으며, 자갈성 구릉에 카베르네 소비뇽Cabernet Sauvignon이 재배되고 있다. 이 지역에서는 진하면서 부드럽고 풍부한 아로마를 가진 와인을 생산하고 있으며 마고Margaux마을과 유사한 특성이 있다고 한다.

메독 반도의 서쪽 랑드 숲 가까이에 있다. 메독 지방에서 해발 43m 정도의 높은 구릉에 자리 잡고 있어 '메독의 지붕'이라 불리기도 한다. 리스트락 메독은 남향의 구릉지라 볕이 잘 들고, 바다에서 불어오는 서풍으로 인해 통풍이 잘 된다. 덕분에 포도밭에 병충해가 잘 들지 않도록 도움을 준다. 포도가 규칙적으로 천천히 익기에 안성맞춤이다. 리스트락은 자갈과 석회질 토양이 주를 이룬다. 자갈에서 재배된 카베르네 소비뇽과 석회질 토양에서 재배된 메를로를 바탕으로 강하고 골격이 잘 잡혀 있는 볼륨감 있는 와인을 만들어 낸다. 카베르네 소비뇽은 일반적으로 와인에 힘과 열정을 가미하고, 메를로는 쥬시한 느낌으로 풍부한 과일 향과 과즙을 선사한다. 그래서 리스트락 와인은 섬세함과 남성성이 뒤섞인 매력적인 와인이다.

• **그랑크뤼 등급 와인 없음**

마. 물리 / 뮬리스(Moulis)

물리는 면적이 600ha 정도로 메독 내에서 가장 작은 지역이다. 마고에서 생 줄리앙으로 가는 길 중간쯤, 도로에서 벗어난 한가로운 곳에 자리한다. 물리라는 이름은 예전에 이 지역에 많이 있었던 풍차와 물레방아(라틴어로 Molinis)에서 따온 말이다. 물리의 토양은 '메독 포도 재배지의 집결지이자 진수'라고 불릴 만큼 다양하다. 품종은 주로 카베르네 소비뇽과 메를로를 재배한다. 와인 블렌딩 비율은 두 품종이 자라는 토양에 따라 달라진다. 물리는 그랑크뤼 클라세에는 들지 못했지만, 그랑크뤼 클라세와 맞먹을 만한 명성과 품질을 지닌 샤토들이 몰려 있다. 섬세함과 파워풀한 면을 동시에 지니고 있으며, 입에 머금으면 느낄 수 있는 복합성, 그리고 풍부한 부케가 물리 와인의 얼굴이다.

주로 자갈성 언덕과 언덕 사이에 석회질 지역이 있어서 카베르네 소비뇽Cabernet Sauvignon과 메를로Merlot가 비슷한 비율로 재배되고 있다. 복합적이고 섬세하며 부드러운 와인을 주로 생산하는 것으로 알려져 있다.

• 그랑크뤼 등급 와인 없음

• 기타

　- 샤토 샤스-스플린샤토 샤슈 스프린, Château Chasse-Spleen

　　- 레르미타쥬 드 샤슈 스프린l'Ermitage de Chasse-Spleen

　- 샤토 모까이유Chateau Maucaillou

　- 샤토 푸죠Chateau Poujeaux

　　- 샤토 라 살르 드 푸죠Chateau la Salle de Poujeaux

　- 샤토 라 클로스리 뒤 그랑 푸조Chateau La Closerie du Grand-Poujeaux

바. 마고(Margaux)

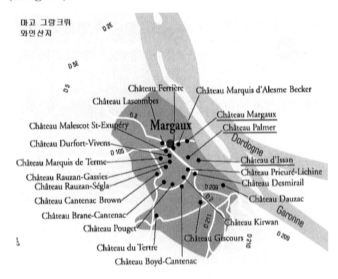

와인 애호가들에게 '마고'란 단어는 그 자체로 귀족스러움과 우아함을 떠올리게 한다. 세계적으로 유명한 단일 와인산지 중 하나다. 마고는 와인을 생산하는 특별한 지역이자 마을 이름이고, 국보급 와이너리 샤토 마고의 줄임말이기도 하다. 샤토 마고는 이미 17세기부터 알려진 곳으로 아름다운 건축물과 뛰어난 와인 제조기술로 엄청난 명성을 쌓아왔다.

마고는 메독 지방의 마을 단위로는 가장 큰 면적을 차지하는 와인산지다. 일례로 그랑크뤼 클라세 중 21개 샤토가 마고 마을에 있다.

마고의 포도재배 면적은 1,500ha이며, 캉트냑, 수상, 라바르드, 아르삭 같은 세부 산지를 모두 아우른다. 마고는 단어 자체가 여성의 이름으로 사용되고 있을 만큼 오메독 내에서도 가장 여성적인 와인으로 꼽힌다. 보기 드문 풍만한 질감과 그윽한 부케, 섬세함과 복합성이 과일향과 꽃향, 향신료향, 스모크향과 더불어 조화롭게 느껴진다. 마고에 블렌딩되는 카베르네 소비뇽은 오래 지속되는 아로마와 부드럽고 우아하게 지속되는 잠재력을 제공하는 것으로 알려져 있다. 마고는 그 이름 자체로 신뢰가 가는, 매혹 그 자체다.

마고에는 많은 그랑크뤼 와인이 있고, 포도 경작지역도 넓다. 또한 마고Margaux, 캉트냑Cantenac, 라바르드Labarde, 아르삭Arsac, 수상Soussans 등 5개의 지자체(마을)로 나뉘며, 각 마을의 이름을 라벨에 표기하고 있다. 각 마을마다 와인의 특징에도 차이가 있으며, 캉트냑의 와인은 부드러운 산미와 타닌, 라바르드의 와인은 무겁고 단단함, 마고의 와인은 풍부하고 깊은 타닌 등의 특징을 가진다. 이 중에서 단연 마고 마을의 와인이 장기숙성에 적합하다고 평가받는다. 대체로 마고 지역의 와인은 부드럽고 우아하며 오래 보관이 가능한 고급와인이라는 평가를 받는다.

• 1등급, 프리미에 그랑크뤼Premiers Grand Crus Classe

- 샤토 마고Château Margaux : 면적은 45헥타르이고 연생산은 약 14만 병이다. 프랑스 왕 루이 15세의 애인 마담 퐁파두르가 샤토 라피트를 궁중에 소개했다면 왕의 두 번째 애인 마담 뒤 바리Madame du Barry가 궁중에 소개한 와인이 바로 샤토 마고다. 1970년대에는 샤토 마고를 소유하고 있던 가문이 재정적 난관에 허덕이면서 시간적으로나 금전적으로나 포도원을 운영할 여력이 안 되는 바람에 우수한 품질을 지켜오던 전통을 제대로 이어가지 못

했다. 결국 샤토 마고는 1977년 멘젤로폴로스^{Mentzelopoulos}라는 그리스계 프랑스인 가문에 1,600만 달러에 팔렸고, 그 이후 와인의 품질이 1등급 기준마저 넘어설 정도로 향상되었다. 보르도 명주 샤토 라투르가 힘차고 묵직한 남성적인 레드 와인이라면 샤토 마고는 우아하고 섬세한 여성적인 와인으로 정평이 나 있다. 토머스 제퍼슨이 최고의 와인으로 평가한 적이 있다. 1987년 영국의 저명한 와인서적 작가이자 평론가 마이클 브로드벤트^{Michael Broadbent}는 1787년산 샤토 마고를 시음하고 '맛에서 더할 나위 없고 무게에서 입속의 지속감에서, 뒷여운에서 정말 완벽하다'고 평했다. 카베르네 소비뇽을 주품종으로 재배하고 있다. 마고 지역에서 유일하게 지역명을 그대로 쓰고 있기도 하다. 소설가 헤밍웨이는 손녀에게 마고라는 이름을 지어줄 정도로 사랑했다고 전해진다.

– 파비용 루즈 뒤 샤토 마고^{Pvillon Rouge du Château Margaux} : 샤토 마고의 세컨드 와인

• 2등급, 되지엠 크뤼(Deuxièmes Crus)

- 샤토 브랑–캉트낙^{Château Brane-Cantenac}
  - 르 바롱 드 브란^{Le Baron de Brane}
  - 샤또 노똥^{Ch. Notton}
- 샤토 뒤포르–비방^{샤토 듀르포르 비비앙, Château Dufort-Vivens}
  - 비방 드 뒤르포르–비방^{Vivens de Durfort-Vivens}
  - 스곤 드 듀르포르^{Segond de Durfort}
- 샤토 라스콩브^{샤또 라스꼼브, Château Lascombes}
  - 슈발리에 드 라스꼼브^{Chevalier de Lascombes}
  - 샤또 라 꼼보드^{Ch. La Gombeaude}
  - 샤또 세논^{Ch. Segonnes}
- 샤토 로장–세글라^{Château Rauzan-Ségla}
- 샤토 로장–가씨^{Château Rauzan-Gassies}
- 샤토 브랑 깡뜨냑^{Château Brane-Cantenac}

- 바롱 드 브란 : 샤토 브랑 깡드냑의 세컨드 와인

• 3등급, 트루아지엠 크뤼(Troisièmes Crus)

- 샤토 보이드-캉트낙Château Boyd-Cantenac

- 샤토 캉트낙-브라운Château Cantenac-Brown

- 샤토 테미라유샤토 드미라이유, Château Desmirail

  • 샤토 폰탈네이Chateau Fontarney

- 샤토 페리에르Château Ferrière

  • 레 렘파르 드 페리에르Les Remparts de Ferriere

- 샤토 지스쿠르Château Giscours

  • 라 세이렌 드 지스꾸르La Sirene de Giscours

- 샤토 디쌍Château d'Issan

  • 블라송 디쌍 Blason d"Issan

- 샤토 키르완샤또 키르벙, Château Kirwan

  • 레 샤르메 드 키르벙Les Charmes de Kirwan

- 샤토 말레스코 생택쥐페리Château Malescot St-Exupéry

  • 샤또 드 로약Ch. de Loyac

  • 라 담 드 말레스코La Dame de Malescot

- 샤토 마르키 달레슴 베케르Château Marquis d'Alesme Becker

- 샤토 팔메샤토 팔머, Château Palmer

  • 알테 에고 드 빨메Alter Ego de Palmer

  • 라 레제르브 듀 제네라르La Reserve du General

• 4등급, 카트리엠 크뤼(Quatriemes Crus)

- 샤토 마르키-드-테름Château Marquis-de-Terme

  • 레 곤닷 드 마르끼 드 떼름Les Gondats de Marquis de Terme

- 샤토 푸제Château Pouget

- 샤토 프리외레-리쉰Château Prieuré-Lichine

- 5등급, 생키엠 크뤼(Cinquemes Crus)
  - 샤토 도작Château Dauzac
    - 라 바스티드 도작La Bastide Dauzac
  - 샤토 드 테르트르Château du Tertre

(2) 그라브(Graves)

  보르도시에서 남쪽으로 내려오면 만날 수 있는 그라브는 메독의 명성과 쌍벽을 이루는 보르도의 고급와인산지이다. '자갈'이라는 뜻의 '그라브'에서 짐작하듯이 포도밭에 자갈이 많다. 이 자갈은 낮의 열기를 보존하는 동시에 배수를 돕기 때문에 좋은 품질의 포도가 영그는 데 많은 도움을 준다.

  메독은 화이트 와인을 생산하기는 하지만 양이 적다. 품질도 레드 와인의 명성에 비하면 떨어진다. 하지만 그라브는 예외다. 레드는 물론 화이트 와인에 있어서도 세계적인 기준을 세운 곳이다. 특히 그라브라는 이름을 세계에 알린 샤토 오브리옹은 보르도를 넘어서 세계가 인정하는 최고급 와인이다. 1855년 메독 와인의 등급 분류가 되었을 때도 유일하게 메독 지역이 아닌 와이너리가 바로 샤토 오브리옹이었다. 샤토 오브리옹 이외에 다른 와인들의 등급 분류는 1953년에 이루어졌고, 다시 1959년에 수정되었다.

그라브에는 '페삭 레오냥'이라는 소지역이 존재한다. 페삭 레오냥은 비교적 최근인 1987년에 붙여진 이름인데 그전에는 비공식적으로 '오 그라브'로 불리며 그라브에서 최고라고 여겨지던 와인이 생산되어 왔다. 현재도 일반 그라브 와인보다는 고급와인으로 인식되고 있다. 레이블에 페삭 레오냥이 적혀 있다면 일반 그라브 와인보다는 가격이 높다.

그라브는 특히 화인트 와인의 품질이 좋고, 반면에 레드 와인이 조금 더 생산량이 많다. 레드는 카베르네 소비뇽이 주도적인 품종이며, 메를로도 블렌딩에 많이 사용한다. 화이트 와인의 경우 전통적인 블렌딩인 소비뇽 블랑^{Sauvignon Blanc}과 세미용^{Semillion}이 사용된다.

예전에는 메독^{Médoc} 전 지역을 포함한 지롱드강 좌안을 모두 그라브^{Graves}라고 하였으나, 현재는 오-메독^{Haut-Médoc}보다 아래의 남쪽지역만을 의미한다.

• 1등급, 프리미에 그랑크뤼Premiers Grand Crus Classe

- 샤토 오-브리옹^{Château Haut-Brion}

  • 르 클라랑스 드 오 브리옹^{Le Clarence de Haut-Brion} : 샤토 오-브리옹의 세컨드 와인

  • 르 바안 듀 샤토 오브리옹^{Le Bahans du Château Haut-Brion}

1855년 당시 오브리옹을 제외하면 이 지역에서 그랑크뤼 클라세로 구분된 샤토는 없기 때문에 그라브^{Graves} 지역의 AOC를 기준으로 서술한다. 그라브는 3개의 AOC로 구분되며, 자세한 내용은 아래와 같다.

- 그라브^{Graves} AOC: 그라브 전역에서 생산되는 레드 와인과 화이트 와인에 대한 품질체계
- 그라브 쉬페리외르^{Graves Superier} AOC: 단맛이 있는 화이트 와인으로 스위트 와인에 대한 품질체계
- 페삭-레오냥^{Pessac-Leognan} AOC: 가장 최근에 분류된 지역으로, 보르도시 외곽에 위치한 포도원들에 대한 품질체계

소믈리에도 즐겨 보는 와인상식사전

메독Médoc의 5등급 그랑크뤼 클라세Grand Crus Classé 체계와는 달리 그라브에서는 레드 와인 7개, 화이트 와인 3개, 레드 및 화이트 와인을 동시에 얻은 6개의 샤토를 선정하여 크뤼 클라세 드 그라브Cru Classé de Graves로 샤토의 등급을 지정하고 있다.

- **레드 및 화이트 와인의 크뤼 클라세 드 그라브(Cru Classé de Graves)를 동시에 획득한 샤토**
  - 샤토 부스코Château Bouscaut
  - 샤토 카르보니유Château Carbonnieux
    - 샤토 투르 레오냥Chateau Tour Leognan
  - 도멘 드 슈발리에Domaine de Chevalier
    - 레스프리 드 슈발리에L'Esprit de Chevalier
  - 샤토 라투르-마르티약Château Latour-Martillac
  - 샤토 말라르틱-라그라비에르Château Malartic-Lagravière
    - 르 시라쥬 드 말라르틱Le Sillage de Malartic
  - 샤토 올리비에Château Olivier

- **레드 와인의 크뤼 클라세 드 그라브(Cru Classé de Graves)를 획득한 샤토**
  - 샤토 드 피외잘Château de Fieuzal
  - 샤토 오-바이이Château Haut-Bailly
  - 샤토 라 미숑 오-브리옹Château La Mission Haut-Brion
  - 샤토 파프-클레망Château Pape-Clément
    - 르 클레망탕 듀 파프 클레망Le Clememtin du Pape Clement
  - 샤토 스미스-오-라피트Château Smith-Haut-Lafitte
    - 세컨드 와인: 레오 드 스미스Les Haut de Smith & 르 쁘띠 오 라피뜨Le Petit Haut Lafitte
  - 샤토 라-투르-오-브리옹Château La Tour-Haut-Brion

- **화이트 와인의 크뤼 클라세 드 그라브(Cru Classé de Graves)를 획득한 샤토**
  - 샤토 쿠앵Château Couhins

– 샤토 쿠앵-뤼르통Château Couhins-Lurton

– 샤토 라빌-오-브리옹Château Laville-Haut-Brion

• 로익 빠스께(Loïc Pasquet)의 리베르 파테르(Liber Pater)

ⓐ 페삭레오냥(Pessac-Leognan)

그라브 와인의 가장 기본 등급은 그냥 '그라브'라는 지역명이 붙는 와인으로 소테른 외곽지대인 그라브 남부가 그 생산지이다. 한편 그라브의 최상급 와인 생산지는 페삭 레오냥으로 대개 보르도 인근인 그라브 북부지역에 자리 잡고 있다. 이런 최상급 와인들은 특정 샤토의 이름, 즉 최상급 포도를 생산해 내는 특정 포도원의 이름이 와인명이 된다. 이들 와인의 양조에 쓰이는 포도는 대체로 더 좋은 토양과 더 좋은 조건에서 재배되고 있다. 그라브의 와인은 샤토 와인이나 지역명 와인 모두 드라이하다.

(3) 소테른-바르삭(Sauternes-Barsac)

그라브 지역의 우측 상단에 위치하였고, 귀부병을 일으키는 곰팡이는 낮에는 더우면서 건조하고, 새벽에는 서늘하면서 습한 기후에서 잘 번식하는데, 소테른 마을은 눈앞의 가론강과 옆구리로 흘러내리는 시론강에 둘러싸여 있으며 늦여름에는 오전에 안개가 끼고 오후에는 기온이 상승하여 그야말로 귀부병$^{noble\ rot,\ 貴腐病}$이 발생하기 최적인 곳이다. 이 지역에서는 주로 귀부 와인을 생산하고 있으며, 일반적인 드라이한 화이트 와인에는 AOC등급을 부여할 수 없다. 소테른^{Sauternes}, 바르삭^{Barsac}, 봄므^{Bommes}, 파그르^{Fargues}, 프리냑^{Priegnac} 등의 마을에서 재배하며, 세미용^{Semillion}을 주품종으로 하여 소비뇽 블랑$^{Sauvignon\ Blanc}$이나 뮈스카델^{Muscadelle}을 보조품종으로 재배하고 있다.

귀부 와인을 생산하는 지역인 이곳의 AOC는 소테른^{Sauternes}, 바르삭^{Barsac}, 세롱^{Cérons}이 있으며, 일반적으로 소테른 또는 소테른-바르삭이라고 칭한다. 귀부 와인에만 AOC를 와인라벨에 명시할 수 있으므로 와인구매 시 소테른, 바르삭, 세롱 AOC라고 적혀 있으면 귀부 와인으로 판단하면 된다. 귀부 와인은 일반적으로 디저트와인이라는 인상이 있는데, 테이블와인으로도 손색이 없다. 단, 음식과의 마리아주는 치밀하게 계산해야 한다.

예외적으로 귀부병이 발생하지 않은 포도를 이용하여 드라이 화이트 와인도 만드는데 보통 와이너리의 첫 글자를 따서 Y de Yquem(샤또 디켐), S de Suduiraut(샤또 쉬드로), R de Rieussec(샤또 리유섹)처럼 이름을 짓는다. 소테른에는 드라이 화이트를 위한 AOC가 없어서 보르도 AOC로 발매되지만 와인의 수준은 굉장히 높아서 애호가들 사이에서 인기가 많다.

2) 우안(右岸)

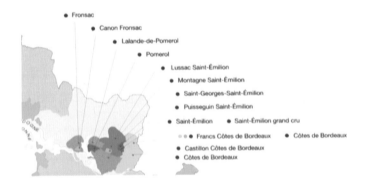

지롱드강의 상류에 흐르는 도르도뉴강의 동부 일대에 펼쳐진 생테밀리옹 & 포므롤 지구를 '우안右岸'이라 부른다. 강 하류 부근으로 석회, 점토, 진흙 토양이 주이며 메를로 품종이 잘 자랄 수 있는 토지 환경 때문에 우안 지역에서는 메를로를 많이 생산한다. 또한, 카베르네 프랑종도 생산한다. 카베르네 소비뇽이 주체인 것보다 조숙하고 감칠맛이 있으며, 혀에 닿는 부드러운 감촉이 특징이다.

(1) 생테밀리옹(Saint-Emillion)

보르도Bordeaux의 북동부에 위치한 곳으로, 가파른 경사지에 있는 마을이다. BC 56년경 로마 제국시대부터 와인을 만들어왔다. 로마군의 정복정책으로 인해서 포도 묘목이 생테밀리옹 지역에 전파되었고 4세기경 로마의 집정관이었지만 프랑스 보르도 출신이었던 오소니우스 집정관이 본격적으로 포도를 대량 생산하면서 오늘날 생테밀리옹 와인의 기틀을 마련하게 된다. 생테밀리옹 지명의 시작은 8세기 한 수도자가 이곳에 터를 잡고 수도원을 지었으며 미사에서 성체성사 때 쓰이는 포도주에서 유래되었다. 이후 그리스도교의 순례지인 생 자크로 가는 사람들의 숙박지로 발전해 왔고 중세의 역사와 문화가 잘 간직되어 있이 유네스코 세계유산으로 지정된 바 있다. 와인 생산지는 생테밀리옹Saint-Emillion과 주변의 8개 마을을 포함하고 있다. 프랑스에서 가장 아름다운 마을로 손꼽히는 생테밀리옹은 와인의 생산량이 메독의 2/3 정도이다.

생테밀리옹은 석회질과 점토질이 많은 '고지대'라는 뜻의 코트 구역과 메독과 비슷한 자갈질이 많은 그야말로 '자갈'이라는 뜻의 그라브 구역으로 나뉘어 있다.

소믈리에도 즐겨 보는 와인상식사전

코트 구역의 특징은 몰라세Molasse라는 토양인데, 주로 석회질에 점토질, 모래로 구성되어 있어 배수가 용이하지 않다. 따라서 물에 적응력이 강한 메를로 품종의 작황이 좋기 때문에 메를로Merlot를 재배하며 그라브 구역에서는 카베르네 프랑Cabernet Franc이 중심인 와인을 만들고 있다.

보르도의 경우 카베르네 소비뇽, 메를로, 카베르네 프랑, 쁘띠 베르도 등의 순서로 4가지 품종을 주로 블렌딩을 하지만 생테밀리옹의 토질은 이와 다르기 때문에 70% 이상의 메를로 다음으로 카베르네 프랑, 마지막 10% 내외로 카베르네 소비뇽을 재배한다.

좌안의 경우 대서양에 인접하기 때문에 해양성 기후의 특징이 있다. 따라서 폭우, 서리 등 다양한 기후변화에 취약하지만 생테밀리옹은 보르도Bordeaux의 다른 지역보다 바다의 영향이 적어 대륙성 기후의 특징을 나타낸다. 카베르네 소비뇽Cabernet Sauvignon은 숙성이 잘 되지 않는 문제가 있다고 한다.

1855년 등급은 메독과 소테른 지구만을 대상으로 했기 때문에 생테밀리옹 지구는 제외되어 있으며 메독 등급보다 100년 늦은 1955년에 생테밀리옹 지구에 별도의 등급제가 도입되었다.

• 유명한 생산자

— 뛰느방Thunevin

(2) 포므롤(Pomerol)/뽀므롤

SAINT-ÉMILION · POMEROL · FRONSAC

포므롤Pomerol 마을은 보르도의 지롱드강 상류인 도르도뉴Dordogne강 우측에 위치한 마을로, 약 800헥타르에 걸쳐 포도밭이 분포되어 있다. 로마시대 수도자들의 성지순례길 중간기착지에 병원을 세우고 포도를 재배한 것이 시초로 알려져 있다. 이 지역의 와인라벨에는 종교적 색채가 강한 상징물들이 많이 활용되고 있는데, 이러한 역사적 배경에 기인한 것이다. 포도 재배와 와인양조의 역사가 깊지만 한동안 외면받다가 18세기 말부터 서구세계에서 유행하게 된다.

포므롤은 보르도의 최상급 레드 와인 생산지 중 규모가 가장 작은 지역이다. 포므롤의 와인 생산량은 생테밀리옹 와인 생산량의 15%에 불과하다. 그래서 포므롤 와인은 희귀한 편이며, 어쩌다 눈에 띄더라도 값이 비쌀 것이다. 포므롤의 레드 와인은 메독 와인과 비교해서 보다 부드럽고 과일 풍미가 풍부하며 음용 적기가 더 빠른 편이다.

보르도의 지도에서 확인할 수 있겠지만, 비교적 내륙에 위치한 탓에 대륙성 기후로 일교차가 큰 지역이다. 지하토양은 철분을 함유한 충적층으로 산화철이 많은 것으로 유명하며, "쇠 찌꺼기"라는 별명이 있다. 이 때문에 포므롤 와인만의 독특한 개성과 특징을 만들어 낸다. 또한 자갈이 많은 점질의 토양이라 카베르네 소비뇽Cabernet Sauvignon이 잘 자라지 못하므로 이곳 토양에 적합한 메를로Merlot의 재배비율이 매우 높으며 주품종으로 하고 있다. 카베르네 프랑을 재배하기도 한다. 포므

소믈리에도 즐겨 보는 와인상식사전

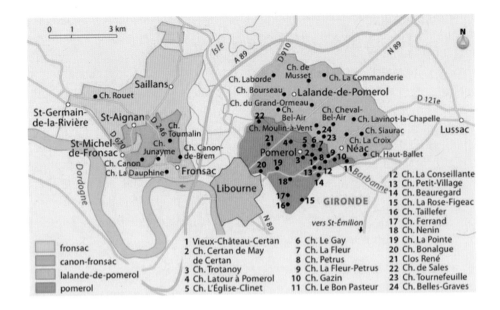

롤은 소박하지만 타닌이 적게 느껴지고 부드러운 텍스처Texture를 가진 레드 와인을 주로 생산한다.

포므롤은 와인산지로 늦게 소개되어 그랑크뤼 등급과 같은 공식적인 샤토의 등급은 존재하지 않는다. 다만 메독Médoc 지역에 비하여 소규모로 양조되므로 높은 품질과 가격이 형성되어 있다. 단 AOC를 적용하고 있으며 포므롤, 라랑드 포므롤, 네악 등으로 구분하여 품질관리가 이루어지고 있다.

– 샤토 페트뤼스Château Petrus

– 샤토 르 팽Château Le Pin : 벨기에 출신 티앵퐁Thienpont 일가가 운영하는 와이너리. 연간 600~700케이스 정도의 아주 적은 생산량인데, 생산량이 적다는 샤토 페트뤼스도 연간 4,000케이스를 생산한다는 것과 비교하면 훨씬 적은 편이다. 극소량만 생산하는 초고가의 고급와인, 즉 개러지 와인의 전형이다. 일부는 보르도의 와인답지 못하다는 이유로 평가절하하기도 한다. 2000, 2001, 2009, 2010, 2011빈티지가 상대적으로 좋은 평가를 받았다.

– 샤토 가쟁Château Gazin

• 르호스피탈레 드 가쟁L'Hospitalet de Gazin

- 샤토 라플뢰르Château Lafleur

  • 팡세 드 라플뢰르 : 세컨드 와인이다.

- 샤토 레방질Château L'Évangile

  • 블라종 드 레방질Blason de L'Evangile

- 샤토 라 플뢰르 드 게Château La Fleur de Gay

- 샤토 크로와 드 게Château La Fleur de Gay

- 샤또 세르땅 드 메이Chateau Certan de May

- 샤또 네낭Chateau Nenin

  • 휴구 드 네낭Fugue de Nenin

- 샤또 라 꽁세이앙뜨Chateau La Conseillante

3) 기타 지역

보르도에서 특성이 명확한 일부 구획을 제외하고 남은 광활한 기타 지역에서는 비교적 잘 알려진 샤토나, 우리나라에서 쉽게 구할 수 있는 와인을 중심으로 기술한다.

(1) 앙트르 뒤 메르(Entre de Mers)

"두 개의 바다 사이"란 뜻으로 가론강과 도르도뉴강 사이에 위치한 포도원으로 이 두 강에 둘러싸인 대서양 연안의 늪지를 끼고 있어 위와 같이 이름이 지어졌다. 2~3년 사이에 소비해야 하는 마시기 쉬운 세미용과 소비뇽 블랑을 주로 하는 드라이한 백포도주만을 생산하는 지역이다. 따라서 화이트 와인 A.O.C.만 갖고 있으며 보르도 최고의 화이트 생산지로 꼽힌다. 비교적 어릴 때 신선하게 마실 수 있는 화이트 와인을 생산한다.

- 샤토 보네Château Bonnet : 레드와 화이트 두 종류가 있고 레드는 보르도 A.O.C. 소비뇽 블랑과 세미용을 블렌딩하여 가볍고 신선한 화이트 와인을 만든다. 해산물 전채나 굴, 조개류와 아주 잘 어울린다.

(2) 프리미에르 코뜨 드 보르도(Premières Côtes de Bordeaux)

- 샤토 몽페라Château Mont-Perat

(3) 코트 드 카스티용(Côtes de Castillion)

(4) 보르도 코트 드 프랑(Bordeux-Côtes de Francs)

- 샤또 르 퓌(Chateau Le Puy) : 지난 400년간 유기농법을 고수하고 있는 최고의
  명장 유기농 생산자로 가문의 전통 농작법을 고집하며 포도밭에 농약을 단 한
  번도 뿌리지 않았다. 일본 만화『신의 물방울』은 "사람과 하늘의 은혜가 대지
  에 아로새겨진 와인"이라는 최고의 찬사로 독자는 물론 와인 애호가에 이르기
  까지 세계를 매혹시킨 와인을 만들었다.

소믈리에도 즐겨 보는 와인상식사전

* Chateau Latour

* Chateau Carbonnieux

* Chateau Magnol

---

* Sain-Emilion

소믈리에도 즐겨 보는 와인상식사전

1. 개요

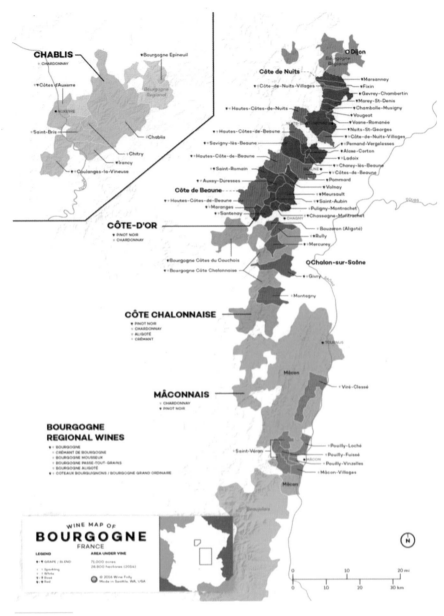

출처 : :Winefolly

부르고뉴의 포도밭들은 중세에 처음 생겼는데, 시토회Citeaux 수도사들이 흑사병黑死病, Pest을 피하기 위해 수도원에 담장을 두르고 '클로Clos'라는 포도밭을 가꾸면서부터였다. 그 수도사들은 샤르도네와 피노 누아를 심었으며, 이 두 가지 품종은 세계적으로 유명해졌고 부르고뉴는 품질 좋은 와인의 대명사가 되었다.

2. 상세

1) 도멘과 네고시앙

보르도와 달리 부르고뉴의 양조장 단위는 도멘Domaine 또는 네고시앙Negociant인데, 샤토와 가장 큰 차이점은 이 도멘이나 네고시앙들은 대부분 1인 혹은 가족이 운영하는 따지자면 자영업자라는 것이다. 도멘이 자신이 직접 자기 소유의 밭에서 포도를 재배하는 것부터 양조까지 모두 책임지는 방식이라면, 네고시앙은 해당 지역에서 도멘이나 기타 소유자들한테서 포도를 사서 와인을 양조하거나 자기 브랜드로 판매하는 자를 의미한다는 차이가 있다. 샤토에서 생산된 와인들은 레이블에 '미장 부테이유 오 샤토Mis en Bouteille au Chateau'라 표기되는데, 이는 '샤토에서 병입되었다'는 뜻이다. 네고시앙이 만든 레이블에는 샤토와는 달리 '미장 부테이유 파르Mis en Bouteille par XX'라 표기되기도 하는데, 이는 'XX 네고시앙에 의해 병입되었다'는 뜻이다. 단, 주의할 점은 부르고뉴 전역에서 수확한 포도로 만드는 와인도 보통 Bourgogne라고 일컫기 때문에 보통은 마을이나 밭, 심지어는 도멘 단위까지 들어가야 제대로 알아듣는 사람이 많다는 것이다. 한 샤토가 하나의 포도밭을 소유하는 보르도와 달리, 부르고뉴는 한 밭을 여러 도멘이 소유하고 있는 형식이라 주의해야 하는 것이다.

(1) 부르고뉴 대형 네고시앙

이들은 최대 와인 생산자이자 와인 상인이기도 하다. 주로 거대 네고시앙을 '메종Maison'이라 부른다.

- 페블레Maison J. Faiveley
- 조제프 드루앵Maison Joseph Drouhin : 1880년 클로 드 부조를 소유했고 몰라셰 그

랑크뤼 등 세계적인 와인을 생산한다. 미국 오리건에도 포도원을 소유하고 있다. 도멘 드루앵은 오리건주에서 생산되는 부르고뉴 스타일 와인의 대표적인 브랜드 중 하나이다.

- 루이 라투르Maison Louis Latour, 부샤르 페르 에 피스Bouchard Père & Fils, 알베르 비쇼Albert Bichot 등이 있고 루이 자도Maison Louis Jadot는 네고시앙이면서 포도 재배도 겸하고 있으며, 몽라셰, 코트 도르, 보졸레 등 와인 재벌이라 할 수 있다.

3. 와인등급

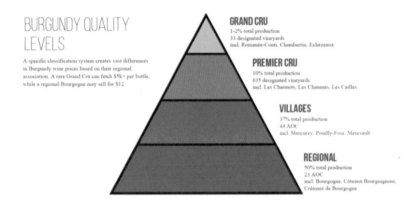

BURGUNDY QUALITY LEVELS

A specific classification system creates vast differences in Burgundy wine prices based on their regional association. A rare Grand Cru can fetch $5k+ per bottle, while a regional Bourgogne may sell for $12.

GRAND CRU
1-2% total production
33 designated vineyards
incl. Romanée-Conti, Chambertin, Echézeaux

PREMIER CRU
10% total production
635 designated vineyards.
incl. Les Charmots, Les Chaumes, Les Cailles

VILLAGES
37% total production
44 AOC
incl. Mercurey, Pouilly-Fuse, Meursault

REGIONAL
50% total production
23 AOC
incl. Bourgogne, Côteaux Bourguignons,
Crémant de Bourgogne

부르고뉴의 AOC는 보르도와 달리 다섯 등급으로 나뉘는데 부르고뉴 전역에서 재배한 포도로 만드는 레지오날Régionales, 특정 지역 내에서 재배한 포도로 만드는 AOC 레지오날, 일반적으로 마을 단위 와인을 일컫는 AOC 빌라주AOC Villages, 1급 밭에서 재배한 포도로 만드는 프리미에 크뤼Premiérs Crus/1er Cru 그리고 특급으로 지정되어 우수한 포도를 생산하는 최고의 포도밭에서 만드는 그랑크뤼Grand Cru로 나뉜다.

특히 특급 밭은 AOC가 밭 단위로 짜여 있다. 즉, Appellation 포도밭 Contrôlée 라고 표기할 수 있는 것

예: Appellation Richebourg Grand Cru Contrôlée

다만 모든 밭이 이렇지는 않으며, 샤블리 그랑크뤼는 7개 밭을 묶어서 1개의 그

랑크뤼 명칭을 부여했으며, 코르통 그랑크뤼의 경우도 알록스 코르통 마을의 17개 밭 + 라두아 스리니 마을의 9개 밭을 묶어서 '코르통 그랑크뤼'라는 1개의 명칭을 부여했다. 그래서 이들은 AOC 외에 밭의 이름을 따로 병기하는 경우가 많다.

1급 밭의 경우는 마을별로 프리미에 크뤼 명칭이 AOC로 지정되지만, 각 밭 구획별로 AOC가 주어지는 것은 아니다. 예를 들면 샹볼 뮈지니 마을의 1급 밭은 레 샤름Les Charmes, 레 크라Les Cras, 레 상티에Les Sentiers, 레 자무뢰즈Les Amoureuses 등이 있는데, 레이블의 AOC 표기는 모두 Chambolle-Musigny Premier Cru 또는 Chambolle-Musigny 1er Cru라고 기재하고 그 아래 밭의 이름을 병기한다. 만일 밭의 이름이 표기되지 않은 Chambolle-Musigny Premier Cru가 있다면 3가지 중의 하나이다. 즉 같은 마을 내의 서로 다른 1급 밭들 사이에서 포도가 블렌딩되었거나, 그랑크뤼 밭의 와인에서 강등되었거나, 같은 마을 안에 있는 서로 다른 그랑크뤼 밭의 포도가 블렌딩되었거나 하는 등이다. 보르도보다 포도밭 면적은 적지만 AOC 숫자는 열 배나 많다. 작은 포도밭 단위에도 AOC가 주어졌기 때문이다. 프랑스 전역에 300개가 넘는 AOC가 있는데, 부르고뉴 지방에만 90개가 넘는 AOC가 부여되어 있다. 게다가 1급 밭의 세부 구획별 명칭은 500개가 넘는다. 그만큼 복잡한 지역으로 초보 애호가들에게는 진입 장벽이 상당히 높다.

4. 지역

부르고뉴는 코트 도르Côte d'Or, 보졸레Beaujolais, 마코네Mâconnais, 코트 뒤 샬로네즈Côtes de Châlonnaise, 샤블리Chablis의 다섯 지역으로 나뉘어 있는데, 코트 도르 지역은 다시 코트 드 뉘Côte de Nuits와 코트 드 본Côte de Beaune으로 나뉜다.

1) 샤블리(Chablis)

부르고뉴의 가장 북쪽에 위치한 지역이다. 석회암과 이회암 등으로 구성되어 있으며, 강을 중심으로 포도원이 형성되어 있다. 풍부한 일조량으로 양질의 와인 생산이 가능하며, 고급 드라이 화이트 와인이 생산되고 있다. 주로 세계 최고로 칭송받는 샤르도네Chardonnay 품종을 재배하지만, 소비뇽 블랑Sauvignon Blanc, 피노 누아

Pinot Noir를 재배하여 와인을 양조하기도 한다. 샤르도네 품종에 적합한 서늘한 기후를 띠며, 샤블리 와인은 무감미, 미네랄, 훈연향 등의 특징이 있다. 대부분의 샤르도네와는 다르게 오크 배럴을 쓰지 않는다. 미국이나 호주 등지에서 샤르도네 품종 화이트 와인을 만들면서 레이블에 'chablis'라는 표기를 하기도 한다. 1938년부터 샤블리Chablis AOC가 적용되고 있으며, 다음의 4가지 등급으로 분류되고 있다.

ⓐ 샤블리 그랑크뤼(Chablis Grand Crus)

가장 좋은 지역에서 생산되는 와인이며, 포도원들이 높은 경사지에 위치한다. 7개 포도원이 포함되어 있으며 각 포도원별로 개성이 뚜렷하고 고품질이지만 비싼 게 흠이다. 샤블리 프리미에 크뤼보다 알코올 함량이 높고 8~15년간 저장할 수 있다. 샤블리 중 최고 등급으로, 한정 생산되기 때문에 아주 비싸다. 샤블리에는 '그랑크뤼'로 불릴 자격이 부여된 포도원이 7곳밖에 없다.

- 블랑쇼Blanchot, 부그로Bougros, 그레누이Grenouilles, 레 클로Les Clos, 레 프뤼즈Les Preuses, 발뮈Valmur, 보데시Vaudesir

ⓑ 샤블리 프리미에 크뤼(Chablis Premier Crus)

샤블리보다 향기가 높고 1헥타르에서 5,000리터만 생산하도록 제한되어 있다. 모두 39종류가 있다. 특정 상급 포도원에서 만든 아주 우수한 품질의 샤블리이다.

- 코트 드 르셰Côté de Lechet
* 만화 『신의 물방울』 최종 장 마리아주 10권에서 다니엘 에티엔 드페의 2002년산이 등장한다.
- 코트 드 볼로랑Cote de Vulorent, 몽맹Montmains, 푸르숌Fourchaume, 몽드밀리외Monts de Millieu, 바이용Vaillon, 몽테 드 토네르Montee de Tonnerre

ⓒ 샤블리(Chablis)

샤블리 지역에서 재배된 포도로 만든 와인이며, 빌라주 와인으로 통하기도 한다.

ⓓ 프티 샤블리(Petit Chablis)

일반 샤블리보다 품질이 낮고 산도가 높은 대중 소비 와인이다.

유명한 생산자

- 메종 베르제Maison Verget, A. 레나르 에 피스A. Regnard & Fils, J. 모로 에 피스J. Moreu & Fils, 조셉 드루앵Joseph Drouhin, 알베르 피크 에 피스Albert Pic & Fils, 라 샤블리지엔La Chablisienne, 도멘 라로슈Domaine Laroche, 루이 자도Louis Jadot, 프랑수아 라브노Francois Raveneau, 루이 미셸Louis Michel, 귀로뱅Guy Robin, 르네 에 뱅상 도비사Rene et Vincent Duvissat, 로베르 보코레Robert Vocoret, 장 뒤비사Jean Duvissat, 윌리엄 페브르William Fevere, 시모네 페브르Simonnet Febvre

2) 오세르(Auxerre) : 부르고뉴 프랑슈콩테 지방 온주의 주도

3) 코트 도르(Côte d'Or)

• 부르고뉴 와인 등급

그랑크뤼 클라세 특급 와인(꼬뜨 도르의 43개의 크뤼와 샤블리지역에서만) 〉 프뤼미에 크뤼(684 크뤼(머큐리 프리미에 크뤼)) 〉 아펠라시옹/빌라지(44개의 아펠라시옹(마콩 빌라지와 머큐리)) 〉 지역 와인(23개의 아펠라시옹(부르고뉴 레드 혹은 부르고뉴 클레망))

• Great vintage

2013, 2012, 2011, 2010, 2009, 2005

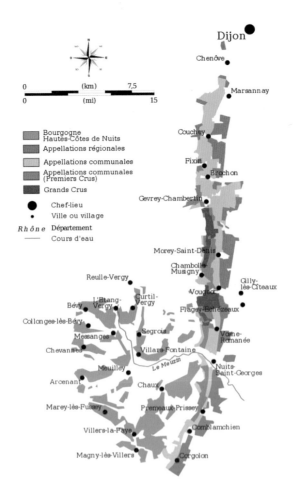

부르고뉴의 심장 코트 도르는 '황금의 언덕'이란 의미이다. Côte^언덕 + d^의 + Or^황금. 전해오는 설에 따르면 가을 무렵 온통 황금색으로 물드는 언덕 빛깔과, 이 지역이 와인 메이커들에게 가져다주는 수입에 빗대어 그런 이름이 붙었다고 한다.

코트 도르는 남북으로 30킬로미터에 걸쳐 레드 와인^95%이 유명한 북쪽의 코트 드 뉘와 화이트 와인^30%이 유명한 남쪽의 코트 드 본 지역으로 나뉜다. 조금 위쪽으로 가면, 디종 머스터드로 유명한 디종^Dijon 지역이 있다. 춥지도 덥지도 않은 중간 정도의 기후라 고급 샤르도네를 생산하기 적합하다. 최남단에는 마랑주^Maranges가 있다.

코트 도르는 면적이 아주 작지만 이 지역의 최상급 와인은 세계에서 가장 비싼 축에 든다. 평상시에 마실 저렴한 와인을 찾는다면 이 지역산 와인은 해당되지 않는다. 이 지역은 화이트 와인과 마찬가지로 레드 와인 역시 품질 등급이 지역, 빌라주, 프리미에 크뤼 빌라주, 그랑크뤼로 나뉜다. 그랑크뤼 와인은 생산량이 그리 많지 않지만 최상급에 들어서 가격이 아주 높다. 반면에 지역 와인은 비교적 쉽게 구할 수 있으나 뛰어난 와인은 드물다.

규모는 작지만 부르고뉴의 가장 핵심지역이어서 '소부르고뉴'라고 불리기도 한다.

(1) 코트 드 뉘(Côte de Nuits)

코트 도르 북부에 위치한 지역인데, 이쪽은 레드 와인 중심이다. 후술할 본 로마네, 샹볼 뮈지니, 주브레 샹베르탱, 모레 생 드니, 부조, 뉘 생 조르주를 비롯한 많은 이들이 한 번쯤 들어보았을 법한 부르고뉴의 레드 와인산지들은 대부분 이 지역에 있다. 부조와 뮈지니에서 뛰어난 화이트 와인이 생산되기도 한다.

ⓐ 마르사네(Marsannay)

마르사네는 프랑스 부르고뉴 지역의 와인산지다. 코트 드 뉘에 속하며 과거엔 로제 와인산지로 알려졌던 지역이다. 현재 마르사네는 화이트, 로제, 레드 와인을 모두 생산하지만 샤르도네로 만든 화이트 와인은 무척 드물다. 마르사네 피노 누아는 섬세한 장미향이 풍부한 것으로 알려져 있다.

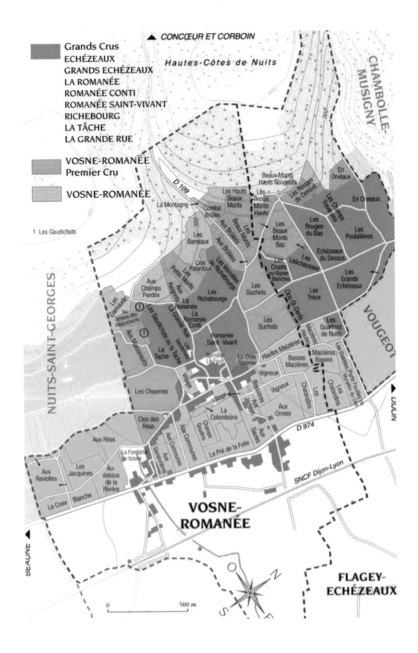

Grands Crus
ECHÉZEAUX
GRANDS ECHÉZEAUX
LA ROMANÉE
ROMANÉE CONTI
ROMANÉE SAINT-VIVANT
RICHEBOURG
LA TÂCHE
LA GRANDE RUE

VOSNE-ROMANÉE
Premier Cru

VOSNE-ROMANÉE

1 Les Gaudichots

• 유명한 생산자

— 도멘 브루노 클레르Domaine Bruno Clair, 도멘 실뱅 파타이유Domaine Sylvain Pataille, 도멘 조셉 로티Domaine Joseph Roty

ⓑ 주브레-샹베르탱(Gevrey-Chambertin)

코트 드 뉘의 최북단에 위치한 마을이며 가장 큰 면적을 차지한다. 제브레-샹베르탱이라고도 하며, 나폴레옹이 좋아했던 와인의 산지로도 알려져 있다. 주브레-샹베르탱의 레드 와인은 부르고뉴에서 생산되는 와인 중에서 가장 남성적인 와인으로 알려져 있다. 또한 장기 숙성에 알맞다. 와인의 맛이 힘차고 오래가며 응축도가 높고 농밀하다. 마을 단위 와인 '주브레-샹베르탱'은 수확 지역이 광대하므로 도멘에 따른 질의 차이가 현저하다. 이 마을의 역사와 관련해서 재밌는 사실 하나는, 1840년경, 주브레Gevrey 마을의 요청으로 포도밭 이름인 샹베르탱Chambertin을 빌려서 제브레-샹베르탱이라는 이름이 탄생했다는 것이다. 마을이 포도밭의 이름을 따온 흔치 않은 케이스다.

- **그랑크뤼(특급) – 총 9개의 특급 밭으로 구성됨**
  - 샹베르탱Chambertin : 명주로 알려져 있으며 황제 나폴레옹이 애음했다고 해서 '왕의 와인'이라 불린다. 나폴레옹은 "샹베르탱 한 잔을 마시며 미래를 생각하면 미래가 장밋빛으로 다가온다"고 말했다고도 한다.
    - 샤름 샹베르탱Charmes-Chambertin
    - 샹베르탱 클로 드 베즈Chambertin-Clos-de-Bèze
    - 샤펠 샹베르탱Chapelle-Chambertin
    - 그리오트 샹베르탱Griotte-Chambertin
    - 라트리시에르 샹베르탱Latricières-Chambertin
    - 마지 샹베르탱Mazis-Chambertin
    - 마조예레 샹베르탱Mazoyères-Chambertin
    - 뤼쇼트 샹베르탱Ruchottes-Chambertin
  - 샹베르탱Chambertin과 샹베르탱 클로 드 베즈Chambertin Clos de Beze가 특히 유명하다. 생산량은 두 밭 모두 63,000~64,000병 내외

- **프리미에 크뤼(1급)**
  - 총 26개의 1급 밭으로 구성됨

– 라 부아시에^{La Boissiere}, 라 로마니^{La Romanee}, 푸아세노^{Poissenot}, 에스투넬 생
자크^{Estournelles-St-Jacques}, 클로 드 바로이에^{Clos des Varoilles}, 라보 생자크^{Lavaut St-}
^{Jacques}, 레 카제티에^{Les Cazetiers}, 클로 뒤 샤피트^{Clos du Chapitre}, 클로 생자크^{Clos}
^{St-Jacques}, 샹포^{Champeaux}, 프티 카제티에^{Petits Cazetiers}, 콤브 우 무안^{Combe au Moine},
레 굴로^{Les Goulots}, 오 콩보트^{Aux Combottes}, 벨 레르^{Bel Air}, 샤보드^{Cherbaudes}, 프티
샤벨^{Petite Chapelle}, 앙 에르고^{En Ergot}, 클로 프리외^{Clos Prieur}, 라 페리에^{La Perriere},
오 클로조^{Au Closeau}, 이사르^{Issarts}, 레 코르보^{Les Corbeaux}, 크레피요^{Craipillot}, 퐁
트니^{Fonteny}, 샹포네^{Champonnet}, 클로 생자크^{Clos St. Jacques}, 라보 생자크^{Lavaux St.}
^{Jacques} 등이 유명하다.

• 유명한 생산자

– 드니 모르테^{Denis Mortet}, 페로미노^{Perrot-Minot}

– 클로드 뒤가^{Claude Dugat}, 아르망 루소^{Armand Russeau}, 트라페^{Trapet}, 베르나르 뒤가 피
Bernard Dugat Py

– 푸리에^{Fourrier}, 필리프 파칼레^{Philippe Pacalet}, 미셸 기야르

ⓒ 모레 생드니(Morey Saint Denis)

주브레 샹베르탱과 샹볼 뮈지니 사이에 끼인 마을로 주브레 샹베르탱, 샹볼 뮈
지니, 본 로마네의 그늘에 가려졌지만 그래도 뉘 생 조르주보다는 사정이 낫다. 그
랑크뤼와 프리미에 크뤼가 전체 마을의 60%를 차지할 정도로 넓고 론 지역답게 게
이미한 가죽내음과 야성적이면서도 화사한 향과 과실의 맛이 풍부하며 중후하고
음성적인 와인을 생산해 내 유명한 평론가인 로버트 파커에게 좋은 평가를 많이 받
은 마을이다.

• 그랑크뤼(특급)

– 클로 드 타르^{Clos de Tart}: 모레 생 드니에서 가장 높게 평가받은 밭. 모므생^{Mommessin}
이 단독 소유하고 있었으나 2017년에 프랑스 톱 재벌인 프랑수아 피노^{François}
^{Pinault}의 아르테미스 그룹^{Groupe Artémis}에 매각되었다. 매각 대금은 무려 2억 유로.

• 클로 데 랑브레^{Clos des Lambrays}: Domaine des Lambrays가 단독 소유 중

- 클로 생드니Clos Saint Denis : 클로 드 라 로슈와 반대로 우아하고 세련된 스타일의 와인을 생산한다.

- 클로 드 라 로슈Clos de la Roche : 남성적이고 근육질의 와인을 생산. 원래 클로 생드니보다 평가가 안 좋았는데 최근에는 클로 생드니보다 평이 좋아졌다.

- 본 마르Bonnes Mares : 본 마르의 10%가 모레 생 드니 지역이며 샹볼 뮈지니가 90%를 가지고 있다.

• 프리미에 크뤼(1급)

- 레 주느브리에르Les Genevrieres, 몽 뤼장Monts Luisants, 레 샤포Les Chaffots, 클로 볼레Clos Baulet, 레 블랑샤르Les Blanchards, 레 그뤼앵셰르Les Gruenchers, 라 리오트La Riotte, 레 밀랑드Les Millandes, 레 파코니에르Les Faconnieres, 레 샤리에르Les Charrieres, 클로 데 오름Clos des Ormes, 오 샤름Aux Charmes, 오 슈조Aux Cheseaux, 레 슈느브리Les Chenevery, 르 빌라주Le Village, 레 소르베Les Sorbes, 클로 소르베Clos Sorbe, 라 뷔시에르La Bussiere, 레 뤼쇼Les Ruchots, 코트 로티Cote Rotie

• 유명한 생산자

- 도멘 뒤 클로 드 타르Domaine du Clos de Tart

- 도멘 드 랑브레Domaine des Lambrays

- 뒤자크Dujac

ⓓ 샹볼 뮈지니(Chambolle-Musigny)

코트 드 뉘의 중북부에 위치한 마을. 모레 생 드니 마을과 맞닿아 있는 특급 밭 본 마르Bonnes Mares와 1급 밭 레 상티에Les Sentiers를 중심으로 하는 샹볼 뮈지니의 북부는 토양이 점토질로 이루어져 있어서 제비꽃과 잡초 향을 가진 남성적이고 골격이 단단한 와인이 생산되는데, 특급밭 뮈지니Musigny와 1급 밭 레 자무레즈Les Amoureurses와 레 샤름Les Charmes을 중심으로 하는 중남부는 모래질과 석회가 섞여 있는 토양이라 비단 같은 감촉과 우미한 향을 가진 극히 섬세하고 여성적인 와인이 생산된다. 가격은 주브레 샹베르탱보다 조금 더 비싼 편이며 특히 뮈지니Musigny는 로마네 콩티Romanee Conti(로마네 꽁티), 몽라셰Montrachet와 더불어 최고의 밭으로 칭송받고 있고 세계적으로 인기가 많은 데다가 생산량이 극히 적어 가격이 상당하다. 샹볼 뮈지니 레드 와인만큼 피노 누아의 전형적인 부케를 즐길 수 있는 와인은 없다고도 알려져 있다. 물론 북부와 남부의 토양이 다른 만큼 이 마을의 마을 단위 와인이라 해도 각 도멘이 샹볼 뮈지니의 어느 부분의 밭을 소유하고 있는지 대충 알고 있다면 크게 걱정할 필요는 없다. 특급밭은 상술했듯이 2개이며, 24개의 1급 밭이 자리하고 있다. 이 지역도 화이트 와인을 생산하는데, 특급밭인 뮈지니에서 생산하는 뮈지니 블랑Musigny Blanc이 유명하다.

- 그랑크뤼

  • 본 마르Bonnes Mares

밭 면적의 대부분이 샹볼 뮈지니 마을에 속해 있으며, 북쪽 구획 일부가 모레 생드니 마을에 속해 있다.

  • 뮈지니Musigny

드물게 같은 밭에서 레드와 화이트를 둘 다 생산해 낸다. 화이트 와인인 뮈지니 블랑은 상당한 희소품

• **프리미에 크뤼**

  - 레 자무레즈Les Amoureuses, 연인들

  - 레 베루아유Les Veroilles, 레 상티에Les Sentiers, 레 보드Les Baudes, 레 누아로Les Noirots, 레 라브로트Les Lavrottes, 레 퓌에Les Fuees, 레 그랑 뮈르Les Grands Murs, 오 보 브룅Aux Beaux Bruns, 오 제샹주Aux Echanges, 레 샤름Les Charmes, 레 플랑트Les Plantes, 오 콩보트Aux Combottes, 데리에르 라 그랑주Derriere la Grange, 레 그뤼앙세르Les Gruenchers, 레 그로세유Les Groseilles, 레 콩보트Les Combottes, 레 페슬로트Les Feusselottes, 레 샤틀로Les Chatelots, 레 크라Les Cras, 레 카리에르Les Carrieres, 레 샤비오Les Chabiots, 레 보르니크Les Borniques, 레 오 두아Les Hauts Doix, 라 콩브 오르 보La Combe d'Orveau

• **유명한 생산자**

북부는 로베르 그로피에Robert Groffier

남부는 자크 프레데리크 뮈니에Jacques-Frederic Mugnier

조르주 루미에Domaine G. Roumier

콩트 조르주 드 보귀에Comte George de Vogue

ⓔ 부조(Vougeot)

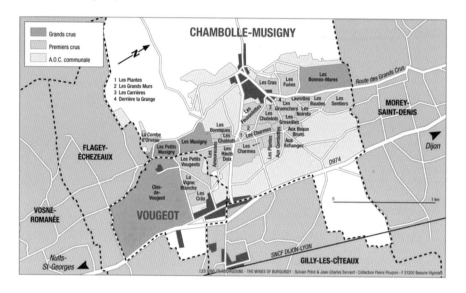

상당히 특이한 마을인데, 이 마을의 75%가 특급밭인 클로 드 부조Clos de Vougeot
이다. 마을 단위급으로 나오는 와인은 전체 생산량의 7% 정도. 부조 마을은 크게
3구역으로 나뉘는데, 이는 12세기에 수도원이 개간한 시점부터 내려온 유구한 전
통이다.

가장 위쪽에 위치한 '교황의 밭'은 석회질로 이루어져 있어, 배수도 잘 되고 토질
도 최상급이라 특급이라는 칭호에 걸맞은 와인이 생산되고 있으며 중간에 위치하
고 자길이 많은 부분인 '왕의 밭' 역시 그 칭호가 어색하지 않다. 그러나 가장 아래
에 위치하고 점토질로 구성된 데다가, 최근에는 이 밭 바로 옆으로 N74번 국도가
뚫려 배수도 좋지 않은 '수도자의 밭'은 그렇지 못하다. 당연히 배수도 극악이다. 마
을의 75%를 차지하는 클로 드 부조의 임팩트가 너무 강렬해서 보통은 부조=클로
드 부조로 일컫는다.

이 지역의 와인을 구매할 때 특히 주의할 점은, 그 도멘이 클로 드 부조의 어느

소믈리에도 즐겨 보는 와인상식사전

구획을 차지하고 있는지를 알아야 한다는 것이다. 70개 정도의 도멘이 이 밭을 분할 소유하고 있기 때문에, 더더욱 주의를 요한다.

- 그랑크뤼는 클로 드 부조 75%에 이르는 면적이다. 영화 〈바베트의 만찬〉에서 소개되는 와인이 이 밭에서 나온 것이다. 부르고뉴 최대의 그랑크뤼급 포도원으로, 총면적 125에이커에 소유주가 80명이 넘는다. 각 소유주는 언제 포도를 딸지, 어떤 스타일로 발효할지, 오크통에서 얼마나 숙성시킬지 등 와인 양조 시의 결정을 독자적으로 내린다. 그런 까닭으로 클로 드 부조는 생산자별로 다르다.
- 프리미에 크뤼는 클로 드 라 페리에르Clos de la Perriere, 르 클로 블랑Le Clos Blanc, 레 크라Les Cras, 르 쁘띠 부조les petit vougeot

• 유명한 생산자

메오 카뮤제Domaine Meo Camuzet, 몽자르 뮈네르Domaine Mongeard Mugneret, 르네 앙즐 Domaine René Engel, 샤또 드 라뚜르Chateau de La Tour

ⓕ 플라제 에세조(Flagey-Echezeaux)

본 로마네와 붙어 있는 밭으로 원래 본 로마네와 독립된 밭이지만 양조법상의 명칭아펠라씨옹 Appellation은 모두 본 로마네로 출하된다. 그래서 본 로마네의 와인으로 보는 사람이 많으며 와인의 특징도 본 로마네와 비슷한 면이 많다. 그랑크뤼가 본 로마네의 그랑크뤼보다 저렴한 편에 생산량도 많고 퀄리티도 좋아 본 로마네의 무시무시한 가격대가 부담스러운 사람에게 추천하는 밭이다.

- 그랑크뤼를 보면 그랑 에세조Grand-Echezeaux는 커다란 에세조라는 뜻의 밭으로 원래 에세조보다 훨씬 넓었지만 합종연횡으로 상당히 작아졌다. 하지만 에세조보다 장기숙성에 유리하며 가격도 에세조보다 비싼 편이다. 에세조Echezeaux는 본 로마네에서 가장 거대한 밭. 클로 드 부조와 같이 여러 생산자가 밭을 나눠 갖고 있어서 생산자 간 퀄리티 차이가 크다. 화려한 향과 풍부한 과실 맛이 넘치는 특징이 있고 본 로마네보다 상대적으로 저렴한 가격이다.
- 유명한 생산자는 본 로마네의 유명한 생산자들 중 대부분이 에세조를 생산하

고 있고 다른 밭의 유명한 생산자도 에세조를 생산하는 경우가 많아 본 로마
네의 유명한 생산자보다 숫자가 많다. 앙리 자이에Henri Jayer, 도멘 드 라 로마네
콩티Domaine de la Romanée Conti, 도멘 뒤콩트 리제-벨에어Domaine du Comte Liger-Belair의
에세조는 고가이기도 하다.

ⓖ 본 로마네(Vosne-Romanée)

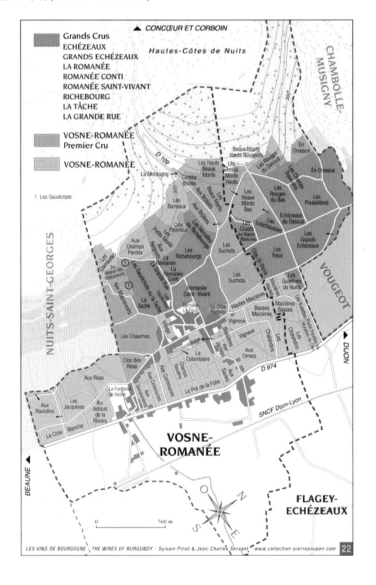

　　　　　　　　　　　　　　　소믈리에도 즐겨 보는 와인상식사전

부르고뉴를 접할 때 아마도 가장 먼저 접하게 되고 또 그만큼 유명한 마을로, '코트 드 뉘의 진주'라고도 불린다. 이 마을에서 생산되는 와인은 100송이로 이루어진 꽃다발과 과일의 비로 묘사될 만큼 화려한 인상과 긴 여운이 특징이다. 석회암과 이회암을 기반으로 하는 토양으로 이루어져 있다. 6개의 특급밭^{그랑크뤼}과 11개의 1급밭^{프리미에 크뤼}을 소유하고 있는데, 특이점은 모노폴이 많다는 것이다. 한 블럭만 옆으로 갔는데 맛이 변하는 신기한 경험도 가능하다.

- 그랑크뤼를 보면 로마네 콩티^{Romanée Conti} : DRC^{Domaine de la Romanée Conti: 도멘 드 라 로마네 콩티}가 단독 소유하고 있다. 로마네 콩티는 그랑크뤼 이름이자 와인 이름으로 전 세계에서 가장 비싼 와인으로 더 유명하다. 로마네 콩티는 우아하고 매혹적인 질감을 자랑하며 와인 애호가들 사이에서도 전설로 통한다. 콩티^{Conti}는 18세기에 이 밭을 소유한 왕자의 이름이다. 이 포도밭을 차지하기 위해 루이 15세의 정부였던 마담 퐁파두르와 사촌동생인 프랑수아 왕자가 보이지 않는 경쟁을 했다. 철저한 수작업과 품질 향상을 위한 철저한 가지치기, 열매솎기 등으로 1년에 생산되는 양이 약 5,400병으로 제한되어 있다. 보통 병당 수백만 원에서 수천만 원까지 호가하며, 미리 예약하지 않으면 마시기도 힘든 와인이다. 게다가 로마네 콩티는 다른 그랑크뤼급 11병의 와인과 세트로만 구성되어 판매된다. 즉 한 병을 사려면 한 상자를 사야 하는 것이다. 물론 그 안에 로마네 콩티는 한 병뿐이다. 2007년 크리스티 경매에서는 로마네 콩티 1985년 빈티지 한 케이스가 23만 7천 달러^{당시 약 2억 6천만 원}에 낙찰된 바 있다.
- 라 타슈^{라 타쉬, La Tâche} : DRC^{Domaine de la Romanée Conti} 단독 소유
- 라 로마네^{La Romanée} : 콩트 리제－벨에어^{Domaine du Comte Liger-Belair}가 단독 소유
- 라 그랑드 뤼^{La Grande-Rue} : 도멘 프랑수아 라마르쉬^{Domaine François Lamarche}가 단독으로 소유한다. 라 그랑드 뤼는 본 로마네^{Vosne-Romanee}마을의 그랑크뤼급 포도원 라 타슈^{La Tache}와 로마네 콩티^{Romanee-Conti} 사이에 끼어 있는 곳으로 프리미에 크뤼급이었다가 1992년에 그랑크뤼급으로 승급되었다.
- 리쉬부르^{Richebourg}

- 로마네 생 비방Romanée-Saint-Vivant

프리미에 크뤼는 다음과 같다.

- 클로 드 레아Clos des Réas와 클로 드 퐁텐Clos de Fontaine이 각각 미셸 그로Michel Gros
  와 안느 프랑수아즈 그로Anne Fraçoise Gros를 단독으로 소유했다.
- 레 고디쇼Les Gaudichots의 밭 중 일부가 1936년에 Grand Cru로 승급되었는데 그
  밭이 La Tache. 그래서 가난한 자의 La Tache라고 불리는 밭이다.
- 크로 파랑투Cros Parantoux: 만화『신의 물방울』의 영향으로 인지도가 가장 높다.
- 오 레뇨Aux Reignots: 최근 크로 파랑투만큼 좋은 와인을 생산하며 가격도 근접
  하고 있는 1등급 밭이다.
- 레 보 몽Les Beaux-Monts, 오 데슈 데 마르콘소르Au-dessus des Malconsorts, 오 브륄레
  Aux Brulees, 오 말콩소르Aux Malconsorts, 앙오르보En Orveaux, 라 크르와 라모La Croix
  Rameau, 레 숌Les Chaumes, 레 쁘띠 몽Les Petits Monts, 레 루주Les Rouges, 레 쉬쇼Les
  Suchots

유명한 생산자는 다음과 같다.

- 앙리 자이에Henri Jayer

앙리 자이에

부르고뉴의 전설 '앙리 자이에'가 와인 경매에서 385억 세계 신기록을 세웠고 총 1,064병 거래… 최고가는 병당 1억 넘는 가격에도 낙찰〈2018.06.22〉

부르고뉴 앙리 자이에 와인 경매에 낙찰된 크로 파랑투 <사진= Baghera Wines> 부르고뉴 와인의 거장으로 불리는 故 앙리 자이에(Henri Jayer)의 개인 소장 와인 1천여 병이 스위스 와인 경매에서 3,450만 스위스 프랑(한화 약 385억 7,500만 원)에 모두 낙찰됐다. 지난 17일 스위스 제네바에서 앙리 자이에 와이너리에서 소유한 일반 병 크기(750mL) 와인 855병과 매그넘 크기(1,500mL) 와인 209병을 판매하는 경매가 진행됐다. 아시아, 아메리카, 유럽에서 몰린 응찰자는 100여 명이었으며, 이들 중 일부는 휴대전화 또는 인터넷상으로 낙찰에 참여했다.

앙리 자이에의 마지막 소장 와인 경매라는 희소성에 최종 낙찰가는 예상 낙찰가 1,300만 프랑을 훨

씬 웃도는 가격으로 마무리되었다. 1978년부터 2001년 빈티지의 매그넘 크기 크로 파랑투(Cros Parantoux)는 110만 프랑(한화 약 12억 3천만 원)에 판매되었고, 1978년 매그넘 크기 크로 파랑투는 14만 4,000프랑(한화 약 1억 6천만 원)에 낙찰되었다. 일반 병 크기의 1986년 리쉬부르 (Richebourg)는 5만 400프랑(한화 약 5,600만 원)에 판매되었다.

앙리 자이에는 부르고뉴의 전설로 불리는 와인 생산자로, 2001년 은퇴한 후 2006년에 생을 마감했다. 그의 타계로 세계 경매 시장에서 앙리 자이에 와인의 가격이 치솟았다. 경매를 주도한 바게라 와인(Baghera Wines) 측은 "이번 앙리 자이에의 마지막 경매는 모든 희귀 와인 경매의 기준을 새로 세웠다"고 평가했다.

- 도멘 드 라 로마네-콩티DRC: Domaine de la Romanée-Conti
- 도멘 르루아Domaine Leroy : 메종 르로이Maison Leroy는 전통적인 가족 경영 중심으로 사업을 잇고 있는 와인 명가이다. 1868년 프랑수아 르로이François Leroy가 뫼르소Meursault 가까이에 있는 부르고뉴의 작은 마을, 오쎄 뒤레스Auxey-Duresses에 메종 르로이Maison Leroy를 설립하며 그 역사가 시작되었다. 19세기 말 프랑수아의 아들인 조셉 르로이Joseph Leroy와 그의 아내 루이즈 커틀리Louise Curteley가 사업에 참여해 부르고뉴 지역 포도원에서 최고의 와인을 생산하며 사업을 확장한다. 그리고 1919년에는 조셉 르로이의 아들인 앙리 르로이Henri Leroy가 가족 사업에 참여하게 된다. 그는 1942년 친구 자크 샹봉Jacques Chambon으로부터 DRC 도멘 드 라 로마네 꽁띠, Domaine de La Romanee Conti 지분의 절반을 구입하고, 이때부터 르로이와 DRC의 인연이 시작된다. 당시 DRC는 지금처럼 유명하지 않았고, 여러 사정에 의한 경제적 압박으로 포도원의 지분을 매각할 수밖에 없었다. 1955년부터는 앙리 르로이의 딸인 랄루 비즈 르로이Lalou Bize Leroy가 본격적으로 와인 사업에 참여한다. 그녀는 최고의 부르고뉴 컬렉션을 위해 고품질 와인을 구입했고, 그 컬렉션은 지금까지 이어지고 있다. 로버트 파커는 "랄루 비즈 르로이는 전 세계 어디에서도 똑같이 흉내낼 수 없는 샤르도네Chardonnay와 피노 누아Pinot Noir를 생산해 낸다"라고 평했고, "오늘날 르로이는 부르고뉴 지역에서 가장 위대한 에스테이트이다. 논란의 여지가 없는 장기 숙성 능력과 강렬함을 지닌 와인을 만들어 낸다"라고 극찬하기도 했다.

- 도멘 뒤 콩트 리제-벨레르Domaine du Comte Liger-Belair
- 조셉 드루앵Joseph Drouhin, 실뱅 카티아르Sylvain Cathiard, 도멘 메오카뮈제Domaine Meo-Camuzet, 엠마누엘 루제Emmanuel Rouget, 샤를르 노엘라Charles Noellat, 부샤르 페레 에 피스Bouchard Pere & Fils, 르무아스네 페레 에 피스Remoissenet Pere & Fils, Anne François GrosA.F. Gros, Michel Gros, Anne Gros, Domaine Mongeard-Mugneret, Domaine Dujac

ⓗ 뉘 생 조르주(Nuits Saint Georges)

코트 드 뉘에서 가장 넓은 마을이지만 아이러니하게도 특급밭은 하나도 없는 마을. 그래서인지 코트 드 뉘의 마을 중에서 가장 저평가를 받는 마을이며 그나마 다른 밭의 와인들보다 저렴한 편이다. 픽생과 마르사네를 제외한 많은 수의 일급밭이 있고 일급밭들은 수준급이면서 가격이 저렴해 다른 마을의 비싼 가격이 부담되는 사람들이 즐겨 찾는 밭이다. 마을 북쪽은 본 로마네와 이웃하고 있어 부드럽고 화려한 모습이 많으며 남쪽으로 갈수록 힘차고 강건하며 장기숙성용으로 적합한 와인을 생산하고 있다. '뉘 생 조르주의 와인은 밭보다는 생산자를 보면 실패하지 않는다'라는 평론가들과 애호가들의 말처럼 생산자에 의해 품질이 좌우되는 경우가 확연하게 차이나는 지역이다.

- 프리미어(프리미에) 크뤼: 41개의 일급밭이 있고 뛰어난 일급밭은 북부와 중앙부 일대에 많이 있다. 사실 뉘 생 조르주의 일급밭도 다른 마을의 일급밭보다 명성이 떨어진다.
- 오 자르질라Aux Argillas, 오 부도Aux Boudots, 오 부슬로Aux Bousselots, 오 셰뇨Aux Chaignots, 오 샹 페르드리Aux Champs Perdrix, 오 크라Aux Cras, 오 뮈르제Aux Murgers, 오 페르드리Aux Perdrix, 오 토레Aux Thorey, 오 비뉴롱드Aux Vignerondes, 샤이네 카르토Chaines Carteaux, 샤또 그리Chateau Gris, 클로 자를로Clos Arlot, 클로 드 라 마레샬Clos de la Marechale, 클로 데 자르지예르Clos des Argillieres, 클로 데 코르베Clos des Corvees, 클로 데 코르베 파제Clos des Corvees Pagets, 클로 데 포레Clos des Forets Saint-Georges, 클로 데 그랑드 비뉴Clos des Grandes Vignes, 클로 데 포레 생조르주Clos des Porrets-Saint-Georges,

클로 생 마크Clos Saint-Marc, 앙 라 페리에레 노블로En la Perriere Noblot, 라 리슈몬
La Richemone, 레 자르지에르Les Argillieres, 레 까유레 까이, Les Cailles, 레 샤뵈프Les
Chaboeufs, 레 크로트Les Crots, 레 다모드Les Damodes, 레 디디에Les Didiers, 레 오 프루
리에Les Hauts Pruliers, 레 페리에레Les Perrieres, 레 포렛 생 조르주Les Porrets-Saint-Georges,
레 풀레트Les Poulettes, 레 프로세Les Proces, 레 프륄리에Les Pruliers, 레 생 조르주Les
Saints-Georges, 레 테레 블랑슈Les Terres Blanches, 레 발레로Les Vallerots, 레 보크랭Les
Vaucrains, 론시에르Ronciere, 루 드 샤우Rue de Chaux

• 유명한 생산자

– 로베르 슈비용Robert Chevillon, 앙리 구주Henri Gouges, 조르주 노엘라Georges Noellat,
드 라를로De L'Arlot 등

(2) 코트 드 본(Côtes de Beaune)

코트 드 뉘의 남쪽에 위치한 지역으로 코트 드 뉘가 최고의 레드 와인 생산지라면
코트 드 본은 최고의 화이트 와인 생산지이다. 코트 드 본에서는 화이트 와인만 생
산한다고 생각하는 사람들이 많지만 사실은 코트 드 본에서 생산하는 와인 중 60%

가 화이트 와인이며 나머지 40% 내외는 피노 누아로 만든 레드 와인이다. 또한 코트 드 본의 와인 생산량은 부르고뉴 전체 AOC의 60%를 차지할 정도로 상당히 많은 와인을 생산하고 있다. 그래서인지 마을의 수가 상당히 많지만 상당수가 지명도가 떨어지는 편이다.

- 유명한 생산자는 도멘 알베르 모로Domain Albert Morot, 두 몽라셰Montrachet 밭과 뫼르소Merusault, 코르동Cordon 정도가 유명한 편이다.

ⓐ 알록스 코르통(Aloxe-Corton)

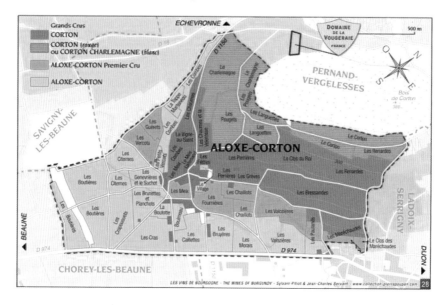

- 그랑크뤼Grand Cru

  - 르 코르통Le Corton

  - 코르통 샤를마뉴Corton-Charlemagne : 샤를마뉴카를 대제가 즐겨 마셨다는 화이트 와인이다. 샤를마뉴는 원래 레드 와인을 즐겼는데 그의 흰 수염에 붉은 포도주가 묻자 아내가 화이트 와인을 권했다. 그래서 샤를마뉴라는 이름이 붙게 되었다. 생산량은 최대 규모이며 그랑크뤼급 와인 중 50% 이상이 이곳에서 생산된다.

  - 샤를마뉴Charlemagne, 코르통 브레상드Corton Bressandes

- 코르통 클로 뒤 루아Corton Clos du Roi, 코르통 마레쇼드Corton Marechaude, 코르통 르나르드Corton Renardes

- 프리미에 크뤼Premire Cru

  - 샤이오트Chaillots

  - 푸르니에르Fournieres

ⓑ 본(Beaune)

- 프리미에 크뤼

  - 클로 데 무슈Clos des Mouches, 브레상드Bressandes, 페브Feves, 그레브Greves, 마르코네Marconnets

ⓒ 포마르(Pommard)

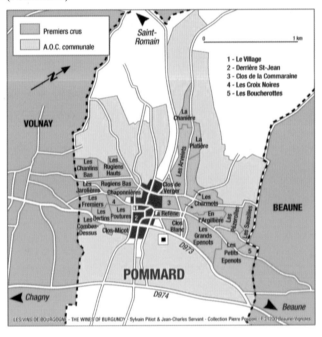

- 프리미에 크뤼는 에페노Epenots, 뤼지앵Rugiens이 있다.

ⓓ 볼네(Volnay, 볼네이)

- 프리미에 크뤼는 카이유레Caillerets, 클로 데 셴느Clos des Chenes, 상트노Santenots, 타이에피에Taillepieds 등이 있다.

ⓔ 뫼르소(Meursault)

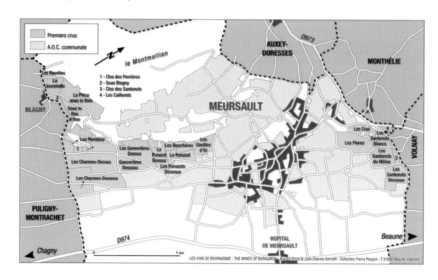

볼네이 마을 남쪽에 위치한 마을로 몽라셰 지역과 더불어 화이트 와인으로 유명한 마을이다. 화이트 와인 위주로 생산하지만 아주 조금 레드 와인을 생산하기도 한다. 이회토나 석회석 및 철분을 포함한 점토질의 석회암 등이 섞여 있어 변화가 매우 많은 토양을 지녔으며 이 마을에서 생산된 화이트 와인은 강한 산도에 풀바디, 화사한 향과 더불어 헤이즐넛, 아몬드, 깨 볶는 고소한 향이 나는 특징이 있다. 이 마을은 뉘 생 조르주와 같이 그랑크뤼가 없지만 그랑크뤼에 맞먹는 프리미에 크뤼가 몇 군데 있으며 모두 비싼 값에 거래된다.

 – 그랑크뤼는 없다.

 – 프리미에 크뤼는 아래와 같다.

 • 레 페리에르Les Perrieres: 뫼르소의 밭 중에서 가장 뛰어난 퀄리티를 가지고 있으며 레자무레즈, 크로 파랑투, 클로 생 자크, 오 레뇨와 같이 그랑크뤼와 비슷한 가격대를 자랑한다. 짙은 맛의 고급품이며, 레 주느브리에르Les Genevrieres의 고급스럽고 도시적인 이미지, 특급에 맞먹는 고급품이다.

 • 레 샤름Les Charmes: 우아하고 풍부한 향, 여성적인 취향이고, 블라니Blagny, 라 구트 도르La Goutte d'Or, 포뤼조Poruzots 등이 있다.

• 유명한 생산자

– 코쉬 듀리Coche Dury : 뫼르소 마을 단위급도 지금은 400달러 이상이며, 아주 고
가인 코르동 샤를마뉴가 있다.

– 콤트 라퐁Comte Lafon : 뫼르소 외에 몽라셰도 생산하고 있다.

– 홀로Roulot, 라뚜르 지호Latour Giraud, 도브네d'Auvenay, 르플레이브Leflaive

ⓕ **필리니 몽라셰(Puligny Montrachet)**

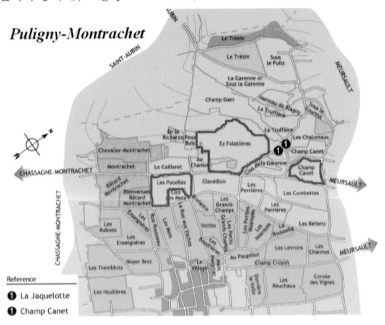

뫼르소 남쪽에 있는 몽라셰 지역에서 북쪽에 위치한 마을로 남쪽에는 샤사뉴 몽
라셰 마을이 있다. 코트 드 뉘에 본 로마네와 로마네 콩티가 있다면 코트 드 본에는
필리니 몽라셰 마을과 몽라셰 밭이 가장 유명하고 최고의 평가를 받는다.

최고의 화이트 와인을 생산하며 그중 몽라셰 특급밭은 프랑스 최고의 화이트 와
인이라 칭송받고 드라이 화이트 와인 중 가장 비싼 가격을 자랑한다. 프랑스의 대
문호인 알렉상드르 뒤마는 "몽라셰 와인은 경건한 마음으로 모자를 벗고 무릎을 꿇
고 마셔야 한다. 고딕 성당에서 울려 퍼지는 장엄한 파이프오르간 소리와 같은 느
낌이다"라고 칭송하기도 했다.

와인잔도 '몽라셰 잔'이 있을 정도로 인지도가 높으며 특별취급을 받는 마을. 우아하고 섬세한 맛의 화이트 와인으로 처음에는 달콤한 꽃향기와 레몬 등의 산미를 느낄 수 있고 아몬드, 열대과일 향이 지배적이다. 후추향, 구운 빵의 향, 계피향 등 피니시가 긴 것이 특징이다.

- 그랑크뤼

    • 몽라셰Montrachet: 샤사뉴 몽라셰와 공유하는 밭으로 세계 최고의 드라이 화이트 와인을 생산한다. 저렴한 와인을 생산하는 도멘도 매우 비싸게 판다. 로마네 콩티로 유명한 DRCDomaine de la Romanee Conti가 0.67ha로 가장 많이 차지하고 있다. 몽라셰는 14도의 높은 알코올 도수에 20년 이상 보관할 수 있는 고급와인이다.

    • 슈발리에 몽라셰Chevalier Montrachet: 훌륭한 생산자의 슈발리에 몽라셰는 몽라셰와 버금가는 평가를 받는다.

    • 바타르 몽라셰Bartard Montrachet: 샤사뉴 몽라셰와 공유하는 밭으로 장기숙성 지향적인 와인이 많이 생산된다.

    • 비앵브니 바타르 몽라셰Bienvenues Batard Montrachet: 위의 그랑크뤼보다 저렴한 가격에 만날 수 있지만 그만큼 흔치 않은 그랑크뤼

- 프리미에 크뤼

    • 레 퓌셀Les Pucelles: 파리의 심판에서 8위를 차지한 와인

    • 레 콩베트Les Combettes: 몽라셰 와인의 특징이 잘 드러나는 밭

    • 라 트뤼피에La Truffière, 끌라바이용Clavaillon, 레 카이유레Les Caiilerets, 레 샹 갱Les Champs Gain, 레 폴라티에르Les Folatieres, 레 르페르Les Referts

• **유명한 생산자**

    - 도멘 르플레이브Domaine Leflaive: 몽라셰 와인 생산자 중 가장 유명하며 가장 뛰어난 퀄리티의 화이트 와인을 생산하는 생산자. Anne Claude Leflaive가 와인 생산을 맡으면서 명성이 수직상승하였다. 바이오 다이내믹 생산을 하고 있으며 마을급 와인인 Puligny Montrachet도 훌륭하다는 평가를 받

고 있다. 4가지 특급밭을 모두 생산하고 있으며 그중 슈발리에 몽라셰가 가장 유명하다. 몽라셰 와인은 매년 생산량이 300~400병이어서 구하기 매우 어렵고 후술할 DRC Montrachet보다 비싸서 가장 비싼 드라이 화이트 와인이다.

− 도멘 드 라 로마네 콩티^{Domaine de la Romanee Conti}: 로마네 콩티로 유명한 속칭 DRC에서는 역시 최고의 화이트 와인을 생산한다. 오직 몽라셰 와인만 생산하며 가장 넓은 0.67ha를 소유하고 있으며 연간 3,000병가량을 생산한다. 흔히 말하는 로마네 콩티 세트에 포함되지 않는 것으로도 유명하다. 가격은 르플레이브보다 싸지만 이는 르플레이브 몽라셰가 희소성이 있어서 그렇지 실제 퀄리티는 DRC가 더 좋은 평가를 받고 있다.

− 도멘 도브네^{Domaine d'Auvenay}: 최고의 여성 와인 생산자로 유명한 Leroy가 만든 도멘. 생산량이 적다. 슈발리에 몽라셰가 유명하지만 샤사뉴 몽라셰 지역의 크리오 바타르 몽라셰, 오세 뒤레스, 마지 샹베르탱 등등 생산하는 모든 와인이 유명하고 비싸다. 이외에도 부샤르^{Bouchard}, 콩트 라퐁^{Comte Lafon}이 몽라셰 특급밭으로 유명하다.

− 베르나르 모레

* Montrachet

소믈리에도 즐겨 보는 와인상식사전

* Chateau Meursault

* Gevrey-Chambertin

소믈리에도 즐겨 보는 와인상식사전

ⓖ 샤사뉴 몽라셰(Chassagne Montrachet)

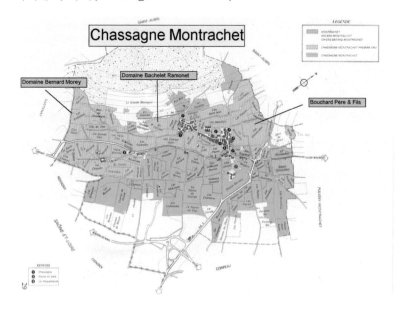

뫼르소 남쪽에 있는 몽라셰 지역에서 남쪽에 위치한 마을로 남쪽에는 퓔리니 몽
라셰 마을이 있다. 최고의 화이트 와인을 생산하지만 원래 레드 와인 위주로 생산
하다가 퓔리니 몽라셰에서 화이트 와인이 인기를 끌자 레드 와인을 다 뽑아버리
고 화이트 와인을 심은 곳이 많다. 그래서 퓔리니 몽라셰보다 평가는 조금 떨어지
는 편이다.

- 그랑크뤼

 • 몽라셰Montrachet : 퓔리니 몽라셰와 공유하는 밭으로 퓔리니 몽라셰와 동일

 • 바타르 몽라셰Bartard Montrachet : 샤사뉴 몽라셰와 공유하는 밭으로 퓔리니 몽
 라셰와 동일

 • 크리오 바타르 몽라셰Criots Batard Montrachet : 상당히 작은 특급밭

- 프리미에 크뤼에는 레 뤼쇼트Les Ruchottes, 모르조Morgeot가 있다.

유명한 생산자는 퓔리니 몽라셰와 겹치는 경우가 많다.

 • 도멘 라모네Domaine Ramonet : 몽라셰 그랑크뤼로 유명한 도멘이며 DRC, Le-
 flaive보다 저렴하지만 매우 뛰어난 퀄리티로 유명

이외에도 브네d'Auvenay, 퐁텐 가냐르Fontaine Gagnard가 크리오 바타르 몽라셰 특급 밭으로 유명하다.

ⓗ 마랑주(Maranges)

마랑주 3대 마을의 와인은 역사적으로 지명도가 낮아 '코트 드 본느 빌라주'라는 한 급 아래의 원산지로 판매되는 것이 보통이었지만, 원산지 통제호칭법이 개정된 1989년 이후 3대 마을의 와인을 통틀어 '마랑주'라는 이름으로 판매할 수 있게 되었다. 와인법상으로는 화이트 와인 생산도 가능하지만 실제로는 거의 만들지 않고, 일찍 마시기에 적당한, 산미가 풍부한 가벼운 레드 와인산지로 알려져 있다.

- 유명한 생산자
- 도멘 데 루즈 퀴

4) 코트 드 샬로네즈(Côtes de Châlonnaise)

코트 드 본 언덕과 이어진 곳으로 토양이 비슷하고 포도품종도 같지만 와인은 더 빨리 숙성하는 편이다. 코트 샬로네즈는 부르고뉴의 주요 와인 생산지인데도 가장 알려지지 않은 곳이다. 이곳에서는 지브리Givery, 메르퀴레이Mercurey 같은 레드 와인을 생산한다. 그 외에도 사람들에게 잘 알려지지 않았지만, 그만큼 알아두면 가치 있을 아주 훌륭한 화이트 와인도 생산한다. 바로 몽타뉘Montagny와 륄리Rully다. 이 와인들은 이 지역 최상의 와인이며, 코트 도르의 화이트 와인과 견주어도 뒤지지 않지만 가격은 더 저렴하다. 앙토냉 로대Antonin Rodet, 페블레Faiveley, 루이 라투르Louis Latour, 무아야르Moillard, 올리비에 르플레브Olivier Leflaive, 자크 뒤 리Jacques Dury, 샤르트롱 에 트레뷔셰Chrtron & Trebuchet, 마크 모레이Marc Morey, 뱅상 지라르댕Vincent Girardin의 와인이 눈여겨볼 만하다.

- **유명 생산지 & 생산자**
  - 레드 AOC
  - 메르퀴레이Mercurey
  - 페블레Faiveley, 샤토 드 샤미레Chateau De Chamirey, 도멘 드 쉬레멩Domaine De Sure-

main, 미셸 쥘로Michel Juillout, 지브리Givery, 쇼플레-발덴네르Chofflet-Valdenaire, 도멘 자블로Domaine Jablot, 도멘 테나르Domaine Thenard, 루이 라투르Louis Latour, 륄리Rully, 앙토냉 로데Antonin Rodet, 화이트 AOC는 몽타뉘Montagny, 륄리Rully, 부즈롱Bouzeron이 있다.

5) 마코네(Maconnais)

마코네는 프랑스 부르고뉴 지역 와인산지다. 마코네는 코트 샬로네보다 더 남쪽에 있으며, 넓게 분포되어 도멘을 찾기 어려운 곳도 있다. 알리고테 품종으로 만든 마시기 편안한 화이트 와인이 전체 생산량의 90%를 차지한다. 마콩 와인은 대체로 오크통에서 숙성시키지 않기 때문에 출시되자마자 바로 마셔도 된다. 그랑크뤼 포도원은 없으며, 약간의 프리미에 크뤼와 마을 단위 와인이 있다. 마꼬네(마코네)에서 가장 알려진 화이트 와인이 마콩Mâcon, 푸이 퓌세Pouilly-Fuissé, 그리고 생베랑St-Veran으로 모두 샤르도네 품종으로 만든다. 가장 유명한 와인은 푸이 퓌세(뿌이 퓌세)다. 샤르도네로 만든 생베랑Saint-Veran은 아주 섬세한 향에 드라이하며, 마꽁 빌라쥬Macon-Villages는 포도 맛이 강하며 드라이하다. 뿌이 퓌세Pouilly-Fuisse는 녹색이 스치는 금빛에 향기롭고 섬세한 맛을 낸다. 마코네(마꼬네)의 레드와 로제 와인은 이론적으로는 가메이 품종으로 만든다. 피노 누아와 섞인 경우엔 부르고뉴 빠스-뚜-그랭Bourgogne Passe-tout-grains으로 명명된다. 부르고뉴의 화이트 와인 생산지 중 최남단 지역인 마코네(마코)네는 코트 도르나 샤블리보다 기후가 따뜻한 편이다. 마콩 와인은 대체로 가볍고 단순하며 산뜻하고 신뢰할 만하며 가성비가 뛰어나다. 마코네 와인의 품질 등급을 기본 등급부터 최상품의 순으로 열거하면 다음과 같다.

1. 마콩 블랑Macon Blanc
2. 마콩 슈페리에Macon Superieur
3. 마콩 빌라Macon-Villages
4. 생베랑St.Veran
5. 푸이 뱅젤Pouilly-Vinzelles
6. 푸이 퓌세Pouilly-Fuisse

모든 마꽁 와인을 통틀어서 푸이 퓌세야말로 가장 인기 있는 와인이다. 푸이 퓌세는 마코네 와인 중에서도 최상급에 속하며, 대다수 미국인이 와인의 위대함을 깨닫기 훨씬 전부터 미국에서 인기를 끌었던 음료다. 푸이 퓌세는 매년 평균적으로 45만 상자가량 생산되는데, 이는 세계적 소비에 맞추어 레스토랑이나 소매점에 공급하기에는 턱없이 부족한 양이다. 미국에서 와인 소비가 늘면서 푸이 퓌세를 비롯하여 포마르Pommard, 뉘 생 조르주Nuits-St-Georges, 샤블리 같은 유명한 지역들이 프랑스 최상급 와인의 동의어가 되어 어느 레스토랑이든 그 이름들이 와인 리스트에 꼭 들게 되었다. 마꽁 빌라쥬는 가성비 최고의 와인이다. 평범한 마꽁도 푸이 퓌세 못지않게 훌륭하다.

(1) 마꽁 빌라쥬(Macon-Villages)

마꽁 빌라쥬는 마꽁으로 표시된 와인보다 더욱 분명한 특성을 내는 26개의 마을을 합한 명칭이다.

• 유명한 생산자

　－ 도멘 르플레브Domaine Leflaive

6) 보졸레(Beaujolais)

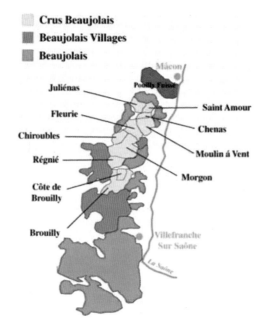

행정구역상 부르고뉴 지방에 속해 있지만, 몇몇 마을은 아래쪽 론 지방에 걸쳐 있으며, 근래에는 독립된 별도 산지로 인정받고 있다. 부르고뉴Bourgogne의 가장 남쪽에 위치한 지역으로, 부르고뉴 와인 생산량의 약 60%를 차지하고 있다. 일반적으로 가볍고 풋과일향이 강한 와인을 생산하며, 특히 보졸레 누보Beaujolais Nouveau가 잘 알려져 있다. 보졸레 지역의 와인은 비교적 빠른 소비가 권장되며, 북쪽 10군데의 크뤼를 제외한 양조장에서는 보졸레Beaujoulais를 라벨에 사용하고 있다. 100% 가메(가메이) 포도로 만드는 보졸레는 산뜻하면서 과일 풍미가 풍부하다. 보졸레 지역에서 수확되는 포도들은 모두 손으로 딴 것이다. 어릴 때 마시는 것이 좋으며, 차갑게 마셔도 좋다. 가격대는 품질 등급에 따라 다양하지만 대부분 8~20달러다. 보졸레는 미국에서 부르고뉴 와인 중 가장 많이 팔리는 와인이다. 이는 시중에서 많이 유통되며 마시기 편하고 가격도 아주 저렴하기 때문이 아닐까 싶다. 등급은 다음의 네 가지로 분류된다.

- 크뤼 뒤 보졸레Cru du Beaujolais : 보졸레 와인 중 최상급으로, 생산마을 이름이 와인명이 된다. 알코올 함량이 11퍼센트 이상으로 가장 높은 등급의 와인이지만 역시 다음해 보졸레 누보가 출시되기 전에는 마셔야 한다.
  - 모르공Morgon, 물랭 아 방Moulin-à-Vent, 브루이Brouilly, 코트 드 브루이Côte de Brouil-ly, 생타무르Saint-Amour, 시루블Chiroubles, 쉐나Chénas, 플뢰리Fleurie, 줄리에나Juliénas, 레니에Régnié

- 보졸레 빌라주Beaujolais Village : 이 등급은 보졸레의 특정 마을에서 만든 와인이다. 보졸레에는 상급 와인을 꾸준히 생산하는 마을 35곳이 있다. 보졸레 빌라주급은 대부분 이 마을에서 생산된 와인들의 블렌딩이므로 일반적으로 라벨에 특정 마을 이름이 명시되지 않는다. 알코올 함량이 10.5퍼센트 이상이고 보졸레보다 향이 좋은 것이 특징이다.

- 보졸레 쉬페리외르Beaujolais Superieur : 보졸레보다 상급으로 알코올 함량 10.5퍼센트 이상이다.

- 보졸레Beaujolais : 보졸레 와인 대부분이 이 기본 등급에 속한다. 알코올 함량 10퍼센트의 약한 와인으로, 만든 지 1년 내에 마셔야 한다.

• 유명한 생산자

– 조르주 뒤뵈프 Georges Dudoeuf

보졸레의 적절한 보관 기간은 등급과 빈티지에 따라 다르다. 보졸레급과 보졸레 빌라주급은 1~3년 보관하는 것이 바람직하다. 크뤼급은 더 복잡하기 때문에, 즉 과일 풍미와 타닌이 풍부해서 그보다 더 오래 보관해도 된다. 10년 이상 지나도 여전히 뛰어난 풍미를 잃지 않는 크뤼급 보졸레도 더러 있다. 하지만 이것은 예외적인 경우일 뿐 모두 그런 것은 아니다.

– 보졸레 누보 Beaujolais Nouveau: 기존 보졸레보다 더 라이트하고 과일 풍미가 풍부하다. 보졸레에서 재배하는 포도의 3분의 1이 보졸레 누보의 원료로 쓰인다. 말뜻 그대로 이 '햇'보졸레는 수확에서 발효, 병입 후 매장 시판까지의 전 과정이 몇 주 안에 이루어져서 와인 메이커에게 거의 즉각적인 수익을 안겨주는 효자상품이다. 그런가 하면 예고편 영화와 같은 역할도 해주어 다가올 봄에 출시될 그해 빈티지 정규 보졸레의 품질이나 스타일이 어떨지 가늠해볼 잣대가 되어준다. 보졸레 누보는 정확히 11월 셋째 주 목요일에 출시되는데, 이때 대단한 열광 속에 소비자들에게 소개된다. 레스토랑과 매장들은 이 새로운 보졸레를 고객들에게 가장 먼저 제공하기 위해 경쟁을 벌인다. 보졸레 누보는 병입 후 6개월 안에 마셔야 한다.

론(Rhone) 와인 생산지

(1) 개요

론 데파르트망Rhône Départements은 프랑스 남동부에 위치한 데파르트망의 하나로 오베르뉴-론-알프 레지옹Auvergne-Rhône-Alpe région에 소속되어 있다. 주도는 리옹Lyon이며 론강에서 이름이 유래되었다고 한다.

(2) 와인

알프스 산맥에서 발원하여 지중해로 흐르는 론 강 유역의 와인생산지다. 론Rhône 지역은 프랑스에서도 보르도 다음으로 넓은 와인산지이며, 유구한 역사를 가진 지역임에도 불구하고 기록은 많이 남아있지 않다. 레드 와인의 경우 이 지역은 야성적인 느낌이 강한 와인이 생산되고 있으며, 시라Syrah를 주품종으로 널리 재배하고 있다.

론 와인은 부르고뉴 와인보다 더 풀바디이고 묵직한 편이며 대체로 알코올 도수도 더 높다. 론 와인이 이러한 특성을 지니는 이유는 바로 위치와 지리 조건 때문이다. 론 밸리는 프랑스 남동부 지역으로 부르고뉴 지역의 남쪽에 있어서 기후가 뜨겁고 일조량이 많다. 햇볕을 많이 받을수록 포도에 당분이 많아지며, 그에 따라 알코올 도수도 높아진다. 또한 론 밸리의 토양은 자갈로 덮여 있어서 이

자갈이 강렬한 여름의 열기를 밤낮으로 품어준다. 론 밸리의 와인 메이커들은 법에 의거하여 반드시 일정량의 알코올 함량을 맞춰야 한다. 예를 들어, 코트 뒤 론Côte du Rhône은 10.5%, 샤토뇌프 뒤 파프Châteauneuf du Pape는 12.5%가 AOC에서 규정한 최소 알코올 함량이다. 복합적이지 않고 단순한 스타일의 코트 뒤 론은 보졸레와 유사한 편으로, 바디가 더 묵직하고 알코올 도수가 높다는 차이만 있을 뿐이다. 보졸레는 규정된 최소 알코올 함량이 9%에 불과하다.

론Rhône 지방은 크게 북부와 남부로 구분된다. 북부 꼬뜨(코트) 뒤 론은 상류의 가파른 계곡에 위치하고 대륙성기후이며, 남부 꼬뜨 뒤 론은 하류의 기후변화가 많은 완만한 언덕과 평지에 위치하고 지중해성 기후로 다르다. 재배되는 포도의 품종에서도 차이가 있다. 북부지역에서는 코트 로티Côte-Rotie와 에르미타주Hermitage가 유명하고, 남부에서는 샤토뇌프 뒤 파프Châteauneuf du Pape가 유명하다. 두 지역은 기후와 토양, 재배하는 포도가 달라 서로 다른 풍미를 가진 와인을 생산한다. 북부 지역에서는 주로 시라로 코트 로티, 에르미타주, 크로제 에르미타주를 빚는다. 이 와인들은 이 지역에서 가장 묵직하고 풀 바디한 스타일을 띤다. 한편 남부 지역에서 생산되는 샤토네프 뒤 파프는 블렌딩에 무려 13종의 포도를 사용할 수 있으며 최상급에 드는 제조사들의 경우엔 블렌딩에서 그르나슈와 시라를 더 높은 비율로 쓴다.

론 밸리의 와인에는 공식적인 등급 분류가 없지만 다음과 같이 품질이 분류된다.

10% 크뤼(특징지역) ★★★★

8% 코트 뒤 론 빌라주 ★★

58% 코트 뒤 론 ★

24% 그 밖의 아펠라시옹

① 북부 론

북부 론은 론 지역에서 고급와인을 생산하는 곳이다. 대륙성 기후로 여름에는 무덥고 겨울에는 혹독하게 춥고 습하다. 포도원이 경사지고 계단식의 밭으로 주로 구성되어 있다. 놀라운 깊이와 복잡 미묘한 향, 매콤하고 스파이시한 맛, 높은 알코올 도수로 가장 귀하고 값비싼 레드 와인을 만드는 생산지이기도 하다. 북부 론에서는 주로 시라(Syrah)를 단일품종으로 하는 레드 와

인과 보니에Vognier, 마르산Marssanne, 루산느Roussanne를 단일품종으로 하는 화이트 와인을 주로 생산한다. 남향이기 때문에 포도를 재배할 수 있는 것이다. 북쪽에서부터 북부 론의 주요 산지들은 코뜨-로띠Côte-Rotie, 꽁드리외Condrieu, 샤또 그리에Château-Grillet, 생-죠세프St.Joseph, 에르미따쥬Hermitage, 크로즈-에르미따쥬Crozes-Hermitage, 꼬르나Cornas 정도로 구분할 수 있다. 북부 론은 대체로 화강암으로 구성된 토질을 가지고 있으며, 이곳의 와인들은 대체로 시라Syrah 단일품종으로 만들어지나, 꽁드리외Condrieu, 샤또 그리에Château-Grillet에서는 화이트 와인의 양조를 중심으로 한다. 화강암으로 구성된 토질 덕택에 비슷한 토양과 기후로 이루어진 한국 요리의 일부음식과 궁합이 나쁘지 않게 맞출 수 있다.

• 유명 생산자

들라스Delas, 장 뤽 콜롱보Jean-Luc-Colombo, 장 루이 샤브Jean-Louis Chave, 이기갈E. Guigal, 폴자불레에네Paul Jaboulet Ainé, 엠샤푸티에M. Chapoutier, 이브 뀌에롱Yves Cuilleron

가. 코뜨-로띠(Côte-Rotie)

'구운 언덕'을 뜻하는 코뜨-로띠Côte-Rotie에서는 주 품종으로 시라Syrah를 재배하고 있으며, 일부는 포도밭 사이에 간헐적으로 보니에Viognier를 심고, 한번에 수확

하여 레드 와인을 만든다. 코뜨−로띠^{Côte-Rotie}의 시라^{Syrah}와인은 세계 최고 수준으로, 장기 숙성이 가능하다. 야성적이면서도 우아함을 겸비한 느낌과 흙 내음, 복합적이고 뚜렷한 부케가 인상적이라는 평가를 받는다. 이곳에서 생산된 레드 와인은 코뜨−로띠^{Côte-Rotie} AOC로 표기된다. 555에이커 정도 된다.

• 유명한 와인 생산자와 와인

이기갈^{E. Guigal}의 코뜨 로띠 라 랑돈^{Côte-Rotie La Landonne}, 코뜨 로띠 라 물린^{Côte-Rotie La Mouline}, 코뜨 로띠 라 튀르크^{Côte-Rotie La Turque}, 코뜨 로띠 샤토 당퓌^{Côte-Rotie Chateau d'Ampuis}, 코뜨 로띠 브륀 에 블롱드^{Côte-Rotie Brune et Blonde}

나. 꽁드리외(Condrieu)

북부 론에서는 대부분 시라^{Syrah}를 기반으로 한 레드 와인을 생산하지만, 꽁드리외^{Condrieu}와 샤토 그리에^{Château Grillet}에서는 화이트 와인을 생산하고 있다. 꽁드리외^{Condrieu}는 특히 북부 론에서 최고의 화이트 와인을 생산하는 지역으로 유명하고, 비오니에를 단일품종으로 재배하고 있다.

• 유명한 와인생산자와 와인

이기갈^{E. Guigal}, 꽁드리외 라 도리안^{Condrieu La Dorian}, 꽁드리와 블랑^{Condrieu Blanc}

다. 샤또 그리에(Château−Grillet)

프랑스에서 가장 작은 3.5헥타르로 유일하게 원산지 명칭을 1명으로 소유하고 있다. 보니에^{Vognier} 품종으로 화이트 와인만 생산하며, 적어도 2년간 오크통에서 숙성시켜야 한다.

라. 생−죠세프(St.Joseph)
마. 크로즈−에르미따쥬(Crozes−Hermitage)

크로즈 에르미타주(에르미따쥬)는 북부 론에서 가장 넓은 산지고, 론 지방치고는 젊을 때부터 마시기 편한 와인을 만드는 것으로 알려져 있다. 3,000에이커 이상이다.

바. 에르미따쥬(Hermitage)

프랑스 남동부를 흐르는 론강 연안의 와인 산지로 프랑스에서 시라Syrah 품종으로 가장 품질이 좋은 레드 와인을 생산하는 원산지 명칭으로 시라 품종의 원산지이다. 에르미따쥬(에르미타주)원산지 명칭 와인은 시라 품종과 화이트 품종인 마르산느Marsanne와 루싼느Roussanne 품종을 15% 내외로 혼합하여 생산한다. 324에이커 정도 된다. 에르미따쥬 와인의 특징은 마치 잉크 같다고 묘사되는 농후함이다.

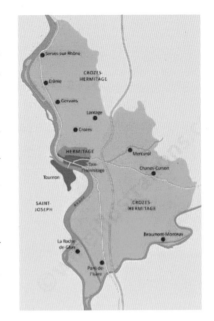

• **유명생산자** : 장 루이 샤브

사. 꼬르나스(Cornas)

시라Syrah 품종만을 사용하여 레드 와인만을 생산하는 원산지 명칭 와인으로 나무로 된 통에서 2년 동안 숙성시켜야 한다.

아. 생-뻬래이(St. Peray)
자. 꼬뜨 뒤 론(Côtes du Rhône)

꼬뜨 뒤 론 원산지 명칭은 6개 지방 아데쉐, 드롬, 가르, 루아르, 론, 보끌루스에 171개의 꼬뮌느에 펼쳐진 지역에서 생산되는 레드, 화이트, 로제 와인이다. 그르나슈Grenache Noir, Grenache Blanc 포도 품종을 기본으로 다른 포도 품종의 특징을 고려해서 혼합하여 레드, 화이트, 로제 와인을 생산한다.

AOC에서 규정한 최소 알코올 함량은 10.5%이다.

② 남부 론

햇빛이 많고 허브, 올리브가 잘 자라는 지중해성 기후다. 토양은 진흙, 석회질, 모래, 자갈, 돌로 이루어져 있다. 그르나슈가 대표적인 품종이며 항상 블렌딩해서 와인을 양조한다.

가. 꼬뜨 뒤 론 빌라쥬(Côtes du Rhone Villages)

꼬뜨 뒤 론 빌라쥬는 19개 꼬뮌느Commune 이름을 레이블에 사용할 수 있는 지역이다. 규정상 총 23종의 포도를 재배할 수 있다. 그르나슈 누아Grenache Noir 품종을 최소 50% 사용하여, 다른 포도 품종과 혼합해서 레드 와인과 로제 와인을 생산하며, 그르나슈 블랑Grenache Blanc 포도 품종을 기본으로 다른 화이트 포도 품종을 혼합하여 와인을 생산한다. 시라, 그르나슈, 생소, 무르베드르, 비오니에, 클레레트, 부르블랑 등을 재배한다. 그 중 가장 주된 품종은 그르나슈이다.

나. 타블 / 따벨(Tavel)

왕들과 아비뇽의 교황들이 특히 즐겨 마신 로제 와인으로 킹 오브 더 로제King of the Rosé로 잘 알려져 있다. 따벨 원산지 명칭은 프랑스 최초 로제 와인으로 지역 이름에 장미라는 이름 라 로제 드 따벨La Rosé de Tavel을 붙여주었다.

기본적으로 그르나슈Grenache 포도 품종을 다른 품종과 혼합하거나, 혼합하지 않고 100% 사용하여 와인을 생산한다. 8~10일간의 발효를 끝내고, 12시간에서 24시간 사이에 침용하여 와인을 생산한다.

다. 리락(Lirac)

라. 지공다스(Gigondas)

지공다스는 그르나슈, 생쏘, 무르베드르, 시라 품종을 블렌딩해 만드는 전형적인 남부 론 스타일의 와인으로 풍부하고 강한 바디의 레드 와인을 주로 생산한다. 시라, 무르베드르 등의 지중해성 품종들이 제맛을 한껏 드러내 와인에 매력을 더한다. 와인은 대부분 알코올 함량이 높고, 너그러우며 맛이 좋다. 레드 와인은 대개 10~15년 숙성되면서 야생 과일과 가죽 향도 낸다. 와인들은 당연히 탄닌(타닌)도 풍부한 편이다. 로제 와인은 맛이 진하며, 구운 아몬드 향이 특징적이다. 이곳의 토양은 충적토, 모래, 자갈로 구성된다. 옛 시대의 점토와 석회암이 표면에 나와 있는 토양으로, 이탈리아 피에몬테 지방의 테루아르와 비슷한 면이 있다. 3036 에이커 정도 된다.

• 유명 생산자

도멘 상타 듀크Domaine Santa Duc, 샤토 드 생 콤Chateau de St.-Cosme, 도멘 라 부이시에르 Domaine la Bouissiere, 노트르 담 데 팔리에르Notre Dame des Pallieres, 올리비에 라부아르Olivier Ravoire, 피에르 앙리 모렐Pierre-HenriMorel, 타르디외 로랑Tardieu-Laurent

마. 바케이라스(Vacqueyras)
바. 샤토뇌프 뒤 파프(Châteauneuf du Pape)

샤토네프-뒤-파프Châteauneu-du-pape는 프랑스 론 밸리에 있는 7,822 에이커 정도 넓이의 와인산지다. 1309년 로마 교황청의 분열로 교황敎皇이 로마로 부임하지 못하고 아비뇽Avignon에 유배되었을 때 샤토뇌프 뒤 파프Châteauneu-du-pape : 교황의 새로운 성 지역에 별장을 지어놓고 지낸 데서 이 이름이 붙여졌다. 14세기에 클레망 5세가 거주했던 론 지방의 아비뇽에 있는 성城에서 따온 명칭이다. 7명의 계속되는 교황들은 와인 생산과 포도원의 확장을 장려하였다. 이 성은 70년간의 아비뇽 교황 시대로마 교황청의 자리가 로마에서 아비뇽으로 옮겨 1309년부터 1377년까지 머무른 시기를 연 곳이었던 만큼 각별한 의미가 있다. 이 별장은 16세기 종교전쟁 때 파괴되어 현재는 흔적만 남아 있다. 와인 병에는 아비뇽 시의 교황 휘장의 도드라진 무늬가 있으며, 생 피에르Saint Pierre의 열쇠가 엉클어져 있다. 이 열쇠는 '천국의 열쇠'라고 한다.

샤토뇌프-뒤-파프라는 이름을 단 가짜 와인이 많아지자 프랑스에서는 최초로 원산지 통제명칭이 지정된 산지로 알려져 있다. 샤토뇌프 뒤 파프 지구에는 법적으로 13여 종의 포도 품종을 적절히 섞어서 만들도록 허가되어 있다. 이 와인들의 특징은 깊은 색상과 진한 농도를 갖고 있지만 에르미타주나 코뜨 로띠보다 더 부드럽고 숙성도 빨리 된다는 점으로, 약 3~4년 후에도 마실 수가 있다. 다만 과거의 샤토네프 뒤 파프는 10년 내지 20년 동안 숙성했으며, 19세기에는 이 와인을 식후에 포트 와인 대신 내놓곤 했다. 이러한 와인을 3년 안에 마실 수 있는 가벼운 와인으로 만들기 위해서 지난 30년 동안 포도주 양조 기술을 발전시켜 왔다. 완고하고 강건하며 완전한 밸런스를 이루는 레드 와인으로, 13가지의 허가된 포도 품종들이 혼합되어 만들어지는 고급 와인이다. 수량이 적기는 하나, 묘한 부케가 느껴지는 복합적인 맛과 향기를 주는 화이트 와인을 생산하기도 한다.

• 샤또네프-뒤-빠쁘(Châteauneu-du-pape)에 사용되는 대표품종

그르나슈Grenache / 시라Syrah / 무르베드르Mourvedre / 쌩쏘Cinsault / 무스카르딘Muscardin / 바카레스Vaccarese / 픽풀Picpoul / 피카르당Picardan / 테레 누아Terret Noir

• 유명 생산자

- 도멘 드 라 자나스Domaine de la Janasse, 멘 뒤 비외 텔레그라프Domaine du Vieux Telegraphe, 도멘 뒤 페고Domaine du Pegau, 끌로 데 파프Clos des Papes, 샤토 드 보카스텔Château de Beaucastel, 보스케 데 파프Bosquet des Papes, 샤토 라야Château Rayas, 도멘 지로Domaine Giraud, 몽 레동Mont Redon, 로제 사봉 에 피스Roger Sabon & Fils, 도멘 바쉐롱 푸이쟁Domaine Vacheron-Pouizin, 도멘 생 프레페르Domaine St.-Prefert

- 끌로 데 파프Clos des Papes : 아브릴Avril 가문에서 운영하는 와이너리로, 32헥타르에서 오로지 샤토뇌프 뒤 파프의 와인만 생산한다. 소유하고 있는 포도밭 중 하나가 옛날 교황의 여름 별장 부근에 있는데 담장clos, 끌로으로 둘러쳐진 데서 이름을 지었다.

사. 꼬뜨 뒤 뤼베롱(Cotes du Luberon)

꼬뜨 뒤 뤼베롱은 프랑스 론 밸리 와인산지다. 이곳은 1988년 AOC등급을 받았다. 루베롱 언덕에 포도원이 자리해 기후가 다소 서늘하다. 그르나슈, 시라, 까리냥 등의 품종으로 다소 가벼운 바다에 마시기 쉬운 레드 와인과 그르나슈 블랑을 중심으로 한 화이트 와인이 생산된다.

랑그독 루시옹(Languedoc Rousillon) 와인 생산지

(1) 개요

랑그독 루시옹은 남프랑스 지중해 연안에 자리한 광활한 지역이다. 아름다운 해안과 곳곳에 펼쳐진 고대 유적지, 피레네 산맥에서 시작되는 장엄한 자연경관이 합쳐져 독특한 매력을 발산한다. 편의상 랑그독과 루시옹을 붙여서 이야기하지만 두 지역은 역사적으로 엄연히 다른 특징을 지니고 있다. 와인 역시 두 지역에서 생산되는 와인의 특징이 뚜렷하게 구분된다. 공통점이라면 현재 프랑스에서 가장 역동적이고, 성장 가능성이 높은 와인 생산지라는 것이다. 한마디로 랑그독 루시옹은 프랑스에서 개성 넘치는 밸류 와인을 생산하는 아지트다. 일반적으로 미디^{Midi-중간}로 일컫는 뱅드뻬이^{Vin de Pays}가 가장 많이 생산되는 지역이다. 최근 들어 프랑스 정부와 EU의 도움으로 다른 나라에 투자하여 국제적으로 잘 알려진 포도품종을 심어 수출량이 늘었다. 지중해의 따뜻한 기후와 풍부한 사금을 함유한 충적토가 넓은 평야에 퍼져있어 생산량이 많으며 농사 짓기에도 수월하다. 그렇지만 양질의 와인이 생산되는 곳은 언덕 위에 있는 석회암과 화강암으로 이루어진 곳이다.

(2) History

랑그독 루시옹의 포도 재배 역사는 기원전 7세기로 거슬러 올라간다. 철 무역을 하던 그리스 선원들에 의해 그리스의 예술과 함께 포도나무가 전해졌고, 이후 와인을 즐겼던 로마인들 덕분에 프랑스 중-남부에서 포도와 올리브 생산이 기하급수적으로 늘어났다. 과거에는 정체불명의 와인들이 대거 만들어져 '와인 호수'라는 별칭이 붙기도 했던 랑그독은 포도밭 면적이 70만 에이커(약 28억 3,284만 제곱미터)가 넘는다. 이곳의 연간 포도 생산량은 2억 상자에 이르러, 프랑스 총생산량의 3분의 1을 차지하고 있다.

(3) 환경

랑그독 루시옹은 르 미디^{Le Midi}라고 불린다. 이 말에는 '한낮의 태양이 작열하는 땅'이라는 뜻이 담겨 있다. 그만큼 포도를 재배하기 좋은 환경을 지녔다는 의미다.

4만ha에 달하는 포도밭을 랑그독 루시옹은 18곳의 세부 와인산지로 다시 나누고, 이 산지들은 개개의 독특한 떼루아를 지니고 있다. 포도밭은 대개 일조량이 좋고, 지중해가 바라보이는 광활한 반원형의 평지에 있다. 랑그독 루시옹의 와인산지는 워낙 광활해서 토양의 특징을 명확하게 단정하기 어렵다. 일반적으로 해안에서 가까운 곳은 충적토, 내륙으로 들어간 곳은 백악질, 자갈, 석회질로 구성된다. 최고급 포도밭의 경우 론 남부의 샤또뇌프 뒤 파프와 같이 굵고 둥근 자갈들을 볼 수 있다. 또 가리그Garrigue라 불리는 낮은 덤불과 야생 허브들을 곳곳에서 볼 수 있는데, 이로 인해 와인에서 로즈마리, 라벤더 등 허브의 뉘앙스를 느낄 수 있다.

(4) 주요 품종

랑그독 루시옹은 무르베드르, 시라, 그르나슈, 카리냥과 같은 강직한 레드 품종들의 천국이라 할 수 있다. 이들 4가지 품종을 사용해 레드 와인을 만드는 와이너리가 많다. 현지 와인 메이커들은 랑그독과 루시옹, 두 지역을 한데 묶어서 이야기하는 것을 불편해 할 정도로 각각의 개성이 뚜렷하다.

• 레드 품종

카리냥, 생소, 그르나슈 누아, 시라, 무르베드르, 카베르네 프랑, 메를로, 카베르네 소비뇽

• 화이트 품종

샤르도네, 그르나슈 블랑, 픽풀, 마르산 & 루산, 비오니에, 모작, 슈냉 블랑, 클래레트 뮈스카, 소비뇽 블랑

(5) 등급

프랑스 와인을 나누는 대표적인 품질 관리 체계는 AOC(P), 뱅드 페이Vin de Pay(IGP), 뱅 드 따블Vin de Table이다. 이 중에서 AOC(P)는 프랑스 정부가 인증하는 퀄리티 와인으로, 뱅 드 페이나 뱅 드 프랑스보다 고급 와인이라 할 수 있다. 하지만 AOC(P) 등급을 받기 위해서는 까다로운 규제를 지켜야 해서 진취적인 와인 생산자들은 개성과 창의성을 발휘하기 힘들다는 비판을 해왔다. 실제로 국내에 수입

되는 대다수 프랑스 와인은 AOC 등급인데, 이 등급을 받으려면 프랑스 정부가 정한 규제 아래 와인을 만들어야 한다. 여기에는 포도 품종, 포도나무 관리, 포도 수확, 와인 제조, 레이블까지 와인 생산과 관련한 모든 것이 통제되고 있다. 하지만 IGP는 AOC보다는 규제가 느슨한 편이라 와인 메이커의 능력과 취향에 따라 와인을 만들 수 있는 여지가 있다. IGP 와인은 AOC처럼 프랑스 전역에서 만들어지지만, 이 중 가장 명망 높은 곳이 바로 랑그독 루시옹에서 나오는 것들이다. 이들 와인을 과거에는 뱅 드 페이 독Vin de Pay d'Oc이라고 불렀다. 일부 와인의 경우 IGP나 뱅 드 프랑스 등급인데도 불구하고 보르도의 그랑 크뤼 와인과 견줄 만한 품질과 가격을 지닌 것들도 있다.

(6) 유명 산지 및 생산자

- **제라르 베르트랑(Gerard Bertrand)**

  [저자의 프랑스 남부 랑구독 루시옹 와인투어편 참조]

  – 제라르 베르트랑은 남프랑스 지역에서 최고 품질의 와인을 생산하면서 남프랑스 와인 혁명을 일으킨 와이너리로 평가받는 생산자이다.

  – 이외 생산자 및 생산지역

  바뉠스Banyuls, 코르비에르 부트낙Corbiere Boutenac, 리무Limoux, 포제르Faugeres, 미네

르부아 라 라비니에르Minervois La Liviniere, 생 시니앙Saint Chinian, 피투Fitou, 라 클라프
La Clape

 루아르 밸리(Val de Loire)

(1) 개요

루아르 밸리는 대서양 연안의 낭트 시에서부터 루아르강을 따라 970km쯤 뻗어 있다. 루아르 밸리는 프랑스 최대의 와인 생산지이며, 스파클링 와인 생산 규모도 2위를 차지한다. 루아르 밸리에서 생산되는 AOC 와인의 50% 이상이 화이트 와인이며 그 중 96%는 드라이하다. 대서양 연안의 루아르강 입구에 있는 페이 낭테Pays Nantais는 해산물과 조화를 이루는 뮈스카데Muscadet라는 화이트 와인이 유명하며, 다양한 와인의 생산지인 앙주 소뮈르Anjou-Saumur는 앙주Anjou의 로제, 소뮈르Saumur의 레드 와인이 좋은 편이다. 또한 내륙에 있는 투렌Touraine은 부브

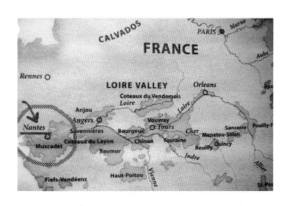

레Vouvray, 몽루이Montlouis, 부르괴이Bourgueil, 쉬농Chinon 등이 유명하다. 가장 인기 있

는 와인은 중부 지방Centre Nivernais의 화이트 와인으로 소비뇽 블랑으로 만든 상세르 Sancerre, 푸이 퓌메Pouilly-Fumé라고 할 수 있다.

(2) History

루아르 밸리는 와인만이 아니라 왕족의 여름 휴양지로도 유명하다. 우아하고 거대한 성들이 이 고장을 장식하고 있다. 40년 전에 루아르 밸리 와인 가운데 가장 주목받은 와인이 푸이 퓌메였다면, 현재는 상세르가 미국에서 가장 인기를 끄는 루아르 밸리산 와인이다. 두 와인 모두 같은 포도 품종, 즉 소비뇽 블랑 100%로 빚어지며, 둘 다 미디엄 바디에 신맛과 과일 맛의 밸런스가 뛰어나고 식사용 와인으로 이상적이다.

(3) 주요 품종 및 스타일

• 주요 품종

소비뇽 블랑Sauvignon Blanc, 므느투 살롱Menatou-Salon, 캥시Quincy, 슈냉 블랑Chenin Blanc, 사브니에르Savennieres

루아르 밸리의 와인은 포도주/알자스와는 달리 포도 품종과 제조사보다는 스타일과 빈티지를 보고 골라야 한다. 루아르 밸리 와인의 주요 스타일은 다음과 같다.

• 주요 스타일

– 뮈스카데^{Muscadet} : 라이트하고 드라이한 와인으로, 100% 믈롱 드 부르고뉴
Melon de Bourgogne 포도로 만든다. 뮈스카데 와인 라벨에 '쉬르 리^{sur lie}'라는 문구
가 보이면 그 와인이 발효 후에 여과 과정을 거치지 않은 채 앙금(침전물)과 함
께 숙성되었다는 의미로 해석하면 된다.

· MAarquis de Goulaine, Sauvion, Metaireau

– 푸이 퓌메^{Pouilly-Fume} : 루아르 밸리 와인 중 가장 높은 바디와 농도를 지닌 드라
이 와인으로, 100% 소비뇽 블랑으로 만든다. 푸이 퓌메만의 독특한 노즈, 즉
부케는 소비뇽 블랑 포도와 루아르 밸리의 토양이 한데 어우러지면서 빚어지
는 결과물이다. 푸이 퓌메라고 하면 연기에 그을린 와인이냐고 묻는 사람들이
많다. '퓌메'라는 단어에서 연기를 떠올리는 것이다. 이 이름의 유래에 대해서
는 여러 가지 설이 있는데 그중 두 가지 설은 아침에 이 지역을 덮는 뿌연 안개
와 관련이 있다. 햇빛이 내리쬐어 안개가 증발할 때 연기가 피어오르는 것처
럼 보여서 이런 이름이 붙었다는 설이 있는가 하면, 안개가 소비뇽 블랑 포도
에 핀 '연기 모양'의 꽃 같아서 붙은 이름이라는 견해도 있다.

· Guyot, Miche Redde, Chateu de Tracy, Dagueneau, Ladoucette, Colin,
Jolivet, Jean-Paul Balland

– 상세르^{Sancerre} : 풀 바디의 푸이
퓌메와 라이트 바디의 뮈스카데
중간쯤 되는 밸런스로, 100% 소
비뇽 블랑으로 만든다.

· rchambault, Roblin, Lucien
Crochet, Jen Vacheron, Cha-
teau de Sancerre, Domaine

Fournier, Henri Bourgeois, Sauvion

– 부브레^{Vouvray} : '카멜레온' 같은 매력을 띠는 와인으로 드라이하거나 약간 달콤하거나 달콤한 맛을 다채롭게 선사해 준다. 100% 슈냉 블랑으로 만든다.

· Huet, Domain d'Orfeuilles

① 푸이 퓌메 vs 푸이 퓌세

'푸이 퓌메'와 '푸이 퓌세'가 발음이 비슷해서 서로 무슨 관련이 있는 와인이라고 생각하기 쉽다. 하지만 푸이 퓌메는 100% 소비뇽 블랑으로 만들고 루아르 밸리산인 반면, 푸이 퓌세는 100% 샤르도네로 만들며 부르고뉴의 마코네^{Maconnais}가 생산지다.

(4) 유명 산지 및 생산자

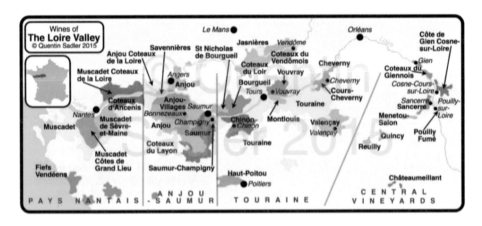

알자스(Alsace) 와인 생산지

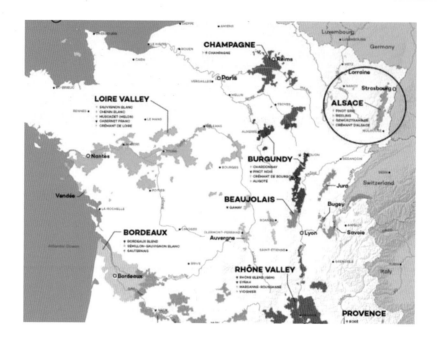

(1) 개요

프랑스 화이트 와인 생산지의 대명사인 알자스는 프랑스 와인산지 중 가장 동북쪽에 위치하고 있다. 전형적인 대륙성 기후로 여름은 길고 더우며 가을은 매우 건조하다. 지역에 따라 토양이 다양하며 보쥬 산맥Vosges Mts 동쪽 사면의 구릉지대를 따라 포도밭이 펼쳐져 있다.

(2) History

알자스의 와인 양조는 로마 이전의 시대에 켈트족Celts에 의해 시작된 것으로 추정된다. 이후 로마 제국의 치하에서 본격적인 활

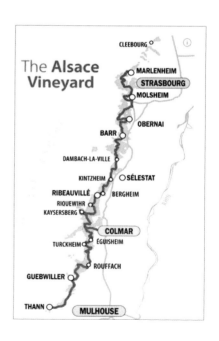

황기를 맞이하나 5세기 게르만족의 대이동에 의해 로마가 멸망함과 동시에 그 운명을 같이하여 알자스의 와인 문화는 무너진다. 그 뒤 다시금 알자스에서 와인 양조 문화가 성행하게 된 것은 수도회에 의한 것이었다. 9세기경 그들이 기록한 문서에 따르면 160개 이상의 마을에서 와인 양조가 체계적으로 이뤄졌다고 하니 이를 통해 재건되었음을 확인할 수 있다. 이것이 16세기에 이르러선 절정에 이른다. 알자스의 와인은 정립되어 있는 독일 와인 문화의 영향을 장기간 직접적으로 받았으며, 다시 프랑스로 알자스가 넘어왔음에도 이는 현대 프랑스 와인 문화와 결합되어 알자스 와인 고유의 특징을 띤 생산방식과 포도 품종 등에서 그 특징이 눈에 띄게 나타나고 있다.

(3) Story

알자스 지방은 프랑스와 독일어권 문화의 접점지대였으며 본래 독일어권이었던 지역인 만큼, 타 프랑스 지역처럼 다양한 품종을 블렌딩한 와인을 생산하는 것이 아니라 거의 단일 품종으로 와인을 양조하며 라벨에 그 품종을 명시하는 점에서 독일/오스트리아 와인 양조 문화와 유사점이 나타난다. 알자스 와인과 독일 와인을 혼동하는 사람들이 많다. 알자스 지방이 1871년부터 1919년까지 독일의 영토였을 뿐만 아니라 두 지역의 와인 모두 목 부분에서부터 점차 가늘어지는 기다란 병에 담겨 나오니 헷갈릴 만도 하다. 게다가 알자스와 독일은 재배하는 포도 품종까지 같다. 그런데 리슬링을 생각하면 '독일'이나 '달콤함'이라고 답할 것이다. 독일의 양조업자는 발효되지 않은 천연 감미 포도즙을 와인에 소량 첨가하여 독일만의 독특한 리슬링 와인을 만들기 때문이다. 반면에 알자스에서는 와인 양조 시 포도 속의 모든 당분을 남김 없이 발효하기 때문에 알자스 와인의 90%는 아주 드라이한 편이다. 알자스 와인과 독일 와인의 또 한 가지 근본적인 차이는 알코올 함량이다. 알자스 와인의 알코올 함량은 11~12%대이지만 독일 와인은 8~9%에 불과하다.

(4) 주요 품종

• 화이트 와인

리슬링Riseling 22%, 게뷔르츠트라미너Gewuztraminer 19%, 피노 그리Pinot Gris 15%,

피노 블랑Pinot Blanc 7%

알자스 와인은 거의 모두 드라이하다. 알자스에서 주로 재배되는 포도는 리슬링인데, 리슬링으로 빚은 와인이야말로 이 지역 최상급 와인으로 꼽힌다. 한편 알자스는 게뷔르츠트라미너Gewürztraminer품종의 와인으로도 유명하며, 이 역시 타의 추종을 불허할 정도로 우수하다. 이 와인에 대한 사람들의 반응은 보통 두 가지로, 아주 좋아하거나 아주 질색한다. 스타일이 아주 독특하기 때문인데, 스파이스spice를 뜻하는 독일어 '게뷔르츠Gewurz'가 그 스타일을 잘 대변해 준다. 알자스에서는 피노 블랑과 피노 그리의 재배도 점차 인기를 끌고 있다.

(5) 등급

① 알자스 와인 AOC등급

– 알자스 AOC(AOC Alsace) / AOC Vin d'Alsace

빈 드 알자스Vin d'Alsace로도 불리며, 알자스 와인 전체 생산량의 74%에 해당하며, 100% 단일 품종으로 양조된 경우 품종명이 라벨에 기재된다.

여러 품종을 조합한 경우에는 에델즈빅케르Edelzwiker나 쟝띠Gentil를 표기한다. 지역명이나 읍명 같은 지리적 명칭을 보충적으로 기재할 수 있고, 알자스 AOC 와인의 92%가 화이트 와인이다.

– 알자스 그랑 크뤼 AOC(AOC Alsace Grand Cru)

연간 평균 45,000헥타르에서 생산, 알자스 와인 전체 생산량의 4%에 해당하는 다양한 품질 기준(떼루아르 및 생산량의 엄격한 제한, 포도 재배에 대한 규정, 시음 인가 등)을 통과한 와인에 부여되는 명칭이다.

AOC는 리슬링, 게뷔르츠트라미너, 피노 그리, 뮈스카 4품종으로만 만들 수 있다.

– 크레망 달자스 AOC (AOC Crémant d'Alsace)

전체 생산량의 13%에 해당하며, 전통적인 방식(병 안에서의 2차 발효)으로 만들어지는 상큼하고 섬세한 무감미 발포성 와인이다.

주로 피노 블랑으로 빚지만 피노 그리, 피노 누아, 리슬링 그리고 이 명칭에만 사용되는 샤르도네로도 만들어지며, 레망 로제는 피노 누아 단일 품종에서 얻어진다.

– AOC Klevener de Heiligenstein

(6) 알자스의 주요 와인

도멘 돕프오물랭Domaine DopffAuMoulin

도멘 F.E 트림바흐Domaine F.E. Trimbachs

도멘 휘젤 에 피스Domaine Hugel & Fils

도멘 레옹 베예Domaine Leon Beyer

도멘 마르셀 다이스Domaine Marcel Deiss

도멘 바인바흐Domaine Weinbach

도멘 슐룸베르거Domaine Schlumberger

도멘 진트 훔브레이트Domaine Zind-Humbrecht

휘젤Hugel : 휘젤 에 피스는 1639년부터 와인을 만들었다.

트림바크Trimbach, Rolly Gassmann

*Ch. de Beaucastel, Château Neuf de Pape

The Domain Guigal

Ampuis lies to the *Château de Nalys*
Rôtie appellation. Here, on the stark and st
by the Rhône River cultivated in terraces since
the Guigal family works the greatest appellation
valley with both p

vineyards: Côte Rôtie, Condrieu, Hermitage,
Pape, Saint-Joseph
producing prestige

Treasures	The Collection			
Côte Rôtie 'd'Ampuis'	**Condrieu** 'La Doriane' 'Luminescence'	**Northern Rhône** Côte-Rôtie Brune & Blonde de GUIGAL Condrieu Hermitage Red Hermitage White Saint-Joseph Red Saint-Joseph White Crozes-Hermitage Red Crozes-Hermitage White	**Southern Rhône** Châteauneuf-du-Pape Red Châteauneuf-du-Pape White Gigondas Red Tavel Côtes du Rhône Red Côtes du Rhône Rose Côtes du Rhône White	**Châteauneuf-du-Pape White** Saintes Pierres de Nalys Château de Nalys - Grand Vin **Châteauneuf-du-Pape Red** Saintes Pierres de Nalys Château de Nalys - Grand Vin
Saint-Joseph 'Lieu dit' - Red 'Lieu dit' - White 'Vignes de l'Hospice'				

* E.Guigal

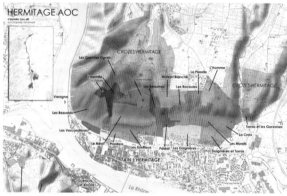

* Paul Jaboulet Aine

소믈리에도 즐겨 보는 와인상식사전

(1) 개요

프로방스는 프랑스 대표 와인산지다. 프로방스는 레드, 화이트, 로제 와인을 생산한다. 전체 생산량은 프랑스에서 5위를 차지한다.

(2) History

프로방스는 그리스 로마 시대에 이 곳에 거주했던 로마인들이 '우리 고장' 이라는 뜻의 'Provinci Romana'라 부른 것에서 유래했다. 프로방스는 프랑스에서 가장 오래된 와인산지 중 하나이자 로제 와인 발상지라는 별칭도 가지고 있다.

(3) 환경

프로방스는 마르세유^{Marseille}를 중심으로 아를, 님, 아비뇽, 칸, 니스를 아우르는 광범위한 지역이다. 지중해에 인접해 아름다운 경치와 온화한 기후를 지녀 세계인이 사랑하는 휴양지로도 유명하다. 지중해와 알프스 사이에 있는 프로방스의 와인산지는 동서로 200km에 달하는 넓고 방대한 지역이다. 프로방스의 포도원들은 지중해 연안에서 오빼이^{Haut Pays}의 산맥까지, 생뜨 빅뚜아르산에서 니스^{Nice}의 후배지까지 드넓게 펼쳐져 있다.

① 떼루아

프로방스는 토양이 척박해 작물이 제대로 자라기 어렵다. 하지만 포도나무는 예외이다. 프로방스는 전체 인구의 70~80%가 올리브 및 와인 산업에 종사하고 있다. 포도 재배면적은 2만 7,000ha에 이르며, 랑그독 루시옹과 더불어 프랑스에서 가장 많은 양의 와인을 생산한다. 프로방스의 떼루아는 포도 재배와 와인 생산에 최적화되어 있다고 해도 과언이 아니다.

(4) 로제 와인

프로방스는 다양한 스타일의 와인을 만들지만 그중 으뜸은 단연 로제 와인이다. 프로방스 전통 가옥에 머물며 따사로운 햇살이 쏟아지는 테라스에 앉아 로제 와인 한 병을 마시는 것! 프로방스를 가장 완벽하고 우아하게 즐기는 방법이다. 프로방스는 루아르의 일부 지역, 론의 타벨과 더불어 프랑스에서 가장 유명한 로제 와인 생산지로 명성이 자자하다. 프로방스에서는 600곳의 와이너리에서 다채로운 스타일의 와인을 생산하는데, 로제 와인의 비율이 88%에 육박한다. 반연 레드는 9%, 화이트는

소믈리에도 즐겨 보는 와인상식사전

3%에 불과하다.

(5) 등급

프랑스 국립통제명칭위원회INAO는 1955년 프로방스의 23개 도멘에 '크뤼 끌라쎄'라는 등급을 부여했다. 그 후 1977년 현재의 꼬뜨 드 프로방스라는 AOC명칭이 사용됐으며, 이와 더불어 프로방스 와인이 급속도로 발전됐다.

(6) 유명 산지 및 생산자

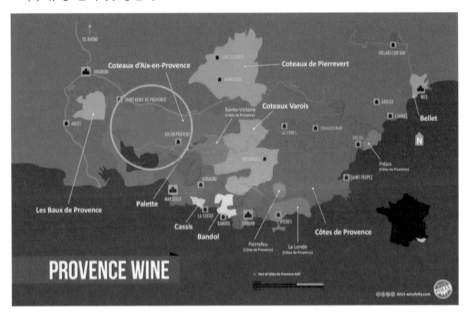

주요 와인산지는 꼬뜨 드 프로방스, 꼬또 덱상 프로방스, 꼬또 바루와 엉 프로방스 등 크게 3곳으로 나눈다. 세부 산지로는 고급 와인을 생산하는 방돌, 카시스, 레보 드 프로방스 등이 있다. 주요 와인 생산자는 도멘 탕피에Domaine Tempier, 샤토 루타Chateau Routas, 샤토 데스클랑Chateau d'Esclans(천사의 속삭임Whispering Angel)이 있다.

Bordeaux & Bourgogne의 차이점

	Bordeaux	Bourgogne
지도		
병모양	어깨가 있고 바디감이 무겁고 색이 짙다. 오래 숙성해야 해서 침전물이 생기므로 따를 때 침전물을 병 어깨에 고이게 해서 걸러내기 편하게 제작	어깨가 처져 있고 와인은 타닌이 적고 색이 옅기에 침전물이 생기지 않아 어깨가 없음
와인글라스	직선적이며 어깨가 높고 파워풀함. 향이 강하게 올라와서 잔이 높음. 보르도는 도수가 높고 짙으며 바디감이 강하기에 많은 공기와 접촉하도록 잔이 더 크고 열려 있다. 알코올은 빨리 날아가고 과일향, 타닌, 산도의 밸런스를 최대화하기 위해 혀 중간으로 떨어지게 제작	부드러운 곡선의 어깨가 처진 스타일. 여성스러운 향이 옆으로 퍼져서 잔이 낮고 볼이 큼. 잔은 키가 작고 더 볼록하고, 부르고뉴 와인의 섬세하고 복합적인 향이 모아져서 코로 향하도록 입구가 좁고 가파름
포도품종 Red	Cabernet Sauvignon Merlot Cabernet Franc Petit Verdot Malbec	Pinot Noir
포도품종 White	Sauvignon Blanc Semillion Muscadelle	Chardonnay
포도품종 특징	2~5가지 섞어서 만들기에 알코올, 바디감, 타닌, 색과 과일향이 강한 편임	피노 누아 한 가지로 만들어서 색이 옅고 바디감, 알코올이 낮고 산도가 높음
등급	• 메독 등급(1855) • 소테른 등급(1855) • 쌩떼밀리옹 등급(1955) • 그라브 등급(1959) • 뽀므롤 등급	• Grand Cru(2%) • Premier Cru(11%) • Village Communal(34%) • Regional Appellation(53%)
양조장 호칭	Mis En Bouteille Au Chateau	Mis En Bouteille Au Domaine

	Bordeaux	Bourgogne
시음온도	향과 풍미가 강해서 디캔팅하는 것이 일반적. 숙성을 오래 해야 함. 15~20년 정도 숙성시키면 굳이 디캔팅을 하지 않아도 되지만, 그전에 마시면 디캔팅을 해서 마셔야 향과 맛이 좋아짐. 온도를 너무 낮추면 떫어서 18°C 정도로 맞춰야 마시기 좋음	Pinot Noir가 너무 섬세하여 디캔팅을 하면 오히려 풍미가 손상. 피노 누아는 덜 떫어서 14~16°C의 시원한 온도가 마시기 좋음. 여기서 차가운 온도가 아닌 시원한 온도를 말함
양조방법	날씨 변화가 잦고 비가 많아 한 가지 품종에 all in하면 농사를 망치므로 꽃피는 시기, 수확시기가 다른 품종을 블렌딩해서 만듦	보르도의 Risk가 덜하므로 한 가지 품종으로 만듦
명칭체계	메독 와인들은 1855년에 1등급부터 5등급까지 그랑크뤼 등급인데 와이너리에 등급이 매겨짐	와이너리에 등급을 주지 않고 밭의 위치에 따라 등급이 주어짐 보르도보다 떼루아가 더욱 중요하며, 라벨에 생산지역이 더 구체적이고 좁아질수록 등급이 높아지고 가격이 비싸짐

지역	• 메독 - 쌩떼스테프 - 쌩줄리앙
	- 마고 - 물리, 리스트락
	  그라브 : 레드 와인, 화이트 와인(식전주 와인)
	  소테른 : 귀부와인(디저트 와인)
	  뽀므롤 : 레드 와인(메를로 위주)
		• 꼬뜨 드 뉘(레드 와인) - 제브리 샹베르탱
		- 샹볼 뮈즈니 - 본 로마네
		• 꼬뜨 드 본(화이트가 유명) - Montrachet
		- Meursault
		  샤블리 : 화이트(샤르도네), 꼬뜨 샬로네 마꽁

기후	대서양을 끼고 있는 해양성 기후, 따뜻한 멕시코만 해류가 흘러들어 비는 많지만 온화하며 바다의 영향으로 따뜻한 기후	보르도에서 600km 떨어진 프랑스 동북쪽, 대륙성 기후로 서늘함

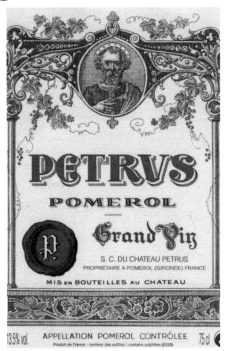

와인명 Chateau Petrus

생산자 : Chateau Petrus

국가/생산지역 : France > Bordeaux > Pomerol

주요품종 : Merlot

스타일 : Bordeaux Pomerol

등급 : Pomerol AOC(AOP)

알코올 : 13~14% 음용온도 : 16~18°C

추천음식 : 치킨요리, 비프 스테이크, 로스트 덕, 치즈 등과 잘 어울린다.

*2012 빈티지 : James Suckling 98점, Robert Parker 96점

- 페트뤼스(Petrus)는 돌, 반석(盤石)을 뜻하는 고대 그리스어 Petros에서 유래되었다. 예수의 12사도 중 첫 번째 제자인 베드로의 이름을 영어식으로 읽은 이름이며, 와인의 레이블에도 베드로(Peter)의 얼굴이 형상화되어 있다. 베드로가 천국(天國)의 열쇠를 쥐고 있다.

French Wine Teminology

French	발음	해설
Bouchon	부숑	코르크 마개
bouteille	부떼이유	와인병
capsule	깝슐	캡슐
Carte de Vin	까르뜨 드 뱅	와인리스트
Cave	까브	와인전용 냉장고
Chandelle	샹델	디캔팅 초
Decanteur	데깡뛰르	디캔터
Degustation	데귀스따시옹	테이스팅
étiquette	에띠께뜨	상표
liteau	리또	서비스용 흰색 천
millésime	밀레짐므	빈티지
panier	빠니에	와인 바스켓
Sediment	쎄띠망	와인 침전물
Tablier	따블리에	소믈리에가 사용하는 앞치마
taste-vin	따스뜨뱅	테이스팅용 은제 그릇
Tire-Bouchon	띠르 부숑	코르크스크루
verre	베르	글라스

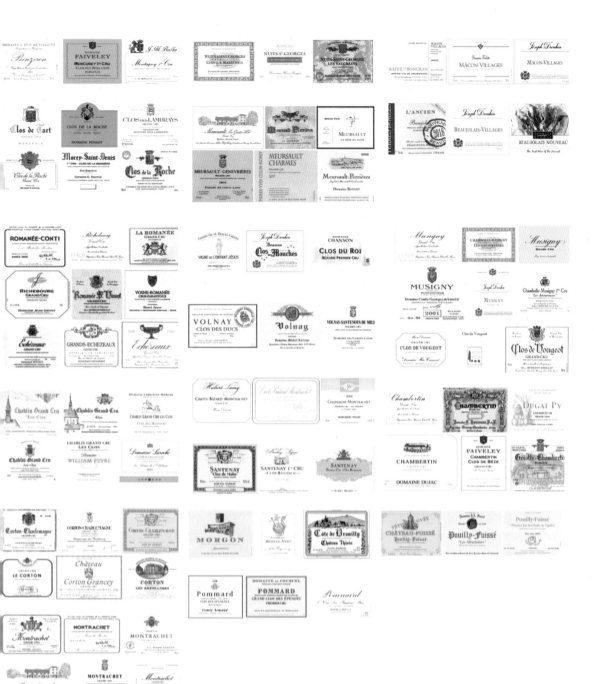

Chablis, France

* Chablis

소믈리에도 즐겨 보는 와인상식사전

* Louis Jadot

* Clos de Vougeot

와인 전문가들의 평론은 그것을 경험해 볼 것인지를 결정하는 데 지표가 된다.

로버트 파커(Robert M. Parker, Jr.)

변호사 출신인 로버트 파커는 프랑스에서 휴가를 보내던 어느 날 와인에 관심을 갖기 시작했고 1975년에 와인 소비자들을 위한 가이드를 만들기로 결심했다. 1978년에 『Wine Advocate』를 발간했고 현재 wine advocate.com 사이트에는 5만여 명이 접속해 그가 어떤 와인을 어떻게 평가했는지 확인하고 있다. 와인 평론가로는 처음으로 프랑스와 이태리 대통령으로부터 명예훈장을 받기도 했다.

2008년에 호텔신라는 로버트 파커의 첫 공식 한국방문을 기념해 로버트 파커 '추천 와인' 단독 이벤트를 만들기도 했다.

로버트 파커는 이렇게 술회했다.

"와인이 입안으로 들어오면 가만히 느껴본다. 그 질감과 풍미, 냄새를 느껴본다. 그러한 느낌은 이내 다가온다. 나는 방안에서 100명의 아이가 소리를 질러대도 시음을 할 수 있다. 잔 안에 코를 들이밀 때면 터널을 들여다보는 기분이 든다. 그러면 주변의 모든 것은 사라지고 또 다른 세상으로 빠져든 채로 온 정신의 에너지가 그 와인에 집중된다."

잰시스 로빈슨(Jancis Robinson)

영국의 와인 전문지 <Decanter>에서 "세계에서 가장 존경받는 와인 평론가"로 뽑힌 잰시스 로빈슨은 1984년 'Master of wine' 시험을 통과함으로써 와인시장의 세계적인 스타가 되었다. 그는 현재 와인평가 전문사이트 jancis-robinson.com을 운영하고 있으며, 2003년에 엘리자베스 영국 여왕으로부터 'Order of the British Empire'를 받았으며, 와인에 관한 DVD도 출시하였다.

제임스 서클링(James Suckling)

제임스 서클링은 오랜 기간 동안 와인 전문지 <Wine Spectator>의 시니어 에디터로 활동하였으며 세계에서 가장 영향력 있는 와인 평론가 중 한 사람이다. 본인의 이름을 걸고 운영하는 James-Suckling.com사이트를 통해 그의 노하우를 엿볼 수 있다. 단순한 리뷰나 숫자로 매겨진 점수 외에 동영상, 블로그를 통해 와인과 관련된 다양한 세계를 폭넓게 소개하고 있다.

음료의 분류

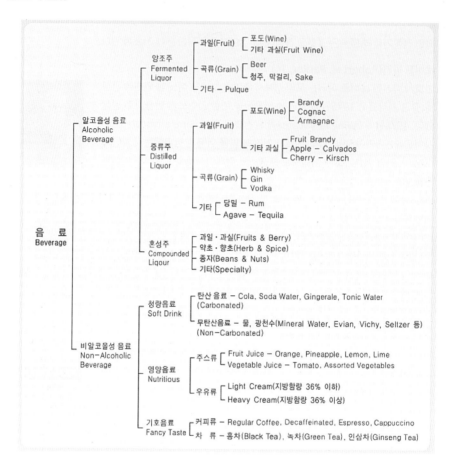

음료
Beverage
- 알코올성 음료 Alcoholic Beverage
  - 양조주 Fermented Liquor
    - 과일(Fruit)
      - 포도(Wine)
      - 기타 과실(Fruit Wine)
    - 곡류(Grain)
      - Beer
      - 청주, 막걸리, Sake
    - 기타 — Pulque
  - 증류주 Distilled Liquor
    - 과일(Fruit)
      - 포도(Wine)
        - Brandy
        - Cognac
        - Armagnac
      - 기타 과실
        - Fruit Brandy
        - Apple — Calvados
        - Cherry — Kirsch
    - 곡류(Grain)
      - Whisky
      - Gin
      - Vodka
    - 기타
      - 당밀 — Rum
      - Agave — Tequila
  - 혼성주 Compounded Liqour
    - 과일·과실(Fruits & Berry)
    - 약초·향초(Herb & Spice)
    - 종자(Beans & Nuts)
    - 기타(Specialty)
- 비알코올성 음료 Non-Alcoholic Beverage
  - 청량음료 Soft Drink
    - 탄산 음료 — Cola, Soda Water, Gingerale, Tonic Water (Carbonated)
    - 무탄산음료 — 물, 광천수(Mineral Water, Evian, Vichy, Sellzer 등) (Non-Carbonated)
  - 영양음료 Nutritious
    - 주스류
      - Fruit Juice — Orange, Pineapple, Lemon, Lime
      - Vegetable Juice — Tomato, Assorted Vegetables
    - 우유류
      - Light Cream(지방함량 36% 이하)
      - Heavy Cream(지방함량 36% 이상)
  - 기호음료 Fancy Taste
    - 커피류 — Regular Coffee, Decaffeinated, Espresso, Cappuccino
    - 차 류 — 홍차(Black Tea), 녹차(Green Tea), 인삼차(Ginseng Tea)

식전주(食前酒)

식진주 캄피리^{Campari}를 감자칩, 땅콩과 함께 먹는다.

식전주 또는 아페리티프^{Apéritif}는 식사 전에 마시는 술이다. 보통 식욕을 자극하기 위해 식사 전에 제공된다. 식후주가 소화를 도와주려는 목적을 가지는 것을 볼

소믈리에도 즐겨 보는 와인상식사전

때 정반대의 목적을 가졌다. 식전주는 그 개념을 확장하면 식사 전에 마시는 술이라 할 수 있다. 모든 음식에 식전주가 곁들여질 수 있으며 아무즈 부슈나 크래커, 치즈, 올리브 등과 함께 제공되기도 한다. 프랑스어에서 유래한 이 단어는 라틴어로 '열다'를 의미하는 동사 aperire에서 유래했다.

식전주의 개념은 1846년 프랑스 화학자인 요셉 듀보넷Dubonnet이 포도주의 개념으로 만들어낸 주스였던 듀보넷을 말라리아 퇴치 음료의 수단으로 만들면서 시작됐다. 그의 발명품이 좀 쓴맛이 났기 때문에 허브와 향신료를 첨가해 날카로운 맛을 조금 사그라들게끔 유도했다. 이 방법이 효과가 있었고 여전히 효과적인 방법으로 사용되고 있다. 프랑스 해외 연대 사병들도 이 음료를 통해 말라리아 퇴치를 유도했으며 그의 아내가 너무 좋아한 나머지 그녀의 친구들에게 권하면서 그 인기가 더욱 높아진 것으로 알려져 있다.

일부에서는 이렇게 약간의 알코올을 식사 전에 마시는 개념이 고대 이집트로 거슬러 올라가야 한다고 주장한다. 그러나 실제로 발견되는 문헌의 기록에서는 1786년 이탈리아의 투린에서 아페리티프, 즉 식전주가 안토니오 베네데토 카르파노Antonio Benedetto Carpano, 1764~1815가 베르무트Vermouth를 처음으로 개발하면서 시작됐다고 본다. 이후에 베르무트는 주류회사인 마티니Martini사나 간시아Gancia, 진자노Cinzano사에서 생산돼 팔렸다.

이탈리아에서는 19세기부터 식전주가 일상화됐으며 로마, 나폴리, 투란, 베니스, 피렌체 등의 대다수 카페에서는 거의 제공되었다. 유럽 전역에서는 19세기 후반에 들어서 그 개념이 대중적으로 퍼졌다. 이 개념은 1900년경부터 대서양을 건너 전파됐으며 미국에서도 널리 적용됐다.

세리와인은 발효가 끝난 일반와인에 브랜디를 첨가하여 알코올 도수를 높인 스페인 와인으로 포트와인과 함께 세계 2대 주정 강화 와인이다. 비교적 드라이하여 식사 전에 식욕을 촉진시켜 주는 식전와인으로 이용되며, 병입 후부터는 숙성연도를 세는 것이 또 다른 특징이다. 당도에 따라 드라이세리, 미디엄세리, 크림세리로 구별되며, 오크통에서 3년간 2차 숙성을 거치며 그 후 병입해서 판매된다.

스페인과 라틴 아메리카 국가들에서는 대개 타파스Tapas와 함께 식전주가 제공된다. 셰리와인은 스페인을 대표하는 술로서, 다양한 품종 속에 통일된 맛과 풍미를 지닌 술이다.

① **피노(Fino)** : 신선한 사과향이 있으나 단맛이 전혀 없어 식전에 마시기가 좋다.

② **아몬티야도(Amontillado)** : 피노보다 색이 진하며 약간 단맛이 있다.

③ **올로로소(Oloroso)** : 셰리 중에 가장 단맛이 강해 식후용으로 좋다.

식후주(食後酒)

흔히 식후주로 마시는 그라파, 식후주 또는 디제스티프Digestif는 식사 후에 마시는 술이다. 소화를 도와주려는 목적이 있다.

식후주의 종류가 비터스Bitters, 즉 쓴맛을 배합한 술일 경우에는 쓴맛이 나거나 구풍제의 역할을 하는 허브를 첨가해 소화를 돕는다. 식후주는 식전주보다 알코올이 더 많이 첨가되어 있으며 아마로Amaro나 브랜디Brandy, 그라파Grappa, 리몬첼로Limoncello, 테킬라Tequila, 위스키whisky 등이 해당될 수 있다.

브랜디(Brandy)라는 명칭은 브랜디와인(Brandy-wine)의 줄임말이며, 브랜디와인은 네덜란드어로 '불에 태운 포도주(Burnt wine)'를 뜻하는 '브란데베인(Brandewijn)'에서 유래한 것으로, 불어로는 뱅 브루레(Vin Brulle, 와인을 태운 것)라 하고 영어화(化)되어 브랜디(Brandy)라고 부르게 되었다.

17세기경에 브랜디를 프랑스 코냑(Cognac) 지방에서는 오드비(Eau de Vie ; Water of Life, 생명수)라고 불렀다.

좁은 의미의 브랜디는 포도를 발효, 와인을 만든 후 증류한 술을 말하며 넓은 의미로는 모든 과실류의 발효액을 증류한 알코올 성분이 강한 술을 총칭한다. 보르도 지방 인근에 위치한 코냑은 우니 블랑(Ugni Blanc), 폴 블랑슈(Folle Blanche) 및 콜롬바흐(Colombard) 품종 등 청포도로 화이트 와인을 증류(Distilling: 액체를 가열해 생긴 기체를 냉각해 다시 액체로 만들어 불순물을 제거하면 순수한 액체가 얻어진다)한 후 오크통에 넣어 2년 이상 숙성시켜 블렌딩해 내놓는 것이다.

포도 이외의 다른 과실을 원료로 할 경우에는 브랜디 앞에 그 과실의 이름을 붙인다. 사과를 원료로 하였으면 사과브랜디(Apple Brandy), 체리는 체리브랜디(Cherry Brandy), 살구는 애프리코트(Apricot Brandy)라고 부르고, 그중에서도 프랑스의 서북부 노르망디(Normandie) 지방의 사과로 만든 브랜디인 칼바도스(Calvados)가 가장 유명하다.

코냑 지방이 가장 유명하며 큰 브랜디 산지이고 또한 보르도의 남동쪽 아르마냑(Armagnac) 지방도 유명 브랜디를 생산한다. 또한 오스트리아·이스라엘·그리스·이탈리아·에스파냐·러시아 등의 포도주 산지에서도 대부분 브랜디가 제조된다.

유명한 코냑 생산자로는 카뮤(CAMUS), 헤네시(Hennessy), 레미 마르탱(Rémy Martin), 쿠르부아지에(Courvoisier), 마르텔(Martell)이 있다.

V.S.(Very Special) : 최소 2년
V.S.O.P(Very Superior Old Pale) : 최소 4년
X.O.(Extra Old) : 최소 6년
Napoleon(나폴레옹) : 최소 6년

COGNAC

VS
"VERY SPECIAL"

2 YEARS
CASK AGING MINIMUM

VSOP
"VERY SUPERIOR OLD PALE"

4 YEARS
CASK AGING MINIMUM

XO
"EXTRA OLD"

6 YEARS
CASK AGING MINIMUM
(AFTER 2018-10 YEARS MIN.)

위의 연도 수는 최소 연도 기준이고, 보통 숙성연도는 아래와 같다고 한다.
V.S.O.P. (15~20년)
X.O. (45년 이상)
제조회사별로 다 다르다.

Napoleon(나폴레옹)이란 이름의 유래는, 나폴레옹이 1811년에 아들을 낳았는데, 그때 포도농사가 대풍년이었고, 브랜디 제조업자들이 왕자의 탄생과 풍년을 기념해 나폴레옹이라는 네이밍을 붙였다고 한다. X.O.보다는 한 단계 아래란 말이 있다.

이것은 1865년 헤네시(Hennesy)사에 의해 최초로 도입되었으며, 브랜디의 품질을 나타내는 약어의 의미는 다음과 같다.

* V - Very(매우)

* S - Superior(특별한, 우수한)

* O - Old(오래된)

* P - Pale(엷은 색의, 어떠한 첨가물이 없는)

* X - Extra(독특한)

* 헤네시 리차드, 가뮤 미쉘, 레미 마르탱 루이 13세, 마르텔 로르, 쿠르부아지에 에르떼

와인명 Domaine Des Senechaux Chateauneuf du Pape Red

지역 : 프랑스 > 론 > 샤또네프 뒤 파프

포도품종 : 그르나슈 62%, 시라 19%, 무르베드르 15%, 바카레스 - 쌩소 2%

와인 종류 : Red **당도** : Very Dry **알코올** : 14.5%

음영온도 : 18도 **Food matching** : 스테이크, 한식류

수상내역 : R/P 94p(2007), 90p(2006)

W/S 93p(2010), Decanter 금상(2010)

IWC 금상(2010)

에미레이트 항공 비즈니스 클래스 와인(2011)

스위스에어 퍼스트 클래스 와인(2011)

대한항공 3년 연속 스카이숍 판매 와인(09~11)

* 샤또네프 뒤 파프에는 교황의 문장(紋章)과 천국의 열쇠가 양각되어 있고, 뒤파프에는 중세시대의 포도원 소유자들만이 라벨에 이 문장을 사용할 수 있다.

| 프란치스코 (2013-) | 베네딕트 16세 (2005-2013) | 요한 바오로 2세 (1978-2005) | 요한 바오로 1세 (1978) | 바오로 6세 (1963-1978) | 요한 23세 (1958-1963) |

출처 : 나무위키

* Cote de Beaune, Alex Gambal wine maker, 2017

* Firenze Trattoria Sommelier, 2019

* Chateau Carbonnieux 外, 2002

* Ch. Mersault, 2002

* Louis Jadot, 2002

소믈리에도 즐겨 보는 와인상식사전

10

깊은 와인의 역사로 승부하는 이탈리아

이태리에서는 음식과 와인에
일과 삶을 더한다.

_Robin Leach

 이탈리아 대표 와인

Toscana, Chianti Classico

Piemonte, Barolo

Veneto, Amarone

1. 개요

이탈리아 3대 와인. 토스카나 지역의 끼안티 클라시코, 피에몬테 지역의 바롤로,
베네토 지역의 아마로네.

이탈리아는 세계 최대 와인 생산국들 중 하나이다. 프랑스 와인 못지않은 인지
도를 가진 이탈리아 와인은 기원전 2000년경부터 포도를 재배했을 정도로 오래된
역사를 가졌다. 이탈리아는 지형상 산과 구릉이 많고 일조량이 풍부해 포도를 기르
기에 가장 좋은 조건을 갖추었으며, 강수량도 700~800mm 정도로 포도가 당도를
유지하면서 일정한 양을 생산하기에 적절한 환경이다.

이탈리아인들은 자국의 와인에 대해 자부심이 엄청나다. 주로 프랑스 와인에 경쟁의식을 느끼는 것 같으며, 토스카나, 피에몬테, 베네토 와인 3대장을 필두로 각 지역의 개성 넘치는 와인이 존재한다.

2. 역사

기원전부터 에트루리아인들과 고대 로마인들, 남부 해안가의 그리스인들에 의해서 포도경작이 진행되었다. 그리스인들이 처음 이탈리아의 대지를 봤을 때, 그 기상조건이며 토양이 너무나도 와인 제조에 적합하다고 감동하며 '와인의 땅에노트리아 테르스'이라고 했다. 이 '와인의 땅'에는 한때 400종류나 되는 토착 품종이 있었다고 한다. 로마 제국은 포도 수확과 와인 양조를 하는 날Vendemmia이 전 제국적인 행사일이었고, 포도 묘목에 대한 경작과 이식, 양조에 대한 선진적인 기술을 습득해 제국 영토 곳곳에 전파시켰다.

476년 서로마 제국의 멸망과 함께 이탈리아 와인의 수난기가 시작되었다. 봉건 지도자들은 와인의 판매에 과중한 세금을 부과했고, 각 도시를 거칠 때마다 이동세

소믈리에도 즐겨 보는 와인상식사전

도 부과되었다. 이민족이 여기저기서 이탈리아를 침략했고, 전염병이 창궐하여 포도농장이 망하는 일이 허다했다. 농촌들은 이농과 해체 등의 시련을 겪었고, 고대 로마시대에 자유인이었던 농민들은 농노로 전락했다. 북방 민족들이 많은 포도밭을 목초지로 개량했던 것도 쇠퇴의 원인이 되었다.

이런 와중에도 수도원을 중심으로 와인의 제조는 이어지고 있었다. 사유재산의 보호가 어려웠던 당시에 그나마 안전했던 수도원은 미경작지의 개간을 수행했고, 미사 중 성체성사 때 쓰일 용도와 지역 자체의 수요로 와인 제조는 계속되었다.

시간이 지나면서 침략과 약탈의 빈도가 줄어들고, 봉건 세력들 간의 싸움도 안정화되면서 이탈리아의 와인 생산은 다시금 활발해졌다. 13세기에 이르면 대부분 지역에서 농노 경작이 사라졌고, 르네상스와 상업 혁명이라는 부흥의 시기가 시작되었다. 이와 함께 포도 농업과 양조업에도 진전이 이뤄져 오늘날까지도 유명한 포도주들이 이때부터 생산되기 시작했다.

17세기 이후 19세기 중반까지 이탈리아는 외국 세력의 각축장이 됨으로써 포도주 생산도 타격을 입었다. 잇따른 전쟁과 외국 세력의 침략은 로마 제국 말기의 혼란을 연상시킬 정도로 농촌을 황폐화했으며, 특히 북부가 심각했다. 이탈리아의 내부 사정이 안 좋아지면서 이탈리아 포도주의 위상은 일찍이 중앙집권적 통일국가를 이룩한 프랑스에 비해 상대적으로 떨어졌다. 이때 이탈리아 주요 와인들은 프랑스나 오스트리아 왕실의 하청이나 받아 생산하는 수모를 겪기도 했다.

1800년대 들어서 북부 사르데냐 왕국과 중부 토스카나를 중심으로 질적인 향상을 시도하는 움직임이 있었지만 이는 1850년 오이디푸스균이 유행하면서 한 차례 더 타격을 받았다. 다만 사르데냐 왕국의 카보우르 수상은 철저한 예방작업을 벌여 피에몬테 지역 와인의 피해를 최소화하는 데 공헌했고, 이탈리아 와인은 병충해 피해가 그나마 덜했던 피에몬테 지역과 이탈리아 남부를 중심으로 유럽 시장에 포도주를 공급하면서 다시 도약했다. 이탈리아 와인은 1970년 이후 피에몬테와 토스카나를 필두로 해서 고급화가 이루어졌고, 슈퍼 토스카나 등의 외국 포도와 블렌딩한 와인이 등장했다.

3. 용어

1) 와인의 색에 따른 분류

- **비노 로쏘(vino rosso)**: 레드 와인

- **비노 비앙코(vino Bianco)**: 화이트 와인

- **키아레토(Chiaretto)**: 로제 와인

- **께라수올로(Cherasuolo)**: 짙은 로제 와인

2) 발포성 와인류

- **스푸만테(spumante)**: 압력을 가해 거품을 녹인 방식으로 만든 발포성 와인

- **프리잔테(Frizzante)**: 병에서 발효시켜 거품을 낸 반발포성 와인

3) 와인의 맛에 따른 분류

- **세코(seco)**: 드라이한

- **메디오 세코(medio seco) / 세미 세코(Semicecco)**: 보통, 중간의

- **아보카토(abboccato)**: 약간 달콤한

- **아마빌레(amabile)**: 중간 정도 달콤한

- **돌체(dolce)**: 달콤한

4) 아파시멘토(Appassimento)

아마로네(Amarone)나 레씨오토(Recioto)와 같은 와인을 만들기 위해 수확한 포도를 대나무나 볏짚 위에서 몇 주에서 몇 달간 건조시켜 당분과 풍미를 농축시키는 과정을 의미하는 이탈리아 용어이다.

4. 빈티지

이탈리아 와인은 프랑스 와인처럼 빈티지에 따른 품질 차이가 크지 않지만, 유럽의 기후가 변덕스러운 탓에 고급 와인일수록 빈티지마다 품질의 편차가 존재한다. 다만 대중소비용 와인들의 경우는 편차가 그리 크지 않다.

소믈리에도 즐겨 보는 와인상식사전

5. 주요 품종

산지오베제(Sangiovese), 네비올로(Nebbiolo)

현대에 들어 카베르네 소비뇽 등 외국 품종과 블렌딩하는 경우도 많지만 아래 나열된 종들은 이탈리아에서 널리 재배되는 토착 포도품종들이다.

레드 와인

- 산지오베제(Sangiovese): 이탈리아에서 가장 넓은 분포도를 보이는 레드 품종의 하나이다. 토스카나주를 중심으로 이탈리아 중부에서 널리 재배된다. 신맛이 강하면서도 떫거나 부담스럽지 않아 밸런스가 좋으며, 피자나 토마토 파스타 등의 요리와 잘 어울린다.

- 브루넬로(Brunello): 위에서 서술한 산지오베제의 아종이다. 브루넬로 디 몬탈치노 와인으로 유명하며, 일반 산지오베제 와인보다 더 묵직하고 색도 더 진하다.

- 네비올로(Nebbiolo): 피에몬테 지역의 토착 품종이다. 겨울 날씨에 잘 견디는 종으로, 수확이 늦고 포도가 늦게 익어서 알코올 도수가 높게 나와 풀바디 느낌의 와인이 많이 만들어진다. 주로 10년 이상의 장기숙성 와인을 생산하는 품종. 롬바르디아와 베네토에서는 키아벤나스카^{Chiavennasca}라는 명칭으로 불린다.

- 바르베라(Barbera): 피에몬테주를 중심으로 이탈리아 북부에서 널리 재배되는 품종. 적은 타닌 함유량과 함께 산도가 높고 과실향이 풍부하며 감칠맛 나는 레드 와인을 만들어 낸다. 테이블 와인으로 많이 이용되는 품종이다.

- 트레비아노(Trebbiano): 베네토와 에밀리아 로마냐에서 생산되는 와인 품종. 레드 와인과 화이트 와인 양쪽 모두 생산하는 데 쓰인다.

- 몬테풀치아노(Montepulciano): 이탈리아 중동부에서 널리 재배되는 품종. 토스카나에서는 산지오베제^{Sangiovese}, 카나이올로 네로^{Canaiolo nero}, 말바지아^{Malvasia}와 블렌딩하여 비노 노빌레 디 몬테풀치아노^{Vino Nobile di Montepulciano}를 생산한다. 아브루초 지방에서는 최대 15%의 산지오베제와 블렌딩하여 몬테풀치아노 다브루초^{Montepulciano d'abruzzo}를 생산하며, 강건하고 드라이한 맛을 낸다.

- **람브루스코(Lambrusco)**: 에밀리아 로마냐주에서 생산되는 품종이다. 변이가 매우 잘 일어나는 종이며, 다양한 맛과 바디감을 가진 와인을 만드는 데 사용된다. 주로 스파클링 레드 와인으로 만들어지며, 발포성이면서도 레드 와인의 특성을 간직하고 있다.

화이트 와인

- **모스카토(Moscato = Muscat)**: 달콤한 와인을 만들 때 쓰는 와인품종. Moscato d'Asti가 유명하다.
- **말바지아(Malvasia)**: 주로 블렌딩에 사용되는 품종이다.
- **프로세코(Prosecco)**: 베네토주 트레비소Treviso와 프리울리 베네치아 줄리아Friuli Venezia Giulia 지역에서 재배되는 품종이다. 스파클링 와인과 스틸(일반) 화이트 와인을 만드는 데 사용된다.
- **베르나차(Vernaccia)**
- **가르가네가(Garganega)**
- **알바나(Albana)**
- **트레비아노(Trebbiano)**

6. 품질인증체계

- **D.O.C.G(Denominazione di Origine Controllata e Garantita, 데노미나치오네 디 오리지네 콘트롤라타 에 가란티타)**: 약자로 DOCG로 부르며 포도 수확량과 생산방법을 엄격하게 제한해 이탈리아 정통 와인에만 적용하는 등급이다. 생산통제법에 따라 관리 · 보장되고 이탈리아 정부에서 보증하는 최고급 와인으로, 전체 와인 생산량 중 8~10퍼센트만 이 등급으로 분류되고 있다. D.O.C와 같이 수확되는 포도 산지의 지역이 생산통제법에 정해져 있고, 수확이 이루어지기 전에 정부기관의 품질 보증을 받아야 한다. 현재 15개 지역에서 생산되며, 이 등급에 해당되는 와인은 24개다. DOCG급 와인은 정부에서 보증하는 띠를 둘러 DOCG급임을 표시한다.

- D.O.C(Denominazione di Origine Controllata, 데노미나치오네 디 오리지네 콘트 롤라타): 약자로 DOC는 프랑스의 AOC등급 제도를 모델로 삼은 것으로 포도 품종과 수확량, 생산방법을 모두 규제한다. 생산통제법에 따라 관리되는 고 급와인이다. D.O.C 원산지 통제표시 와인 품질을 결정하는 위원회의 주기적 인 점검을 받아야 하는 등 많은 규제를 통해 생산하며, 전체 와인 생산량 중 10~12퍼센트만 이 등급으로 분류된다. DOC급 또한 DOCG와 마찬가지로 이 를 보증하는 띠를 둘러 표시한다. 색깔은 갈색 계통의 DOCG와 달리 푸른색 띠를 쓴다.

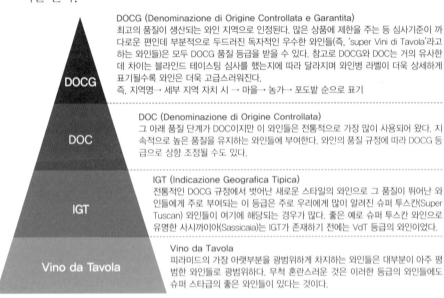

DOCG (Denominazione di Origine Controllata e Garantita)
최고의 품질이 생산되는 와인 지역으로 인정된다. 많은 상품에 제한을 주는 등 심사기준이 까 다로운 편인데 부분적으로 두드러진 독자적인 우수한 와인들(즉, 'super Vini di Tavola'라고 하는 와인들)은 모두 DOCG 품질 등급을 받을 수 있다. 참고로 DOCG와 DOC는 거의 유사한 데 차이는 블라인드 테이스팅 심사를 했는지에 따라 달라지며 와인병 라벨이 더욱 상세하게 표기될수록 와인은 더욱 고급스러워진다.
즉, 지역명→ 세부 지역 자치 시 → 마을→ 농가→ 포도밭 순으로 표기

DOC (Denominazione di Origine Controllata)
그 아래 품질 단계가 DOC이지만 이 와인들은 전통적으로 가장 많이 사용되어 왔다. 지 속적으로 높은 품질을 유지하는 와인들에 부여한다. 와인의 품질 규정에 따라 DOCG 등 급으로 상향 조정될 수도 있다.

IGT (Indicazione Geografica Tipica)
전통적인 DOCG 규정에서 벗어난 새로운 스타일의 와인으로 그 품질이 뛰어난 와 인들에게 주로 부여되는 이 등급은 주로 우리에게 많이 알려진 슈퍼 투스칸(Super Tuscan) 와인들이 여기에 해당되는 경우가 많다. 좋은 예로 슈퍼 투스칸 와인으로 유명한 사시까이아(Sassicaia)는 IGT가 존재하기 전에는 VdT 등급의 와인이었다.

Vino da Tavola
피라미드의 가장 아랫부분을 광범위하게 차지하는 와인들은 대부분이 아주 평 범한 와인들로 광범위하다. 무척 혼란스러운 것은 이러한 등급의 와인들에도 슈퍼 스타급의 좋은 와인들이 있다는 것이다.

* 이태리 와인등급 분류

- I.G.T(Indicazione Geografica Tipica, 인디카치오네 제오그라피카 티피카): IGT로 부르며 최근에 도입된 등급이다. 프랑스의 뱅 드 페이를 모델로 삼아 일반화 된 와인을 생산한다. 생산지를 표시한 중급와인이다. 한 지방의 일상적인 서민 수준부터 국제적인 수준의 와인까지 다양한 레벨의 와인 품질을 보유하고 있 으며, D.O.C.G나 D.O.C에 사용되는 지방이나 지역 이름을 사용할 수 없다.
- VdT(Vino da Tavola, 비노 다 타볼라): 가장 규제가 없는 와인들로 이루어진 등급이다. 일반적인 테이블 와인으로 즉 최하위 등급으로 저렴하며 일상적으

로 소비하는 와인이다. 이탈리아의 와인 제조업자들 중 독창적인 와인을 만들어 내는 일부 업자들은 비노 다 타볼라 등급을 따르되, 저가가 아닌 고가 와인을 만들어 판매하고 있다. 고가의 슈퍼 토스카나 와인이 이 등급에 해당될 수 있다.

1) 등급 명칭의 변경

2010년 유럽연합의 권고로 등급 명칭이 변경되었는데 기존의 D.O.C.G와 D.O.C가 D.O.P로, I.G.T(1982년 탄생)는 I.G.P로, Vino da Tavola 등급은 사라지고 Vini Varletali, Vini 등급으로 세분화됐다. 그러나 강제성이 있는 것은 아닌지 여전히 기존 등급과 혼용되고 있다.

- D.O.P(Denominazione di Origine Protteta): 기존의 D.O.C.G와 D.O.C 등급의 합
- I.G.P(Indicazione Geografica Protteta): 기존의 I.G.T 등급
- Vini: 유럽연합 지역 내에서 생산된 포도를 사용해서 만든 와인. 상표에 품종, 지역, 빈티지 표기 불가. 컬러만 표기 가능
- Vini Varletali: 유럽연합 지역 내에서 생산된 포도로 와인을 만들며, 상표에 지역, 빈티지를 표기하지 못한다. 다만 허용된 단일 품종이 85% 이상 사용되었을 경우에는 품종명을 표기한다.

2) 스파클링 와인의 분류체계

스푸만테라고 불리는 이탈리아 스파클링 와인의 경우 변화가 더욱 많은데 스틸 와인의 클라시코Classico에 해당하는 'Storico'라는 용어가 생겨났으며 스타일에 따라 5가지로 분류된다.

- 비노 스푸만테(Vino Spumante): 알코올 8.5% 이상, 3기압 이상
- 비노 스푸만테 디 콸리타(Vino Spumante di Qualita; VSQ): 알코올 9% 이상, 3.5기압 이상
- 비노 스푸만테 디 콸리타 아 데노미나치오네 디 오리진 프로테타(Vino Spumante di Qualita a Denominazione di Origin Protetta; VSQDOP): 알코올 9.5% 이상,

3.5기압 이상, 원료 포도가 DOP 등급

- 비노 스푸만테 디 콸리타 델 티포 아로마티코(Vino Spumante di Qualita del Tipo Aromatico; VSQTA): EU에서 지정한 품종(모스카토, 게뷔르츠트라미너, 프로세코 등) 사용, 9% 이상, 3기압 이상

- 비노 스푸만테 디 콸리타 델 티포 아로마티코 아 데노미나지오네 오리진 프로테타(Vino Spumante di Qualita del Tipo Aromatico a Denominazione Origin Protetta; VSQTADOP): EU에서 지정한 품종을 사용하고 원료가 DOP급일 때, 알코올 9.5% 이상, 3기압 이상

7. 산지 및 생산자

이탈리아는 20개 주 전체에서 130만 헥타르에 달하는 포도 경작면적을 가진 국가이다.

1) 발레 다오스타(Valle d'Aosta)

주로 화이트 와인과 발포성 와인이 양조되는 주이다.

2) 피에몬테(Piemonte)

'피에몬테'는 '산의 발'이라는 뜻이다. 즉, 알프스산맥의 끝자락이라는 얘기다. 이곳은 토스카나와 더불어 이탈리아 최고의 와인을 생산하는 지역이다. 가장 귀족적이면서 품위 있는 와인을 만들어 낸다. 랑게Langhe와 몬페라토Monferrato에 이르는 지역에서 품질 좋은 와인들이 생산된다. 대표적으로 바롤로barolo와 바르바레스코barbaresco를 들 수 있으며, 이외에 아스티 스푸만테asti spumante와 모스카토 다스티moscato

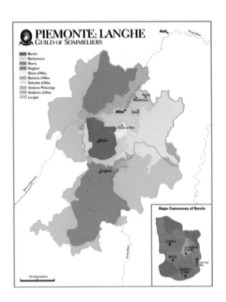

d'asti, 브라케토 다퀴brachetto d'aqui, 가비gavi, 바르베라 다스티barbera d'asti, 바르베라 달
바barbera d'alba 등 고급와인들이 있다.

유명 와인(및 생산지)

바롤로barolo, 바르바레스코barbaresco, 아스티 스푸만테asti spumante

- **모스카토 다스티(moscato d'asti)** : 모스카토 다스티(이탈리아어: Moscato
  d'Asti)는 이탈리아 피에몬테주의 아스티 지방에서 생산되는 포도주이다. 인
  근의 쿠네오나 알렉산드리아에서도 생산된다. 모스카토 다스티는 상당히 달고
  알코올 함량이 낮아 후식용으로 많이 마신다. 청포도품종인 머스캣(모스카토
  는 이탈리아어로 머스캣을 뜻함)으로 만든다. 아스티 스푸만테도 아스티에서
  같은 종류의 포도로 만들지만, 모스카토 다스티보다 거품이 많이 난다.

  브라케토 다퀴brachetto d'aqui, 가비gavi, 바르베라 다스티barbera d'asti, 바르베라 달바
  barbera d'alba, 랑게 네비올로Langhe Nebbiolo

- **아르네이스(Arneis)** : 상큼한 과실향과 강한 미네랄 느낌이 특징인 화이트 와
  인이다.

- 이탈리아 Great Vintage

2010, 2009, 2006, 2004, 2001, 2000, 1999, 1997

* Italia BAVA

* Italia Toscana San Felice

(1) 랑게 언덕(Langhe Hill)

① 라 모라(La Morra)

• 유명한 생산자

– 파밀리아 마로네(Famiglia Marrone)

② 바롤로(Barolo)

바롤로Barolo 와인은 '와인의 왕'이라는 수식어로 유명한 묵직하고 진한 느낌의 와인으로 바르바레스코Barbaresco, 키안티 클라시코Chianti Classico, 브루넬로 디 몬탈치노Brunello di Motalcino와 함께 이탈리아 4대 와인 중 하나로 꼽힌다. 이탈리아 피에몬테Piemonte 지역에서 생산되는 9개의 D.O.C.G.급 와인 중 하나로 바르바레스코Barbaresco와 더불어 가장 유명하며 바롤로Barolo는 마을의 명칭이면서 동시에 와인의 이름이다.

이탈리아의 북서부에 위치한 피에몬테Piemonte 지역은 프랑스와 스위스의 국경지대에 접해 있고, 알프스와 아펜니노Apennino산맥에 둘러싸인 지역이다. 이 지역의 고급 포도밭은 대부분 랑헤Langhe와 몬페라토Monferrato 언덕에 있고 타나로Tanaro강에 있는 알바Alba 마을이 고급와인산지이다. 대륙성 기후로 겨울은 춥고 여름은 더우며 가을, 겨울철에 안개가 많은 지역이다. 이 마을 옆으로 타나로강이 흘러서 여름철의 뜨거운 열기를 완화시켜 주며 충분한 강우량을 지닌다. 바롤로 마을 내에서도 북서쪽에서 생산된 와인은 아로마가 풍부하면서 비교적 빨리 마실 수 있는 와인이 생산되고 남동쪽으로 갈수록 바디가 강한 장기 숙성형 와인이 생산된다.

바롤로는 전형적인 구릉지대로 네비올로로 만든 와인으로 명성이 자자하다. 이 지역은 1980년 DOCG등급을 획득했다. 바롤로 포도원은 카스틸리오네 팔레토, 세라룽가 달바, 그리고 바롤로 자체 포도원을 아우르며, 몬포르테 달바Monforte d'Alba, 노벨로Novello, 라 모라La Morra, 베르두노Verduno, 그린차네 카부르Grinzane Cavour, 디아노 달바Diano d'Alba, 케라스코Cherasco 그리고 로디Roddi를 포함한다. 이곳의 토양과 미세기후는 마을마다 제각각 다르기에 와인 생산자의 솜씨에 따라 와인은 크게 차이를 보인다. 이렇게 다 다르긴 하지만, 바롤로의 네비올로는 전형적으로 타르와 장미향이 나며 약간은 옅은 루비빛, 단단한 타닌과 산미, 그리고 알코올 도수가 높은 특징을 지닌다. 바롤로라는 이름을 얻으려면 출시 전 최소 38개월간(배럴에서는 18개월) 숙성되어야 한다. 리제르바의 경우 오크통 숙성과 병 숙성을 포함 총 62개월의 숙성기간을 거친다. 이런 긴 숙성을 거치며, 와인의 타닌은 부드러워지고 복합성, 특히 버섯, 낙엽, 산딸기 등과 같은 복합적인 부케와 함께 더욱 깊은 맛과 풍미를 준다. 통상적으로 15년 이상 보관했다가 마셨을 때 진가를 느낄 수 있으며, 마시기 전에는 적어도 2~3시간 이상 디캔팅하거나 10시간 정도는 병을 오픈해 두어야 와인의 향기가 더욱 살아나는 꽤 강직한 스타일의 남성적인 와인을 만든다. 바롤로란 말만 들어가도 가격이 높은 편인데 생산자에 따라 가격 차이가 많이 날 수 있다.

바롤로의 품종은 네비올로Nebbiolo인데, 네비올로는 부르고뉴의 피노 누아처럼 이 지역에 적응한 품종으로, 알코올 함량이 높고 묵직한 느낌이 있다. 네비올로 품종은 피에몬테 지역, 바롤로와 바르바레스코 마을에서 특히 그 힘을 발휘하는데 2000, 1999, 1998, 1997, 1996, 1990, 1989, 1985년이 최고의 네비올로 빈티지라고 알려져 있다.

바롤로 와인은 이탈리아 와인의 느낌보다는 네비올로 특유의 떼루아에 대한 민감성과 생산자의 성향이 크게 반영된다는 점 등 여러 방면에서 부르고뉴 와인과 유사한 특징이 있는데, 그 원인은 프랑스 국경지대와 인접한 피에몬테^{Piemonte}의 지역적 환경에서 찾을 수 있다. 한편 피에몬테 와인을 마실 때에는 바르베라, 돌체토, 바르바레스코 이후에 마지막으로 바롤로를 마신다고 할 정도로 최상급의 고급와인으로 알려져 있다. 바롤로 와인은 딸기향, 박하향, 감초향 등의 풍미를 갖고 오래 숙성될수록 백송로버섯향, 오디향, 담배향 등 복합적인 부케가 느껴진다. 오래 숙성된 바롤로와 바르바레스코는 구분하기 어려울 정도로 품종, 재배방법, 양조방법 등이 유사하고 테루아의 차이만 있다.

그러나 처음부터 바롤로 와인이 고급명산지였던 것은 아니다. 예전에는 세부 지역이나 생산자에 따라 그 맛의 차이가 심하고, 네비올로 품종 자체가 타닌 함량이 높은 데다 늦게 익어 발효기간이 길어진다는 단점이 있었다. 이렇듯 초창기 바롤로 와인은 발효가 덜 되어 거칠고 산도와 당도가 높은 와인이었는데 1850년대 프랑스의 와인 양조가인 루이 우다르와 카부르의 공동 노력에 의해 훌륭한 와인이 빚어졌고 초대 국왕 비토리오 에마누엘레 2세에 의해 바롤로 존이 만들어졌다. 이후 1980년 D.O.C.G. 인증을 받고 최근 현대적인 기호에 맞게 좋은 빈티지와 온도조절장치, 작은 오크통 도입 등 새로운 기술이 결합되어 전통적 기법과 조화를 이루는 부드러운 와인으로 발전하고 있다.

바롤로 와인의 연간 생산량은 800만 병이며, 랑헤^{Langhe} 언덕에서 연간 약 6백만 병 생산된다. 최소 알코올은 13.0% 이상이고 3년 이상 숙성과정을 거치며 5년 숙성시킨 와인을 리제르바라고 부른다. 바롤로 와인은 병입 후 6년을 둔 다음에 마시는 것이 좋으며, 좋은 빈티지에는 8년 이상을 두어야 본래의 맛을 보여준다.

바롤로는 11개의 세부지역으로 나뉘는데, 베르두노, 그린차네 카부르, 디아노 달바, 노벨로, 케라스코, 로디, 라 모라, 바롤로, 카스틸리오네 팔레토, 세라룽가 달바, 몬포르테 달바로 분류된다.

• 유명한 생산자

바롤로 생산자의 경우, 크게 모던과 전통주의자로 갈리는데 이는 바롤로의 역사적 맥락과 같이한다. 바롤로의 부흥을 이끈 바롤로 보이즈를 필두로 하는 모더니스트의 경우, 프렌치 오크통의 사용 등에서 부르고뉴 생산방식에 가까우며 어릴 때부터 접근성이 쉬운 와인을 만든다면, 전통주의자들은 오래전부터 지속된 대형 슬로베니안 오크통을 사용하며 매우 장기숙성된 와인을 만든다고 알려져 있다. 하지만 현재는 전체적으로 모던과 전통의 경계가 애매한 수준이니 참고적으로 판단하는 게 좋다. 왜냐면 프렌치 오크통으로도 충분히 장기 숙성이 가능한 와인을 만들 수 있고 프렌치 오크통과 슬로베니아 오크통을 번갈아 가며 숙성시키는 생산자도 많기 때문이다. 보통 브루노 지아코사, 지아코모 콘테르노, 로베르토 보에르지오가 3대 장인으로 평가받는데 평론가들이 최고로 치는 만큼 가격도 엄청나게 비싸다.

가야Gaja, 다밀라노, 도메니꼬 끌레리꼬, 피네타, 레나토 라띠, 로베르토 보에르치오, 마르케시 디 바롤로, 미켈레 끼아를로, 바르톨로메오 마쏠리노, 지아코모 보르고뇨, 비에티, 브루노 지아코사, 알도 콘테르노, 엘리오 알타레, 지아코모 콘테르노, 체레토, 폰타나프레다, 피오 체사레, 프루노토

③ 바르바레스코(Barbaresco)

바르바레스코는 이탈리아 피에몬테의 우수한 와인 중 하나다. 바르바레스코는 아주 오래전에 탄생한 와인으로, 리비Livy의 불멸의 작품인 '로마의 역사'에서 언급

되었다. 과거에는 바르바레스코를 네비올로나 바롤로로 불렀으며 이 와인을 양조한 사람들이 와인에 달콤한 맛과 거품을 주는 모스카텔로Moscatello와 파세레타Passer-etta 포도를 첨가했다. 오늘날 우리가 알고 있는 고급 레드 와인인 바르바레스코는 1799년에 처음으로 언급되었고 최상급 품질의 드라이한 바르바레스코 와인은 19세기 중반이 되어서야 비로소 생산이 시작되었다. 당시의 유명한 와인 양조학자인 도미치오 카바차Domizio Cavazza 교수가 이 지역 와인 생산자들에게 새로운 와인 양조기술을 소개하였고, 1984년에는 전적으로 바르바레스코에서만 생산하는 협동 와인양조장이 설립되었다. 한 와인 양조학자는 바르바레스코를 가장 우수한 프랑스 와인과 비교하며 "우수하고 부드러우며 감칠맛 나는 와인"으로 묘사하였다. 이탈리아 와인의 여왕으로 인정받는 바르바레스코는 바롤로와 같은 네비올로 품종으로 와인을 만들며 4~8년간의 오크통 숙성을 한 후에 출시되는 고급와인이다. 강인하고 조밀한 이 와인은 바롤로보다는 비교적 좀 더 유연하고 포용적이며 관대한 부드러움을 느끼게 해주는 와인을 만든다. 생산자에 따라 다르겠으나 마시기 전에 2시간 이상은 디캔팅해 두었을 때 와인의 아로마와 부케가 살아난다.

• 유명한 생산자

– Gaja, Mocagatta, Produttori del barbaresco

(2) 가비(Gavi)

가비는 알렉산드리아 지방의 남쪽 알토 몬페라토Alto Monferrato에서 생산된다. 가비는 구릉지대로 와인을 생산하는 총 59개의 마을이 있다. 아퀴Acqui, 오바다Ovada 그리고 가비가 이 생산구역에서 가장 유명하다.

(3) 몬페라토(Monferrato)

몬페라토는 이탈리아 북서부 와인산지로 피에몬테에 속한다. 몬페라토는 타나로강에 의해 둘로 나뉜다. 바소 몬페라토Basso Monferrato는 타나로강과 포강 사이 구릉지대와 언덕에 자리한다.

3) 롬바르디아(Lombardia)

(1) 롬바르디아 지역의 와인 생산지

DOCG 등급 발텔리나 수페리오레[valtellina superiore]의 산지인 손드리오 주변 지역과 프란치아코르테[Franciacorte]를 생산하는 이제오 호수 주변 지역, 올트레포 파베제[Oltrepò Pavese]가 생산되는 파비아 지역의 구릉지대가 와인산지로 유명하다.

(2) 프란치아코르타(Franciacorta)

이태리에서 생산하는 스푸만테(스파클링 와인) 중 가장 고급와인으로 프랑스의 샴페인이나 크레망처럼 전통방식[Methode traditionelle]으로 만들어 복합적이고 섬세한 맛과 향을 낸다.

• 유명 생산자

까델보스코, 벨라비스타

4) 트렌티노 알토아디제

샤르도네 품종으로 만들어지는 샴페인과 비슷한 트렌토[Trento] 와인이 유명하다.

5) 베네토(Veneto)

베네토 지역의 와인 생산지

베로나 지역의 소아베[Soave]와 발폴리첼라[Valpolicella] 지역이 레치오토[recioto]와 아마로네[amarone]의 산지로 유명하다. 베로나 북쪽 가르다 호수 동쪽 연안에서는 바르돌리노[Bardolino]로 불리는 옅은 색의 레드 와인을 생산하고 있다.

프로세코[Prosecco]라는 스프클링 와인도 유명한데 이는 스푸만테 중 프로세코 품종(현재는 Glera라고 칭하기로 규정됨) 위주로

(85% 이상) 만든 것을 말한다. 샴페인, 크레망, 프란치아코르타처럼 전통방식Meth-ode Traditionelle 스파클링 와인들과 달리 샤르마 방식Charmat method으로 만들어 전통방식으로 만든 스파클링 와인 수준의 섬세함은 부족하지만 신선하고 상쾌한 과일향이 풍부하고 공정이 간단하여 값이 저렴한 것이 장점이다. 알베르토 몬디가 가장 좋아하는 와인으로 알려져 있다.

(1) 발폴리첼라(Valpolicella)

발폴리첼라는 이탈리아 베네토주에 속하는 와인산지다. 발폴리첼라는 4가지 스타일의 레드 와인을 만든다. 포도품종은 모두 코르비나, 론디넬라, 몰리나라를 사용하는데, 가벼운 발폴리첼라부터 발폴리첼라 수페리오레Valpolicella Superiore, 아마로네Amarone 그리고 가장 무거운 레치오토Recioto로 분류된다.

일반 레드 와인인 발폴리첼라는 드라이하며, 감칠맛이 있고 신선하다. 리파소Ripasso는 아마로네를 만들고 난 껍질과 재발효시키거나 아마로네를 첨가하여 맛이 보다 진하다. 발폴리첼라 와인은 체리향이 특징적이다. 아마로네와 레치오토는 부분적으로 건조된 포도를 사용해 알코올 함량이 높고 힘찬 와인이 되며 아파시멘토Appassimento라 불리는 반건조 제조방법에 의해 생산된다. 이 방식은 수확한 포도를 겨울 동안 볏짚에서 말려 포도의 당도를 높인 후에 압착하여 천천히 발효시킨다. 그 결과 와인의 색은 가벼우나 바디와 풍미가 풍부한 와인이 만들어진다. 가성비 좋은 와인으로 아마로네와 맛이 비슷하면서 가격은 저렴한 리파소를 추천한다. 아마로네는 단맛이 없고, 레치오토는 달콤하다.

- **유명한 생산자**
- **마시(Masi)** : 최고의 아마로네를 생산하는 와이너리. 1772년 마시를 설립하여 지금까지 가족 경영체제로 보스카이니 가문이 운영하고 있다. 이탈리아의 프리미엄 와이너리끼리 모여 만든 단체인 그란디 마르키의 일원이기도 하다.

– 브리갈다라(Brigaldara)

6) 프리울리 베네치아 줄리아(Friuli Venezia Giulia)

프리올리 베네치아 줄리아는 이탈리아 와인산지다. 이 지역은 아드리아해 북쪽과 오스트리아 및 슬로베니아의 국경과 접해 있으며, 현대적인 이탈리아의 화이트 와인이 생산되고 있다. 레드 와인보다는 화이트 와인에 더욱 특화된 주이다.

• 유명 와이너리
– 그라브너Gravner

7) 리구리아(Liguria)

가장 좁은 와인 재배면적을 가진 주들 중 하나이다. 친퀘 테레Cinque Terre, 칠리에지올로Ciliegiolo, 부체토Buzzetto, 비안케타Bianchetta, 마사르다Massarda, 바르바로사Barbarossa, 피가토Pigato 등의 와인이 유명하다.

8) 에밀리아로마냐(Emilia-Romagna)

에밀리아로마냐 지역의 와인 생산지

모데나시를 중심으로 한 지역에서 람부르스코lambursco 품종으로 만든 가벼운 탄산을 포함한 단맛의 레드 와인이 유명하다. 로마냐 지역에서는 트레비아노 디 로마냐trebbiano di romagna와 산지오베제 디 로마냐sangiovese di romagna를 생산하며, 알바나

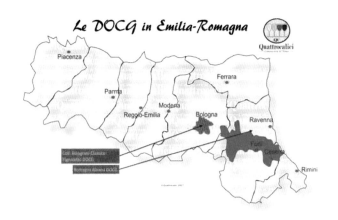

소믈리에도 즐겨 보는 와인상식사전

디 로마냐albana di romagna는 이탈리아에서 최초로 D.O.C.G등급을 받은 화이트 와인으로 유명하다.

• 유명한 생산자

－ 리우니테Riunite, 구아리니Guarini, 코르테 델 보르고Corte del Borgo

9) 토스카나(Toscana)

토스카나 지역의 와인 생산지

토스카나는 이탈리아의 대표 와인산지다. 토스카나는 티레니아 해안Tyrrhenian Coast과 피렌체Firenze와 시에나Siena의 두 지역으로 나눠볼 수 있다. 대부분의 포도원은 피사Pisa와 루카Lucca가 있는 내륙에 있지만, 그 기후는 온화한 해양성 기후여서 해안 지방의 와인들과 비슷한 와인들이 생산된다. 지질구조가 다양해서 수많은 DOC포도원이 존재하며, 구획별로 정해진 품종으로 와인을 만든다. 토스카나 포도원의 해발 고도는 100~500m 사이에 분포한다. 토양은 모래

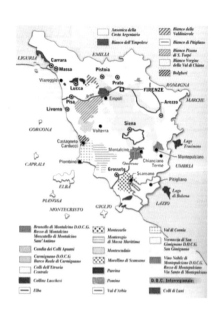

가 섞인 석회이암이다. 더불어 점토, 자갈, 미네랄이 풍부한 토양이 섞여 있는 지역도 있고, 갈레스트로Galestro라 불리는 압축된 점토 토양, 색을 띠는 석회질의 알베레제Alberese도 있다. 토스카나는 산지오베제를 주품종으로 한 레드 와인의 주산지이다. 토스카나의 클래식이며 이탈리아 와인의 대표 격으로 볼 수 있는 키안티Chianti, 브루넬로 디 몬탈치노Brunello di Montalcino, 비노 노빌레 디 몬테풀치아노Vino Nobile di Montepulciano와 카르미냐노Carmignano 와인이 유명하다. 근래에는 슈퍼 투스칸Super Tuscan이라 불리는 와인들이 줄줄이 세계 와인시장에서 성공하며 이 지역의 명성을 높이고 있다. 1990년 이후 오리지널 키안티 생산지역은 키안티 클라시코Chianti classico로 분

리되었으며, 남부 몬탈치노에서는 브루넬로 디 몬탈치노brunello di montalcino라는 고급 와인이 생산된다. 또 비노 노빌레 디 몬테풀치아노vino nobile di montepulciano와 베르나차 디 산 지미냐노vernaccia di san gimignanao D.O.C.G등급을 받았다.

역사적으로 Chianti 와인은 Fiasco라고 불리는 짚으로 만든 바구니에 담긴 와인과 관련되어 있다. 현재는 다른 와인과 같은 표준 와인병에 담겨 생산되며 소수의 와이너리에서만 Fiasco로 와인을 출시하고 있다.

70년대까지 많이 유통되었으나 지금은 드물게 보이며, 이탈리아 현지에서는 자주 볼 수 있다.

• 유명한 생산자

- 안티노리Antinori
- 프레스코발디Frescobaldi는 13세기부터 토스카나 피렌체의 귀족 가문이자 가장 유서 깊은 와인 생산자로 유명하며 토스카나 지역에서 가장 넓은 면적의 포도밭을 소유하고 있다. 타 생산자와 차별화되는 뛰어난 품질로 영국 왕실과 르네상스 시대의 예술가들이 프레스코발디의 와인을 즐겨 마셨다는 기록이 있을 정도이다. 무엇보다도 약 700년 동안 쌓은 포도 재배와 와인 제조기술을 통

* Fiasco

해 토스카나 지역뿐만 아니라 이태리의 다양한 지역에서 새로운 도전을 계속하고 있으며 미국의 대표 와이너리인 로버트 몬다비와 함께 탄생시킨 루체 델라 비테Luce Della Vite로도 다시 한번 세계 와인 역사에 새로운 한 획을 그은 바 있다.
- 카스텔로 반피Castello Banfi
- **폰토디(Fontodi)**: 플래그쉽 Flaccianello della pieve, Vigna del Sorbo, Chianti Classico 모두 가격 대비 궁극의 퀄리티를 자랑한다.
- 몬테라포니Monteraponi
- 카스텔로 디 아마Castello di Ama

소믈리에도 즐겨 보는 와인상식사전

- 루피노Ruffino, 카스텔로 달볼라Castello d'albola, 산 펠리체San Felice

- 비냐 마조Vigna maggio, 펠시나Felsina, 코르시니Corsini, 바로네 리카솔리Barone Ricaso-li, 까르피네토Carpineto, 테누타 디 트리노로Tenuta di Trinoro

- **테누타 산 귀도(Tenuta San Guido)** : 1920년대, 피사Pisa 지방의 한 학생인 로께따Rocchetta의 마리오 인시자Mario Incisa에 의해 만들어졌다. 사실 그의 이상형은 보르도였다. 그의 부인 끌라리스Clarice와 함께 토스카나 지방의 티레니안Tyrrhenian 해안가에 자리 잡은 테누타 산 귀도Tenuta San Guido에 정착한 후로 그는 프랑스 포도들을 실험하기 시작했으며 카베르네 품종이 그가 찾던 향이라는 결론을 얻게 되었다. 테누타 산 귀도에 이 품종을 심기로 결심한 데는 토스카나 지역이 보르도의 그라브 지역과 흡사한 환경 때문이기도 했다. 그라브는 그라벨gravel: 자갈에서 온 말로 토스카나 지방의 사시까이아Sassicaia: '자갈이 많은'이라는 토스카나의 방언는 그라브와는 다른 자갈로 된 토양이지만 같은 특징을 지녔다.

(1) 몬탈치노(Montalcino)

몬탈치노Montalcino는 이탈리아 토스카나주에 속하는 와인산지다. 이 지역은 모래, 점토, 갈레스트로로 구성되며, 1982년 DOCG등급을 받았다. 19세기 페루치오 비온디 산티Ferruccio Biondi Santi는 자신의 포도원에서 자라는 산지오베제가 좀 특별하다는 걸 깨닫고 보다 긴 숙성을 거친 뒤 와인을 출시해 성공을 거뒀다. 몬탈치노에서 자라는 품종은 산지오베제 그로쏘Sangiovese Grosso로 유난히 알이 크고 갈색을 띠기 때문에 브루넬로Brunello라 부른다. 브루넬로는 산미가 높고, 타닌이 강해 오랜 숙성 기간(규정상 오크통에서 2년)을 거친다. 와인은 수확연도에서 최소 5년 후 시장에 나오며, 출시 직후엔 맛이 옅고, 드라이하며, 미네랄 풍미가 두드러지며, 숙성을 거치면 과실향이 잘 살아나고, 둥글며, 색 또한 깊어진다. 검은 체리와 자두 풍미가 우선 다가오며, 스파이스와 허브 풍미가 잔잔히 이어진다. 브루넬로 디 몬탈치노 와인은 토스카나 와인 중 탁월하게 비싼 몸값을 자랑한다. 브루넬로 디 몬탈치노보다 한 단계 아래의 로쏘 디 몬탈치노RDM도 있으며 BDM에 비해 저렴하면서도 품질 면에서 여전히 좋은 평가를 받는다.

• 유명 와이너리

– 비온디 산티(Biondi Santi) : 페루치오 비온디 산티로 시작된 브루넬로 디 몬탈치노 와인(일명 BDM)의 원조 와이너리. 그란디 마르키의 일원이다. 이곳의 BDM 리제르바는 연간 1만 병 생산되는데 BDM 중 최고가를 자랑하며 100만 원이 넘어간다.

포지오 디 소토Poggio di Sotto, 산 펠리체-캄포지오반니San Felice, Campogiovanni, 일 포지오네Il Poggione, 프레스코발디Frescibaldi, 가야Gaja

– 솔데라(Case Basse Soldera) : 와이너리 설립자인 지안 프랑코가 BDM에는 산지오베제 100%를 써야 한다고 주장하며 다른 BDM 생산자들과 갈등이 생기자 제 성미를 못 이기고 BDM협회를 탈퇴하여 2006년 빈티지를 기점으로 DOCG Brunello di montalcino 대신 Toscana IGT로 달고 나온다. 최고의 BDM을 논하면 항상 언급되는 곳이지만 생산량이 적고 가격도 매우 비싸다.

살비오니Salvioni, La Cerbaiola, 체르바이오나Cerbaiona, 발디카바Valdicava, 카사노바 디 네리Casanova di Neri, 알테시노Altesino, 아르지아노Argiano, 라 라시나La Rasina, 라 세레나 La Serena, 탈렌티Talenti, 리시니Lisini, 스텔라 디 캄팔토Stella di Campalto 등이 있다.

10) 움브리아(Umbria)

몬테팔코 지역에서 몬테팔코 사그란티노Montefalco Sagrantino를 생산하고, 토르치아노 지역에서 토르치아노 로소 리제르바Torciano Rosso Riserva를 생산한다. 이외에 오르비에토와 트라시메노 호수 주변 지역과 페루자 주변 구릉지대가 와인 생산 특화 지역으로 발달해 있다.

11) 르 마르케(Le Marche)

마르케는 이탈리아 중부 동쪽에 위치한

소믈리에도 즐겨 보는 와인상식사전

와인산지다. 마르케는 서쪽으로는 아펜니네 산맥, 동쪽으로는 아드리아해 사이에
위치한다.

• 유명 와이너리
— 우마니 론끼

12) 라치오(Lazio)

비테르보 지역에서 에스트! 에스트!! 에스트!!! 디 몬테피아스코네Est! est!! est!!! di
montefiascone 와인이 12세기부터 기원이 있는 와인으로 유명하다.

13) 아브루초(Abruzzo)

이 지역의 대표적인 와인으로 해발 400m 지점에서 경작되는 포도로 양조되는
콘트로궤라Controguerra가 있다. 이외에 D.O.C.G등급 와인인 몬테풀치아노 다브루초
Montepulciano d'abruzzo가 우량품으로 유명하다.

14) 몰리제(Molise)

캄포바소와 이제르니아를 중심으로 몬테풀치아노Montepulciano 품종의 와인을 재
배하고 있다.

15) 캄파니아(Campania)

나폴리에서는 베수비오산의 비탈면에서 화산의 토양을 흡수하고 재배된 라크리

마 크리스티Lacryma Christi가 유명하다.

16) 바실리카타(Basilicata)

죽은 화산인 불투레vulture 주변 지역에서 알리아니코 델 불투레Aglianico del Vulture를 생산하고 있다.

17) 풀리아/뿔리아(Puglia)

와인 생산량으로는 이탈리아에서 가장 많은 지방이나 지명도 높은 와인은 별로 없다. 포자와 레체, 바리 등 여러 지역에서 온화한 기후를 기반으로 와인을 생산하고 있다.

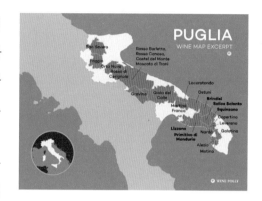

뿔리아는 이탈리아 '부츠'의 남동쪽 끝에 있는 길고 얇은 와인 지역이다. 발뒤꿈치(살렌토반도)는 이 지역의 남쪽 절반을 차지하며 뿔리아의 정체성에 큰 의미가 있다. 뿔리아 북부와 비교했을 때 문화적, 지리적 차이가 있을 뿐만 아니라 와인도 다르다. 북쪽이 약간 언덕이 많고 이탈리아 중부의 관습과 포도주 양조 관행에 더 밀접한 관계가 있는 데 반해 남쪽은 거의 완전히 평평하며 과거 그리스-로마와 밀접한 관계를 유지한다.

18) 칼라브리아(Calabria)

치로 마리나, 코센차, 레조 디 칼라브리아, 라메치아 테르메 지역이 와인산지로 알려져 있다.

19) 시칠리아(Sicilia)

시칠리아 지역의 와인 생산지

시칠리아Sicilia 혹은 시실리 Sicily 와인산지도 지중해의 한 중앙에 위치하고 있다. 시실리섬은 이탈리아의 다른 지역들보다 포도밭이 더 많이 분포되어 있다. 대부분의 포도들은 말려서 식재료로 사용하거나 달콤한 디저트 와인들을 만들기도 하는데 시칠리아섬 서부에는 화이트 와인에 6%의 보강용 와인을 첨가한 후 더욱 단 포도주스를 가하는 독특한 방식으로 만들어진 달콤한 강화 와인이자 시실리 내에 있는 지명의 이름을 딴 마르살라Marsala는 세계적으로 유명하다. 마르살라는 18도 정도의 강한 화이트 와인으로 거의 갈색에 가까운 단맛이 강한 와인이나, 숙성 중에 발효가 진행되어 드라이한 와인이 되기도 한다.

또한 에트나 화산에서는 타닌과 풍부한 미네랄을 함유한 와인을 생산한다.

20) 사르데냐(Sardegna)

기후상 강우량이 부족하여 강수량에 따라 품질의 변동이 잦은 주이다. DOCG 등급의 베르멘티노 디 갈루라Vermentino di Gallura가 유명하며, 에스파냐에서 전래된 카노나우Cannonau와 이탈리아 본토에서 전래된 모스카토Moscato종이 사르데냐 토양에 맞게 재배되고 있다.

Super Toscan

와인명	블렌딩	등급
Sassicaia 2012 사시카이아	85% Cabernet Sauvignon 15% Cabernet Franc	DOC Bolgheri Sassicaia
Ornellaia 2012 오르넬라이아	56% Cabernet Sauvignon 27% Merlot 10% Cabernet Franc 7% Petit Verdot	Bolgheri DOC Superiore
Tignanello 2012 티냐넬로	80% Sangiovese 5% Cabernet Franc 15% Cabernet Sauvignon	Toscana IGT
Solaia 2011 솔라이아	75% Cabernet Sauvignon 20% Sangiovese 5% Cabernet Franc	Toscana IGT
Vigorello 2011 비고렐로	50% Cabernet Sauvignon 45% Merlot 5% Petit Verdot	Toscana IGT

 와인 수첩 활용하기

와인명 Masseto

생산자 : Ornellaia

국가/생산지역 : Italy>Toscana

주요품종 : Merlot 100%

스타일 : Central Italy Red

등급 : Toscana IGT(IGP)

음용온도 : 16~18℃

추천음식 : 비프 스테이크, 양고기 바비큐, 치즈 등과 잘 어울린다.

기타정보 : 2012 빈티지: Wine Spectator 94점, James Suckling 99점

소믈리에도 즐겨 보는 와인상식사전

Italian Wine Teminology

Italian	English	해설
Vino	Wine	와인
Vino Bianco	White Wine	백포도주
Vino Rosso	Red Wine	적포도주
Vino Rosato	Rosé Wine	로제와인
Spumante	Sparkling Wine	발포성 와인
Vino da tabola	Table Wine	테이블 와인, 등급와인은 아니나 좋은 품질임
Abbaccato	Slightly Sweet	약간 단맛이 있는
Amabile	Gently Sweet	부드럽게 단맛이 있는
Amaro	Bitter	쓴맛이 나는
Annata	Vintage	포도 수확연도
Botte	Cask or Barrel	와인통
Bottiglia	Bottle	와인병
Cantina	Cellar or Winery	와인저장고, 포도원
Casa Vinicola	House of Winemaker	와인 제조회사
Chiaretto	Pale red, Deep Rosé	연한 붉은색, 진한 핑크색
Classico	Classified Area	좀더 세분화된 좋은 포도 재배지역
Consorzio	Consortium of Producers	와인 생산자 협동조합
Dolce	Sweet	단맛의
Fiasco	Flask	밀짚으로 싼 병
Frizzante	Semi-Sparkling	반발포성 와인
Giallo	Yellow	노란
Indicazione Geografica Tipica (IGT)	Recent category to officially classify wines, usually of whole provinces or large areas	최근 제공된 공식 와인 등급 프랑스의 Vins de Pays에 해당
Imbottigliato	Bottled	병입한
Liquoroso	Fortified Wine	강화주
Morbido	Soft, Mellow	부드럽고 감미있는
Muffa Nobile	Noble Rot	귀부병에 걸린
Passito	Dried Grapes	당도를 높이기 위해 햇빛에 건조시킨 포도
Recioto	Wine made from partially dried grapes, often sweet and strong	Passito포도로 만든 와인
Riserva	Reserve	보통의 와인보다 더 숙성시킨 와인
Secco	Dry	단맛이 없는 실제는 대부분 약한 단맛이 남

발사믹(Balsamico)

발사믹 식초(이탈리아어: Aceto)는 가끔 줄여서 발사믹으로도 사용한다. 이탈리아에서 유래된 것으로 매우 어둡고, 농축적이며, 강렬한 향이 나는 식초로서 포도를 필수적으로 전부 또는 부분적으로 넣어 만든다. 포도주스는 반드시 껍질, 씨앗, 줄기가 모두 들어 있는 갓 으깬 것이어야 한다.

아세토 발사미코라는 용어는 규제되지 않았지만, 보호되는 발사믹 식초는 다음과 같다. Aceto Balsamico Tradizionale di Modena, Aceto Balsamico Tradizionale di Regio Emilia, Aceto Balsamic Vinegar, Aceto Balsamico di Modena. 이 중 두 개의 전통적인 발사믹 식초는 포도를 몇 년 동안 계속해서 나무통에 넣어 같은 방식으로 만들었으며, 모데나주나 레지오 에밀리아주에서 독점적으로 생산된다. 이 두 식초의 이름은 유럽연합의 원산지 보호에 의해 보호되고, 보통 덜 비싼 모데나의 발사믹 식초(Aceto Balsamico di Modena)는 포도나무 식초와 혼합되어야 하며, 모데나나 레지오 에밀리아에서 독점적으로 생산되어야 하고, 보호지 표현상태로 생산된다. 특히 아이스크림에 뿌려 먹으면 아이스크림의 맛이 배가된다.

* Medici Ermete Balsamic Cave, 2018

* Piemonte Fontanafredda, 2019

* Italy Toscana San Felice Winery, 2019

* Barolo 언덕은 이탈리아 와인산지로는 유
네스코 자연유산에 등재된 첫 번째 사례임.
Piemonte Barolo, 2002, 2018, 2019

* Emilia—Romagna, Parma 지방의 Parmesan
cheese 제조, (파르미지아노 레지아노,
Parmigiano—Reggiano), 2018.

ITALY WINE TOUR

2018 가을, 낭만적 이탈리아 와인투어

선진국 와인문화를 체험함으로써 고객들에게 새롭고,
한 차원 높은 생생한 경험담을 전달할 수 있으니 와인투어는 항상 즐겁다.
이번이 세계 와인너리 투어 6번째. 9월 3일~10일까지 이태리 중부와 북부에 있는 와이너리 3곳.
토스카나주 키안티 클라시코 카스텔로 폰테루톨리, 에밀리아 로마냐 메디치 에르메테,
최북단의 피에몬테 바바 와인너리를 방문했다.

이재술_ 서원밸리컨트리클럽 와인엔터테이너

호텔신라와 삼성에버랜드 안양베네스트골프클럽에서 와인소믈리에로 근무
했으며 경기대학교 관광전문대학원에서 〈계층간 소비태도가 와인구매행동
에 미치는 영향 연구〉로 관광학 석사학위를 받았다. 또한 중앙대학교 국제경
영대학원 와인소믈리에 1년 과정, 프랑스 보르도 샤토마뇰 와인전문가 과정
(Connaisseur)을 수료했다. 2004~2006년 안양베네스트골프클럽 근무 때는 안
양베네스트가 18홀임을 감안해 1865와인의 '18홀에 65타 치기' 스토리텔링을 처
음으로 만들어 와인문화를 보급하는데 앞장서기도 했으며, 현재는 서원밸리컨
트리클럽에서 와인으로 고객들에게 즐거움을 선사하는 와인소믈리에다. 유튜
브에 와인노하우를 게시하고 있다.
yagnog2@naver.com

키안티 클라시코의 중심지
카스텔로 폰테루톨리(Castello di Fonterutoli)

필립 마쩨이 가문의 23·24대 후손들이 현재 이 탈리아 곳곳에서 마쩨이 와이너리를 운영하고 있 다. 토머스 제퍼슨 미국 제3대 대통령의 절친한 친구였던 이탈리아 피렌체 출신의 필립 마쩨이 (Philip Mazzei, 1730년~1816년)와 사상 및 철학이 비슷했던 둘은 지속적인 만남과 서신 교환을 통해 의견을 공유하며 서로 많은 영향을 끼쳤다. 마쩨 이가 제퍼슨에게 쓴 편지 중에는 "모든 인간은 자 유롭고 평등하다. 이를 바탕으로 자유로운 정부의 탄생이 가능하다."는 내용이 있다. 이 글귀는 이후 제퍼슨이 독립선언문에 '모든 인간은 평등하다.'라 는 문구를 쓸 때 기초가 됐다고 한다.

이탈리아 토스카나의 키안티 지역에서 생산되는 와인 중에서도 토양과 기후 조건이 좋은 곳을 키 안티 클라시코(Chianti Classico)라고 한다. 키안티 클라시코는 키안티보다는 한 단계 위의 고급 와인 이며, 키안티 와인보다 더 품질이 우수하며 병목 에 수탉 문양이 있는 것이 특징이다. 키안티 클라 시코 와인은 병목에 수탉 문양이 있는 것이 특징 인데, 레드와인은 빨간 원 안에, 화이트 와인은우 연두색 안에 수탉이 그려져 있다.

와인에 담긴 스토리를 알고 마시면 더 맛있게 즐 길 수 있다. 키안티 와인도 그렇다. 이탈리아가 도 시국가 형태였던 14세기 무렵 피렌체와 시에나 사 이의 키안티 클라시코 지역은 전략적 요충지였다. 이곳을 두고 긴 전투를 벌이다 지친 피렌체와 시 에나는 마침내 기병 경주로 영토를 정하기로 한 다. 이른 새벽 각자의 수탉이 우는 순간 기병이 출 발해 만나는 지점을 국경으로 삼기로 한 것이다. 수탉이 조금이라도 일찍 울도록 하기 위해 양측은 서로 다른 방식으로 승부를 건다. 피렌체에서는 검 은 수탉을 굶겨서 어두운 곳에 뒀고, 시에나에서

는 흰 수탉을 배불리 먹여 편히 잠들게 했다. 결과 는 피렌체의 승리! 검은 수탉이 먼저 울어서 피렌 체는 시에나의 성을 불과 1.6㎞ 남긴 지점까지 영 토를 차지했다.

당시에 기병들이 말을 달렸던 대로인 비아 카시아 (Via Cassia) 주변으로는 수탉 문양의 키안티 클라 시코 와인으로 유명한 와이너리들이 포진해 있다. 그중 600년 역사를 지닌 마체이(Mazzei) 가문의 '카스텔로 폰테루톨리(Castello di Fonterutoli)' 와 이너리를 찾아갔다. 지하수에 의해 셀러의 온도와 습도가 유지되고, 중력을 이용해 와인을 양조하는 것으로 유명한 곳이다.

투어 첫날 카스텔로 폰테루톨리의 영빈관에서 하 루를 묵었다. 유럽인들은 이런 멋진 와이너리의 게스트하우스에서 가족이나 친구들과 며칠간이라 도 묵는 것이 꿈이라고 한다. 참 아늑하고 조용해 서 아주 좋았다. 조용한 시골마을에 위치하고 있 어서 자전거 여행을 하는 사람들도 레스토랑에 들 여서 쉬어가며 차도 마시고 여유있는 이태리 사람 들을 보며 부럽기도 했다.

지하 셀러에는 약 3000개의 오크통이 도열해 있 었고 그 뒤쪽으로 암벽을 따라 물줄기가 흐르고 있는 것이 눈에 띄었다. 와이너리를 세울 때 지하 의 암반을 일부러 그대로 살려뒀는데 벽을 따라 흐르는 지하수 덕분에 셀러의 온도와 습도가 자 연스럽게 유지되기 때문이다. 자연의 법칙을 존중 하는 카스텔로 폰테루톨리의 철학은 재배에도 적 용된다. 화학약품을 사용하지 않고 특별한 허브 를 심는 등 생태계를 선순환시키는 재배법을 고 수한다. 셀러를 다 돌아본 후에는 그들의 양조 철 학이 담긴 와인들을 시음했다. '세르 라포 키안 티 클라시코 리제르바(Ser Lapo Chianti Classico Riserva)'와 '필리프(Philip)'가 특히 인상적이었다. 이 두 와인은 모두 마체이 가문의 선조에게 헌정 된 와인이다. 세르 라포는 산지오베제와 메를로 품종으로 만들어지고 약 12개월 동안 프랑스산 오 크통에서 숙성된다. 밀도 높은 구조감을 지녔으며

짙은 과일의 풍미가 배어 있는 와인이었다. 필리프는 카베르네 소비뇽 100%로 만들어지며 약 24개월 동안 미국과 프랑스산 오크통에서 숙성된다. 나무, 견과류, 검붉은 과일 향과 함께 차분한 매력으로 다가왔다. 전통과 과학을 향한 그들의 노력을 경험한 후에 마신 와인들은 더욱 특별하게 느껴졌다. 키안티 클라시코 와인에 대한 약가의 선입견을 가지고 있었는데 이번을 계기로 새로운 생각을 가지게 됐다.

이탈리아 미식가들의 성지
에밀리아 로마냐의 메디치 에르메테(Medici Ermete)

'모든 길은 로마로 통한다.'라는 말이 있는데 에밀리아 로마냐에도 이 길이 있었다. 옥타비아누스가 제정을 시작하고 200년 동안 로마 세계는 국내적으로 평화를 누렸다. 이때를 로마의 평화를 뜻하는 '팍스 로마나'라고 부른다. 옥타비아누스는 도로와 수도를 정비했고, '길은 직선으로 만들어야 한다'는 신념 아래 로마의 공병대는 8만 5000km의 길을 닦았다. 사실 로마군사들이 점령지에 포도나무를 심고 와인을 전파하는데는 큰 공을 세웠다고 볼 수 있다.

이탈리아 중북부 에밀리아 로마냐(Emilia-Romagna)는 이탈리아 중부, 미식가의 도시로 유명하며. 람브루스코(Lambrusco) 와인으로도 유명한 이곳은 파르메산 치즈, 볼로네제 파스타, 최고급 발사믹 식초의 본고장이기도 하다.

에밀리아-로마냐(Emilia-Romagna)는 포 강변의 오른쪽으로부터 산기슭까지 이르고, 아펜니니(Appennini) 산맥과 이어지는 광대하고 기름진 평야 지대다. 기름진 땅은 포도의 산출을 늘려 주는데 이 지역에서 가장 많이 재배되는 세 가지 포도품종은 람브루스코(Lambrusco), 트레비아노(Trebbiano), 알바나(Albana)다. 모데냐(Modena)는 람브루스코(Lambrusco) 와인의 중심지인데 여러 종류의 람브루스코(Lambrusco) 포도품종이 이곳에서 재배된다. 이들 품종들은 싱싱하고 세미-드라이(Semi-Dry)한 인기 있는 람브루스코(Lambrusco) 와인을 생산한다. 알코올 함유량이 10.5~11℃로 낮은 편이며, 신선하고, 마시기 쉽고,

향기와 맛이 상쾌한 와인이다. 람브루스코는 레드 와인인데 스파클이어서 샴페인처럼 코르크 있는 부분을 묶어놓았으며 차게 해서 마셔야 제맛이다. 람브루스코는 식전주부터 메인 요리까지 다양하게 매칭할 수 있고, 진한 소스나 기름진 요리에도 아주 잘 어울린다. 특히 한국인들이 좋아하는 매운 음식과도 잘 맞는다.

모데냐(Modena)의 인근에는 파르마(Parma)가 있는데 이 지역은 와인뿐만 아니라 파르메산 치즈(Parmasan Cheese)로 유명하다. 레드와인에 파르메산 치즈(Parmasan Cheese)는 매우 잘 어울리는 마리아주(Mariage)다. 특히 파르미지아노-레지아노 치즈가 좋다.

모데냐는 또한 페라리(Ferrari)의 도시인 마라넬로도 있다. 제2차 세계대전 때 원래 본사가 있었던 모데냐가 공습으로 파괴되자, 창업주 엔조 페라리가 공장을 옮겨 1940년대 초부터 이 도시는 페라리의 본고장이 됐다. 에밀리아 로마냐의 메디치 에르메테(Medici Ermete) 와이너리는 이 지역의 심장부인 레지오 에밀리아(Reggio Emilia)에 자리하고 있었다. 오너인 알베르토 메디치(Alberto Medici)였다. 먼저 들어선 곳은 초창기의 와인 셀러였던 장소다. 19세기 후반에 이곳에서 메디치 에르메테의 와인 양조 역사가 시작됐다. "지금으로부터 125년 전 증조할아

버지가 이 작은 셀러에서 가족 소비 용도로 와인을 만들기 시작했다. 본업으로는 3개의 오스테리아(Osteria, 와인과 간단한 음식을 파는 선술집 분위기의 식당)를 운영했다. 슬하에 1남 3녀를 둔 그는 세 딸에게 오스테리아를 맡기고, 아들에게는 오스테리아에서 팔 와인을 만들도록 했다." 그들의 와인은 맛과 품질이 뛰어나서 주변의 와인 바를 찾던 손님들이 하나, 둘씩 그들의 와인을 찾기 시작했다고 한다. 결국 와인 바 주인장들이 너도 나도 와인을 공급받기를 원하기에 이르렀다. 알베르토의 조부인 에르메테(Ermete)의 대에 이르러 와인 사업은 본격적으로 확대됐고, 부친과 숙부 때부터는 수출에도 박차를 가했다. 4세대인 알베르토에 이르기까지 가족 경영을 이어오고 있는 메디치 에르메테는 현재 75ha 규모의 포도밭에서 와인을 생산해 전 세계 70개국에 수출한다. 와이너리에서 일행들과 그들이 만드는 발사믹 식초도 볼 수 있는 곳으로 자리를 옮겨 에밀리아 로마냐의 가정식에 다양한 람브루스코 와인을 곁들이기로 했다. 알베르토의 모친이 직접 앞치마를 메고 요리를 만들었다는 말에 절로 탄성이 나왔다. 이곳에서 4대째 와인을 만들어 왔으며, 특히 기억 남는 것은 바닐라 아이스크림에 발사믹 소스를 뿌려서 먹어보니 맛이 아주 환상적이었다.

와인과 음악의 스토리로 탄생한 와이너리 피에몬테 바바(BAVA)

"와인은 침묵의 잔을 채우는 음악과 같다." 라고 로버트 플랜(영국의 기타리스트 및 작곡가)은 말했다. 와인과 음악의 조화로운 관계로 와인을 만들어 내는 와이너리가 있다. 1911년 피에몬테 북부 아스티 지역에 설립된 바바(BAVA) 와이너리는 로베르토, 지울리오, 파올로 바바 삼형제가 역할을 분담해서 이끌어나가고 있는 포도원이다. 바르베라 품종의 뛰어남을 알리기 위해 노력하고 있는 바바는, 바르베라를 개량하고 이 품종이 보여줄 수 있는 집중도와 파워, 복합성을 드러

내는 와인을 계속 선보이고 있다.
바바 삼형제의 주축인 로베르토 바바의 주변에서는 언제나 음악이 끊이지 않는다. 마케팅의 귀재로 불리우고 있는 로베르토는 전 세계로 자신의 와인을 알리는 여행을 다닐 때도 언제나 실내악 연주를 함께 준비한다고 한다.
또한 와이너리에서 콘서트를 개최하는 등, 와인과 음악을 만날 수 있는 자리를 항상 고민한다. 가을이 한창인 지금 바바 와이너리에서는 수확 시즌을 맞아 오케스트라 연주를, 와이너리 곳곳에 울려퍼지는 재즈 페스티발을 까브에서 매년 8월마다 개최하고 있다.
바르베라 다스티(Barbera d'Asti) 스트라디바리오(Stradivario)는 바르베라 100%이며 바바에서 자랑스럽게 내세우는 와인은 바르바레스코보다 바르베라 달바이며, 이 와인에 붙인 이름은 전설적인 바이올린 스트라디바리오다.

이태리 피에몬테의 와인명가 '바바'가 만든 세계적인 와인 '스트라디바리오', 천상의 소리, 신비의 선율을 내는 명품 바이올린 '스트라디바리도'를 상징한다. 혹독한 겨울을 몇 번이나 넘긴 단단해진 가문비나무를 재료로 사용해야만 더욱 좋은 소리를 낼 수 있었다고 하는 스트라디바리오 시련을 겪어야 완성되는 최고의 작품. 싸구려라 인식되던 바르베라 품종을 오랜 열정과 기다림으로 숙성시켜 그 진정한 맛을 세계에 알려 극찬을 받은 최고의 명품와인, 스트라디 바리오는 많은 애호가들의 사랑을 받고 있다.
스트라디바리오는 블랙 체리와 스파이시한 향, 약간의 바닐라 터치를 느낄 수 있으며, 과실 풍미가 강하게 느껴지며 산도도 적당한 편이며 바르베라 품종이 보여줄 수 있는 무게감도 좋다.
바바 바롤로 콘트라바쏘(BAVA - Barolo Contrabbasso)는 네비올로 100%며 레이블에 그려져 있는 현악기 Double Bass는 저음을 내는 현악기다. 이 악기의 묵직한 음은

심포니나 재즈 연주에 사용되는데 바롤로의 품위 있는 기품과 뛰어난 구조, 오랜 숙성으로 느낄 수 있는 바롤로의 맛과 향은 더블베이스의 느낌에 비유할 수 있다. 더블 베이스의 오랫동안 지속되는 긴 여운처럼 와인을 마시고 난 후에도 입안에 향기로운 여운이 느껴지며 풍성한 부드러움과 심오한 깊이의 사운드를 지닌 현악기 첼로로 표현되는 와인이다. 입안을 가득 채우는 원숙한 깊이, 활력이 넘치는 남성적인 와인으로 입안 가득 채우는 풍성한 깊이가 장점이다.
와인과 음악은 사람의 묘약이기도 하며 멋진 사람들과 환상적 와인을 마실 때 사람은 최고의 행복감에 빠져든다.

이번 와이너리 투어를 통해 느낀 것은 밀라노 시내의 유명 레스토랑에서 만난 저 문구, "값싼 와인을 마시기엔 인생이 너무 짧다."였다.

* Pio Cesare

11

화이트 와인으로 명성 높은 독일

와인은 침묵의 잔을 채우는
음악과 같다.

_Flip Robert

독일은 와인 생산국이 되기에 기후적으로 매우 열악한 환경을 지니고 있다. 포도 나무 재배의 북방한계선에 걸쳐 있기 때문이다. 지리적 한계를 벗어나기 위해 독일 인들이 선택한 것이 화이트 와인이다. 날씨가 추운 지방에서 강렬한 레드 와인을 생산하는 것은 힘들지만 부드러운 화이트 와인을 생산하는 것은 가능하기 때문이다.

한편으로 조금이라도 햇볕을 많이 받게 하기 위해 큰 강을 낀 계곡의 가파른 경사지에 포도밭을 조성하는 노력도 게을리하지 않았다. 어느 정도 급경사냐 하면 심한 곳은 경사가 45도를 넘는 곳도 있을 정도이다. 이런 노력에도 불구하고 기후적인 열세 때문에 포도가 한꺼번에 익는 것을 기대하기는 어렵다. 그래서 독일은 와인의 등급을 정할 때 포도의 완숙도를 주요 평가기준으로 삼는다.

이런 급경사지역에서 힘들게 포도를 기르고 수확하는 독일 와인 생산업자들의 수고 덕분인지 독일 와인은 맛이 부드럽고 미감이 풍부하기로 유명하다.

독일은 다른 구세계 와인들과 달리 품종명 표시 와인을 생산한다. 라벨에 품종을 표시한다는 말이다. 독일의 대표적 품종은 섬세하고 기품 있는 맛을 지닌 리슬링이다. 두 번째로 많이 재배되는 품종은 향긋하고 가벼운 스타일의 뮐러 투르가

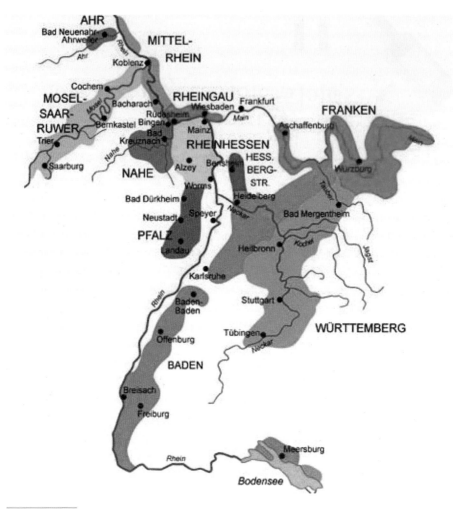

출처 : 독일와인협회

우이다. 게뷔르츠트라미너^{Gewurztraminer(Spicy한 traminer의 뜻)} 품종은 진한 열대 과일향을 지니고 산도가 적으면서 당분이 많아 양념이 강한 한식과 잘 어울리는 와인으로 알려져 있다.

화이트 와인이 유명하긴 하지만 그렇다고 레드 와인을 생산하지 않는 것은 아니다. 독일에서 생산되는 레드 와인을 만드는 품종으로는 슈페트부르군더^{Spatburgunder,} 부르고뉴의 피노 누아로 알려짐와 포르투기저^{Portugieser}를 들 수 있다. 슈페트부르군더는 독일 기후에 잘 적응해 사랑받고 있고, 포르투기저는 향이 화려하고 풍부하다는 장

소믈리에도 즐겨 보는 와인상식사전

점이 있다.

독일의 대표적인 와인산지로는 우리나라 마주앙 와인과 기술제휴를 맺고 있는 모젤Mosel, 그리고 라인가우Rheingau 지방으로 이곳에서 생산하는 와인의 산도와 당도의 조화는 세계적으로 인정받고 있다.

독일 하면 아이스바인Eiswein, Ice Wine도 빼놓을 수 없는데, 아이스바인은 살짝 언 상태의 포도송이를 착즙해 만들어 디저트용 와인으로 사랑받고 있다.

독일 와인등급

Quality Wine(품질이 우수한 와인)		Table Wine(테이블 와인)	
최상급	상급	지방(지역) 와인	테이블 와인
QmP	QbA	란트바인(Landwein)	타펠바인(Tafelwein)
가장 품질 좋은 와인으로 QbA급 와인과는 달리 가당을 하지 않는다.	13개 특정지역에서 생산되는 품질 좋은 와인으로 알코올 도수를 높이기 위해 가당을 한다.	알코올 도수, 산도 등 최소한의 규정으로 17개의 특정 지역에서 생산되는 와인	EU 내에서 재배된 포도로 자유롭게 만든 와인이며, 100% 독일산 포도로 만든 경우 도이치 타펠바인으로 표기한다.

🍷 Wine Stroy | 실수(失手)가 만든 슈페트레제(Spatlese)

18세기 말, 라인가우Rheingau 지역 한 수도원에서 매년 그랬던 것처럼 포도를 수확해도 되는지 확인하기 위해 그해 재배했던 포도를 따서 멀리 떨어져 있는 풀다Fulda에 있는 대수도원장에게 보내게 되었다. 그런데 1주일이면 돌아왔던 전령이 이번에는 3주가 지나서야 돌아오게 되었고, 그로 인해 포도는 수확기를 놓쳐 너무 익어 버렸다. 그래서 버리기에는 아까워 하는 수 없이 와인을 담갔는데, 이듬해 열어보니 지금까지와는 전혀 다른 달콤하고 색다른 맛이 들었고 수도원에서는 모두들 깜짝 놀라게 되었다. 전령傳令에게 어떻게 된 영문인지 묻자 그는 엉겁결에 "슈페트레제Spatlese"라고 답했다. 이는 "너무 늦게 수확했어요."라는 뜻이다. 이렇게 해서 실수가 빚어낸 '슈페트레제'가 탄생하였고 독일 와인의 대명사가 되었다. 이후 수확기를 더 늦추어가며 만든 아우스레제Auslese가 나오게 되었고 상하기 직전까지 두었다가 잘 익은 포도알만을 따서 만든 베렌아우스레제Beerenauslese가 나오고, 건포도처럼 쪼글쪼글하게 말려서 만든 트로켄베렌아우스레제Trockenbeerenauslese가 나왔다. 그리고 급기야는 얼어붙은 포도알을 수확해서 만든 아이스바인Eiswein, Ice Wine까지 나오게 되었다. 아이스바인은 달콤하고 맑게 떨어지는 맛이 디저트Dessert류와 환상적인 궁합을 이루었다. 그래서 송년파티에서나 크리스마스 때 선물로 인기가 높다. 유명 네고시앙으로 휴겔HUGEL과 트림바크TRIMBACH가 있으며, 초보자들이 마시기에 좋은 리슬링은 드라이하면서 상큼한 신맛이 있다. 특히 생선류의 애피타이저에 좋고, 게뷔르츠트라미너는 세계에서 가장 독특하고 가장 흥미있는 와인이다. 알자스 와인은 부담없는 가격에 품질이 뛰어나며 쉽게 구할 수 있다.

* 카비네트-슈페트레제-이우스레제-베렌아우스레제-아이스바인-트로켄베렌아우스레제 순으로 당도가 높다.

소믈리에도 즐겨 보는 와인상식사전

German Wine Teminology

Germany	English	해설
Wein	Wine	와인
Weingut	Winery, Estate, Chateau, Domaine	와인 제조회사
Weißwein(Weisswein)	White Wine	백포도주
Rot Wein	Red Wine	적포도주
Rotling	Light Colour Red Wine	색깔이 엷은 레드 와인. 적포도와 백포도를 혼합하여 만듦
Perlwein	Light Sparkling Wine	반발포성 와인
Schaumwein	Imported Sparkling Wine	수입 발포성 와인
Sekt	German Sparkling Wine	독일 발포성 와인
Tafelwein	Table Wine	테이블 와인
Amtliche Prüfungs Nummer	Official Testing Number	와인 국가검사 번호
Spätlese	Late Harvested	늦게 수확한 잘 익은 포도로 만든 와인
Auslese	Select Picking Bunches	잘 익은 포도송이를 선별하여 만든 와인
Beerenauslese	Select Picking Berries	선별된 포도로 만든 와인
Trockenbeerenauslese	Edelfaule Berries Select Picking	귀부포도를 선별하여 만든 와인
Eiswein	Ice Wine	아이스와인, 포도를 얼려 만든 와인. Beerenauslese, Trockenbeeren-auslese로 만듦
Qualitätswein mit Prädikat[QmP]	Quality Wines with Mark	등급받은 우수품질 와인
Qualitätswein bestimmter Anbaugebiete[QbA]	Quality Wines of a Specified Appellation	한정지역 우수품질 와인
Einzellage	Individual Vineyard	개별 포도밭
Grosslage	Collective Vineyard	몇 개의 포도밭으로 구성된 포도밭 집합 (반드시 이웃해 있지 않아도 됨)
Bereich	District	포도 재배지구
Anbaugebiet	Regions	포도 재배지역. 13개가 있음
Bocksbeutel	Franconian Flat, Bag-Shaped Bottle	프랑코니아 지역의 둥글고 납작한 와인병
Edelfaul	Noble Rot, Botritis Cinerea	귀부병에 걸린 포도
Erzeugerabfüllung	Wine Bottled by Producer	와인 생산자가 병입한 와인
Jungfernwein	Virgin Wine	포도나무를 심어 처음 생산한 와인
Lage	Vineyard, or Site	포도밭
Weissherbst	Light Rosé Wine	로제와인(한 품종으로만 만듦)

12

지중해의 태양 같은 스페인과 포르투갈

포도주는 영혼의 숨겨진 비밀에
빛을 비춘다.

_고대 로마 시인, Horatius

스페인은 경작지의 크기로만 비교했을 때는 2, 3위급의 와인 생산 국가이지만 수출에 주력하기보다는 자국에서 대부분 소비하는 스타일이다. 내가 만들어 내가 마신다주의라 남들의 평가에는 크게 신경 쓰지 않는다. 낙천적인 국민성을 감안해 볼 때 충분히 이해가 간다.

스페인이 와인을 생산하기 시작한 것은 로마 점령기 이후부터이다. 8세기 때 이슬람 세력의 지배를 받아 잠시 쇠퇴했다가 가톨릭 시대에 이르러 다시 번성하기 시작했다.

결정적으로 스페인 와인산업이 부흥하게 된 것은 순전히 19세기 후반에 프랑스의 포도밭을 강타한 필록세라Phylloxera, 뿌리혹벌레 덕분이다. 필록세라로 프랑스 포도밭이 전멸하자 프랑스의 포도상들이 스페인을 찾아왔고, 이때 프랑스의 포도 재배와 양조기술이 스페인으로 많이 전수되었던 것이다.

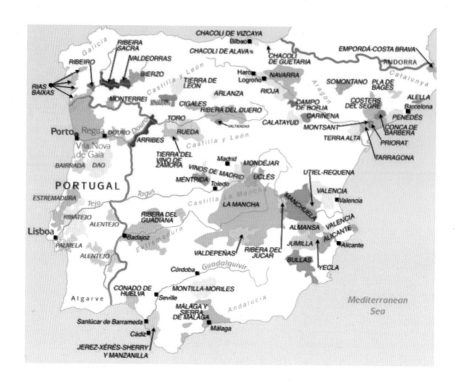

숙성에 의한 분류

스페인 와인에서 독특한 점은 와인 레이블에 해당 와인의 숙성 정도를 표기한다는 것이다. 일반적으로 스페인에서는 숙성기간이 길수록 좋은 와인이라는 인식이 강하다.

- 오크통에서 3개월 미만, 또는 아예 숙성시키지 않은 것. 원래는 저급와인을 만드는 방법이었으나 요즘은 오크향이나 타닌을 싫어하는 모던파 생산자들이 이 생산방식을 실험하기도 한다.
- 크리안사Crianza : 최소한 1년간 오크통 숙성을 포함해 숙성기간을 거친 후에 출시
- 레세르바Reserva : 최소한 1년간 오크통 숙성을 포함해 3년간의 숙성기간을 거친 후에 출시
- 그란 레세르바Gran Reserva : 최소한 2년간 오크통 숙성을 포함해 5~7년간 숙성하여 출시

소믈리에도 즐겨 보는 와인상식사전

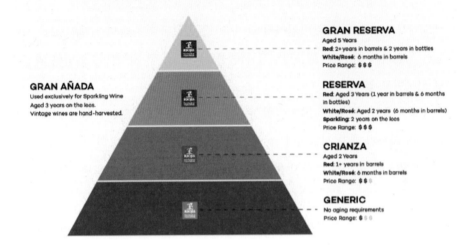

Rioja Wine Styles

GRAN RESERVA
Aged 5 Years
Red: 2+years in barrels & 2 years in bottles
White/Rosé: 6 months in barrels
Price Range: $ $ $

GRAN AÑADA
Used exclusively for Sparkling Wine
Aged 3 years on the lees.
Vintage wines are hand-harvested.

RESERVA
Red: Aged 3 Years (1 year in barrels & 6 months in bottles)
White/Rosé: Aged 2 years (6 months in barrels)
Sparkling: 2 years on the lees
Price Range: $ $ $

CRIANZA
Aged 2 Years
Red: 1+ years in barrels
White/Rosé: 6 months in barrels
Price Range: $ $

GENERIC
No aging requirements
Price Range: $

스페인 관련 법령에 의한 등급체계

Quality Wine(품질이 우수한 와인)				Table Wine(테이블 와인)	
최상급+	최상급	상급	차상급	지방(지역) 와인	테이블 와인
Vino de Pago	DOC	DO	VCIG	Vino de la Tierra	Vino de mesa
가장 품질이 좋은 와인으로 QbA급 와인과는 달리 가당을 하지 않는다.	13개 특정지역에서 생산되는 품질이 좋은 와인으로 알코올 도수를 높이기 위해 가당을 한다.		알코올 도수, 산도 등 최소한의 규정으로 17개의 특정 지역에서 생산되는 와인	EU 내에서 재배된 포도로 자유롭게 만든 와인이며, 100% 독일산 포도로 만든 경우 도이치 타펠바인으로 표기한다.

와인산지는 크게 스페인 북서부 지역과 중북부 지역, 중부 내륙지역, 북동부 지역으로 나누어진다. 가볍고 신선한 화이트 와인을 주로 생산하는 북서부 지역은 최근 들어 스페인에서 가장 빠르게 성장하는 와인산지이기도 하다. 알바리뇨albarinos 품종으로 만든 리아스 바이사스Rias Baixas, 템프라니요Tempranillo 품종으로 만든 리베

라 델 두에로Rivera del Duero, 토로Toro 등이 대표적 와인으로 손꼽는다.

피레네Pyrénées산맥의 에브로Ebro강을 따라 형성된 중북부 지역은 리오하Rioja, 나바라Navarra, 아라곤Aragon 등의 산지에서 섬세하고 성숙한 레드 와인을 생산한다. 19세기 후반에 프랑스 생산자들이 자리 잡은 지역이 바로 리오하이다. 덕분에 프랑스 보르도에서 건너온 기술로 바닐라와 딸기향, 잘 숙성된 가죽냄새가 배인 고급 레드 와인을 생산하게 되었다. 템프라니요 품종을 중심으로 몇 가지를 블렌딩한 와인을 주로 선보이고 있다.

중부내륙지역은 두에로강가에 형성되어 있는 전통적인 포도산지다. 스페인 최고의 와인 회사인 베가 시칠리아Vega Sicilia의 고장으로 템프라니요의 변종인 틴토 피노Tinto Fino라는 품종으로 강한 맛을 지닌 레드 와인 리베라 델 두에로를 생산하고 있다. 스페인의 포도품종은 총 600종이 넘는다.

북동부 지역은 바르셀로나에서 가까운 카탈로니아Catalonia 지방의 뻬네데스Penedes를 중심으로 발달한 와인산지다. 뻬네데스는 스페인 최초로 샤르도네와 카베르네 소비뇽을 재배한 곳이기도 한데 이곳에서 생산하는 화이트 와인은 농익은 향과 싱그러운 맛으로 인기를 끌고 있다.

북동부 지역을 말할 때 카바도Cabado를 빼놓을 수 없는데, 까바Cava는 전통방식으로 생산하는 스파클링 와인을 가리키는 스페인어이다. 북동부 지역, 그중에서도 뻬네데스에서 대부분 생산되는 까바는 현재 샹파뉴 다음으로 가장 유명한 스파클링 와인의 브랜드로 군림하고 있다.

🍾 스페인 추천 와인

파우스티노Faustino 시리즈 : 10만 원대의 가격으로 5년 이상 된 빈티지를 추천한다. 부드러우면서도 피니시가 강렬해 벨벳을 두른 악마의 맛으로 알려져 있다. 기막힌 색상에 느낌이 좋다.

스페인 고급와인의 병을 싸고 있는 금줄은 위조방지를 위해 고안되었고 빛이 투과하지 못하는 재질을 사용한다.

Spanish Wine Teminology

Spanish	English	해설
Vino	Wine	와인
Vino Blanco	White Wine	백포도주
Vino Tinto	Red Wine	적포도주
Vino Rosado	Rosé Wine	로제 와인
Espumoso	Sparkling Wine	발포성 와인
Vino de Mesa	Table Wine	테이블 와인
Abocado	Slightly Sweet, Semi-Sweet	약간 단맛이 있는
Aloque	A Mixture of Red and White Grapes	적포도와 백포도를 혼합한 것
Anejado	Aged	숙성된
Bodega	Wine Company, Winery, Cellar	와인회사, 포도원, 와인 저장고
Casa Vinicola	House of Winemaker	와인 제조회사
Cepa	Variety of Grape	포도 품종
Clarete	Light Red	가벼운 레드 와인
Corriente	Ordinary Wine	보통의 와인
Crianza	Matured Wine from Rioja	오크통 숙성 와인 (Red-2년 이상, White-1년 이상)
Dulce	Sweet	단맛의
Elaborado por	Made by	···에 의해 만들어진
Embotellado por	Bottled by	···에 의해 병입된
Embotellado de Origen	Estate Bottled	포도원에서 병입된
Gran Reserva	Matured Wine from Rioja	오크통 숙성 와인 (Red-5년 이상, White-4년 이상)
Vino Joven	Young Wine	숙성시키지 않은 와인. 바로 마시는 와인
Reserva	Matured Wine from Rioja	오크통 숙성 와인 (Red-3년 이상, White-2년 이상)
Seco	Dry	단맛이 없는, 실제는 약한 단맛이 남
Vendimia or Cosecha	Fortified Wine	포도의 수확연도
Vina,Vinedo	Vineyard	포도밭
Vino de Agujas	Slightly Sparkling Wine from Galicia	갈리시아산 반발포성 와인
Vino de Lagrima	Wine from Free Run Juice	프리런 주스로 만든 와인, 보통 달다.
Vino de Pasto	Light, Everyday Wine	일상적으로 마시는 가벼운 와인

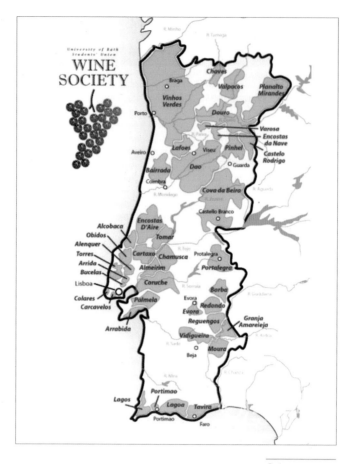

 포르투갈 와인 생산지

1. 개요

포르투갈에서 와인을 발효시키는 과정에서 당분이 남아 있는 발효 중간단계에 브랜디(와인을 증류한 주정)를 첨가하여 발효를 중단시키고, 이에 따라 도수와 당도가 높고 오래 보관이 가능한 와인이 탄생하게 되었다. 2015년에는 와인 스펙테이터[WS]에서 포트 와인 중 하나인 빈티지 포트를 세계 100대 와인 중 하나로 선정하기도 했다. 이와 유사한 주정강화 와인으로는 스페인의 셰리가 유명하고, 주정강화의 개념을 사용하는 또 다른 양조주로는 대한민국의 주정강화 청주인 과하주가 있다.

소믈리에도 즐겨 보는 와인상식사전

2. 역사

영국인의 와인 사랑은 중세에도 대단했으나, 영국 땅은 포도를 재배하고 와인을 생산하기에 적합하지 않았기 때문에 백년전쟁에서 프랑스에 패한 영국이 보르도 지역을 빼앗기고 교역이 중단되어 보르도 와인을 저렴하게 수입하기 곤란해졌고, 엎친 데 덮친 격으로 윌리엄 3세에 의해 1693년부터 시행된 조세법으로 프랑스 와인에 대한 세금이 대폭 증가하게 되었다.

상인들은 영국에 와인을 공급하기 위해서 적당한 와인산지를 물색하게 되었고, 런던에서 가까운 포르투갈의 북서연안으로 모여들었다. 대부분은 장거리 해상운송에 적합하지 않은 화이트 와인을 생산했기 때문에 레드 와인을 찾기 위해 도루^{Douro} 강 인근의 와인산지까지 이르게 된 것이다.

그러나 초기에는 험한 뱃길을 거치며 무더운 날씨 등으로 인해 운송 도중에 와인이 식초처럼 변질되는 경우가 속출하여 다른 방법을 모색하게 되었다. 영국 수입상인들은 알코올 도수가 높은 브랜디를 인위적으로 첨가해서 와인의 발효를 중지시켜야 변질되지 않는다는 것을 깨닫게 되었다.

당시 포르투갈 도루^{Douro}강 하구에 있는 아름다운 항구인 '오포르투^{Oporto}'에서 와인을 선적했기 때문에 '포트^{Porto}'가 이름에 붙게 되었다. 포트 와인은 원래 포르투^{Porto}와인이라 부르는 것이 맞지만 17세기 후반 영국에 의해 전 세계에 알려졌기 때문에 영국식 발음인 포트로 불리고 있다.

와인 생산지인 포르투갈 북부 도우루 지역은 매우 건조하고 여름과 겨울의 기온차가 큰 곳이다. 이곳에서 포트 와인이 만들어지면 이듬해 1월에 도우루강을 따라 포르투 시와 마주보고 자리한 빌라 노바 드가이아라는 도시로 옮겨져 숙성이 시작된다. 양조와 숙성 장소가 다른 이유는 포도재배에 적합한 기후와 와인의 숙성에 적합한 조건이 다르기 때문이다. 포트 와인은 숙성이 오래될수록 복합적인 견과류의 맛이 난다.

포트 와인은 크게 그해 수확한 포도를 골라 양조한 뒤 20~30년 정도 오크통에서 숙성시킨 빈티지 포트와 원산지와 생산연도가 다른 품종을 블렌딩한 타우니 포트, 식전 와인으로 쓰이는 화이트 포트 등으로 나뉜다.

포트와인은 대개 스위트 와인으로 만들어지며 과일향이 풍부하고 맛이 진하기 때문에 디저트 와인으로 사랑받고 있다.

포트와인은 특히 높은 도수를 선호하는 영국인들의 입맛에 딱 맞아떨어졌다. 영국에서 단연 최고로 인기있는 와인이 되었고 뒤이어 포르투갈을 대표하게 되었다. 이때부터 포르투갈은 포트와인의 산지라는 이유로 영국과 경제적으로 긴밀한 관계를 맺게 된다. 영국에서는 포트와인이 날개 돋친 듯 팔려나가 가짜가 판을 치고 엉뚱한 지역의 포도로 만든 짝퉁 포트가 나돌게 된다.

1756년 포르투갈 정부는 국법으로 포트와인용 포도재배지역을 못박았는데 AOC제도와 같이 특정 재배지역 제한을 법으로 정한 최초의 나라가 포르투갈이다.

3. 양조 과정

포르투갈 북부 도우루강 상류지대에서 생산되는 포트 와인은 와인에 브랜디를 섞어 만든 와인이다. 알코올 도수나 당도를 높이기 위해 발효 중 또는 발효가 끝난 후에 브랜디나 과즙을 첨가한 와인을 강화 와인이라 부른다. 브랜디가 섞여 있어 알코올 농도가 높은 편이지만 일반 와인보다 훨씬 더 농축되고 진한 맛을 느낄 수 있다.

술이란 기본적으로 효모가 당과 반응하여 알콜(알코올)로 변하는 과정인데 당이 더이상 없거나 알코올이 너무 많아지면 효모가 사멸해 발효가 멈추고 술이 된다. 이런 와인을 양조하는 과정에서 발효가 1/2~2/3 정도 진행되었을 때 당이 알코올로 전부 또는 충분히 변하기 전에 브랜디를 첨가함으로써 당도와 알코올 도수를 기존 와인보다 훨씬 높게 유지시킬 수 있게 된다. 이렇게 만들어진 주정강화 와인을 오크통을 담아 강을 따라 하루의 오뽀르뚜(오포르투) 항구에서 출하했고, 주로 영국으로 수출되었다. 지금은 무역이 훨씬 빨라진 관계로 강을 따라 보내고 다시 항구에서 기다렸다가 바다를 건너가는 시간만큼을 생산지에서 그냥 그대로 보관하며 숙성시키고 있다.

포트는 오크통 숙성과 병 숙성에 따라 품질이 구분될 수 있으며, 고급 포트는 병 숙성을 한다(루비 포트). 최고급 포트는 오크통에서 백 년 이상 숙성을 한다.(100

소믈리에도 즐겨 보는 와인상식사전

년 이상된 토니 포트)

아래는 체계적인 순서의 따른 제조 순서로, 포트 와인뿐만 아니라 모든 주정강화 와인이 같은 방식이다. 다만 와인품종과 발효를 중지시키는 시점, 첨가하는 브랜디의 종류와 순도, 이후의 숙성과정 정도만 다를 뿐 모든 방식은 같다. 발효를 중간에 끊고, 높은 알코올 도수의 증류주를 첨가시키는 것이 핵심이다.

- **수확** : 포트 와인은 주로 토우리가 나시오날^{Touriga Nacional}이라는 포르투갈 도루 지방의 토착 품종을 이용해서 만든다.

- **압착** : 현재는 기계작업이 대부분이나, 전통적으로 '라가레스^{Lagares}'라는 화강암으로 만든 낮은 통에 사람이 들어가 발로 포도를 으깨어 발효시켰으며 완성된 포트는 포르투의 도시인 '빌라 노바 드 가이아^{Vila nova de gaia}'의 지하 셀러에서 저장과 숙성이 진행된다.

* 라가레(Lagares)

포르투갈 여성들은 수확기가 되면 포도밭으로 나가 포도를 딴다. 이때에는 동네의 아낙들이 다 나와 거둔다. 하지만 처녀들은 사절한다. 풍요와 다산을 위해서는 아이를 낳고, 또 낳을 수 있는 유부녀들만이 포도밟기를 해야 된다는 생각에서이다.

- **발효** : 와인을 숙성시키기 위해 사용하는 큰 나무통인 캐스크^{Cask}에 알코올이 10도 내외가 되도록 발효를 한다.

- **브랜디 첨가** : 발효 중 ABV 75~77%의 브랜디를 약 18도가량이 되도록 첨가하여 발효를 중지시킨다. 일정 도수 이상이 되면 효모가 발효를 멈추는데 발효가 덜 끝나 와인 속에 잔당이 많이 남아 단맛이 난다.

- **오크통 숙성** : 도우루^{Douro}강 상류의 저장고에서 숙성 후, 하구의 빌라 노바 데 가이아^{Vila Nova de Gaia}로 옮겨서 계속 숙성한다. 오크통에서 최소 2년에서 50년 이상 숙성한다.

- **혼합** : 당연히 포트 와인도 일반 와인처럼 블렌딩을 한다. 다만 와인은 주로 단

일 연도의 생산품들 중에서 블렌딩을 하는 반면, 포트 와인은 다른 빈티지 간에도 블렌딩을 하는 편이다. 물론 싱글 빈티지도 있고, 위스키의 싱글 몰트에 대응하는 개념도 있다.

- **병입**
- **출하**

4. 종류

- **루비 포트(Ruby Port)** : 양조 후 산화를 막기 위해 스테인리스 스틸통에서 숙성한다. 루비색의 디저트 와인

- **화이트 포트** : 청포도로 양조하며 3~5년가량 통숙성한다. 황금색이다. 드라이 와인으로 소개되는 경우가 많으나 Dry White는 White port와는 엄연히 다른 제품군에 속한다. 루비 포트와 비슷하게 디저트 와인이다.

- **토니 포트(Tawny Port)** : 루비포트와 다르게 양조 후 산화를 일으키기 위해 스테인리스가 아닌 오크통에서 숙성한다. 10/20/30/40년의 통숙성기간 후에 병입하여 판매하는 것은 Aged Tawny로 구분된다. 100년 이상된 토니 포트가 최고급 포트 와인이다. 빈티지 포트는 이에 비하면 훨씬 싸다.

- **콜레이타(Colheita)** : 단일연도의 포트로 7년 이상 통숙성하여 병입한다. 수확연도와 병입연도가 모두 표기된다. 모든 콜레이타는 토니 포트. 콜헤이타라고 읽으면 안 된다. 포르투갈의 L+H는 우리가 아는 L+Y처럼 발음한다.

- **빈티지 포트(Vintage Port)** : 특정연도의 포도만 사용하여 양조하는 고급 포트이다. 수확 후 3년 미만에 모두 병입이 끝나며, 최대 50년 이상의 숙성이 가능하다.

- **레이트 보틀드(Late Bottled)** : 우수한 빈티지인 경우에 4~6년가량 통숙성하여 출시한다.

5. 유명 생산자

포트는 한 회사가 여러 가지 포트 라벨(하우스)을 소유하고 있다. 포트와인기구

IVP, Instituto do Vinho do Porto에 의해 품질 인증이 엄격하게 실시되기 때문에, 생산자보다는 포트의 종류를 파악하는 것이 유리하다. (생산자에 따른 차이보다는 포트의 종류에 따른 차이가 더 크다는 의미.)

- **시밍턴 패밀리(Symington Family)** : 그라함Graham's, 다우Dow, 와레스Warres, 스미스 우드하우스Smith Woodhouse, 굴드 캄벨Gould Campbell, 콸레스 하리스Quarles Harris
- **플라드게이트 파트너십(Fladgate Partnership)** : 크로프트Croft, 델라포스Delaforce, 폰세카Fonseca, 테일러Taylor's
- **소그라페(Sogrape)** : 오플레이Offley, 페레이라Ferreira, 샌드맨Sandeman
- **콘스탄티노 드 알메이다(Constantino de Almeida)** : 킨타 두 크라스투Quinta do Crasto
- **그 외 유명 포트 하우스** : 브로드벤트Broadbent, 콕번Cockburn, 크로프트Croft, 오스본Osborne, 니에푸르트Niepoort, 버메스터Burmester, 콥케Kopke

포르투갈 와인등급

Quality Wine(품질이 우수한 와인)		Table Wine(테이블 와인)	
최상급	상급	지방(지역) 와인	테이블 와인
DOC	IPR	비뉴 헤지오날	비노 데 메사

포트 와인은 초콜릿과 아주 잘 어울리고, 이는 식사의 마무리를 의미한다. 둘 다 진하고 달콤하며 만족감을 주어서 같이 먹으면 가끔 벅찬 희열이 느껴지기도 한다.

중요한 와인산지로는 북부지방의 도우루밸리, 다옹Dao, 바이라다Bairrada 같은 북부지방과 리바테호, 알렌테호, 에스트레마두라와 같은 남부지방, 그리고 모로코 서쪽에 자리 잡은 섬 마데이라Madeira를 들 수 있다. 특히 마데이라에서 만드는 마데이라 와인은 포트 와인과 같은 강화 와인이면서도 스위트하기만 한 것이 아니라 끝맛이 드라이하고 톡 쏘면서 새콤한 맛을 지녔다.

 와인 수첩 활용하기

와인명 Royal Oporto White

REGION(GRADE) : 포르투갈 > DOC Douro

VARIETIES : Malvasia Fina, Gouveio, Códega, Arinto, Viozinho

TASTING NOTE : 풍부한 꽃 향기와 과실의 향이 엘레강스함을 선사하고 부드러운 텍스처가 인상적이다. 완벽한 밸런스가 훌륭한 와인이다.

VINIFICATION & AGING : 3~4년 오크 숙성

THE TERROIR : 포르투갈 북부 도우루 강변에 위치

ALCOHOL(CAPA) : 19%(750ml)

SWEETNESS : Sweet   **SERVING TEMP** : 10~12°C

FOOD MATCHING : 파인애플, 바바로아즈 등 디저트, 칵테일(로얄 오포르투 화이트 포트 1/3, 토닉워터 2/3, 얼음과 레몬 듬뿍)

WINERY INFO : 레알 비니꼴라 양조회사는 포르투갈 북부 도우루 강변의 여러 포도원 중 가장 좋은 위치에 있는 포도원에서 재배한 포도로 양조하여 와인을 생산하며, 훌륭한 품질로 탄탄한 명성을 가지고 있는 와이너리다.

HISTORY : 1756년 설립된 와이너리로 약 260년의 전통을 가진 포르투갈 최대의 유서깊은 와이너리다. 2, 3세대 가족경영으로 운영되고 있다.

즐기는 방법(포르투갈 칵테일)

　더 나아가 우리의 모든 포도밭은 프로오가닉^{Pro-Organic} 방식으로 지속 가능한 포도재배를 실천하고 있다. 인증은 약 70% 이상 받았지만 사실상 100% 오가닉으로 운영된다고 보면 된다. 테루아를 존중하며 각 포도나무가 제공할 수 있는 가장 좋은 것을 얻기 위해 포도원에 대한 인간의 간섭을 최소화하고 있으며 화학제품도 쓰지 않고 있다. 병충해에 대해서는 호르몬, 아로마 등을 사용해서 방지하고 있다. 특히 우리의 와인 로얄 오포르투^{Royal Oporto}는 여러 세대에 걸쳐 셀러 마스터들에 의해 일관성을 갖춰 블렌딩되고 숙성되어 왔다. 우리의 와인들은 Top 100 Wine Spectator에 3년 연속 선정되는 등 국제적으로 인정받았고, 이는 우리 와인의 탁월함을 입증하고 있다.

 와인 수첩 활용하기

와인명 Royal Oporto Tawny

REGION(GRADE) : 포르투갈 > DOC Douro

VARIETIES : Touriga Nacional, Touriga Franca, Tinta Roriz, Tinta Barroca

TASTING NOTE : 미디엄 바디의 포트와인으로, 과실의 향이 엘레강스하고 성숙한 오크배럴의 아로마를 느낄 수 있다. 자두, 농익은 신선한 베리류의 과실과 감초 아로마가 인상적이다. 또한 완벽한 밸런스가 훌륭한 와인이다.

VINIFICATION & AGING : The Real Companhia Velha Royal Oporto Tawny를 평균 5년 숙성

THE TERROIR : 포르투갈 북부 도우루 강변에 위치

ALCOHOL(CAPA) : 19~20%(750ml)

SWEETNESS : Sweet　**SERVING TEMP** : 10~12℃

FOOD MATCHING : 프랑스의 경우 aperitif, 포르투갈의 경우 "afternoon drink"로 즐김. Tawny Port는 어떠한 것과도 잘 어울리며, 견과류와도 매우 잘 어울린다.

WINERY INFO : 레알 비니꼴라 양조회사는 포르투갈 북부 도우루 강변의 여러 포도원 중에서 가장 좋은 위치에 있는 포도원에서 재배한 포도로 양조하여 와인을 생산하며, 훌륭한 품질로 탄탄한 명성을 가진 와이너리다.

HISTORY : 1756년 설립된 와이너리로 약 260년의 전통을 자랑하는 포르투갈 최대의 유서깊은 와이너리다. 2, 3세대 가족경영으로 운영되고 있다.

Portuguese Wine Teminology

Portuguese	English	해설
Vinho	Wine	와인
Vinho Branco	White Wine	백포도주
Vinho Tinto	Red Wine	적포도주
Vino Rosato	Rosé Wine	로제와인
Espumante	Sparkling Wine	발포성 와인
Adamador	Sweet	단맛이 있는
Adega	Wine Company, Winery, Cellar	와인회사, 포도원, 와인 저장고
Aguardente	Brandy	브랜디
Casta	Grape Variety	포도 품종
Cepa	Grape Vine	포도나무
Clarete	Light Red	가벼운 레드 와인
Claro	New Wine	햇포도주
Colheita	Vintage	포도의 수확연도
C.V.R	Regional Wine	Vin de Pay에 해당 해당지역 포도를 85% 이상 사용
D.O.C	Controlled Appellation Wines Produced in a Geographical Limited Region	한정 지역에서 생산된 품질 와인
Doce	Sweet wine	감미 와인
Engarrafado	Bottled	···에서 병입된
Carrafa	A Bottle	와인병
Garraferia	Reserved Wine	오크통에서 숙성된 와인(Red: 2년 이상, White: 6개월 이상)
I.P.R	Regulated Origin of Wines with Specific Characteristics	특별한 성격을 지닌 5년 이상 숙성된 고급 와인(D.O.C 등급)
Licoroso	A Wine with High Alcohol Content	알코올 도수가 높은 와인
Maduro	Matured Table Wine	숙성된 테이블 와인(대부분 화이트 와인)
Pipe	A Cask for Shipping or Maturing Wines	550L(약 700병)들이 숙성용 오크통
Quinta	Estate, Vineyard	포도원, 와인 양조장
Rabelo	Boat	도우루강의 포트와인 운반용 전통 배
Reserva	Reserved Wine with Single Vintage	숙성된 고급의 빈티지 와인
Seco	Dry	단맛이 없는, 실제는 약간 단맛이 남
Uva	Grape	포도

Velho	Old(Matured)Red Wine	숙성된 레드 와인
V.E.Q.P.R.D	Sparkling Wine Produced in a Denominated Region	지정된 지역에서 생산된 발포성 와인
Vinho da Mesa	Table Wine	테이블 와인
Vinha	Vineyard	포도밭

* Spain Miguel Torres

소믈리에도 즐겨 보는 와인상식사전

* Portugal Real
  Companhia Velha

13

신세계 와인의 독보적 존재, 미국

1. 개요

갤럽 조사에 따르면, 지난 25년 사이에 미국의 와인 소비량은 3분의 1 이상 껑충 뛰었으며 미국인의 약 30%는 일주일에 최소한 한 잔의 와인을 마시고 있다. 미국인들은 국내에서 생산되는 와인을 선호하는 편이기 때문에 미국인들이 소비하는 모든 와인의 4분의 3 이상이 미국산이다. 한편, 미국의 와이너리 수는 지난 20여 년 사이 배로 늘어나 이제 그 수가 6,000곳 가까이 되며, 미국 역사상 처음으로 50개 주 전역에서 와인이 생산되고 있다. 미국 시장에서 미국 와인의 지배력이 이토록 높은 점을 감안하면, 잠시 미국의 와인 양조에 대해 자세히 살펴보는 것도 좋을 듯하다. 미국에서의 와인산업을 '신생'산업이라고 생각하는 이들이 많지만 사실 그 뿌리를 짚어보면 약 400년 전으로 거슬러 올라간다.

미국의 와인은 대부분 캘리포니아에서 생산되는데, 이곳에서는 이상적인 기후조건에 풍부한 자본과 우수한 기술을 적용하여, 세계적인 품질의 와인을 생산하고 있다. 유럽은 전통적인 방법을 고수하면서 자신들의 명예와 전통을 지키지만, 미국은 과감한 실험정신으로 신규 기술을 접목하여 품질향상에 노력하면서 유럽의 유명한

50 STATES OF WINE

와인 메이커와 활발한 합작투자를 전개하고 있다. 한편, 캘리포니아 북쪽에 있는 오리건주州는 피노 누아로 만든 부르고뉴 스타일의 와인으로 유명하며, 오리건주 북쪽에 있는 워싱턴주 역시 새로운 와인산지로 각광받고 있다.

2. 역사

미국은 콜럼버스가 신대륙을 발견하기 500년 전에 이미 포도가 재배되고 있었다. 기록에 따르면, 본격적인 유럽식 포도 재배는 200년 전 멕시코를 통해 들어온 프란체스코 선교사들을 통해서였다고 한다. 미국 와인 생산은 뉴욕주에서 처음 시작됐으나, 사람들이 황금을 찾아 서부로 이동하며 캘리포니아에서 크게 이뤄졌다. 19세기 중반 고급 유럽 품종의 도입은 미국 와인 역사에 큰 획을 그었고, 여기엔 유럽 와인 양조 경험을 쌓은 사람들의 공헌이 컸다. 이후 1919년부터 1933년 금주령, 이후 세계대전 등으로 어려운 고비를 넘기고 차츰 탄탄한 토대를 갖게 됐다.

소믈리에도 즐겨 보는 와인상식사전

20세기 중반부터 본격적으로 시작된 미국 와인 산업은 1970~80년대 사이에 비약적으로 발전했다. 캘리포니아 유씨 데이비스(UC Davis)대학은 와인에 관한 과학적 연구로 미국 와인 품질 향상에 크게 기여했으며, 공부하고자 하는 유럽 와인생산자들까지 끌어들이고 있다. 미국 와인생산자들은 1983년 처음으로 토양과 기후에 따른 지역 명칭을 구체화시켰다.

1) 파리의 심판

27Page 파리의 심판 참조.

3. 환경

미국 동부는 대륙성 기후로 포도 재배에는 적합하지 않으나, 서부 해안 지방은 포도 재배하기 좋은 이상적인 기후를 지니고 있어 캘리포니아를 중심으로 와인산지가 발달했다. 태양이 강렬한 캘리포니아는 포도를 재배하는 데 햇빛이 모자라는 지역은 없을 정도다. 따라서, 포도가 너무 쉽게 자라거나 빨리 익는 것을 피할 수 있는 서늘하면서도 척박한 토양이 있는 장소만 찾는다면 와인에 있어서는 최고 생산지가 된다. 캘리포니아는 유럽에 비해 태양이 충분하고 기후 변화가 훨씬 적어 지속적인 품질의 와인을 만들 수 있고, 빈티지의 영향을 많이 받지 않는 것으로 알려져 있다. 캘리포니아 프리미엄급 와인은 구대륙의 그랑크뤼 와인들과 경쟁할 정도로 성장했다.

4. 용어

1) 리저브(Reserve) 와인

미국 와인의 라벨에 표기된 'RESERVE'에는 법적인 의미가 없지만 보리우 빈야드Beaulieu Vineyard나 로버트 몬다비 와이너리Robert Mondavi Winery 같은 몇몇 와이너리에서는 자신들의 특별한 와인에 이 'Reserve'를 표기한다. 보리우 빈야드에서 표시하는 'Reserve'는 특정 포도원의 포도로 빚어진 와인을 뜻한다. 로버트 몬다비 와이너리의 경우엔 최고의 포도들로 특별히 블렌딩된 와인을 가리킨다. 'Reserve' 이외에도 '캐스크Cask(숙성 나무통)' 와인이니 'Special Selection(특별판)'이니 'Propri-etor's Reserve(포도원 소유주가 생산한 와인)' 등의 모호한 의미의 용어들도 라벨 표기에 사용되고 있다.

2) 메리티지(Meritage)

'메리티지Meritage'는 '헤리티지heritage'와 운을 맞춘 명칭으로, 미국에서 보르도의 전통적 와인용 포도 품종을 블렌딩하여 빚은 레드 와인 및 화이트 와인을 일컫는다. 이런 메리티지 와인은 와인 메이커들이 품종명 표기에 요구되는 포도 함량의 최소 규정 비율(75%)을 맞추는 일에 숨막혀 하면서 탄생하게 되었다. 일부 와인 메이커들은 가령 주 품종 60%와 보조 품종 40%를 섞는 식의 블렌딩을 하면 더 우수한 와인을 만들 수 있다는 사실을 알고 있었으니 그럴 만도 했다. 메리티지 와인의 생산자들은 이런 식의 블렌딩을 통해 보르도의 와인 메이커들이 와인 양조에서 누리는 것과 같은 자유를 얻고 있다. 캘리포니아의 메리티지 와인에는 케인 파이브Cain Five, 도미누스Dominus(크리스티앙 무엑스Christian Moueix), 인시그니아Insignia(펠프스 빈야즈 Phelps Vineyards), 마그니피카트(magnificat)(프란시스칸Franciscan), 오퍼스 원(Opus one)(몬다비Mondavi/로칠드Rothschild), 트레프던 헤일로(Trefethen Halo) 등이 있다.

3) 컬트(Cult) 와인

캘리포니아에서 소량 고품질의 카베르네 소비뇽을 생산하여 경매에서 고가에 팔리는 와인으로서 1980년대 오퍼스 원Opus One을 시작으로 발전한 것이다. 캘리포니아의 소규모 와이너리들에서 빚은 카베르네 소비뇽은 엄청난 가격도 마다하지 않고 구입하는 광적인 와인 수집가들이 하나둘씩 늘고 있다. 이러한 '컬트cult' 와이너리들은 아주 소량의 와인만을 고가의 가격표를 달아 생산한다.

아라우호Araujo

아브로abreau

달라 발레Dalla Valle

슬로안sloan

콜긴Colgin Cellars

본드Bond

스캐어크로우Scarecrow

슈래더Schrader

시네 쿠아 논Sine Qua Non

브라이언트 패밀리Bryant Family

할란 에스테이트Harlan Estate

스크리밍 이글 슬론Screaming Eagle Sloan

헌드레드 에이커Hundred Acre

4) 저그(Jug) 와인

1.5리터 사이즈 혹은 더 큰 와인용기에 담아서 적당한 가격으로 파는 와인들에 대한 속칭이다.

5. 주요 품종

1) 화이트 진판델

화이트 진판델은 미국을 대표하는 가장 대중적인 와인으로 프랑스의 로제와인과 비슷하다. 1970년대 초 미국 캘리포니아의 셔터 홈Sutter Home이라는 와이너리에서 적포도 품종인 진판델을 달콤한 로제와인 형태로 발효시켜 처음 소개했다. 1970년대의 미국은 레드 와인보다 화이트 와인을 대중적으로 마셨기 때문에 캘리포니아 기후에서 잘 재배되는 진판델을 이용해 화이트 와인처럼 가볍게 마실 수 있는 와인을 만들어낸 것이다. 적포도즙이 너무 붉은색을 내기 전에 재빨리 껍질을 분리해 연한 핑크빛을 내고 당분이 모두 알코올로 변하기 전에 발효를 끝내 달콤한 맛이 남아 있다. 알코올 도수가 낮고 상큼하고 달콤한 맛을 내 부담없이 마실 수 있다.

6. AVA(American Viticultural Areas, 지정재배지역)

소믈리에도 즐겨 보는 와인상식사전

미국을 비롯한 신세계 와인은 특별한 등급체계나 원산지에 관한 규정이 없다. 유럽은 수백 년의 역사를 거치면서 많은 사람의 평가에 의해서 와인의 명산지나 명문가가 자리 잡을 수 있었지만, 신세계는 짧은 역사를 가지고 있어서 아직은 특별한 등급체계를 가지고 있지 않다. 일반적으로 알려진 명산지가 있을 뿐이고, 이제야 하나둘 정리하여 원산지의 범위를 정하는 정도의 체계를 갖추고 있다. AVA는 1983년부터 시행한 것으로 각 포도재배 지역을 구분하자는 취지에서 시작된 것이다. 어느 지역이 더 우수하다거나 품질을 보증한다는 의미가 아니고 단순히 다르다는 개념뿐이기 때문에, 유럽과 같이 재배방법, 생산방법, 품종 등에 대한 규정은 없다. 메이커 자신이 정한 품질기준과 소비자 요구를 부합시켜 자율적으로 관리한다.

7. 유명 산지 및 생산자

1) 워싱턴주(州)

캐나다와 국경을 맞대고 있는 워싱턴주의 컬럼비아 밸리 지역 같은 곳에서도 와인 생산이 활발하게 이루어지고 있다.

미국 북서부에 위치한 워싱턴주Washington State는 와인 생산 역사는 비교적 짧지만 좋은 품질의 와인으로 큰 명성을 얻고 있다. 원래는 높은 위도 때문에 가장 적합한 품종으로 여겨진 리슬링과 샤르도네 등 화이트 와인용 포도를 재배하기 시작했다.

1980년대부터 약간씩 알려지기 시작한 이 지역은 까베르네 소비뇽, 메를로, 시라와 같은 레드 품종과 소비뇽 블랑, 샤르도네 등과 같은 화이트 품종들이 생산되고 있으며 캘리포니아 다음으로 알려져 있다. 까베르네 소비뇽과 메를로가 워싱턴주를 대표하는 고품질의 와인으로 인식되고 있다. 이 두 가지 품종에 관한 한 워싱턴주는 다른 어떤 지역에 못지않은 품질을 인정받고 있는 것이다.

워싱턴주에는 대략 5군데의 와인 생산지역이 있지만 그중에서 대표적인 곳은 역시 컬럼비아 밸리Columbia Valley이다. 이 중에서도 좋은 품질의 까베르네 소비뇽이나 메를로를 생산하는 와이너리로는 앤드류 윌 와이너리Andrew Will Winery, 카누 릿지 빈야드Canoe Ridge Vineyard, 샤또 생 미셸Chateau Ste. Michelle, 컬럼비아 밸리Columbia Winery, 드릴 셀라스Delille Cellars, 헷지스 셀라스Hedges Cellars, 더 호그 셀라스The Hogue Cellars 등을 볼 수 있다.

(1) 월루크 슬로프(Wahluke Slope)

월루크 슬로프Wahluke Slope는 남쪽과 서쪽으로는 컬럼비아강, 그리고 북쪽으로는 새들 산맥으로 경계를 이루고 있으며, 더 큰 컬럼비아 밸리 AVA 중심 근처에 위치한 건조하고 매우 따뜻한 지역이다. 2006년도에 AVA에 지정되었으며, 카베르네 소비뇽, 메를로, 시라 등을 주요 품종으로 생산하는 지역이다.

(2) 컬럼비아 밸리(Columbia Valley)

• **데저트 윈드 와이너리(Desert Wind Winery)** : 데저트 윈드 와이너리는 동부 워싱턴주의 양조 기술로 와인을 생산한다. 워싱턴주 컬럼비아 밸리에서 자란 열매로 정성스럽게 만들어진 데저트 윈드 루아는 보르도 스타일의 풀바디 블렌드로, 생생한 블랙베리의 향과 독특한 애니스향의 풍미가 잘 어우러진다. 살짝 느껴지는 구운 오크향, 그리고 아몬드뿐 아니라 짙은 루비빛의 아름다운 색깔, 부드럽고 진한 피니시까지. 루아 그 자체로도 훌륭하지만 그릴에 굽는 고기요

리나 토마토 소스로 조리한 요리, 또는 부드러운 치즈와 곁들이면 더욱 좋다.

- **컬럼비아 크레스트(Columbia Crest)** : 컬럼 비아 크레스트(Columbia Crest Winery) 는 워싱턴주 전체 수출량의 85%, 전체 생 산량의 75%를 점유하고 있는 와인 생산자  로, 컬럼비아 계곡을 낀 가장 좋은 포도재배구역 2천5백 에이커에서 포도를 재배해 와인을 만들고 있다. 30여 년간 단 세 명의 와인메이커가 와인을 양조 해 일관성 있는 스타일과 높은 품질을 꾸준히 유지하는 것으로 유명하다. 컬럼 비아 크레스트 브랜드의 와인들은 세계적인 와인전문지 와인 스펙테이터^{Wine} Spectator에서 무려 150번이나 90점 이상의 높은 점수를 받으며 진가를 인정받 고 있다. 1983년 와이너리 설립 후 10년이 채 안 된 1990년에 유명해진 와인

- 평론가 로버트 파커가 선정한 '가장 가치 있는 와인생산자' 24개 중 하나로 꼽 히기도 했다. 미국에서 가장 살기 좋은 지역 중 하나로 꼽히는 워싱턴주는 태 평양과 로키 산맥 사이에 위치해 있으며 주의 한가운데를 가로지르는 캐스케 이드 산맥, 컬럼비아강을 따라 아름다운 경치를 자랑한다. 태평양 쪽으로 미 국 북서부 최대의 도시 시애틀이 자리하고 있으며 동쪽 로키 산맥 기슭의 컬 럼비아 분지에서는 와인을 만드는 포도와 맥주 양조에 쓰이는 홉, 사과, 아스 파라거스 등의 재배지가 펼쳐진다. 컬럼비아 분지가 와인산지로 각광받는 이 유는 무엇보다 포도재배에 최적화된 완벽한 환경을 꼽는다. 북으로 뻗어 있 는 캐스케이드 산맥이 태평양에서 불어오는 습기를 막아주어 이곳에는 일 년 내내 비가 거의 오지 않는다. 건조하고 온화한 날씨는 양조용 포도를 재배하 기 위한 가장 중요한 여건이다. 일조량이 좋고 낮이 길어 포도가 충분히 성숙 할 수 있는 환경을 갖추고 있으며, 높은 일교차는 포도에 신선한 산미를 만들 어줘 오랜 기간 숙성할 수 있는 힘을 지닌 와인이 탄생한다. 산이 많고 토양이 척박해 포도나무 뿌리가 물과 영양분을 찾아 땅속 깊이 파고들며 와인의 섬세 한 맛과 향을 만들어낸다.

2) 오리건주(州)

오리건주는 차가운 북태평양 한류의 영향을 받아 서늘한 지역이지만 이런 기후에 잘 적응하는 피노 누아를 제대로 훈련시킨 덕분에 프랑스 부르고뉴의 그랑크뤼에서 생산하는 피노 누아와 견주어서도 절대 뒤지지 않는 수준의 뛰어난 와인을 생산하고 있다.

미국의 네 번째 생산지인 오리건주는 대도시에서 먼 편이다. 이 지역에는 지형적으로 여러 밸리가 있는데 포도원도 작은 수공 단위로 나뉘어 있다.

근처의 캘리포니아주와 워싱턴주보다 쌀쌀한 기후, 그리고 떨어진 거리로 인해 오리건주는 뒤늦게 와인이 발달하기 시작했다. 이런 지형 조건은 포도 성숙에는 치명적이다.

하지만 차가운 기온에도 불구하고 밸리 내부는 여름이면 건조하다. 오리건은 화이트 품종과 피노 누아 품종에서 강세를 보인다. 게다가 부르고뉴 집안인 드루엥 Drouhin은 윌라메트 밸리Willamette Valley에 도멘을 세웠다.

- **가장 유명한 생산지(AVA)** : 애플게이트 밸리Applegate Valley, 레드 힐 더글러스 카운티Red Hill Douglas County, 로그 밸리Rogue Valley, 스네이크 리버 밸리Snake River Valley, 서던 오리건Southern Oregon, 윌라메트 밸리Willamette Valley, 그리고 몇몇 밸리는 워싱턴주 안에까지 펼쳐져 있다.

- **주요 품종** : 레드 와인으로는 피노 누아와 시라. 화이트 와인으로는 샤르도네, 피노 그리, 게뷔르츠트라미너, 리슬링, 알바리노

- **토양** : 석회암 또는 화산암 위에 여러 가지가 섞인 침적토

- **와인 스타일** : 쌀쌀한 기후와 잘 어울리는 와인이다. 화이트 와인이 주를 이루고 힘보다는 섬세함이 드러난다.

- **주요 생산자** : 애머티Amity, 아가일Argyle, 보 프레르Beaux Frères, 브릭 하우스Brick House, 크리스톰Cristom, 도멘 드루엥Domaine Drouhin, 도멘 서린Domaine Serene, 이리 바인야즈Eyrie Vineyards

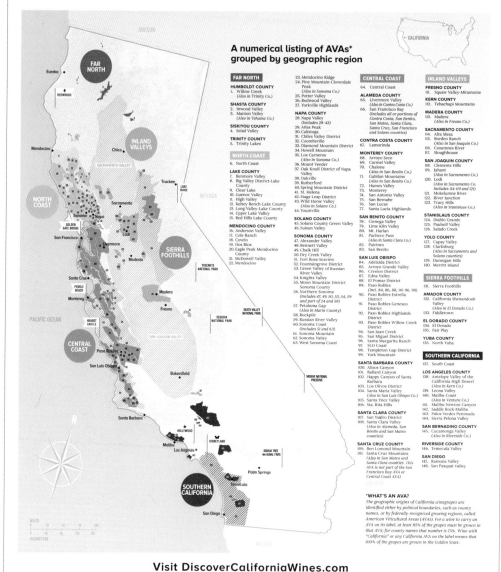

캘리포니아는 17만 헥타르의 포도 재배 면적으로 미국 와인 생산량의 90%를 담당하고 있는 지역이다. 생산량도 생산량이지만 품질 역시 최고로 인정받고 있다. 캘리포니아는 알다시피 뜨겁고 건조한 곳이다. 캘리포니아는 동쪽으로 사막을 등지고 서쪽으로는 태평양을 바라보는 무덥고 건조한 지역이다. 연중 일교차도 매우 크다. 하지만 알래스카의 차가운 공기를 동반한 바닷바람 덕분에 연중 온화한 기온이 유지된

다. 아침마다 산 중턱을 포근히 감싸는 안개는 와인이 산도를 형성하는 데 매우 중요한 역할을 한다. 이처럼 캘리포니아는 포도가 천천히 무르익는 천혜의 자연조건을 갖추고 있는 곳이다.

유럽의 전통 와인산지가 불안한 기후와 일교차 덕분에 오히려 최고의 와인을 생산해 내는 것과 비교하면 너무 따뜻하고 쾌청해서 오히려 약점으로 작용할 수 있는 조건에 속한다. 실제로 캘리포니아 와인은 힘만 있고 매력은 없는 와인으로 인식되기도 했다. 그런데 20세기 후반에 이르러 기술이 눈부시게 발전하면서 캘리포니아 와인 특유의 힘을 살리면서도 개성이 강한 맛을 지닌 와인을 생산할 수 있게 되었다. 캘리포니아 와인이 이룬 쾌거는 어디까지나 과학을 토대로 와인을 제대로 연구한 덕분에 얻은 결과이다.

캘리포니아 안에서도 가장 중요한 포도 산지로 꼽히는 것은 나파, 멘도치노, 소노마 카운티가 자리 잡은 캘리포니아 북부 해안지역이다. 이 중에서 나파 밸리는 미국 와인을 부흥시킨 로버트 몬다비의 와인 회사가 자리 잡은 곳으로 미국은 물론 신세계 최고의 와인산지로 손꼽히고 있다.

특정 포도 품종이 특정 지역 AVA는 물론, 더 나아가 개별 포도원과 결부되는 추세가 나타나고 있다. 가령 카베르네 소비뇽과 메를로는 나파 밸리, 피노 누아는 카네로스, 소노마, 산타바버라, 몬터레이가 연상되는 식이다. 또 시라의 경우엔 남중

부 해안지대, 특히 샌 루이스 오비스포와 결부되고 있다.

(1) 노스 코스트(North Coast)

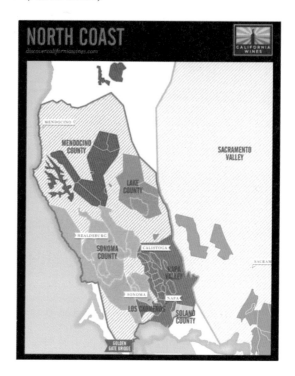

① 소노마 카운티(Sonoma County)

소믈리에도 즐겨 보는 와인상식사전

가. 소노마 밸리(Sonoma Valley)

소노마 밸리Sonoma Valley는 이웃한 나파 밸리의 명성에 눌려 빛을 발하지 못하고 있는 곳이기도 하다. 나파 밸리가 화려한 부자들의 마을이라면 소노마 밸리는 순수하고 소박한 평민들의 마을이라 할 수 있다. 소노마는 태평양 연안에 가까워 서늘한 해안지대를 제외하고는 나파의 기후와 대체로 비슷하다. 해안가 쪽에서는 훌륭한 화이트 와인이 생산되며 나파와 인접한 산지에서는 나파와 견주어도 손색이 없는 좋은 레드 와인이 생산된다. 켄우드Kenwood, 샤토 생진Chateau St. Jean 등의 와이너리가 이곳에 위치한다.

② 나파 밸리(Napa Valley)

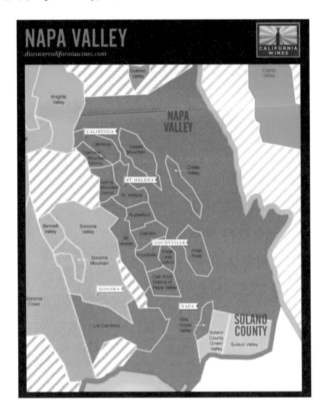

나파 밸리는 미국 캘리포니아에 속하는 와인산지다. 나파는 그야말로 레드 와인의 고장으로, 적포도와 청포도의 경작면적이 각각 3만 3,784에이커와 1만 614에

이커다. 적포도의 주요 재배 품종은 재배면적이 1만 9,894에이커에 달하는 카베르네 소비뇽, 5,734에이커인 메를로이다.

나파 밸리에 처음 거주했던 와포 Wappo 인디언 부족에게 나파란 '풍요의 땅'을 의미하는 말이었다. 나파 계곡에서 처음 포도를 재배한 사람들은 조지 연트 George Yount 와 같은 1840년경의 초기 탐험가들 이후 1861년 이 지역에 최초의 상업적인 와인 양조장이 설립, 1889년에 이르러 140개의 와인 양조장이 운영되기에 이르렀다. 1960년에서 2000년 사이에 와인 양조장의 수는 25개에서 240개 이상으로 증가하였고 이 지역에 처음 와인 붐이 발생한 지 100년 후 나파 와인의 뛰어난 품질은 세계적인 명성을 얻게 되었다.

나파 밸리는 샌프란시스코에서 차량으로 1시간 반 정도 떨어져 있으며 16,300 ha의 포도밭을 가지고 있다. 나파 밸리의 폭은 넓게는 남부 나파 City of Napa 부근에서 8km 정도이며 가장 좁게는 북부의 칼리스토가 마을 Town of Calistosga 부근에서 1.5km 정도이다. 나파 밸리에는 다음의 12개 AVA가 있다. 북쪽에서 남쪽으로의 순으로, 호웰 마운틴 Howell Mountain, 칠리스 밸리 Chiles Valley, 스프링 마운틴 디스트릭트 Spring Mountain District, 세인트 헬레나 St. Helena, 러더포드 Rutheford, 오크빌 Oakville, 아틀라스 피크 Atlas Peak, 스태그스 립 디스트릭트 Stags Leap District, 마운트 비더 Mount Veeder, 욘트빌 Yountville, 와일드 호스 밸리 Wild Horse Valley, 로스 카네로스 Los Carneros가 존재한다.

미국에서 가장 유명한 포도 재배 지역으로 샌프란시스코 북쪽에 자리 잡고 있다. 이 지역은 명성에 비해 그 면적은 매우 작은 편으로 나파에서 생산하는 포도량은 캘리포니아 전체의 5% 정도밖에 안 된다. 이 지역이 미국 최고의 와인을 생산하는 데는 지리적 영향이 크다. 대양의 바람과 샌파블로 만에서 발생하는 안개의 영향으로 낮에는 충분히 해가 비치지만 밤에는 선선한 기후를 유지하기 때문이다. 프랑스와 같이 좋은 레드 와인이 생산되고, 프랑스에서 재배되는 품종의 화이트 와인도 생산된다.

- **오퍼스 원(Opus One)** - 힙합 뮤지션 Jay-Z의 랩음악 '네가 가진 것을 내게 보여줘 Show Me What You Got'에는 "나는 시간이 흐를수록 더 나아지고 있어, 오퍼스

원^{Opus One}처럼 말이야"라는 가사가 나온다. 오늘

날 나파의 다른 유명세를 타는 와이너리들만큼
많은 주목을 받진 못하지만, 오퍼스 원은 나파 최
초의 '디자이너 또는 부티크' 와이너리였다. 로버
트 몬다비와 바론 빌립프 드 로쉴드는 1970년 하
와이에서 처음 만났다. 이들은 불과 한 시간 만에
캘리포니아에서의 조인트 벤처에 합의했고 자신들의 높은 명성만큼 와인의 가
격을 끌어올릴 것이라 기대했다. 비록 몇 해가 걸리기는 했지만 오퍼스 원은
캘리포니아 스타일로 재배된 포도와 보르도의 와인 제조 기술이 만나 매우 특
징 있는 스타일을 창조해 내며 안정을 찾았다. 오퍼스 원은 농익은 과실 맛과
강한 알코올 때문에 보르도 와인과 혼동을 일으킬 소지는 없다. 그러나 지금껏
선보인 초특급 캘리포니아 카베르네보다 알코올이 순하고 혀에 감기는 감칠맛
이 더 훌륭하다. 오퍼스 원 1987은 2006년 개봉 당시에도 여전히 색이 진하
고, 처음엔 그리 싫지 않은 풋내를 풍기다가 공기에 닿자 토바코 향으로 되살
아났다. 농축되고 풍만하며 뒷맛으로 타닌이 강하게 조여온다. 앞으로도 수년
간은 숙성이 가능할 것이다.

• 케이머스(Caymus) – 케이머스 와인에 관한 것이라면

무엇이나 논란에 불을 지핀다. 와인 애호가들은 조화롭
고 잘 익은 과일과 달콤하고 벨벳처럼 부드러운 텍스처
를 사랑한다. 평론가들은 지나치게 짙은 오크 향을 놓
치지 않으며, 우아함과 정교함이 결여되어 있다고 꼬집
는다. 팬들은 이 와인이 어려서도 마시기 좋다는 장점
을 만끽한다. 평론가들은 이 와인이 몇 안 되는, 산도가

높은 빈티지에 가장 잘 숙성한다는 사실을 지적한다.
그랑 뱅에 쓰이는 포도는 러더포드 동쪽 끝에 위치한
길쭉한 모양의 6헥타르의 퇴적토 파셀에서 수확한다.
아버지의 뒤를 이은 척 와그너는 몇 가지 변화를 도입

했다. 20세기 동안 과일과 타닌으로 **빽빽했던** 셀렉션 와인은 산화 처리한 뒤 병에서 4년 이상 숙성시켰다. 그러나 2000년 빈티지에서 척은 오히려 더욱 농익은 과일을 사용하고 엘르바주를 18개월로 단축시켜 무르익은 과일 향을 흐리지 않으면서 마시기는 더 쉬워졌다. 1994년 빈티지는 초기 스타일의 전형이라 할 만하다. 포도가 익는 계절은 길고 온화했으며 늦수확을 했다. 화창한 10월 날씨는 포도 열매가 완전히 원숙해질 수 있도록 해주었다. 배럴에서 25개월을 숙성시킨 이 와인은 어둡고, 과일 향을 전면에 내세우며 스파이시하고 관능적인 텍스처를 자랑한다.

- **스크리밍 이글(Screaming Eagle)** – 전 세계적으로 컬트 와인 붐을 일으킨 스크리밍 이글은 전통적인 와이너리 집안에서 만든 와인이 아니었다. 부동산업자였던 장 필립이 직접 와인을 만들어보고 싶다

는 평소의 꿈을 실현하기 위해 캘리포니아 나파 지역에 적을 두고 소량생산한 와인이었다. 스크리밍 이글 와이너리는 1986년 쟝 필립에 의해 매입되었다. 그는 리슬링에서 카베르네 소비뇽으로 품종을 바꿔 심었다. 그의 첫 번째 빈티지는 1992로, 단지 225케이스만 생산되었다. 로버트 파커는 이 와인에 99점을 주었고, 이후 매우 놀랄 만한 현상이 시작되어 스크리밍은 인기 절정의 초고가 캘리포니아 카베르네가 되었다. 생산량은 매해 약 500케이스 정도로 여전히 최저 수준이지만, 메일링 리스트에 빼곡히 등록된 고객들에게는 그나마 비교적 높지 않은 가격인 병당 300달러에 팔리고 있다. 그러나 경매에서는 이보다 훨씬 비싼 가격으로 팔리는데, 2005년 시카고 옥션 하우스 하트 데이비스 하트 Hart Davis Hart는 30병으로 구성된 연도별 수집 상품인 버티컬 콜렉션을 41,000달러에 낙찰시켰다. 2006년 3월, 필립은 스크리밍 이글을 기업가 찰스 뱅크스와 스탠리 크로엔크에 매각했다. 매각 후, 새 오너들은 이미 포도나무가 자라고 있는 24헥타르 크기의 추가 구역을 이용해서 어떻게 스크리밍 이글의 생산량을 늘려 나갈지에 대한 검토를 진행했다. 그러나 뱅크스는 "생산량을 늘

릴 필요는 없다. 스크리밍 이글은 매우 특별한 와인이다. 문제는 이 특별함을 유지해 나가는 것이다"라고 자신의 입장을 명쾌히 표명하였다.

- **로버트 몬다비** : 유행과 취향은 변할 수 있지만 신화는 영원하다. 세계의 위대한 와인과 당당히 겨루기를 열망하는 로버트 몬다비의 야심찬 와인은 늘 '새것'만을 추구하는 장인 정신이 깃든 창작물 또는 컬트 와인에 가리워져 종종 제 빛을

발하지 못하는 것처럼 보인다. 그러나 수십 년에 걸친 유행과 소유권 그리고 가족사의 변천에도 아랑곳하지 않고, 이 와인은 일관성 있는 스타일과 품질을 반영하면서 꾸준히 생산되어 왔다. 몬다비 리저브는 블록버스터 와인이 된 적은 결코 없다. 오히려 와인의 우아한 스타일은 나파 밸리의 빈티지 차이를 잘 표현해 준다. 보다 서늘했던 기후의 빈티지는 아로마가 더 풍부하고 우아한 스트럭처를 가진다. 반면 보다 온화했던 이전의 빈티지들은 더 강한 스트럭처와 진한 과일을 드러낸다. 재배기와 수확기가 매우 건조하고 따뜻했던 1978년에는 몇 차례 기온이 치솟아, 포도가 지나치게 익고 수확량도 많았다. 기후가 서늘했던 빈티지의 와인이 더 섬세할 수 있겠지만, 몬다비 카베르네 소비뇽 리저브1978은 빈티지로부터 적어도 30년은 끄떡 없을 질긴 생명력을 가질 것이다. 비전을 가진 창조가의 신화를 이룩한 다른 위대한 빈티지 와인들과 함께, 와인은 시종일관 생생하게 살아 있다.

유명 생산자

- **할란 이스테이트(Harlan Estate)** - 할란 이스테이트의 설립자 윌리엄 할란은 유럽 유수 와이너리를 방문 후, 최고 와인은 언덕에서 만들어진다는 결론하에 1985년 나파 밸리에 93ha의 토지를 매입했다. 그는 "캘리포니아의 First Growth(특1등급) 와인"을 만드는 것을 비전으로, 부동산업을 하며 키운 좋

은 땅을 알아보는 남다른 눈에 20년 이상 나파 전역을 샅샅이 파헤친 집념이 더해져, 오크빌Oakville에 와인 양조에 최적이라고 판단되는 비탈진 언덕부지를 찾게 된 것이다. 많은 캘리포니아의 컬트 와이너리와 달리 할란은 벼락스타가 아니라 긴 시간 치밀하게 준비해 온 와이너리로 윌리엄 할란은 40년 이상의 세월을 나파 밸리에서 보르도 1등급 와인에 필적할 수 있는 최고의 와인을 만드는 방법을 연구해 온 비전가다. 그는 포도밭을 세밀히 파악, 총면적의 1/10에 해당하는 거칠고 배수가 좋은 화산암 토양에 카베르네 소비뇽, 메를로, 카베르네 프랑, 쁘띠 베르도를 심었다. 단위면적당 소출을 매우 낮게 제한해 얻은 농축된 과실의 낱알을 일일이 선별 후, 최고의 와인 메이커이며, 충직한 파트너인 로버트 리비Robert Levy의 손과 저명한 와인 컨설턴트 미셸 롤랑Michel Rolland 의 조언을 통해 1990년 빈티지의 장중한 보르도풍의 블렌드로 탄생시켰으니, 이것이 오늘날 미국 정상의 반열에 우뚝 선 할란 이스테이트의 시작이다. 매년 2만 병 이하만 만들어져 그 빼어난 진귀함을 높게 칭송받는 이 와인의 빈티지별 기복이 적고 매년 놀랍게 농축되고 풍부하며, 복합적인 캐릭터에 우아함과 섬세함을 잃지 않았다는 평을 받는다.

이외에 캘리포니아에는 센트럴 코스트, 시에라 풋힐즈, 서던 캘리포니아가 있다.

 와인 수첩 활용하기

와인명 Screaming Eagle

생산자 : Screaming Eagle

국가/생산지역 : U.S.A> California>Napa County>Napa Valley

주요품종 : Cabernet Sauvignon, Merlot, Cabernet Franc

스타일 : Californian Cabernet Sauvignon

등급 : Napa Valley AVA

알코올 : 14~15 %

음용온도 : 16~19℃

추천음식 : 비프 스테이크, 양고기 바비큐, 오리 꽁피 요리 등과 잘 어울림

수입사 : naracellar

와인명 Caymus Vineyards

국가/생산지역 : U.S.A > California > Napa County > Napa Valley

주요품종 : Cabernet Sauvignon

스타일 : Californian Cabernet Sauvignon

등급 : Napa Valley AVA

음용온도 : 17~19 °C

추천음식 : 스테이크, 라구 소스를 곁들인 파스타, 숯불갈비 등과 잘 어울림

기타정보 : *FOOD & WINE 2014 - TOP10 Best Selling Wine

*On Steak House Wine List

*2014 빈티지: 2017 Wine & Spirits 미국 탑 레스토랑 Most Popular Cabernet Sauvignon 1위

수입사 : naracellar

와인명 Orin Swift, Mercury head Cabernet Sauvignon

생산자 : Orin Swift

국가/생산지역 : U.S.A > California

주요품종 : Cabernet Sauvignon 100%

스타일 : Californian Cabernet Sauvignon

등급 : California AVA

음용온도 : 15~17°C

추천음식 : 치즈, 소고기, 스테이크, 돼지고기 등과 잘 어울린다.

기타정보 : *2013 빈티지: Robert Parker 98점

*2012 빈티지: Robert Parker 95점

수입사 : Lotte Wine

와인명 Opus One

생산자 : Opus One

국가/생산지역 : U.S.A>California

주요품종 : Cabernet Sauvignon, Merlot, Cabernet Franc, Petit Verdot, Malbec

스타일 : Californian Bordeaux Blend

등급 : California AVA

알코올 : 14~15%

음용온도 : 16~18°C

추천음식 : 붉은 육류, 스테이크, 로스트비프, 훈제오리, 파스타, 다양한 치즈, 햄버거, 한국음식 등과 잘 어울림

와인명 Harlan Estate

생산자 : Harlan Estate

국가/생산지역 : U.S.A > California > Napa County > Napa Valley

주요품종 : Cabernet Sauvignon, Merlot, Cabernet Franc, Petit Verdot

스타일 : Californian Bordeaux Blend

등급 : Napa Valley AVA　알코올 : 14.5%　음용온도 : 16~18°C

추천음식 : 스테이크, 양고기, 잘 숙성된 치즈 등과 잘 어울림

기타정보 : 빈티지에 따라 4~5시간 전에 디캔팅 필요

*신의 물방울 와인 - 18권

*죽기 전에 꼭 마셔봐야 할 1001가지 와인 중 하나

*2016 빈티지: Robert Parker 100점, James Suckling 100점

*2015 빈티지: Robert Parker 100점, James Suckling 99점 / *2014 빈티지: Robert Parker 98점, Wine Spectator 94점 / *2013 빈티지: Robert Parker 100점, James Suckling 100점

*2012 빈티지: Robert Parker 99+점 / *2010 빈티지: James Suckling 100점

*2007 빈티지: Robert Parker 100점 / *2002 빈티지: Robert Parker 100점

*2001 빈티지: Robert Parker 100점 / *1997 빈티지: Robert Parker 100점

*1994 빈티지: Robert Parker 100점, James Suckling 99점

수입사 : naracellar

그 외 미국 유명 와인

소믈리에도 즐겨 보는 와인상식사전

Shafer Vineyards(쉐이퍼 빈야드)

 정용진鄭溶鎭 신세계 부회장이 인수한 멋지고 아름다운 Cult Wine(컬트 와인) 생산지인 Shafer Vineyards(쉐이퍼 빈야드)는 시카고에서 23년간 출판업에 종사하던 존 쉐이퍼 John Shafer가 1972년 나파 밸리의 스택스립 지역Stag's Leap District 에 포도밭을 구입하여 그의 아들 Doug Shafer와 수년간 고 생한 끝에 설립한 와이너리이다. 1978년에 처음으로 카베르 네 소비뇽을 생산하고 그 이듬해에 와이너리를 건설하였다.

 John Shafer, Doug Shafer & Winery

이들의 첫 와인인 1978년산 카베르네 소비뇽은 1994년도 시음회에서 대단한 호 평을 받았으며, 80년대 중반에는 개개 포도밭에서 생산된 포도를 별도로 양조하여 그 포도밭 이름을 붙인 Vineyard Designated Wine을 생산하였다.

90년대 초부터 새롭게 선보인 신규 제품들도 그 품질이 놀라울 정도로 향상되어 현재 존경받는 와이너리의 하나가 되었다.

Shafer Vineyards(쉐이퍼 빈야드)에서는 Stag's Leap District에 Hillside Es-tate Vineyards(54 acres), Borderline(25 acres)의 포도밭과 Napa Valley에 La Mesa(18 acres), Ridgeback & School Bus(42 acres)의 포도밭 그리고 Los Car-neros에 Red Shoulder Ranch(66 acres) 등의 포도밭이 있다.

Shafer Vineyards(쉐이퍼 빈야드)에서는 Red Shoulder Ranch Chardonnay, Napa Valley Merlot, One Point Five, Relentless, Hillside Select의 다섯 가지

와인을 연간 34,000케이스(408,000병)를 생산하고 있다.

저자가 와인 애호가들에게 적극 추천하고 싶은 Cult Wine이기도 하다.

 와인 수첩 활용하기

와인명 Shafer, Red Shoulder Ranch Chardonnay

산지 : Shafer Vineyards

국가/생산지역 : U.S.A>California>Napa County>Napa Valley

주요품종 : Chardonnay 100%

스타일 : Californian Chardonnay

등급 : Napa Valley AVA

숙성 : 75% 뉴 프렌치 오크 배럴에서 14개월간 숙성, 25% 스테인리스 스틸 숙성

알코올 : 14.9% 음용온도 : 10~12℃

추천음식 : 과일, 조개찜, 게살 요리, 가금류, 바닷가재찜, 해산물 등과 잘 어울린다.

수입사 : 신세계엘앤비

2020 빈티지 : 흰 꽃, 레몬 제스트, 정향, 부싯돌 아로마가 느껴지며, 입안에서 풍성한 살구, 화이트멜론, 잘 익은 파인애플향과 미네랄리티가 밸런스를 이루는 활기찬 와인이다.

파리의 심판의 Chateau Montelena, Napa Valley Chardonnayd와 견주어 절대 밀리지 않은 보석 같은 와인이다.

 와인 수첩 활용하기

와인명 Shafer, TD-9

산지 : Shafer Vineyards

국가/생산지역 : U.S.A>California>Napa County>Napa Valley

주요품종 : Cabernet Sauvignon, Merlot, Malbec, Petit Verdot

스타일 : Californian Bordeaux Blend

등급 : Napa Valley AVA

숙성 : 100% 뉴 프렌치 오크 배럴에서 20개월 숙성

알코올 : 15~16% 음용온도 : 16~18℃

추천음식 : 붉은 육류, 스테이크, 로스트비프, 바비큐, 불고기, 파스타, 다양한 치즈, 햄버거, 한국음식 등과 잘 어울린다.

기타정보 : 2020 대한민국 주류대상, 신대륙 레드 와인 부문 대상

수입사 : 신세계엘앤비

2019 빈티지 : 홍차, 장미 꽃잎, 라벤더, 블랙 체리의 아로마가 잔을 채우며 입안에서는 모카, 타프나드, 트러플의 매혹적인 향이 카시스·자두 향과 함께 느껴진다. 이러한 아로마와 향이 잘 정제된 타닌감과 만나 생동감 있는 과실향을 느낄 수 있는 인상적인 마무리를 선사하는 와인이다.

출처 : Shafer Vineyards

* Jackson's Family, 2023,6

* Jackson's Family Wine Tour(Kendall–Jackson, Spire Estate, Freemark Abbey, Hartford Family, Stone Street, Verite), 2023.6

소믈리에도 즐겨 보는 와인상식사전

* Napa Valley Jackson's Family

"와인은 인생이다. Wine is life."

— Robert Mondavi

와인은 내게 있어서는 정열이다.

와인은 가족이자 친구이다.

와인은 마음의 온정이요

정신의 고결함이다.

와인은 예술이요 문화이다.

와인은 문명의 본질이요 생활예술이다.

14

세계의 주목받는 칠레

와인을 마실 때는
항상 청춘인 것처럼 즐겨라.

_Abel Shabe

안데스^{Andes}산맥을 제외하고는 칠레의 와인산업을 설명할 수 없다. 해마다 봄이 되면 안데스산맥의 만년설이 녹아 흘러내리면서 강줄기를 이루는데, 칠레의 포도밭들은 이 강줄기의 물을 대어 포도를 재배한다. 이런 자연적 조건을 타고난 덕분에 1990년대에 세계 와인시장에 적극적으로 뛰어든 이후 단시간에 세계의 주목을 받게 되었다.

남반구의 칠레, 아르헨티나의 계절은 프랑스 등 북반구와 반대의 계절인 9~10월에 포도 수확을 한다.

칠레는 독일, 프랑스, 스페인, 영국의 문화가 한데 어우러진 나라이다.

칠레는 지구에서 가장 긴 나라이다. 포도밭 역시 남태평양 해안을 따라 1,300킬로미터에 걸쳐 길게 자리 잡고 있다. 북부는 뜨겁고 남부는 서늘한 다양한 기후대 덕분에 다양한 품종의 포도 재배가 가능하다. 밤이 되면 안데스산맥의 영향으로 기온이 급강하하기도 하는데, 이것이 포도의 산도를 지키는 데 도움이 된다.

안데스산맥이 홍수와 점적관수, 모두를 통해 필요한 물을 부족함 없이 공급해 준다.

  칠레는 유럽의 영향을 받아 카베르네 소비뇽, 멜롯, 샤르도네 등 유럽품종을 주로 재배하고 신세계 국가들 중 가장 유럽적인 와인, 기본에 충실한 와인을 생산한다. 칠레에서 생산되는 카베르네 소비뇽과 멜롯은 매우 부드럽고 과일향이 풍부하며, 샤르도네는 향이 깊고 복합적이고, 소비뇽 블랑은 매우 상쾌한 맛과 향을 지녔다. 이외에도 시라, 말벡, 산지오베제, 진판델 등의 레드 와인과 리슬링, 세미용, 슈냉 블랑, 게뷔르츠트라미너 같은 화이트 와인도 끊임없이 생산되고 있다.

  칠레의 와인산업이 주목받는 이유는 앞으로의 발전가능성 때문이다. 안데스산맥과 남태평양 해안이라는 최고의 지리적 환경이 버티고 있기 때문에 품질 향상에 조금만 더 매진한다면 최고의 와인산지로 떠오를 승산이 충분하다.

  칠레에서 주목할 만한 와인 생산지역으로는 우선 마이포 밸리Maipo Valley를 꼽을 수 있다. 수도 산티아고Santiago 남쪽에 자리 잡은 마이포 밸리는 칠레에서 가장 집약적인 포도 재배지역이자 알아주는 고품질 와인을 생산하는 곳이다. 고온건조하고 일조량이 좋아 레드 와인용 포도를 재배하는 데 적합하다. 마이포 밸리 외에 라펠 밸리Rapel Valley와 쿠리코 밸리Curico Valley, 카사블랑카 밸리Casablanca Valley도 주목받고 있다.

안데스산맥의 최고봉인 아콩콰과Aconcagua는 해발 6,900m도 넘는다.

칠레는 1970년대에 규제법이 폐지된 후에야 본격적으로 와인산업이 발전되기 시작했다.

7대 와이너리 설립연도를 보면 콘차이토로(1883), 산페드로(1865), 에라수리스(1870), 산타캐롤라이나(1875), 산타리타(1880), 운두라가(1885), 카페네(1930)이다.

칠레 와인은 특히 우리나라에서 인기가 높은데, 그 이유는 2004년 칠레 간 FTA 체결로 가격경쟁에서 유리하기 때문이다. 특히 초보자들이 적당한 가격에 적당한 품질의 와인을 원할 때, 주저없이 권할 수 있는 와인이 바로 칠레 와인이다.

* Chile, Altair Winery, 2007.3

칠레 와인등급

레제르바 에스페시알 (Reserva Especial)	레제르바 (Reserva)	그랑 비노 (Grand Vino)	포도품종명이 없는 테이블급 와인
최소 2년 이상 숙성된 와인으로 평범한 와인	최소 4년 이상 숙성된 와인으로 좋은 와인	최소 6년 이상 숙성된 와인으로 고급와인	아주 오래된 양조장에서 생산되는 와인은 그 이름 앞에 '돈(Don)' 또는 도나(Dona)를 붙이거나, 상류사회 또는 귀족사회의 회원 이름, 비싼 메달이나 최상급을 나타내는 이름을 표기해 고급와인임을 나타낸다. 오크통에서 3~4년 정도 숙성된 와인

와인명 Montes Alpha M

와인사에 길이 남을 품질 혁명의 기수

와이너리 : Montes

포도품종 : Cabernet Sauvignon 80%, Cabernet Franc 10%, Merlot 5%, Petit Verdot 5%

음용온도 : 17~18°C

생산국 : 칠레

생산지역 : 콜차구아 밸리

와인설명 : 칠레의 특급 와인 중에서도 선두에 서 있는 와인으로 보르도 블렌드 (Bordeaux Blend)방식으로 만들어져 맛의 깊이와 느낌이 고상하고 귀족적이다.

아주 진한 루비색에 붉은색 과일의 향과 후추와 같은 스파이시함(Spiciness)이 조화를 잘 이루고 있으며 숙성 보존할 수 있는 기간도 보장되는 와인이다.

와인 이름의 "M"은 공동 창업자인 더글라스 머레이(Douglas Murray)의 성의 이니셜로 칠레 와인의 세계 진출에 혁혁한 공을 세운 그의 업적을 기리기 위함이다.

와인명 Almaviva

알코올 : 14.5%

용량 : 750ml

포도품종 : 카베르네 소비뇽, 멜롯, 까베르네 프랑

와인 종류 : Red

탄산분류 : Still

당도 : Dry

제조사 : Conchy Toro

원산지 : 칠레, 마이포 밸리

Color : 짙은 루비색

Aroma : 희미한 제비꽃과 담배의 향취

Flavor : 남미 칠레 와인의 최고봉이라 할 수 있는 알마비바는 세계 유명 프랑스 와인의 명가 '바롱 필립 드 로칠드'社와 칠레 최고 와인 회사인 '콘차 이 토로'社가 협력해 생산하는 최고급 와인이다. 칠레의 컬트 와인으로 꼽힐 만큼 높은 가격에 거래되는 알마비바는 칠레에서 생산된 프랑스 와인이라 할 만큼 프랑스 와인의 특징을 잘 갖추고 있다. 알마비바란 이름은 프랑스의 극작가인 보마르셰의 작품 "피가로의 결혼"에 등장하는 알마비바 백작의 이름을 딴 것으로 보마르셰의 필체를 그대로 옮겨와 라벨을 만들었다.

Food matching : 그릴에 구운 음식, 스테이크, 치즈, 버섯

* Chile San Pedro

15

와인세계도 정열적인 아르헨티나

아르헨티나는 와인을 생산한 지 400년이 넘으며, 아르헨티나에서 첫 포도 재배는 1554년에 시작되었다.

이 나라 국민들은 '아르헨티나 와인은 학문이 아니라 생활'이라고 외치는 이들의 구호에 잘 맞아떨어진다. 아주 낙천적인 국민성을 가지고 있는 독특한 문화를 가진 나라이다.

아르헨티나 와인산지는 빈야드가 약 0.2~2° 경사진 평야의 해발 300m 사이에 위치하는 것이 특징이다. 이러한 고도는 세계에서 유일하며 대륙성 기후, 가을엔 따뜻한 태양과 차가운 밤으로 인해 포도의 향과 맛이 더욱 풍부해진다. 태양에서 먼 곳에 형성되어 높은 계곡으로 인해 온도차가 심하며 고도의 위도, 유기물이 적은 토양의 제한, 단순 복합성에 기인한 포도나무를 선정했으며, 안데스의 청정수를 먹고 자란다. 젊은 토양, 높은 산의 청정수, 스페인의 정착민들이 이룬 곳이기도 하다.

아르헨티나 민족은 정열적이지만 사는 것은 파리 사람들^{Parisienne} 같다고 한다. 또한 아르헨티나 와인은 안데스산맥의 비호^{庇護} 아래 태어나며, 안데스의 만년설^{萬年} ^雪은 사막과도 같은 땅에 단비가 되고 안데스산 아래 터를 잡은 세계에서 가장 높은

포도밭에는 농밀濃密한 풍미風味와 상쾌한 산도酸度를 간직한 포도가 영근다.

아르헨티나 와이너리에서는 말을 타고 다니면서 와인 관리하는 것을 보았다. 그만큼 아르헨티나의 포도밭은 광활하다. 아직 국내에는 아르헨티나 와인이 많이 알려져 있지 않지만, 아르헨티나는 엄연히 세계 5위의 와인 생산 국가이다. 과거에는 수출보다 자국에서 소비하는 양이 훨씬 많았는데 경제 위기를 겪으면서 수출에 신경을 쓰기 시작했고, 수출에 공을 들이면서 자연스레 품질도 높아지게 되었다.

말벡Malbec은 프랑스에서 재배되던 품종이지만 아르헨티나로 건너와 아르헨티나 대표 품종으로 자리 잡았다. 과일향과 향신료향이 풍부하고 부드러운 말벡은 프랑스에서 마시는 말벡과는 확실히 다르다. 말벡 외에도 에스파냐와 이탈리아의 이민자들이 아르헨티나로 이민 오면서 들여온 바르베라Barbera, 보나르다Bonarda, 산지오베제Sangiovese, 템프라니요Tempranillo도 아르헨티나에서 활기찬 신대륙 와인으로 생산되고 있다.

아르헨티나는 칠레와 안데스산맥을 사이에 두고 있기 때문에 칠레처럼 안데스산맥 근교에 포도밭이 자리 잡고 있다. 동쪽 산자락에 자리 잡은 멘도사Mendoza와 산

　　　　　　　　　　　　　　　　　　소믈리에도 즐겨 보는 와인상식사전

후안San Juan이 대표적인 와인산지인데, 이 중에서도 멘도사는 해발 600~1,600m에 이르는 고도에 경사진 포도밭이 펼쳐져 있다. 기후적으로는 '대륙성 준사막 기후'에 속해 있지만, 다행히 한 해 강수량의 대부분이 여름에 집중되어 있고 안데스 만년설의 수혜를 입을 수 있는 데다 안데스에서 불어오는 시원한 산바람 덕분에 아르헨티나 와인 생산의 2/3 이상을 담당하고 있다. 우리나라와 정반대인 남쪽에서는 3월에 포도를 수확한다는 얘기다.

아르헨티나 와인 라벨엔 안데스와 콘도르가 특히 많은 편이다.

콘도르Condor는 1m 정도의 크기, 편 날개의 길이가 80cm, 머리와 목에는 털이 없으며 목에는 흰색 줄이 있다.

* Traphiche, 2017

잉카인들은 그들의 영웅이 죽으면 콘도르로 부활한다고 믿었기에 콘도르는 삶과 종교에의 상징성을 가진 새이기도 하다.

🍾 아르헨티나 와인등급

아르헨티나 와인은 등급이 없어서 와이너리 위주로 보면 된다. 유명 와이너리로는 오스트리아 자본으로 설립한 최초의 외국인 투자사인 노통Norton, 이탈리아 자본인 크로타Crotta, 로버트 몬다비사의 와인메이커를 영입해 같은 방식으로 와인을 제조하는 파스쿠알 토소Pascual Toso, 칠레의 콘차이 토로가 투자한 트리벤토Trivento, 이탈리아인들이 만든 카테나 자파타Catena Zapata, 세계적으로 잘 알려진 전통 있는 트라피체Trapiche, 마지막으로 프랑스 돌랑d'Aulan 가문과 와인메이커 장 미셸 아르코트Jean Micheal Arcaute가 함께 설립한 알타비스타AltaVista가 있다.

* 아르헨티나 와인라벨엔 Condor가 많다.

* Argentina Trapiche

소믈리에도 즐겨 보는 와인상식사전

Argentina Vendimia Festival

* Argentina, 2007.3

Vendimia Festival 중 Wine Performances(Mendoza, Park Hyatt Hotel)

소믈리에도 즐겨 보는 와인상식사전

16

신세계의 떠오르는 그룹,
호주와 뉴질랜드

와인과 함께하는 사람들, 병 안에 숨겨진 진실과 언어로
관계의 틈을 좁히고 소통하는 유일한 시간이다.

_ J.S. Lee

호주가 주요 와인 생산국으로 떠오르게 된 것은 국가적으로 와인산업을 육성하기 위해 많은 애를 썼기 때문이다. 호주는 20세기 후반에 이르러 와인 생산에 큰 공을 들이기 시작했다. 그전에는 값싼 강화 와인의 이미지가 강했는데, 20세기 후반에 와인 생산기술을 높이면서 품질과 맛이 뛰어난 와인으로 세계 와인시장에 도전장을 내밀게 되었다.

호주의 와인산업은 1788년부터 시작되었다.

호주에서 사용하는 품종은 거의 유럽품종인데 가장 대표적인 것은 역시 프랑스에서는 시라Syrah로 불리는 쉬라즈Shiraz를 꼽을 수 있다. 우리나라 머루와 비슷한 모양의 포도로, 탁하고 진한 맛을 지닌 쉬라즈를 카베르네 소비뇽에 블렌딩해 생산해내기도 한다. 적도 부근의 일조량이 좋은 국가라 화이트 품종인 소비뇽 블랑이나 샤르도네도 재배가 잘 되는 편이다.

호주는 다양한 육류 소비로도 유명한데, 음식문화의 발전이 와인시장을 넓히는 데도 한몫을 했다. 아웃백으로 불리는 오지奧地에서 먹는 전통음식 중에는 악어고기, 캥거루 고기 등으로 다양하고 진귀한 육류요리가 많다. 육류를 소화시키는 데

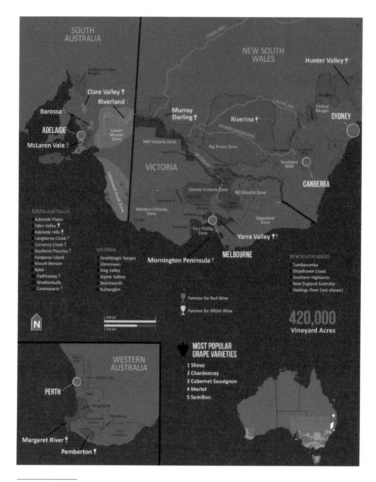

출처 : Wine Folly

는 와인만 한 것이 없기 때문이다. 음식을 개발하는 노력만큼 와인 개발에 힘을 쏟은 덕분에 와인산업이 많이 발전할 수 있었던 셈이다.

　호주의 대표적인 와인산지는 남서부 시드니^{Sidney}에서 애들레이드^{Adelaide}에 이르는 반원형 지역에 집중되어 있다가 점차 서부로 넓어지고 있다. 특히 눈여겨봐야 할 곳은 시드니를 중심으로 한 뉴사우스웨일스^{New South Wales} 지역인데, 이곳은 전통적인 와인산지로 이 중에서 헌터 밸리^{Hunter valley}는 진한 세미용^{Semillon}과 쉬라즈를 생산하는 것으로 유명하다.

　남쪽에 위치한 사우스오스트레일리아^{South Australia} 지역은 호주 와인의 50% 이상을 생산하는 곳으로 양질의 레드 와인을 주로 생산한다. 떠오르고 있는 서부지역 웨스턴오스트레일리아에서는 품질 좋은 레드 와인과 화이트 와인을 생산한다.

 호주의 와인등급

호주에는 산지별 표기Geographical Indications방식이 있는데 호주의 와인산지를 다양한 등급으로 나눴다. 라벨 상세 표기 계획Labelling Integrity Programme이라는 방식도 있다. 와인 라벨에 생산지, 포도품종, 빈티지 등을 정확하게 표기해 소비자가 쉽게 판단할 수 있도록 도와준다. 또 최고급 포도원의 고급와인에는 라벨에 아웃스탠딩Outstanding, 최고급 혹은 슈페리어Superior라고 표기하기도 한다.

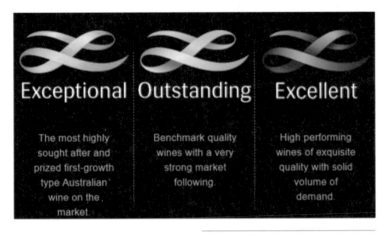

* Langton's Classification Categories

* Torbreck Winery

* 호주 와인박물관, 2016

와인명 Torbreck The Laird

국가/생산지역 : South Australia > Barossa Valley

주요품종 : Syrah/Shiraz 100%

알코올 : 15.5%

음용온도 : 16~18℃

추천음식 : 붉은 육류, 스테이크, 갈비찜, 스튜, 불고기, 양갈비, 한국음식과 잘 어울린다.

 ## 뉴질랜드 와인 생산지

살아 있는 자연환경, 풍부한 관광자원으로 유명한 뉴질랜드는 청정지역의 느낌이 살아 있는 화이트 와인을 주로 생산하고 있다.

기록상으로 뉴질랜드에서 생산된 와인의 최초 빈티지는 1836년이다.

뉴질랜드는 북섬과 남섬으로 나누어지는데 북섬은 강수량만 좀 더 많을 뿐 전체적인 기온은 프랑스의 보르도와 비슷하다. 남섬은 극지방에 가까운 만큼 더 춥긴 하지만 대신 일조량이 많고 건조하다. 포도밭은 주로 해안을 끼고 펼쳐져 있기 때문에 낮 동안에는 강한 햇볕을 받을 수 있다.

 주로 재배하는 품종은 카베르네 소비뇽, 멜롯, 피노 누아, 샤르도네, 소비뇽 블랑, 리슬링 등이고, 가장 대표적인 품종은 소비뇽 블랑이다. 총 생산량 중 화이트 와인이 70%, 레드 와인이 30%를 차지할 만큼 화이트 와인의 비중이 높다.

그동안 자국 소비용으로만 생산하던 와인을 수출하게 된 것은 1980년대에 이르러서이며, 다른 국가에 비하면 매우 늦은 셈이다. 그만큼 와인 회사도 많지 않아 3개의 와인 회사가 전체 와인산업의 90%를 차

출처 : Wine Folly

지하고 있을 정도이다.

　주요 와인산지로는 북섬의 오클랜드 와이헤케Auckland Waiheke, 기즈번Gisborne, 호크스베이Hawke's Bay를, 남섬의 말보로Marlborough와 넬슨Nelson 등을 꼽을 수 있다.

　뉴질랜드의 와이너리는 50% 이상이 말보로에 있고, 소비뇽 블랑의 90%는 여기서 재배된다.

뉴질랜드 소비뇽 블랑은 포도, 라임, 시트러스나 열대과일의 풍미를 가지고 있으며, 톡 쏘고 강렬하고 기운차고 풀냄새 같고 독특한 맛이 있다.

와인 수첩 활용하기

와인명 Cloudy Bay

국가/생산지역 : New Zealand > South Island > Marlborough

주요품종 : Sauvignon Blanc 100%

알코올 : 14%

음용온도 : 10~12℃

추천음식 : 그릴 요리한 새우, 관자, 굴, 랍스터 요리와 카레, 칠리, 고수, 바질 등이 가미된 음식과 잘 어울린다.

기타정보

2011년 와인 스펙테이터 100대 와인 29위(2010년 빈티지)

* Villa Maria 와이너리에서 매년 3월 수확의 기쁨을 누리며 콘서트 진행

* 국내 10대 골프장의 하나인 대보그룹(崔丞奎 회장) 서원밸리컨트리클럽은 2023년 20년째 매년 5월 마지막주 토요일, 나눔문화콘서트인 '서원밸리 자선 무료 그린콘서트' 실시

* New Zealand, Villa Maria Tasting, Owner Sir George Fistonish, 2016

소믈리에도 즐겨 보는 와인상식사전

* Australia Torbreck

* New zealand Villa Maria

WINE TOUR
뉴질랜드 빌라 마리아
호주 토브렉 와이너리 투어

새롭게 떠오르는 신흥 와이너리
뉴질랜드 빌라 마리아,
호주 토브렉 와이너리 투어

Shindong Wine과 회사의 배려로 8박 9일간 뉴질랜드의 빌라 마리아, 호주의 토브렉 와이
너리를 와인 소믈리에들과 함께 다녀왔다. 이번 와인투어는 4번째인데, 이번도 역시 필자에
겐 잊지 못할 여행으로 자리 잡았다. 역시 백문이 불여일견   이다.
말로만 듣던 와이너리를 직접 방문해보니 듣기만 했던 와인의 역사가 펼쳐져 있었다. 서원
밸리 컨트리클럽의 회원들에게 생생하게 와인에 관한 스토리를 전해주기 위해 신대륙 와인
명산지의 테루아 및 양조 전통을 이해하고, 한지 와인 테이스팅을 통한 와인의 깊은 세계를
알기 위한 목적의 투어였다.

뉴질랜드 1위 와이너리 Villa Maria Tour

뉴질랜드는 오스트레일리아 대륙에서 남동쪽으로 약 2000km 떨어져 있는 섬나라로, 총면적은 한반도의 1.2배 정도인 267710km에 이른다. 두 개의 큰 섬과 여러 개의 작은 섬들로 이뤄져 있는데, 큰 섬 두 개는 쿡 해협을 사이에 두고 북섬과 남섬으로 나뉜다.

뉴질랜드 전체 인구의 75% 이상이 살고 있는 북섬에는 수도 웰링턴과 오클랜드 같은 주요 도시가 있으며, 남섬에는 서던 알프스를 중심으로 형성된 빙하 지형을 비롯해 오염되지 않은 자연 경관이 아름답게 펼쳐져 있다.

과거 영국의 식민지였던 뉴질랜드는 독립한 뒤에도 여전히 영국 연방의 일원으로 남아 영국의 엘리자베스 2세 여왕이 국가 원수를 맡고 있는 입헌 군주국이다. 또 영국 국왕의 대행자인 총독이 5년의 임기로 파견되지만 이것은 정치적 상징일 뿐, 실제로는 뉴질랜드 내에서 선출된 총리와 내각이 이끄는 의원 내각제를 구성하고 있다. 전체 인구는 약 430만 명 정도로 세계적으로 국토에 비해 인구가 적은 나라이다. 인구의 약 57%가 유럽계 백인이고 7.4%가 마오리족, 그 외 9.7%의 혼혈인과 아시아 이민자들로 구성돼 있다.(2006년 기준) 지구 남반구에 위치한 뉴질랜드는 우리나라 계절과 반대로 12월에서 2월이 여름, 6월에서 8월이 겨울이다. 남극에 가까운 남섬이 북섬에 비해 추운 편이지만, 전체적으로 해양성 기후에 속해 1년 내내 온화한 편이다.

빌라 마리아 와이너리 Villa Maria Winery

빌라 마리아는 1961년 창업자 'George Fistonich'에 의해 설립돼 뉴질랜드에서 가장 성공한 와이너리로 유명하다. 설립 당시 그의 나이 21세였으며 금년 50주년을 맞이했다. 뉴질랜드에서 와인에 대한 업적으로 작위를 받았으며 현재 오너는 Sir George Fistonish이다. George Fistonish는 그의 자서전도 출간했는데 이번 만남을 통해 명예롭게도 책을 선물로 받았다.

오클랜드와 말보로Marlborough에 와이너리를 두고 있는 빌라 마리아는 말보로 지역의 쏘비뇽 프랑Sauvignon Franc이 국제 대회에서 많은 수상을 하면서 인정받기 시작했다. 또한 화이트White Wine 품종으로는 샤도네이Chardonnay, 리슬링Riesling 등과 레드Red Wine 품종으로는 까베르네 쏘비뇽Cabernet Sauvignon, 메를로Merlot 등도 좋은 평가를 받고 있다. 빌라 마리아는 현재 50년 전통을 가진 그룹으로 뉴질랜드에서 가장 성공한 와이너리다. 영국의 유명 와인 잡지는 빌라 마리아를 뉴질랜드에서 가장 와인을 잘 만드는 와이너리로 소개했으며 Asia Wine Magazine에서는 3년 연속 최우수 와이너리로 선정했다. 특히 빌라 마리아의 쏘비뇽 블랑Sauvignon Blanc은 전 세계 비평가들의 극찬을 받고 있다.

전 세계가 인정하는 빌라 마리아

빌라 마리아가 전 세계적으로 가장 권위 있는 주류 잡지인 드링크 인터내셔널Drink International에서 '세계에서 가장 존경받는 와이너리' 4위로 뽑혔다. 뉴질랜드 와이너리 가운데 TOP 10 리

소믈리에도 즐겨 보는 와인상식사전

스트에 선정된 것은 빌라 마리아가 유일하다. 200명 이상의 세계 우수 와인 마스터, 소믈리에, 교육자, 저널리스트들이 투표에 참가해 각 와인 브랜드를 지역, 스타일, 품질 면에서 평가했다. '세계에서 가장 존경받는 와이너리' 선정 기준은 지속적 품질 유지 및 개선 노력, 지역 특색 반영, 타깃 소비자의 기호와 요구에 부응, 탁월한 마케팅 및 패키지, 다양한 소비자층에 대한 접근성 등이다.

빌라 마리아의 창립자이자 CEO인 조지 피스토니치경은 "전 세계 와이너리 수가 10만 이상으로 추산된다는 점을 고려할 때 뉴질랜드 1위, 전 세계 4위를 차지했다는 것은 경이로운 결과다. 특히 뉴질랜드가 신생 와인 생산국이라는 점을 감안하면 토레스, 샤또 디켐, 샤또 마고 등 구대륙 선두주자들과 어깨를 나란히 이름을 올렸다는 사실은 영예로운 일이 아닐 수 없다. 형용할 수 없을 정도로 자랑스럽다."라고 전했다.

빌라 마리아만의 포도 작농법

뉴질랜드 오클랜드에 빌라 마리아 본사가 있고 이곳은 서울보다 3시간 시차가 빠르다. 현재는 초가을 날씨이기에 포도가 잘 익어가는 중이며 2주 후면 전부 손 수확한다. 이태리, 프랑스에서는 포도밭에 동물들이 들어가는 것을 방지하기 위해 전압선을 주로 설치해놓는데 이곳 호주, 뉴질랜드는 포도나무에 그물망을 완전히 둘러서 피해를 방지하고 있다. 특히 청포도인 샤도네이는 다른 포도보다 당도가 높기 때문에 새들이 특히 좋아해 더더욱 망으로 덮어야 한다.

포도나무 주위에 있는 큰 자갈들은 평소에는 흩어 뒀다가 수확기가 다가오면 포도나무 밑으로 옮긴다. 그 자갈이 낮 동안에 열기를 품고 있다가 저녁에 되면 온도가 떨어지는데 이때 남아있는 열기로 포도 알에 영향을 주면 당도가 높아진다. 그리고 새들을 쫓기 위해 망 외에 총포 소리를 내는 장치를 설치했는데 처음에는 이 소리에 깜짝 놀랐다. 이 장치는 자동 타이머를 설치해 약 5분마다 소리를 낸다.

또한 빌라 마리아는 포도나무 사이에 여러 꽃들을 심어뒀는데 이는 꿀벌들이 모여들도록 만들어 꿀벌들이 포도나무의 해충들을 잡아먹는 방법으로 살충제 등을 사용하지 않는 유기농법을 사용하고 있다. 그리고 농장에는 군데군데 바람개비를 설치해 뒀는데 이는 골프장과 비슷한 원리로 포도나무에 서리가 내리는 냉해를 방지한다. 작은 포도나무는 촘촘히 심어 뒀는데 이는 서로 경쟁을 유도해 뿌리를 땅속 깊이 들어가서 영양분을 빨아올리는 효과를 볼 수 있다.

빌라 마리아 와인공장 견학

오클랜드 빌라 마리아 본사의 와인공장은 2016년 11월 지진 7.8로 공사 중이어서 내부는 보질 못해 아쉬움이 남는다. 그러나 다행히도 남섬의 말보 와이너리에서는 공장을 견학할 수 있었다. 첫날 오클랜드 빌라 마리아 본사에서 11가지 와인 테이스팅을 실

시했다. 뉴질랜드 하면 그래도 말보로 지역의 쇼비뇽 블랑이 최고인데 빌라마리아의 쇼비뇽 블랑과 피노누아는 아주 좋은 향을 지니고 있다. 뉴질랜드의 쇼비뇽 블랑으로 유명한 외국 자본이 투자된 킴크리포트, 클라우드베이가 국내에도 많이 알려져 있으나 뉴질랜드 순수 자국 자본으로 된 것은 빌라 마리아뿐이다.

뉴질랜드는 와인에 천연 코르크를 사용하지 않고 100% 캡슐을 사용한다. 코르크보다 재활용이 가능하며 와인의 품질을 보증한다. 환경보호 차원에서도 여러모로 좋은 방법이다. 코르크를 선택하기보다는 캡슐을 사용하는 뉴질랜드는 전통보다 혁신을 강조하는 것을 알 수 있다.

또한 빌라마리아의 특징은 와이너리 콘서트를 7년째 이어오고 있다. 매년 12월, 1, 2월에 콘서트를 하는데 2월은 유명 밴드와 가수가 여러 와이너리를 돌고 마지막으로 대미를 장식하는 콘서트를 볼 수 있다. 약 1만 명 정도를 최대 인원이 수용 가능하다. 이번 콘서트에는 유명 가수들도 많이 참석했는데 Tom Johns, Bob Seger 등이 초청됐다. 빌라 마리아의 오너는 오클랜드 오케스트라, 무역 진흥회, 피에타 멤버로서 여러 문화행사에 후원을 아끼지 않고 있다. 또한 환경문제, 주변 환경오염 등을 위해 시위원회와 긴밀한 협조를 하고 있다.

미국 유명 와인 비평가인 로버트 파커가 호주 최고로 꼽은
Torbreck Tour

남호주의 토브랙torbreck 와이너리는 늦여름이어서 포도알이 잘 익어가고 있었다. 프랑스 남부 론 지방 스타일 양조로 오랜 수령(40년~150년)의 포도 특성 살려내 최고의 와인을 선사한다. 세계적 와인 평론가 로버트 파커로부터 100점까지 받은 토브렉은 명실상부한 호주의 대표적 와이너리다. 이곳의 와인 '런라running'은 파커로부터 4년 연속 99점을 받았고 2010 빈티지는 만점을 받았다. 로버트 파커로부터 100점 만점 받기란 여간 쉬운 일이 아니며 프랑

스 보르도의 5대 샤또라도 이처럼 계속 높은 점수를 받기는 쉽지 않을 것이다.

필록세라가 서식하기 힘든 천혜자원

필록세라Phylloxera는 포도나무에 치명적이다. 19세기 전 세계 포도밭에 필록세라 폭풍이 몰아치면서 프랑스는 전체 포도원의 4분의 3이 파괴되고 말았다. 이런 필록세라의 광풍을 견뎌낸 곳 중하나가 호주 바로사 밸리Barossa Valley이다. 세계에서 가장 오래된 포도나무들이 건재한 곳으로 수령 100년이 넘는 포도나무들이 즐비하다. 바로사 밸리가 필록세라를 견딘 것은 남호주의 매우건조한 기후 덕분이다. 해충과 곰팡이 균이 서식하기 어려운 자연의 혜택 덕분에 필록세라의 영향이 150년 동안 거의 없었을 정도라고 한다.

토브렉 와인과 비교되는 프랑스 론 와인

토브렉 와인은 프랑스 론 와인과 자주 비교된다. 레드와인은 론밸리와 바로사 밸리에서 널리 재배되는 클래식한 품종인 쉬라즈, 그라나쉬, 마타로(무르베드르)를 이용해 와인을 생산하기 때문이다. 호주의 풍미에 전형적인 프랑스 론 밸리의 질감을 인상적으로 표현했다는 평가를 받는다. 특히 바로사 밸리는 바로사의 오래된 쉬라즈와 그르나쉬를 이용해 강렬하면서 풍부한 론 스타일의 와인을 빚는 것으로 유명하다. 오크통은 와인 특성을 잘 살릴 수있는 프랑스산 오크통만 사용한다.

Steading은 그르나시 60%, 쉬라즈 20%, 마타로 20%로 전형적인 프랑스 남부 론 레드와 비래한 블렌딩이다. 코끝에서 담배 향이 느껴지며 한 모금 마시면 체리향, 라즈베리, 블랙베리 맛이 혀에 감긴다. 피니시가 길고 달콤한 끝 맛이 느껴진다. 12개 포도밭에서 수확한 포도로 만들며 10~15년 장기 숙성이 가능한 와인이다. 남부 론 레드와의 차이점은 남부 론이 더 스파이시한 반면,

더 스테딩은 호주 바로사 밸리의 기후가 더 뜨거워 과일 캐릭터를 많이 느낄 수 있다. 사실은 이 토브렉 와인에 대해 대략적으로 고객들에게 설명하곤 했으나 직접 보고 느껴 이젠 더욱 실감 나게 설명이 가능하며 더욱더 판매에 박차를 기할 수 있는 좋은 기회가 됐다.

소량 생산, 고품질을 지향하는 토브렉 와인

1억 5000만 년 전의 모래 토양, 철광석을 내포하고 있는 바위 등을 직접 볼 수 있었는데 호주에서 이런 품질 좋은 와인이 나온다는 것은 대단한 일이다. 토브렉 와이너리 오너의 철학이 소량 생산해 고품질을 지향하는 것을 알 수 있었으며 서원 밸리의 여러 고객들은 이 와인을 드시고 감탄을 하곤 했다. 토브렉 와인은 한국, 일본, 중국 등의 나라에 수출 가능성을 보고 와인을 생산하고 있으며 단지 판매를 위해서 만드는 것이 아닌 바롯사 밸리 특유의 와인을 통해 세계 사람들이 토브렉을 찾도록 한다는 것이다. 토브렉에서 "와인이 없으면 사막과 같고, 와이프가 없어도 사막과 같다."라는 유머러스한 명언도 들을 수 있었다.

호주는 뉴질랜드와 달리 토브렉은 코르크를 사용해 고객들에게 어필하기 좋다. 바롯사 밸리는 220개의 생산자 중 토브렉 포함 5개의 생산자가 70%를 차지하고 있다. 고급 와인을 생산하기 위해서 이곳 또한 역시 손 수확을 지향한다. 위성사진으로 포도밭을 연구해 포도 잎사귀가 겹치면 곰팡이가 필 가능성이 있어서 하나씩 떼어내는 작업도 병행한다.

99년 빈티지 럭링 와인은 15년 후 마셔도 좋은 와인이며, 2013년 빈티지 럭링은 최소 30년까지 숙성 보관 가능한 와인이다. 그만큼 좋은 와인이며 와인 마니아들에게 이 토브렉 와인을 자녀들의 성년식, 약혼, 결혼 등 좋은 날에 오픈할 수 있도록 권하고 싶다.

토브렉 와이너리의 확고한 목표

토브렉 와이너리는 신대륙이지만 구대륙의 떼루와 가깝다. 그래나시, 쉬라즈, 마타로 등은 프랑스 론 지방에서 블렌딩하는 적포도로써 호주의 바롯사 밸리에서도 좋은 와인을 만들어낸다는 것은 신의 섭리일지도 모르겠다.

토브렉은 사실 역사가 오래된 와이너리는 아니다. 젊었을 때 스코틀랜드에서 벌복봉을 했던 네이비드 피윌이 1994년 이 와이너리를 세웠으니 약관을 갓 넘긴 셈이다. 젊은 와이너리가 세계적 명성의 와인을 만들어낸 데는 그만한 이유가 있다. 우선 신생 와이너리지만 세계적 걸작 와인을 만들겠다는 목표를 갖고 출범한 것부터가 남다르다. 무명의 새 와이너리는 세계에서 가장 오래된 포도나무의 고향인 호주 바로사 밸리 포도밭에 경의를 표하게 한다는 다소 고상한 비전까지 내세웠고 실제로 이뤄냈다. 지난 2011년 전경련 회장단 만찬에 정몽구 현대차그룹 회장이 이 와인을 선보인 것은 그런 스토리가 한 몫을 했다고 할 수 있다. 이번 와이너리 투어를 통해 와인의 맛과 멋, 그리고 낭만까지 품을 수 있었던 여정이었다.

소믈리에도 즐겨 보는 와인상식사전

17

아프리카의 낭만, 남아프리카공화국과 그 외 국가들

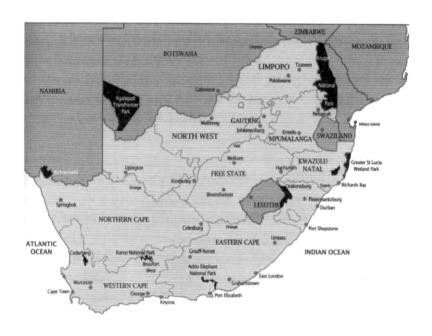

아프리카는 풍부한 일조량은 갖추었지만 강수량이 부족해 와인산지로 위험요소
가 있다. 그런 문제점들을 그나마 극복할 수 있는 지역이 바로 남아프리카공화국

일대이다. 아프리카 대륙의 최남단에 자리 잡아 지중해성 기후에 속하기 때문이다.

남아프리카공화국에서는 이미 300년 이상 된 포도 재배 전통을 가지고 있는데 이것은 네덜란드 식민지 때 전수받은 양조기술에서 시작되었다. 18세기에는 유럽의 왕실에 남아프리카공화국의 디저트 와인인 뮈스카 드 콘스탄티아^{Muscat de Constan-}tia가 공급되었을 정도로 인정을 받았다.

대부분 유럽품종을 사용하지만 대표 와인은 레드 와인용 피노타지^{Pinotage}와 슈냉 블랑^{chenin blanc}이다. 특히 올드 바인^{Old Vine}에서 재배한 슈냉 블랑은 담백한 화이트 와인으로 남아프리카공화국이 와인 생산국으로서 입지를 굳히는 데 한몫을 했다. 그만큼 품질이 뛰어나다.

주요 산지는 남쪽 해안가 케이프 타운^{Cape Town}을 중심으로 형성되어 있다. 기후가 따뜻한 파를^{Paarl}, 스텔렌보쉬^{Stellenbosch}, 로버트슨^{Robertson}과, 그보다 더 남쪽에 자리 잡아 기후가 서늘해 피노 누아 재배에 성공한 오버버그^{Overberg}가 유명하다.

헝가리 와인 생산지

유럽의 중앙에 위치한 헝가리는 몽골의 침입, 오스만투르크^{Osman Empire}의 지배, 오스트리아 제국의 합병, 그리고 제2차 세계대전 이후 구소련 체제로 들어가는 등 순탄치 않은 역사를 가진 나라이다. 포도 재배와 와인양조에 좋은 환경을 가졌지만 1990년대 외국 자본이 들어오기 전까지는 이렇다 할 명성을 얻지 못했다. 헝가리에서는 17세기 한 수도원에서 최초로 귀부곰팡이를 입은 포도로 디저트 와인을 만들었다고 한다. 이 와인이 유럽의 왕실, 귀족들 사이에 유행하며 국제적인 명성을 갖게 되었다. 현재도 최고급 디저트 와인을 꼽을 때 토카이 와인은 항상 포함된다.

헝가리 와인도 EU의 다른 나라와 마찬가지로 고급와인^{VDQS}과 보통 와인^{테이블 와}^인의 두 가지로 구분하고 있으며 이를 다시 2개의 등급으로 분류함으로써 총 4가지 등급제도를 운영하고 있다.

  － 프리미엄 퀄리티 와인스 위드 아펠라시옹 오브 오리진

  － 퀄리티 와인스 위드 아펠라시옹 오브 오리진

  － 컨트리 와인스　　　　　　　 － 테이블 와인스

1. 토카이 와인(Tokaji)

헝가리는 전 세계적으로 잘 알려진 스위트 와인인 토카이 와인의 생산지이다. 토카이는 마을 이름이며 영어식 표기인데, 헝가리에서는 'Tokaj'라고 표기하며 와인을 나타낼 경우에는 'from'이란 뜻의 'i'를 붙여 'Tokaji'라고 표기한다.

토카이는 Tokaji의 영어식 표기, Tokaj는 마을명, Tokaji는 와인 생산자명이다. 토카이 와인의 주품종은 푸르민트인데, 가을 동안 보트리티스botrytis에 감염된 포도Aszu송이에서 말라 쪼그라든 어수포도귀부현상으로 당도가 높아진 포도를 따서 페이스트paste 상태로 가볍게 파쇄한다. 만약 어수포도가 적은 경우에는 따로 선별하지 않고 포도송이를 통째로 수확하여 사모로드니를 만든다. 어수포도가 아닌 나머지 포도들은 일반적인 테이블 와인을 생산하는 데 사용된다.

• 토카이 사모로드니(Tokaji Szamorodni)

토카이 사모로드니는 헝가리에서 가장 좋은 화이트 와인이다.

• 토카이 어수(Tokaji Aszú)

어수는 귀부병에 걸려 당도가 높아진 포도를 말한다. 소테른에서처럼 늦게 수확한 포도로 만들어진 매우 스위트한 와인으로 독일의 아우스레제Auslese급 와인에 해당한다. 어수 페이스트는 다양한 비율로 같은 해에 생산된 베이스 와인에 첨가되는데, 이때 어수의 비율은 푸토뇨스Puttonyos로 측정된다.

• 토카이 어수 에센샤(Tokaji Aszu Essencia)

에센샤는 포도의 작황이 매우 좋은 해에 어수포도를 수확하여 통에 넣어두면 포도 자체의 무게에 눌려 저절로 흘러나온 주스를 말한다. 따라서 당도가 매우 높고 발효도 서서히 진행되는데 때로는 몇 년에 걸쳐 이루어지기도 한다. 이 주스만을 발효시켜 겐지Gonci통에서 숙성시킨 와

* Tokaji, Noble Rot

인을 어수 에센샤라고 하는데 최고급 토카이 와인이며 무화과와 살구 향을 지니고 있고 200년이 넘도록 숙성 가능한 와인이다.

* Hungry Tokaji Cave

 그 외 와인 생산국

조지아 - 와인의 최초 발상지라는 점은 흑해 연안에서 8천 년 전의 포도씨가 발견되어 입증되었다고 한다. 즉 8천 년 전부터 와인을 만들어 왔던 것이다.

영　국 - 기후상 와인이 잘 자라지 않아서 전통적으로 와인소비 대국이었지만 1970년부터 지구 온난화와 농업기술 발달로 인해 와인 생산이 꾸준히 늘어가는 국가이다.

몰도바 - 와인 창고인 '밀레스티 미치(Milestii Mici)'라는 석회석을 채굴했던 광산으로 세계에서 가장 거대한 와인창고로 기네스북에 등재되어 있는데 그 길이가 무려 250km이며, 일반인에게는 55km 구간만 개방했고 자동차로 출입이 가능하다.

브라질 - 칠레와 아르헨티나 다음으로 중요한 와인 생산국인 브라질의 포도원은 열대지역에 자리 잡고 있어 일 년에 두 번 수확을 한다. 화이트 와인이 유명하다.

멕시코 - 멕시코 북쪽의 바야 캘리포니아(Vaya California)와 남쪽에서도 고도가 높은 지역에 포도원이 자리 잡고 있다. 알코올 도수가 높은 카베르네 소비뇽과 말벡, 그르나슈, 멜롯, 진판델 등 다양한 레드 와인을 생산한다.

우루과이 - 타나트(Tannat)라는 프랑스 남서부 지방의 품종으로 고급 레드 와인을 생산한다.

페　루 - 현지 브랜드인 피스코(Pisco)를 생산해 내고, 아이카(Ica) 남부지역이 와인산지이다.

볼리비아 - 뮈스카 품종으로 테이블 와인을 생산한다.

레 바 논 - 샤또 무사(Chateau Musar)와 케프라야(Kefraya)라는 유명한 와인회사에서 향긋한 레드 와인을 생산한다.

이스라엘 - 카베르네 소비뇽과 샤르도네 품종으로 고급 레드 와인과 화이트 와인을 생산한다.

짐바브웨 - 새내기 와인 생산국이다. 인기있는 품종을 재배하고 있지만 기술적으로는 아직 미흡해 거친 맛이 대부분이다.

Chile

Italia

Australia

Australia, Two Hands

Australia, Mollydooker

Spain

American, Nappa Valley

France, Bordeaux

France, Bourgogne

18

가성비 좋은 세컨드 와인의 가치

이런 와인들은 포도원의 가장 어린 나무에서 딴 포도로 만든 것으로, 스타일이 더 가볍고 더 빨리 숙성된다.

세컨드 와인Second Wine이란 다른 말로 틈새 와인, 혹은 부산물副産物이라고도 부른다. 프랑스 보르도 지방에서 주로 세컨드 와인이 탄생하는데, 프랑스의 엄격한 등급제도 때문에 만들어진 별종 같은 것이기도 하다.

프랑스는 등급제로 인해 모든 샤또에 등급이 매겨져 있다. 이 중에서 유명한 1등급 샤또의 경우 차별화된 떼루아를 갖추고 와인을 생산해 낸다. 그런데 아무리 뛰어난 기술과 능력을 겸비한 샤또라 하더라도 해마다 똑같은 수준의 와인을 대량 생산하는 것은 쉽지 않은 일이다. 포도의 수확량이나 기후에 따른 품질의 차이가 충분히 발생할 수 있는데, 이렇게 샤또에서 각자가 생각하는 기준에 부합하지 못하는 와인이 만들어졌을 경우, 참으로 난감하지 않을 수 없다. 1등급 샤또로 인정받는 입장에서 품질이 떨어지는 와인을 시중에 내놓는 것은 자존심 상하는 일이고, 그렇다고 와인을 내놓지 않을 수도 없다. 이런 난감한 상황을 구원해 주는 것이 바로 세컨드 와인이다. 성격이 다른, 혹은 품질이 다소 미흡한 와인이 나오면 본래의 샤또 와인에 포함시키지 않고 그 차이를 인정해 별개의 브랜드를 달아 세컨드 와인으로 출시하게 되는 것이다.

이외에도 1등급 샤또와 근접해 떼루아가 거의 비슷한 포도밭에서 생산된 와인이나 같은 생산업자가 다른 장소에서 비슷한 성질의 와인을 만들었을 경우에도 세컨드 와인이라 이름 붙일 수 있다.

세컨드 와인은 퍼스트 라벨이라 부르는 본래의 샤또 와인보다 값은 싸면서 퍼스트 라벨First Label에 필적하는 와인이 나오는 경우도 있지만, 무엇보다 평소에는 구경도 할 수 없는 장인의 솜씨를 비교적 저렴한 가격에 맛볼 수 있다는 매력 때문에 와인 애호가들의 사랑을 받고 있다. 세컨드 와인을 마시는 것을 일종의 특별한 취미 활동으로 여겨 흥미를 보이는 사람도 있다.

소규모의 와인산지가 모여 있는 부르고뉴 지방에서는 퍼스트 라벨이라는 개념 자체가 약하기 때문에 세컨드 와인 역시 찾아보기 힘들어 보르도 와인의 특징 중 하나로 이름을 날리고 있다. 보르도 지방에서도 생테스테프, 포이약, 생줄리앙, 마고, 오메독, 무리스 앙 메독, 페삭레오냥, 소테른, 생테밀리옹, 포므롤, 코트 드 카스티용 등지에서 각지의 세컨드 와인을 판매하고 있는데 그중 생테스테프의 세컨드 라벨을 소개하면 다음과 같다.

Saint-Estephe Second Wine

소믈리에도 즐겨 보는 와인상식사전

19

세계 최고의 와인, 로마네 꽁띠

신비스럽고 심미적이며 세기를 뛰어넘는
가장 위대한 부르고뉴의 귀족이며,
그 기원은 안개 속에 희미하지만,
그 신비스러움을 깨뜨릴 수 없다.
가히 왕의 식탁에 오를 만하다.

_Richard Olney

로마네 꽁띠Romanee-Conti는 프랑스 부르고뉴 북부지역인 꼬뜨 드 뉘Côtes de Nuits의 본 로마네Vosne-Romanee 지구에 자리 잡은 그랑 크뤼 이름이자 그곳에서 생산하는 와인 이름으로, 전 세계에서 가장 비싼 와인으로 더 유명하다.

로마네 꽁띠(로마네 콩티)는 이를테면 산전수전山戰水戰을 다 겪은 포도원이기도 하다. 13~17세기까지는 수도원 소유였다가 수도원이 폐지된 후에 루이 14세의 친척인 꽁띠 공公에게 인수되어 로마네 꽁띠라는 이름으로 다시 태어나게 되었다. 프랑스 혁명 때는 정부에 몰수되었다가 다시 경매에 부쳐졌고, 이후 두 명의 주인을 거치게 되었다. 19세기 후반 프랑스 전역의 포도원에 필록세라 전염병이 도졌을 때 유일하게 피해를 덜 입고 견뎌냈을 만큼 땅의 기운이 범상치 않은 곳이기도 하다.

로마네 꽁띠가 세계에서 가장 비싼 와인을 생산하게 된 것은 제2차 세계대전 이후의 일이다. 전쟁으로 일손이 부족하게 되어 생산량이 계속 줄어들자 주인이 프랑스산 포도나무를 뽑아내고 필록세라에 강하고 더 튼튼한 미국산 포도나무를 옮겨 심었는데, 그 후부터 품질이 월등히 좋아지기 시작했던 것이다.

이곳에서는 포도가 완전히 익을 때까지 가능한 늦게 수확하고, 반드시 사람의 손으로만 수확하며 매년 새로운 오크통에서 숙성시키는 등 자신들만의 비법을 철저히 수행하고 있다. 수십 년 동안 그 명성을 잃지 않은 데는 유명세를 탄 뒤에도 포도원을 넓히거나 생산량을 늘리지 않고 정량을 지켜 희귀성을 높인 노력이 크게 작용했을 것이다.

1.5헥타르의 축구장 크기의 포도밭에서 연간 6천 병 정도가 생산되며 프랑스 내에서 20% 정도를 소비하고 나머지는 미국, 영국, 독일, 일본 등지로 수출되며, 빈티지가 유명한 것은 수천만이 넘는 것도 있다.

한 가지 재미있는 것은 로마네 꽁띠 바로 옆의 포도원은 로마네 꽁띠와 차이가 있는 와인을 생산한다는 것이다. 거의 비슷한 떼루아를 지녔음에도 불구하고 이렇게 큰 차이가 나는 이유는 무엇 때문인지 매우 궁금하다.

로마네 꽁띠는 '황금의 언덕'이라 불리는 꼬뜨 도르Cote d'Or 지역 본 로마네Vosne-Romanee 마을에 위치한 특급 포도밭 이름이다. 원래는 쌩비방Saint Vivant 수도원의 소유지였으나 17세기 들어 수도원이 폐지된 후 우여곡절을 겪다가 1706년 루이 15세의 종형인 꽁띠 공과 애첩 마담 퐁파두르Madame de Pompadour의 경합 끝에 꽁띠 공이 인수해 지금의 로마네 꽁띠란 이름이 생겼다.

로마네 꽁띠는 마을이름이 아니라 포도밭이름이며, 프랑스 혁명 시 '공화국 최고의 와인'으로 칭송받았다.

로마네 꽁띠는 부르고뉴산 와인이 그렇듯이 거의 90% 이상 피노 누아 품종으로 만들어지는데 재미있는 것은 품종이 가진 특징이다. 척박한 토질에서 이 포도나무는 생존하기 위해 더 깊이 뿌리를 내리는 특성이 있는데 그 뿌리가 깊을수록 지층이 가진 갖가지 성분들과 향을 빨아들이게 된다. 따라서 같은 동네에 같은 품종이라고 해도 바로 몇 미터 옆으로만 가면 와

* 서울신라호텔 'The Library', Romanee Conti

인 맛이 달라진다. 그런 면에서 보면 부르고뉴 레드 와인의 맛은 포도품종의 맛이라기보다는 땅의 맛이 아닐까 생각한다.

그러다 보니 이들의 땅떼루아에 대한 애착은 상상을 초월한다. 혹여 이곳의 흙이 비나 바람에 언덕 아래쪽으로 쓸려 내려오기라도 하면 그 흙을 모아 포도원의 위쪽에 다시 갖다 놓을 정도이다. 이는 한 줌의 흙도 버릴 수 없을 만큼 귀하다는 의미인 동시에 그들의 도도滔滔하면서도 까다로운 생산과정에 들어가는 정성을 단적으로 보여주는 사례이다.

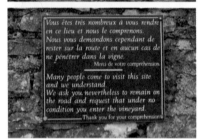

부르고뉴에서는 상속법 때문에 대부분의 끌리마Climat, 부르고뉴에서 포도밭 구획을 부르는 말를 여러 재배자들이 몇 이랑씩 나눠서 소유하고 재배한다.

로마네 꽁띠의 병목에 모노폴MONOPOLE이라는 글자가 있는데 이것은 단일 포도밭에서 생산되었다는 것을 의미한다. 즉 로마네 꽁띠가 생산되는 밭은 이 세상에 단 하나뿐이라는 것이다.

모노폴은 한 사람이 전체 포도밭을 소유하는 부르고뉴에서는 드물다. 하지만 모노폴은 또한 독과점을 뜻하기도 한다. 세상에서 하나뿐인 상품인데다 적게 생산되고 또 엄청난 가격에도 불구하고 수요는 폭발적인 로마네 꽁띠에 있어서 당연한 결과이다. 따라서 수입상이나 소매상은 로마네 꽁띠 한 병을 사기 위해 이 와인을 생산하는 회사에서 만드는 다른 와인을 원치 않아도 사야만 한다. 다섯 종류의 병 수로는 11병을 더 사야 되는 것이다. 다행스럽게 소비자는 모두 한 병씩 구입할 수 있다.

로마네 꽁띠는 제조사의 판매 정책상 라 따쉬La Tache, 리쉬부르Richbourg, 로마네 생비방Romanee St. Vivant, 그랑 에세조Grand Echezeaux, 에세조Echezeaux 등 5종의 와인 11병과 함께 총 12병 1세트로만 판매한다.

* Romanee Conti 1921(102년 된 와인)

사진제공 : 남상기님. 정택주님

* Romanee Conti, 2002

소믈리에도 즐겨 보는 와인상식사전

* a Typical Burgundy House

PART

3

와인
이론
상식

(理論常識)

20

와인의 얼굴, 라벨(Label)

포도주를 한 모금 마신다는 건
인류 역사의 강물 한 방울을 음미하는 것이다.

_Clifton Fadiman

라벨 표기에 있어서 미국 등 신대륙 국가의 라벨은 일반적으로 포도품종을 표기
하며, 프랑스 등 구대륙 국가는 품종이 아닌 와인이 만들어진 지역이나 마을이름,
혹은 포도원 이름이 표기된다.

라벨은 구세계와 신세계에 따라 그 형식이 다르다. 일단 구세계의 라벨이 다소
어렵고 복잡하다면 신세계의 라벨은 파악이 쉬운 편이다. 대부분 영어로 표기되어
있어서이기도 하지만 대부분 라벨에 포도품종을 크게 표기하기 때문이다. 특히 칠
레, 아르헨티나, 호주, 남아공 등은 대부분 라벨에 포도품종을 가장 크게 표기한다.
카베르네 소비뇽, 피노 누아, 소비뇽 블랑 같은 품종이 큰 글씨로 쓰여 있는 것들
은 대부분 신세계 와인이다. 미국의 경우는 회사명을 더 크게 쓰기도 하지만 포도
품종을 빼놓지는 않는다.

French Label

샤또에서 병입했음

최상급 와이너리
First Label의
의미로도 사용

와인이름

보르도 지방
그랑크뤼 1등급 표시

빈티지

알코올 도수

용량

생산자 이름

생산지역

AOC(APPELLATION MARGAUX CONTROLEE) 프랑스 최상급 와인등급

이와 반대로 구세계 와인은 포도품종을 표기하지 않는 경우가 더 많다. 포도품종 대신 산지 이름을 표기하는데 이 산지조차도 산지 규칙에 따라 표기방법이 모두 다르다.

나라별 라벨의 특징을 살펴보면 우선 프랑스는 품질등급과 원산지, 빈티지, 알코올 도수, 생산자명, 용량이 반드시 표기된다. AOC^{Appellation d'Orgine Controlee}급 와인은 정부의 엄격한 법적 규제하에 표기되며 같은 프랑스라도 보르도와 부르고뉴의 라벨 표기에는 약간의 차이가 있다.

보르도의 경우 AOC 지역명을 반드시 확인해야 한다. 보르도 지방만의 등급이 있는데 좁은 지역으로 세분화될수록 고급와인으로 볼 수 있다. 예를 들면 '프랑스 와인'보다는 '프랑스 보르도 와인'이, 이보다는 '프랑스 보르도 그라브 와인'이 더 고급와인이란 밀이다.

부르고뉴는 포도 재배지역명이 크게 표시된다. 부르고뉴에도 그만의 와인등급이 있는데 빌라주^{Village} 와인은 지역명을 표기하고, 프리미에 크뤼^{Premier Cru}는 특정 포도재배지에 있는 포도원에서 생산되는 와인을 의미한다. 라벨에는 지명을 먼저 표기하고 다음에 포도원명을 넣는다. 그랑크뤼^{Grand Cru}는 프리미에 크뤼 중 선택된 포도밭에서 생산되는 것으로 부르고뉴 와인 중에서 가장 좋은 것이다.

이탈리아는 고급와인인 경우, 회사 명칭과 재배지역을 상표로 사용하고, 그 아래 품질의 경우는 포도품종을 상표로 사용한다. 이탈리아 와인의 등급은 DOCG^{최고급}, DOC^{고급}, IGT^{중급}, Vino da Tavola^{저급}로 분류된다. DOCG, DOC 등급에 지명이 기재되고 있다.

독일의 경우도 지역명이 주로 표기되지만 포도품종과 등급도 표기되어 있다.

신세계 와인이라고 해도 미국 캘리포니아 와인 라벨은 조금 다르다.

호주 와인의 경우 상표를 가장 크게 표기할 때도 있지만 포도품종 역시 쉽게 눈에 띄도록 표기하고 있다.

뉴질랜드는 호주와 달리 와인품종을 표기하지 않는 라벨이 많다. 라벨 읽기의 고수가 되면 라벨만 보고도 와인의 맛을 알 수 있을까? 맛에 관한 표기법은 따로 배워야 한다. 맛에 관해서 라벨에 특별한 표기가 없을 경우는 보통 드라이 와인으로 생각하면 된다.(단, 독일 제외)

 라벨에서 단맛을 표현하는 용어들

프랑스	샴페인
섹(Sec) : 드라이 데미섹(Demi-sec) : 약간 드라이 두(Doux), 모엘뢰(Moelleux) : 스위트 리코뢰(Lizuoreux) : 매우 스위트	브뤼(Brut) : 아주 드라이 엑스트라 드라이(Extra dry) : 그다지 드라이하지 않은 데미섹(Demi-sec), 리치(Rich) : 매우 스위트
이탈리아	**독일**
세코(Secco) : 드라이 세미 세코(Semisecco) : 미디엄 드라이 아보카토(Abboccato), 아마빌(Amabile) : 미디엄 스위트 돌체(Dolce) : 스위트	트로켄(trocken) : 드라이 할프트로켄(Halbtroken) : 약간 드라이 밀트(Mild), 리블리히(Lieblich) : 단맛이 많은 별다른 표기가 없을 경우 어느 정도 스위트하다는 의미
미국	
드라이(dry) : 단맛이 없는 세미 드라이(semi dry) : 약간 단맛이 없는 세미 스위트(semi sweet) : 약간 단맛이 있는 스위트(sweet) : 단맛이 많은	

와인 라벨에 표기되는 용어들

포도품종 : Cabernet Sauvignon(카베르네 소비뇽), Merlot(멜롯, 메를로), Syrah(시라), Chardonnay(샤르도네)

산지 : Bordeaux(보르도), Medoc(메독), Saint Emillion(쌩떼밀리옹, 생테밀리옹), Barolo (바롤로), Chianti(키안티)

양조장 : Chateau Mouton Rothschild(샤또 무똥 로칠드), Petrus(페트뤼스), Romanee-Conti(로마네 꽁띠)

브랜드명 : Mouton Cadet(무똥 까데), Escudo Rojo(에스쿠도 로호), Villa Antinori(빌라 안티노리), Equus(에쿠스)

Italian Lable

01 **Vino da Tavola(테이블 와인)**
와인 생산지역과 알코올 농도 등에 대해 언급하는 가장 기본적인 등급

02 **I.G.T(Indicazione Geografica Tipica)**
프랑스 와인의 VIN DEPAYS에 해당하며, 사용할 수 있는 포도품종과 양조방법이 D.O.C나 O.C.G에 비해 자유롭다.

03. **D.O.C(Denominazione di Origine Controllata)**
프랑스의 AOC법과 동일한 가장 중요한 등급. 포도품종, 와인 제조방법, 수확량, 숙성시간 등의 기록을 갖추어야 한다.

04 **D.O.C.G(Denominazione di Origine Controllata e Garantita)**
최상위등급으로 이태리 최고의 포도 재배지역에서 생산되는 고품질의 와인. 라벨에는 원산지, 용량, 생산자와 병입자의 이름, 병입장소, 알코올 농도 표시

American Lable

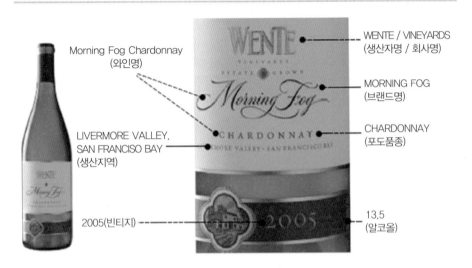

- Morning Fog Chardonnay
  (와인명)
- WENTE / VINEYARDS
  (생산자명 / 회사명)
- MORNING FOG
  (브랜드명)
- CHARDONNAY
  (포도품종)
- LIVERMORE VALLEY,
  SAN FRANCISO BAY
  (생산지역)
- 2005(빈티지)
- 13.5
  (알코올)

01 와인명 품종

해당 품종이 70% 이상 사용된 경우에 그 품종을 라벨에 명시할 수 있다.

02 지역명

미국 와인법규에 의해서 AVA(American Viticultural Area)라고 지정된 지역의 명칭만을 사용할 수 있다.

1978년에 포도재배의 지리적, 기후적 특성을 바탕으로 한 포도재배 원산지를 통제하는 AVA^Approved Viticultural Areas라는 제도를 도입했지만 보통 와인라벨에는 등급 표시를 하지 않는다.

명칭이 나라 혹은 주^State가 된다면 적어도 사용된 포도의 75%가 그 지역에서 생산된 것이어야 하며, 명칭이 승인된 포도 재배지역^AVA을 명기하려면 생산 포도의 85% 이상이 그곳에서 재배되어야 한다.

Argentine Lable

Catena Zapata(까떼나 자파타)

1902년 이탈리아 이민인 Nicolas Catena가 자신의 이름과 어머니의 성인 Zapata를 합쳐 이름 지은 아르헨티나의 유명 와이너리
톰 스티븐슨의 선정에 따르면 Norton 다음으로 2위를 차지한 와이너리

Australian Lable

제조사 : Penfolds社

제품명 : Grange

BIN : 와인저장탱크 번호

빈티지 : 1996년

생산지 : South Australia

품종 : Shiraz

기타 : 용량, 제조국가, 도수

Chilean Lable

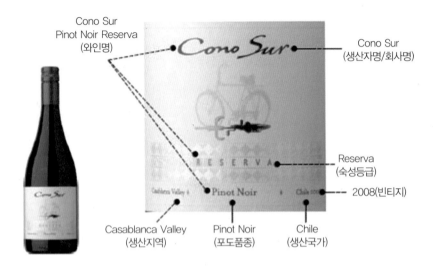

Cono Sur
Pinot Noir Reserva
(와인명)

Cono Sur
(생산자명/회사명)

Reserva
(숙성등급)

2008(빈티지)

Casablanca Valley
(생산지역)

Pinot Noir
(포도품종)

Chile
(생산국가)

German Lable

Village

Vineyard

Prädikat
Grape Variety

Vintage

Producer

Estate-bottled
APR number
Region
Alcohol content

21

와인의 이력서, 빈티지(Vintage)

와인은 사람의 성격을 부드럽고 점잖게 만들며,
걱정을 덜하게 하고, 기쁨을 증가시키기 때문에
꺼져가는 인생의 불꽃에 기름과도 같은 존재이다.
적당히, 그리고 조금씩 마신다면
와인은 은은한 아침이슬처럼 우리 가슴에 퍼져 나간다.

_Socrates

　빈티지가 의미하는 것은 무엇일까? 무엇이기에, 그렇게 다들 빈티지에 열광(?)하는 것일까?

　우선 한 병의 와인에 새겨진 빈티지가 과연 어느 해를 말하는 것인지부터 짚고 넘어가야겠다. 와인에 적힌 연도는 와인을 시장에 출시한 해일까? 병에 담은 해일까? 아니면 오크통에서 숙성을 시작한 해일까?

　정답은 포도를 수확收穫한 해이다. 빈티지가 중요한 것은 이 때문이다. 빈티지를 통해 우리는 포도를 수확한 해의 최고기온과 최저기온, 강수량과 일조량 등을 파악할 수 있다는 말이다.

　와인이 다른 술과 구별되는 가장 큰 특징은 생산지의 기후와 토양에 의해 맛과 향에서 많은 차이가 나기 때문이다. 빈티지는 그 차이를 확연하게 구분해 주는 또 한 가지의 기준이다. 해마다 똑같은 양의 햇볕과 비가 내릴 수는 없기 때문에, 같은 포도원이라 해도 해마다 생산하는 와인의 맛은 다를 수밖에 없다.

　이 사실은 벼농사나 다른 과일농사를 짓는 농가에도 마찬가지로 적용된다. 그런데 벼나 과일은 오랫동안 저장해 놓을 수 없고 거의 모두 일이 년 안에 소비하는 품목이기 때문에 '올해는 유난히 맛이 달아 좋은 값을 받겠어.' 정도로 끝나지만 와인의 경우는 다르다. 길게는 수십 년씩 숙성이 가능하기 때문에 수확이 잘된 해의 빈티지는 전 세계의 주목을 받을 수밖에 없다.

빈티지가 중요한 또 한 가지 이유는 와인의 숙성기간熟成期間 때문이다. 와인은 품종과 제조방법에 따라 숙성기간과 보존기간이 모두 다르다. 카베르네 소비뇽은 비교적 오래 보관할 수 있는 품종이지만 가메는 그렇지 않다. 그래서 생산연도가 반드시 필요할 수밖에 없다. 이럴 때 빈티지는 통조림통 유효기간의 역할을 하는 것이다.

우선 2002년 빈티지가 나빴던 곳은 프랑스의 론 지방이다. 그리고 이보다 더 중요한 사실은 신세계 와인의 경우 빈티지가 큰 의미가 없다는 점이다. 앞에서 이야기한 빈티지는 모두 구세계용이라 할 수 있다. 프랑스, 이태리, 독일 같은 구세계는 날씨의 변동 폭이 심해 품질도 차이가 나지만 미국, 호주, 칠레 같은 신세계는 날씨가 거의 일정해 빈티지를 크게 따지지 않는다.

발렌타인 양주 30년산이 17년산보다 비싸다고 해서 와인도 그런 것은 아니다. 물론 오래 숙성된 프랑스 와인들이 적지 않지만 굳이 따져본다면 최고급 빈티지 와인은 최근에 생산된 와인이 더 많다. 술과 친구는 오래될수록 좋다는 말이 와인에는 예외라는 말이다.

와인 빈티지가 의미를 갖는 가장 큰 이유는 '사라지는 것'이기 때문이다. 예를 들어 최고의 빈티지 중 하나로 인정받고 있는 1997년산 샤또 마고의 경우, 그해에 생산된 와인은 시간이 지나면서 한두 병씩 사라져 결국에는 완전히 없어지고 말 것이다. 발렌타인 30년산은 30년을 또 기다리면 되지만 1997년 샤또 마고는 그 어떤 노력으로도 다시 생산할 수 없다. 빈티지의 유한성有限性, 그것은 와인만이 간직한 소중한 매력의 하나이기도 하다.

대부분의 일상 와인은 수확 3년 이내가 가장 좋다.

뉴질랜드 소비뇽 블랑을 선택할 때, 가장 최근의 빈티지를 구입하는 것이 좋은데 신선한 과일과 생기가 가득한 최고의 즐거움을 선사하기 때문이다.

WINE ENTHUSIAST 2019 VINTAGE CHART

A General Guide to the Quality & Drinkability of the World's Wines

RATINGS
98–100	Classic
94–97	Superb
90–93	Excellent
87–89	Very Good
83–86	Good
80–82	Acceptable
NV	Not Vintage Year
NR	Not Rated

MATURITY
- Hold
- Can drink, not yet at peak
- Ready, at peak maturity
- Can drink, may be past peak
- In decline, may be undrinkable
- Not a declared vintage/no data

UNITED STATES

CALIFORNIA

REGION	WINE VARIETY	2017	2016	2015	2014	2013	2012	2011	2010	2009	2008	2007	2006	2005	2004	2003	2002	2001	2000	1999	1998	1997	1996	1995	1994	1993
Napa	Chardonnay	90	94	90	92	91	91	87	87	88	87	90	86	86	85	85	90	90	88	88	87	94	90	92	90	87
	Cabernet Sauvignon	90	95	95	94	95	95	89	89	89	92	95	90	95	90	90	93	98	85	93	85	96	93	95	97	90
	Zinfandel	89	93	93	93	93	92	89	89	89	89	94	87	87	90	88	86	91	85	90	85	89	88	90	91	89
Russian River Valley	Chardonnay	92	94	92	94	94	93	89	89	87	90	92	86	91	93	91	97	93	90	92	88	95	92	94	91	88
	Pinot Noir	92	95	92	94	95	95	89	91	90	92	96	87	95	93	90	89	90	89	91	85	91	90	91	92	90
Sonoma	Cabernet Sauvignon	90	94	93	93	94	93	88	87	87	90	92	87	89	87	89	88	93	84	90	84	91	90	91	92	88
	Pinot Noir	90	95	92	94	95	95	90	92	91	93	95	87	95	93	89	88	89	87	90	85	90	88	89	89	
	Zinfandel	89	93	93	93	93	92	89	89	89	88	93	86	90	90	89	88	91	86	90	86	88	90	91	92	92
Carneros	Chardonnay	92	92	90	94	93	92	88	88	87	89	91	85	87	92	91	95	93	89	89	85	91	90	89	91	87
	Pinot Noir	91	92	91	93	94	93	87	90	89	90	94	86	93	89	89	85	87	85	87	83	85	86	88	90	86
Anderson Valley	Pinot Noir	90	94	94	93	95	96	91	93	93	92	95	88	94	90	90	87									
Santa Barbara	Chardonnay	93	93	92	93	93	92	92	90	91	92	90	89	92	92	94	91	88	91	88	95	90	91	94	86	
	Pinot Noir	93	94	93	93	93	94	90	92	91	92	95	90	95	93	94	94	92	89	90	84	95	89	90	92	88
Central Coast	Chardonnay	92	92	91	92	92	92	90	91	88	90	92	87	90	93	92	94	90	89	89	85	94	88	90	92	87
	Pinot Noir	92	92	91	93	92	92	88	93	89	89	94	88	92	89	93	95	91	88	89	86	93	87	88	90	86
	Syrah	92	92	91	92	90	89	88	89	87	87	90	85	84	86	92	88	91	84	86	83					
North Coast	Syrah	90	92	92	91	91	92	89	88	88	88	93	88	85	89	89	88	92	84	89	83					
South Coast	Syrah	89	88	88	88	88	88	87	90	90	88	94	91	87	89	91	89	92	85	88	83					
Paso Robles	Zinfandel	92	91	91	91	92	91	87	87	87	87	92	87	85	87	86	86	87	85	89	84	86	86	87	88	86
Sierra Foothills	Zinfandel	89	94	94	93	93	92	89	91	90	88	90	84	87	89	87	86	85	84	85	84	84	85	86	84	84

OR

REGION	WINE VARIETY	2017	2016	2015	2014	2013	2012	2011	2010	2009	2008	2007	2006	2005	2004	2003	2002	2001	2000	1999	1998	1997	1996	1995	1994	1993
Willamette Valley	Pinot Noir	93	91	95	93	92	93	91	87	91	92	86	94	89	92	88	89	91	94	92	84	87	86	90	91
	Whites	94	92	93	93	93	92	89	88	92	94	86	91	90	93	86	88	89	90	83	90	85	87	85	91	90
Southern Oregon	Reds	91	90	90	90	89	90	90	89	88	90	89	87	87	90	85	87	88	89	90	89	84	85	84	89	88

WA

REGION	WINE VARIETY	2017	2016	2015	2014	2013	2012	2011	2010	2009	2008	2007	2006	2005	2004	2003	2002	2001	2000	1999	1998	1997	1996	1995	1994	1993
Columbia Valley	Cabernet, Merlot	92	90	90	93	91	95	89	92	90	92	93	92	95	89	92	94	92	88	96	91	87	86	89	90	87
	Syrah	92	91	90	90	90	95	91	89	91	90	89	91	93	90	91	94	93	88	92	89	87	88	89	89	87
	Whites	94	91	89	90	88	93	90	92	89	94	89	90	92	88	90	91	89	89	87	90	88	89	89	89	90

NY

REGION	WINE VARIETY	2017	2016	2015	2014	2013	2012	2011	2010	2009	2008	2007	2006	2005	2004	2003	2002	2001	2000	1999	1998	1997	1996	1995	1994	1993
Finger Lakes	Reds	91	90	89	89	88	92	85	91	85	89	89	85	89	86	84	89	91	86	90	88	86	84	91	88	90
	Whites	91	90	90	89	89	90	88	90	88	90	88	89	90	88	90	91	93	89	92	89	90	88	92	90	91
Long Island	Reds	90	90	90	90	92	92	84	92	85	89	88	87	87	90	84	85	90	87	86	93	89	86	92	90	89
	Whites	90	89	89	89	88	89	86	90	86	89	90	88	87	91	88	89	90	88	89	93	90	88	92	90	89

GREAT OLDER U.S. VINTAGES: California Cabernet: 1987, 1984, 1978, 1974, 1968   Washington Reds: 1987, 1983, 1979, 1978

RATINGS
- 98–100 Classic
- 94–97 Superb
- 90–93 Excellent
- 87–89 Very Good
- 83–86 Good
- 80–82 Acceptable
- NV Not Vintage Year
- NR Not Rated

MATURITY
- Hold
- Can drink, not yet at peak
- Ready, at peak maturity
- Can drink, may be past peak
- In decline, may be undrinkable
- Not a declared vintage/no data

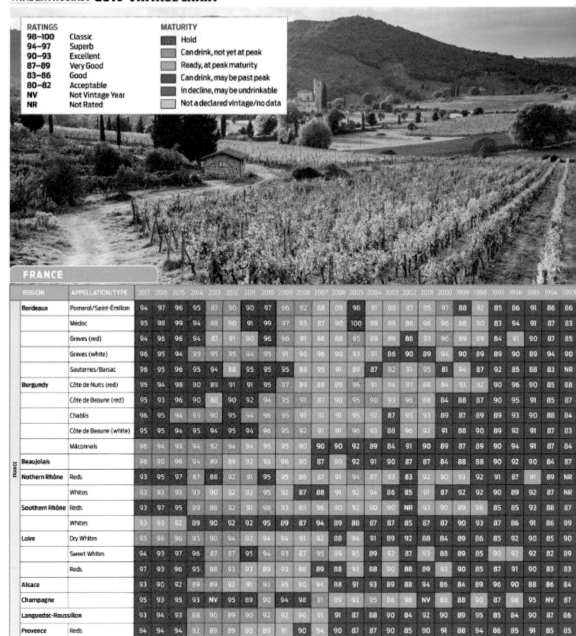

FRANCE

REGION	APPELLATION/TYPE	2017	2016	2015	2014	2013	2012	2011	2010	2009	2008	2007	2006	2005	2004	2003	2002	2001	2000	1999	1998	1997	1996	1995	1994	1993
Bordeaux	Pomerol/Saint-Émilion	94	97	96	95	87	90	90	97	96	92	88	89	98	91	88	87	95	97	88	92	85	86	91	86	86
	Médoc	95	98	99	94	88	90	91	99	97	93	87	90	100	89	89	86	96	96	88	90	83	94	91	87	83
	Graves (red)	94	96	96	94	87	91	90	96	96	91	86	88	95	89	89	86	93	96	89	89	84	91	90	87	85
	Graves (white)	96	95	94	95	95	95	94	95	91	90	96	90	93	91	86	90	89	94	90	89	89	90	89	94	90
	Sauternes/Barsac	96	95	96	95	94	88	95	95	95	88	95	91	89	87	92	91	95	81	94	87	92	85	88	83	NR
Burgundy	Côte de Nuits (red)	95	94	98	90	89	91	91	95	97	89	88	89	96	91	94	97	88	84	93	92	90	96	90	85	88
	Côte de Beaune (red)	95	93	96	90	88	90	92	94	95	91	87	90	95	90	93	96	88	84	88	87	90	95	90	85	87
	Chablis	96	95	94	94	90	95	94	94	95	95	91	91	95	92	87	95	93	89	87	89	89	93	90	88	84
	Côte de Beaune (white)	95	95	94	95	94	95	94	95	95	92	91	91	96	93	94	95	92	91	90	89	92	91	87	83	
	Mâconnais	96	94	93	94	92	94	94	95	95	90	90	90	92	89	84	91	90	89	87	89	90	94	91	87	84
Beaujolais		96	90	94	94	89	89	92	93	96	90	87	90	92	91	90	87	87	84	88	88	90	92	90	84	87
Nothern Rhône	Reds	93	95	97	87	88	92	91	95	95	86	87	91	94	87	93	83	92	90	93	92	91	87	91	89	NR
	Whites	93	93	93	93	90	92	92	95	92	87	88	91	92	94	86	85	91	87	92	92	90	89	92	87	NR
Southern Rhône	Reds	93	97	95	89	88	92	91	98	93	85	96	90	92	90	90	NR	93	90	89	96	85	85	93	88	87
	Whites	93	93		89	90	92	92	95	89	87	94	89	88	87	87	85	87	87	90	93	87	86	91	86	89
Loire	Dry Whites	95	96	96	95	90	94	92	94	94	91	92	88	94	91	89	92	88	84	89	86	85	92	90	85	90
	Sweet Whites	94	93	97	96	87	87	95	94	93	87	95	89	95	89	92	87	93	88	89	85	90	92	82	89	
	Reds	97	93	96	95	88	93	93	89	93	88	89	88	88	89	93	90	85	87	90	83	83				
Alsace		93	90	92	89	89	92	91	93	95	90	94	88	91	93	89	88	94	86	84	89	96	90	88	86	84
Champagne		95	93	95	93	NV	95	89	90	94	98	91	89	93	95	86	98	NV	88	88	90	87	98	95	NV	83
Languedoc-Roussillon		93	94	93	88	90	89	90	92	92	90	91	91	87	88	90	84	92	90	89	95	85	84	90	87	86
Provence	Reds	94	94	94	92	89	89	90	89	91	90	94	90	87	87	90	85	90	91	88	94	86	85	91	85	85

GREAT OLDER FRENCH VINTAGES:

Pomerol/Saint-Émilion:
1989, 1985, 1982, 1978, 1970, 1964, 1961, 1959, 1955, 1953, 1949, 1947, 1945

Médoc: 1986, 1982, 1978, 1970, 1966, 1961, 1959, 1955, 1953, 1949, 1947, 1945

Graves: 1982, 1978, 1970, 1964, 1959, 1955, 1953, 1949, 1947, 1945

Sauternes: 1988, 1986, 1983, 1976, 1975, 1967

Red Burgundy: 1985, 1978, 1976, 1971, 1969, 1959, 1952, 1949, 1947, 1945

White Burgundy: 1986, 1983, 1982, 1978

Northern Rhône: 1985, 1983, 1978, 1970, 1961

Southern Rhône: 1985, 1983, 1981, 1978, 1967

Loire: 1985, 1978, 1976, 1971, 1969, 1959, 1947

Alsace: 1985, 1983, 1975

Champagne: 1985, 1982, 1979, 1971, 1964

소믈리에도 즐겨 보는 와인상식사전

22

코르크 마개의 비밀(祕密)

와인은 와인병에 넣은 뒤에도 숙성이 진행될 수 있다는 것이 브랜디와 다른 점이다. 코르크가 완전히 밀폐되지는 않기 때문에 극미량의 공기와 접촉하면서 숙성이 가능하다고 본다. 브랜디는 병 안에서 더이상 숙성되지 않는다.

와인의 코르크Cork 마개 안으로 깊숙이 들어간 스크루Screw를 천천히 잡아당기면 아주 작게 삐걱대는 소리가 나다가 이윽고 '톡' 하고 코르크 마개가 와인병으로부터 벗어난다. 그 짧은 순간은 병 속에서 고요히 숨을 쉬던 와인이 세상의 공기와 처음 접촉하는 순간이자 침을 삼키며 숨죽이고 있던 누군가가 와인의 향과 처음 대면하는 순간이기도 하다.

와인과 나 사이에 존재하는 코르크 마개의 의미는 제법 크다. 코르크 마개는 다른 술병에 있는 다양한 뚜껑들처럼 그저 '입구 봉쇄용'의 역할만 하는 것이 아니기 때문이다.

코르크 마개가 탄생한 것은 17세기이다. 물론

* 25년 된 코르크나무에서 코르크 채취.
원상태는 8년 걸리며 20회 반복
수령은 100~500년이다.

그전에도 와인을 보관하기 위한 다양한 밀폐방법이 시도되기는 했지만 코르크 마개가 탄생하면서 다른 밀폐방법들은 모두 잊혀져 갔다.

• 고급와인일수록 코르크가 길고 숙성기간도 길다. Penfolds는 2년마다 세계투어 Recorking Clinic 실시

와인병을 밀폐시키는 뚜껑으로 코르크가 결정된 데에는 몇 가지 이유가 있다. 우선 코르크는 숨을 쉰다. 코르크는 극도로 미세한 투과율을 가지고 있다. 대부분의 공기나 물을 차단하지만 초극소량의 공기는 들여보낸다는 말이다. 코르크의 이러한 특성 덕분에 와인은 외부로부터 밀폐되면서 동시에 숙성할 수 있는 것이다.

신축성伸縮性이 좋다는 점도 빼놓을 수 없다. 이 신축성 때문에 좁은 병 입구에 집어넣을 수 있고 틈을 막을 수 있다. 여기에 몇 가지를 더하면 위생적이고 온도의 영향을 받지 않는 점을 들 수 있다.

와인바나 레스토랑에서 소믈리에가 와인을 오픈한 뒤, 와인을 따르기 전에 반드시 하는 행동이 있다. 바로 코르크 마개를 보여주는 행위이다.

코르크 마개를 보여주는 것은 와인의 상태를 알려주기 위해서이다. 코르크 마개가 적당히 젖어 있다는 것은 와인을 제대로 보관했으며 와인의 상태에 변화가 없다는 것을 의미한다. 코르크 마개는 반드시 와인과 닿아 있어야 한다. 와인에 젖어 약간 팽창되어 있어야 입구를 완전히 밀봉할 수 있기 때문이다. 코르크 마개가 마르면 공기가 들어가 와인의 품질에 영향을 줄 수 있다. 그래서 와인은 반드시 비스듬히 눕혀서 보관해야 한다. 샴페인 코르크의 경우 끝부분 천연 코르크 부분이 더욱 탄성이 좋기 때문에 처음에는 팽창되지만 오래되면 오히려 더욱 수축된다. 오래된 샴페인 코르크 오픈 시에 주의해야 하는 이유이다.

• 샴페인 코르크는 샴페인 닿는 부분에서 멀어질수록 고급에서 저급재질로 구성된다. 3개 층을 붙여 제작

코르크 마개가 길수록 좋은 와인인가? 이 질문에 대한 답은 '그렇다'이다. 물론 예외는 있지만 대개는 그렇다. 그 이유는 코르크도 수명이 있기 때문이다. 좋은 코르크 마개의 경우 20년까지 건강하게 기능을

하는 것도 있지만 25년이 지나면 대부분은 수명을 다한다. 수명을 다한다는 것은 더 이상 숨을 쉬지 못한다는 것을 의미한다. 오래 보관해야 하는 와인일수록 코르크 마개의 길이가 더 긴 것은 그 때문이다.

인조 코르크를 보면 밀폐율密閉率이 높고 위생적이라는 이유로, 그리고 코르크 마개를 만들기 위해 환경을 파괴하지 않아도 된다는 이유로 신세계 와인 회사들을 중심으로 급속도로 퍼지는 중이다. 2016년 와인 투어 때 확인한 결과 뉴질랜드는 환경보호라는 이유로 100% 트위스트 캡Twist Cap, Screw을 사용하고 있었다.

물론 전통적인 방식을 고수하는 일부 구세계 와인 회사들은 여전히 천연 코르크를 신용하고 있다.

Cork	Screw Cap
• 12병 중 한 병은 코르크트(Corked)가 된다. • 3년 후 와인에 임의적인 산화작용이 일어날지도 모른다. • 숙성이 가속화될 수 있다. • 병을 오픈할 때 코르크가 부서질 수 있다. • 고급스럽다.	• 코르크의 부패를 막을 수 있다. • 아로마(Aroma)와 신선함을 보존한다. • 와인이 일정하게 숙성된다. • 오픈하기 쉽다. • 다시 막기 쉽다. • 코르크를 적실 필요가 없어서 와인병을 눕혀 놓지 않아도 된다.

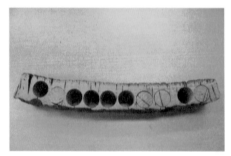

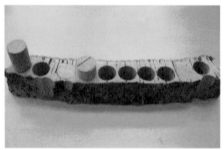

* 코르크는 찍어내서 로고와 빈티지를 각인한다.

초보자에게 추천하는 와인 단계

1. 달콤한 화이트 와인(독일 모젤 지방 와인)
2. 드라이한 화이트 와인(호주산 샤르도네, 혹은 캘리포니아산 샤르도네)
3. 가벼운 레드 와인(보졸레 지방 와인, 이탈리아 와인)
4. 부드럽고 약간 진한 레드 와인(미국산 진판델, 호주산 쉬라즈, 프랑스산 멜롯)
5. 풀바디의 타닌 맛이 강한 레드 와인(프랑스 보르도 와인, 프랑스 부르고뉴 와인)

와인을 구입하는 좋은 방법

- **코르크가 병입구보다 올라온 와인은 피하라.**
  코르크는 높은 온도로 와인이 끓었을 때 밀려 올라오며, 낮은 온도에도 올라온다.
  병보다 조금 낮게 박힌 코르크는 괜찮다.

- **진열장에 오래 서 있던 와인은 피하라.**
  코르크가 말라 움츠러들면서 생긴 틈으로 공기가 들어와 와인을 산화시킨다.

- **조명을 받고 있는 와인은 좋지 않다.**
  온도 상승으로 와인이 상하기 쉽다.

- **눈금이 현저히 낮은 와인은 코르크 틈 사이로 와인이 증발한 것이다.**
  과다한 산화가 진행된 흔적이다.(여러 병 세워두고 비교. Ullage)

- **라벨과 캡슐을 살펴라.**
  와인병 자체에서 흘러내린 자국이 있으면 좋지 않다.

- **백 라벨(Back Label) 반대쪽을 살펴보라. 수입회사 이름과 어려운 와인이름도 한국어로 되어 있다.**
  전문 수입사의 세심한 관리를 받은 와인이 상태가 좋고 쉽게 이해된다.

- **빈티지를 너무 맹신하지 마라.**
  빈티지는 광활한 지역에 미친 토양과 기후의 상호작용이기 때문에 국지적 변화가 심하다.
  그 빈티지로부터 15년 이내가 수로 좋은 상태이디.

- **와인전문매장의 단골이 되면 좋다.**
  정직하고 알뜰한 구매정보를 받을 수 있다.

와인숍이 아니더라도 저렴하게 구입하는 방법은 대형마트이다.
평소보다 저렴하게 파는 시기가 일 년에 두 번 정도는 있다. 주로 상반기와 하반기에 한번씩 장터가
열린다. 또한 명절 전에는 주로 세일을 한다.

23

서비스맨의 친구, 와인스크루

현재 시장에 나와 있는 코르크 스크루에는 여러 형태가 있다. 크게 나누면 지렛대가 달린 것과 달리지 않은 것으로 나눌 수 있을 것이다. 지렛대가 달리지 않은 간단한 모양의 스크루는 오로지 손아귀의 힘에 의해 코르크를 빼내야 하기 때문에 힘이 좋지 않으면 여간해서는 사용하기 힘든 편이다.

• 윙 스크루(Wing Screw)
초보자가 쉽게 사용할 수 있는 스타일로 양 날개의 지렛대를 사용하면 쉽게 딸 수 있다.

• T자형 스크루
스크루를 코르크에 돌려 넣고 마개부분에 스크루 몸체를 고정시켜 끼운 다음 위로 뽑아내는 스타일이다.

• 집게모양형 스크루

스크루를 코르크에 끼운 후 한쪽 지렛대를 이용해 뽑는 스타일이다.

• 전문가형 스크루(Service man's friend)

주로 전문가들이 사용하는 것인데 알루미늄을 벗기는 칼과 나선형 지렛대로 구성되어 있다. 지렛대 부분은 맥주나 콜라, 음료도 딸 수 있다. 레스토랑에서 서비스맨이 항상 휴대하고 있어 친구라고도 부르며, 전형적인 것은 지금부터 125년 전에 특허를 받았다고 한다.

• 아뜰리에 크롬 비람므 아소(Ah-So) 코르크 스크루

프랑스어로 비람므(Bilame)는 "2개의 날"을 의미
1949년 라뜰리에 뒤 뱅(L'Atelier du Vin)에서 특허받음
아소 코르크 스크루는 역사적인 와인 액세서리로 기록

01 오래되고 깨지기 쉬운 올드 와인 코르크를 구멍을 뚫지 않고 부서지지 않게 그대로 꺼낼 수 있음
02 비람므(Bilame)는 전 세계 레스토랑, 와인바의 소믈리에들에게 아소 코르크 스크루로써 최고의 인기를 구가함
03 수명을 다한 오래된 코르크를 빼내고 병 속의 와인을 체크한 후 새로운 코르크로 교체할 수 있는 코르크 스크루
04 프랑스에서 설계하고 메탈로 제작되었으며 크롬과 블랙 두 종류의 색상 보유
05 콜라병도 따는 기능 장착

비람므 아소 코르크 스크루 사용방법

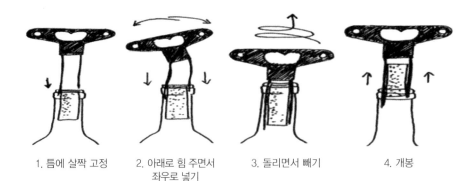

1. 틈에 살짝 고정   2. 아래로 힘 주면서 좌우로 넣기   3. 돌리면서 빼기   4. 개봉

Wine Accessory

* Paris, LAVINIA Wine Shop, Bar
  3-5 Boulevard de la Madeleine 75001, Paris
  OPERA GARNIER 방면, 4,000여 종의 와인 구비, 저자 2018년 방문

407

지금 마시는 이 와인에
집중하기보다 함께하고 있는
지금 이 사람을 보라.

테스 형!!
와인 맛이 왜? 이래, 향은 왜? 저래 등
대개 주관적, 객관적 평가에
지나치게 신경을 쓴다.

이 와인은 내 스타일이 아니야.
너무 강해 아니면 너무 단순해 등.

소중한 자리에서 단순히 와인 자체를 평가하고
맛의 기준을 논하기보다, 그 와인과 함께하는
시간, 공간 그리고 사람에 대해 더욱 시간을
할애하고 더 관심을 기울여라.

왜? 와인은 진지하게 들여다보고
이해하는 데 많은 시간을 투자하면서
정작 사람들에 대해서는 무관심한가?

우리는 늘 누군가와 와인을 마시고
즐기며 순간을 함께한다.
하지만 사람들에게 집중하지 못하고
그냥 와인의 색, 향, 맛, 느낌 등에만 관심을
가지려고 애쓰는 사람들이 많다.
진정 소중한 순간들을 놓치고 와인만을
마시는 건 아닌가?
내가 와인보다 사람들에 대해
더욱 관심을 기울이는 이유는

"와인은 함께 공유하는 사람, 시간 그리고
공간 등에 더 가치를 부여하기 때문이다."

소소한 행복은 어디에서 오는 걸까?

– Michael Kwon

24

와인글라스의 종류 및 잔을
부딪치는 진짜 이유

포도주는 태어나고 산다.
그러나 그것은 결코 죽지 않고,
사람 안에서 계속 살아 있다.

_Bacon Philippe

우리 한국에서는 무속인巫俗人이 굿을 할 때 방울을 흔든다. 이는 신의 내림을 받기 위한 것으로 잡귀雜鬼가 들어오면 방해가 되니 방울요령, 鐃鈴 소리로 잡귀를 물리친다고 믿었기 때문이다. 서양인들도 어떻게 보면 미신迷信을 의외로 믿는 편이다.

와인을 마실 때 좋은 자리에 잡귀 등이 있으면 안 되니 물러가라는 것과 와인 잔을 부딪치면서 글라스의 소리를 들으며, 즐겁게 하기 위해서이기도 하다.

건배를 하는 또 다른 이유는 그리스인들이 적敵에게 독살毒殺될까 봐 두려운 마음에 와인을 조금씩 나눠 마셨다는 설도 있고, 다음 날 숙취를 일으키는 '악귀'를 쫓아내기 위한 것이라는 설도 있다.

와인을 정말 사랑하는 사람은 와인 잔을 부딪칠 때 나는 소리에 이미 취해 버린다.

와인 잔은 와인을 맛있게 마시기 위해 꼭 필요한 준비물이다. 물론 와인 잔이 없어도 와인을 마시는 데는 전혀 문제가 없다.

맥주잔에 마셔도 되고 소주잔에 마셔도 된다. 다만 그 와인이 지닌 맛과 향을 최대한 즐기는 것은 포기하는 게 좋을 것이다.

와인이 음악이라면 와인 잔은 오디오 앰프에 속한다. 어떤 오디오Audio로 듣느냐에 따라 음악의 질이 다르게 느껴지는 것처럼 와인 잔 역시 어떤 와인 잔을 선택하느냐에 따라 와인의 질이 다르게 느껴진다.

오스트리아의 기업 리델Riedel사는 지난 250년 동안 와인 잔만 생산해 왔다. 무려 11대에 이르는 후손들이 가업을 이어온 집안으로 리델에서 만든 와인 잔은 전 세계인들이 가장 받고 싶어 하는 선물 중 하나이기도 하다.

대부분의 레드 와인 잔과 화이트 와인 잔은 튤립형을 따른다. 갓 빚은 화이트 와인의 경우에는 레드 와인보다 Body부분의 볼륨감이 작은 편이고, 잘 숙성된 화이트 와인은 조금 큰 것이 알맞다.

플루트형으로 만든 잔은 샴페인용이다. Body가 길고 날씬할수록 샴페인의 기포가 오래 보존되기 때문이다. 튤립형의 경우에는 와인을 마실 때 와인이 혀의 안쪽부분에 떨어지도록 설계되어 있다. 혀의 안쪽에 떨어져야 떫고 텁텁한 맛을 제대로 느낄 수 있기 때문이다. 플루트형의 경우에는 혀의 앞부분, 즉 단맛을 잘 느끼는 부분에 떨어진다. Lim 부분의 오목한 정도, 잔의 크기 정도에 따라 이렇게 혀에 닿는 부위 자체가 다르도록 설계되어 있다.

와인 잔의 손잡이, 즉 Stem이 긴 이유는 손으로 잔의 Body부분을 잡지 않도록 하기 위해서이다. 손바닥으로 와인 잔의 Body를 감싸버리면 체온으로 인해 와인의 온도가 올라가 최적의 맛을 잃을 수 있을뿐더러 손의 기름기가 와인 잔에 묻을 수 있으며, 눈으로 와인의 색을 감상하는 것도 방해한다. 와인예절을 말할 때 와인 손잡이를 잡는 것을 강조하는 것도 결국은 와인을 최상의 상태에서 마시기 위해서이다. 그렇다고 반드시 와인 손잡이만 잡아야 하는 것은 아니다. 그러나 초보자일수록 와인 맛을 제대로 보기 위해 신중을 기하는 것이 좋다고 본다.

와인 잔은 와인의 오묘하고 깊은 색과 은은하고 복합적인 향, 그리고 한 가지로 설명할 수 없는 다양한 맛을 모두 발산할 수 있도록 도와주는 역할을 한다. 여기에 덤으로 한 가지 더 잔을 부딪칠 때 나는 청아

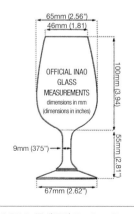

65mm (2.56")
46mm (1.81)
OFFICIAL INAO GLASS MEASUREMENTS
dimensions in mm
(dimensions in inches)
100mm (3.94)
9mm (375")
55mm (2.81")
67mm (2.62")

* INAO 국제규격 Tasting Glass

한 소리까지 제공해 준다. 따라서 좋은 와인을 사는 것만큼이나 좋은 와인 잔을 구입하는 것도 중요하다.

와인을 좋아하는 친구들 숫자만큼 잔을 준비하고 좋아하는 와인 스타일과 가장 일치하는 모양으로 1~2가지를 선택해 둔다.

와인을 따를 때 마지막에 병을 부드럽게 돌려서 마무리해야 한다는 사실은 와인을 어렵다고 느끼게 만드는 수많은 요소들 중 한 가지이다.

대체 병은 왜 돌리는 것일까? 그 이유는 능숙함의 표현이기도 하며, 한 방울의 와인도 흘리지 않기 위해서이다. 와인을 따르다 그대로 멈추면 한두 방울의 와인이 병목을 타고 흐를 수밖에 없지만 손목을 살짝 비틀면서 병을 돌리면 밖으로 흘러내리지 않는다. 예부터 사람들은 와인을 피 한 방울과 같다고 생각했다. 와인병에 와인이 흘러내리는 모습이 보기도 안 좋았지만 무엇보다 소중하고 아깝다고 생각했기 때문에 그렇게 따르게 된 것이다.

와인을 따를 때 또 한 가지 유의해야 할 점은 가득 채우면 안 된다는 점이다. 와인 잔의 가장 볼록한 부분까지 채울 때를 한 잔으로 보는데 양으로 따지면 가득 채웠을 때의 30%에 지나지 않는 양이다.

와인을 받을 때는 잔을 들어서 받지 않는 것이 원칙이다. 와인 예절을 말할 때 한 번 더 언급하겠지만 아무리 윗사람이 따라준다고 해도 잔을 드는 것은 오히려 와인

림(Lim)_ 와인을 마실 때 입술이 닿는 부분. 림 부분의 둘레는 볼 부분보다 지름이 작은데, 이는 와인의 향을 잔 속에 될 수 있는 대로 오래 보존할 수 있게 한다.

볼(Bowl)_ 와인 잔의 몸통부분. 와인은 와인 잔의 1/3 정도만 채우는 것이 좋은데, 와인의 향을 맡으려고 와인 잔을 돌릴 때 흘릴 염려가 없으며, 나머지 공간을 와인의 향으로 가득 채울 수 있기 때문이다.

스템(Stem)_ 손으로 잡는 부분. 스템이 길면 체온이 와인에 영향을 미치지 않으며, 와인의 색을 관찰할 때 손이 방해가 되지 않는다. 바디와 스템 부분에 이음매가 있으면 붙인 것, 없으면 불어서 제작된 것이다.

베이스(Base)_ 와인 잔의 받침부분

* Cheers to your Eyes

예절에 어긋나는 행동이다. 와인을 따라주는 대로 가만히 두고 보면서 잔 베이스 부분에 한 손을 대고 가벼운 목례와 함께 감사의 인사를 전하면 된다.

두 손으로 술잔을 드는 행위는 없지만, 건배乾杯까지 없는 것은 아니다. 와인도 건배를 한다. 건배는 가볍게 잔을 부딪치는 순간 잡귀가 물러간다고 믿는 원시적인 의식에서 나왔지만 와인 잔이 부딪칠 때 나는 맑고 청아한 소리도 빼놓을 수 없는 이유다. 와인은 오감으로 즐기는데 잔 부딪히며 나는 소리는 귀도 즐거워야 한다는 것이다. 이 소리는 와인 맛을 돋우는 데도 큰 역할을 한다. 잔을 부딪칠 때 시선을 맞추는 아이콘택트Eye Contact도 잊지 말아야 한다. 상대방의 눈을 보면서 존중을 표시하는 것이기도 하기 때문이다.

혀, 4곳의 와인 접촉지점

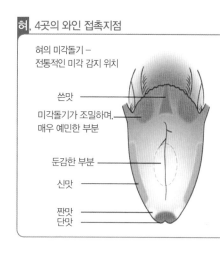

혀의 미각돌기 –
전통적인 미각 감지 위치

쓴맛

미각돌기가 조밀하며,
매우 예민한 부분

둔감한 부분

신맛

짠맛
단맛

- **쓴맛** : 거칠고 오래 지속되는 맛으로 다른 맛과 결합해 복합미를 나타내며 단맛과 어울려 초콜릿 맛을 냄
- **신맛** : 혀 양옆, 혀 양끝을 꽉 조이는 듯한 느낌
- **짠맛** : 혀 단맛 뒤쪽 신맛과의 사이. 와인에는 거의 없지만 호주 서부 쪽 와인에서 간혹 느껴짐
- **단맛** : 혀 앞쪽 끝, 휘감기는 느낌. 부드럽게 조화된 느낌

소믈리에도 즐겨 보는 와인상식사전

"그대 눈동자에 건배를 Cheers to your eyes."

글라스의 모양에 따라 맛이 분명히 달라진다는 것은 간단한 실험을 통해서도 알 수 있는데 가장 간단한 방법은, 화이트 와인을 소주잔과 화이트 와인 잔에 따라 맛을 비교해 보거나 맥주잔과 볼이 넓은 와인 잔과 비교하는 것도 재미있는 경험이 될 것이다. 물론 개인마다 느껴지는 강도는 있겠으나 분명히 차이를 느낄 것이라 생각한다. Wing Glass가 없을 땐 Plastic Cup 〉 Mug Glass 〉 소주잔 〉 종이컵이다.

와인 한 병을 다 채울 수 있을 것 같은 아주 큰 고급 레드 와인 잔은 볼이 넓을 때 풍겨오는 향기를 더욱 많이 느낄 수 있기에 사람들이 선호한다. 물론 이 잔에 와인을 가득 채우는 것은 아니다. 상황별 차이는 있겠으나 750ml 용량의 와인 1병을 가지고 6잔 정도로 나눌 수 있는 분량이 가장 이상적일 것이다.

와인 잔이 입술에 닿는 부분이 림, 가장 넓은 부분이 볼, 얇고 긴 부분이 스템, 밑의 받침부분이 베이스이다. 포도품종이나 지역에 따라 권장되는 와인 잔의 모양도 다르다. 예를 들어, 부르고뉴/피노 누아 와인 잔은 넓지만 테두리가 좁아지는데 향기를 가둬서 충분히 즐기도록 설계된 것이다. 때문에 와인은 절반에서 3분의 1 정도만 따르는 게 일반적이다. 크리스털 글라스에는 10~30%까지의 산화납이 포함되어 있는데 고가의 크리스털 잔에는 24% 이상의 산화납이 포함되어 있다. 이는 산화납 함유량이 많을수록 빛의 굴절량도 커지고, 외관이 아름답기 때문이다. 산화납을 포함한 크리스털 와인 잔은 며칠째 와인을 따라놓지 않는 한 전혀 위험하지 않다.

• 보르도(Bordeaux) 레드 와인 잔

전형적인 튤립 모양으로 입술이 닿는 Lim 부분이 조금 안쪽으로 굽어 있다. 타닌을 공기에 노출시켜 맛을 부드럽게 하고 과일의 은은한 향을 조화시키기 위해 볼이 크고 글라스의 경사각이 작은 것을 선택한다. 보통의 레드 와인 글라스는 크고 오목하며, 떫고 텁텁한 맛을 잘 느낄 수 있도록 혀의 안쪽 부분에 떨어지게 만들었다. 공기에 노출된 면이 적기 때문에 향을 적게 모아주며 스파이시하고 묵직한 와인에 어울린다.

• 부르고뉴(Bourgogne), 레드 와인 잔(Burgundy glass)

입술 닿는 부분이 바깥으로 살짝 휘어 있다.

타닌이 적고 신맛이 강한 피노 누아 품종은 볼이 큰 글라스에 마셔야 좀 더 오랜 시간 향을 풍성하게 즐길 수 있고, 풍부한 향기를 곁들인 와인의 맛은 정말 일품이다. 큰 원형 타입의 잔이기 때문에 공기에 노출된 면이 넓어 더 많은 향을 모아준다. 섬세하고 향이 풍부한 와인에 좋다.

• 보르도, 부르고뉴 화이트 와인 잔

레드 와인용 잔보다 다소 작다.

샤르도네의 경우 과일향이 풍부하고 상큼한 신맛을 보기 위해 중간 크기의 볼륨을 선택하고, 소비뇽 블랑은 과일향이 부드럽고 신선한 맛을 지녀서 볼륨이 작은 와인 잔이 더 잘 맞는다. 단맛을 지닌 스위트 와인은 풍부한 과일향을 잘 맡을 수 있게 가장자리가 좁은 와인 잔이 제격이다.

보통 화이트 와인글라스는 상큼한 맛을 위해 상대적으로 덜 오목하게 만들어 혀의 앞부분에 떨어지도록 했다.

• 샴페인(Champagne) 잔

플루트형으로 기포가 올라가는 것을 감상할 수 있도록 길쭉하게 생겼다.

샴페인을 평가하려면 기포를 봐야 하며, 좋을수록 기포가 더 작고 더 풍성하다. 기포가 더 오랫동안 올라와야 좋은 샴페인이며, 샴페인의 질감과 입안의 감촉을 만들어 내는 것이 바로 기포이다.

처음에 절반 정도 따르고, 확 올라온 기포가 꺼질 때까지 잠깐 기다린 후 8할까지 첨잔하는 것이다. 또한 맥주처럼 기울여서 따르면 기포가 보존되어 더 맛있어진다.

• 꾸페(Coupe) 글라스

샴페인 글라스로, 드럼(Drum)형은 파티에서 단숨에 들이킬 때 사용된다.

넓게 개방된 꾸페 잔의 입구가 지나치게 빨리 버블과 향을 날려버리는 역효과도 있다. 초기엔 그리스 신화의 여인 헬레나를, 수세기 후 프랑스의 마리 앙투아네트의 가슴을 본떠서 만들었다고 한다. 기능은 뛰어나지 않지만 보기에는 정말 예쁘다.

• 셰리(Sherry) 와인 잔

셰리(쉐리)나 포트(Port) 와인 등을 즐기기에 좋은 모양이다.

• 알자스(Alsace) 와인 잔

알자스 지방에서는 알자스만의 와인 잔을 사용한다. 신맛이 적당하고 향이 진하기 때문에 입술에 닿는 부분이 안쪽으로 많이 굽어 있다. 리델 중 최상품은 손으로 만드는 소믈리에 시리즈(Sommelier Series), 그다음이 상대적으로 중가대의 비넘(Vinum)시리즈, 평상시 자주 마시고 비교적 저렴한 가격대의 오버추어(Overture)가 있다.

• 글라스 바닥에 점

삼페인 잔은 바닥에 미세점(눈으로 확인할 정도는 아님)이 있어 기포 발생을 돕는다. 따라서 풍성하고 오래도록 기포가 발생하는 것이다.

 좋은 와인 잔의 특징

• 잔의 표면이 균일하다.
• Lim 부분이 얇고 손가락 끝(손톱)으로 살짝 튕겨보았을 때 울림이 길다.
• Body와 Stem의 이음면이 없으면 입으로 불어서 만든 것이다.
• 잔을 옆으로 눕혀서 보았을 때 베이스의 끝부분이 투명하게 보인다.
• Crystal Glass(납(Lead) 24% 이상 함유) : 밝은 공명, 투명 유리
• Plain Glass : 색감 감상
• Egg Shape : 향의 보존, 사이즈
• Cut Rim : 정확한 테이스팅
• Thin Glass : 투명성과 공명성
• Long Glass : 체온전달, 품위

와인 글라스의 종류

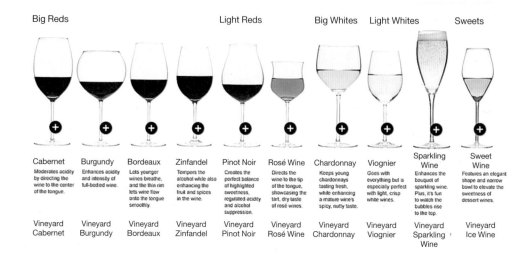

Big Reds				Light Reds		Big Whites	Light Whites		Sweets
Cabernet	Burgundy	Bordeaux	Zinfandel	Pinot Noir	Rosé Wine	Chardonnay	Viognier	Sparkling Wine	Sweet Wine
Moderates acidity by directing the wine to the center of the tongue.	Enhances acidity and intensity of full-bodied wine.	Lets younger wines breathe, and the thin rim lets wine flow onto the tongue smoothly.	Tempers the alcohol while also enhancing the fruit and spices in the wine.	Creates the perfect balance of highlighted sweetness, regulated acidity and alcohol suppression.	Directs the wine to the tip of the tongue, showcasing the tart, dry taste of rosé wines.	Keeps young chardonnays tasting fresh, while enhancing a mature wine's spicy, nutty taste.	Goes with everything but is especially perfect with light, crisp white wines.	Enhances the bouquet of sparkling wine. Plus, it's fun to watch the bubbles rise to the top.	Features an elegant shape and narrow bowl to elevate the sweetness of dessert wines.
Vineyard Cabernet	Vineyard Burgundy	Vineyard Bordeaux	Vineyard Zinfandel	Vineyard Pinot Noir	Vineyard Rosé Wine	Vineyard Chardonnay	Vineyard Viognier	Vineyard Sparkling Wine	Vineyard Ice Wine

 ### 와인 글라스 닦는 법

와인 글라스 세척은 입술 닿는 부분을 잘 닦는 게 가장 중요하다. 와인 글라스는 따뜻한 물로 세척하며, 세제를 사용하는 경우 완전히 헹궈주어야 한다. 특히, 샴페인 및 스파클링 와인 글라스에 세제가 남아 있으면, 기포 발생이 현저히 줄어들기에 완벽한 헹굼작업이 더욱더 중요하다.

와인 글라스를 닦을 때는 가능한 와인 글라스 아랫부분을 잡고, 와인 글라스 볼과 스템 부분을 서로 반대 방향으로 비틀지 않도록 해야 한다. 와인 글라스를 비틀면, 글라스가 바로 파손되기 때문이다.

와인 글라스엔 물 자국이 쉽게 남기 때문에 세척한 와인 글라스는 바로 광을 내는 게 좋다. 와인 글라스에 광을 내는 헝겊은 면 소재가 아닌 마이크로 파이버(極細絲, Micro Fiber) 소재가 적합하다. 혹시라도 와인 글라스에 물 자국이 남았거나 완벽한 광을 내고 싶다면, 끓인 찻주전자 위에서 증기를 쪼이면서 와인 글라스 전용 헝겊을 이용해서 광을 내면 된다.

소믈리에도 즐겨 보는 와인상식사전

리델의 글라스웨어는 아름답다.

하지만 리델 와인 글라스의 아름다움은 그 자체만의 아름다움이 아닌, 와인과 함께할 때의 아름다움이다.

리델 글라스는 와인의 특징을 가장 정확하게 전달해 주는 자기 본연의 임무를 수행할 때 찬란하게 빛난다.

리델 가문과 리델 와인 글라스

리델은 아주 독특한 회사다. 창사일은 1756년 5월 17일. 역사가 250년이 넘었다.

오스트리아 시골 쿠프스타인에 공장이 있고, 직원은 300명에 불과하다. 하지만 전 세계 60개국에 와인 글라스를 수출한다.

와인 글라스로는 아무도 따라오지 못하는 독보적인 메이커. 리델 가문은 10대째 내려오면서 철저하게 글라스만을 만들어왔다. 단 한번도 외부에서 경영진을 영입한 적이 없다. 철저하게 가족끼리 유리 제조 노하우를 전수하면서 리델 왕국을 만들어왔다. 경영철학은 간단하다.

「단 1원의 빚도 지지 마라」

「마음에 들지 않는 유리잔은 깨라」

「외상으로 물건을 주지 마라」

「고객의 취향을 만들어라」

체코슬로바키아 보헤미아에서 시작한 리델 기업은 히틀러가 2차 세계대전 중 체코를 점령하자, 유리잔을 만들다가 하루아침에 레이더 스크린을 만들도록 지시를 받았다. 이 때문에 2차 대전이 끝나 체코가 공산화되자, 당시 발터 리델 사장은 소련 시베리아로 끌려갔고, 그의 아들인 클라우스 리델(Claus Riedel)은 간신히 몸만 빠져나와 오스트리아로 도망쳤다. 클라우스는 우여곡절 끝에 오스트리아 쿠프스타인에 다시 공장을 세워, 아들 게오르그 리델(10번째 세대)과 함께 리델의 영광을 재현하였다.

리델 가문의 9번째 세대인 클라우스 리델은 기능적인 면에만 충실했던 기존의 글라스 업계에 혁신적인 개념을 제시하면서 와인계를 놀라게 하였다.

그는 와인 글라스가 주는 즐거움을 극대화시켰으며, 역사상 최초로, 와인 글라스의 모양이 와인의 맛과 향에 영향을 준다는 것을 발견했다.

게오르그 리델은 선친이 세운 개념을 더욱 발전시켜 다음과 같은 결론을 내렸다.

"와인 글라스의 모양은 와인의 종류에 따라 만들어지는 것이다. 적합한 와인 글라스의 선택은 와인의 맛을 더욱 좋게 만들어준다. 와인의 향과 맛이 주는 느낌 – 와인이 주는 "메시지" – 은 와인 글라스의 모양에 달려 있다.

와인의 느낌을 인간의 오감에 최선을 다해 전달하는 것이 바로 와인 글라스의 의무인 것이다."

리델은 와인과 알코올 음료를 즐기는 데 최상의 글라스를 제공하며, 용도와 가격에 따른 다양한 종류의 와인 글라스를 제공한다. 또한, 리델은 세계에서 유일하게 Vitrum Vinothek을 제공하는 회사이기도 하다.

창조적인 와인 잔을 통해 다양한 종류의 포도품종, 맛 균형의 극대화, 과일향의 극대화, 타닌과 산의 통합 등의 장대한 와인 맛을 추구한다. 클라우스 리델과 게오르그 리델, 이 두 세대가 이룬 업적은 리델의 와인 글라스 디자인에 투영되어 있으며, 이 두 사람의 노력으로 리델 글라스는 와인과 뗄 수 없는 최고의 동반자가 되었다.

25

와인 마시기의 화려한 동작, 디캔팅

와인 브리딩(Breathing) & 디캔팅(Decanting)하기

와인을 디캔팅하는 근본적인 이유는 포트Port 와인과 같이 오랜 숙성으로 인한 침전물을 거르는 것이지만 최근에는 영Young한 와인에 공기를 접촉하게 하여 숨쉬게 해주는 것으로 주로 이용된다. 이는 와인의 향을 좋게 해주지만 실제로 디캔팅이 필요한 와인은 많지 않다. 그러나 본래의 목적과 상관없이 디캔팅을 해도 무방하다. 왜냐하면 아름다운 디캔터에 담긴 와인은 게스트Guest에게 기대감을 주는 효과가 있고 보는 즐거움도 선사하기 때문이다. 실제로 5년 이하의 일반 와인은 디캔팅할 필요가 없지만 고급 영Young 레드 와인이라면 잠깐 동안의 디캔팅으로도 맛이 좋아질 수 있다. 물론 최고급와인은 굳이 디캔팅할 필요가 없다. 공기와의 장시간 접촉이 화이트 와인의 신선한 맛을 사라지게 할 수 있기 때문이다. 또한 불쾌한 황화합물 냄새가 덜 거슬리는 냄새로 바뀐다.

와인에도 있는 개봉시기(開封時期)

개봉시기란 말 그대로 코르크 마개를 따는 시기를 말한다. 맥주나 소주는 먹기 직전에 따는 것이 가장 좋지만 와인은 그렇지 않다.

기포가 생명인 샴페인의 경우 먹기 직전에 따는 것이 가장 좋지만 고급 레드 와인의 경우 미리 개봉해 두면 와인이 공기 중 산소와 접촉해 향이 살아나 좀 더 풍부하게 즐길 수 있다. 이렇게 와인을 최적의 상태에서 마시기 위해 미리 개봉해 놓는 것을 가리켜 브리딩이라고 한다. 사람도 아침에 일어나 세수하고 움직여야 정신이 들 듯이 와인도 잠에서 깨어나도록 해주는 것이다.

모든 와인을 브리딩하는 것은 아니다. 보르도의 최고급 레드 와인이나 이탈리아의 고급 레드 와인 등 주로 고급와인의 경우에 해당되며 중저가의 와인, 특히 화이트 와인의 경우에는 마시기 직전에 개봉하는 것이 좋다.

그런데 이렇게 브리딩을 하는 것으로 만족할 수 없는 상태의 와인들이 있다. 단단한 풀바디Full body 와인의 경우 1시간 정도 미리 코르크를 따놓는 것만으로는 원래 딱딱한 벽에 부딪히는 것 같은 느낌을 준다. 맛과 향이 혀와 코로 완전히 스며들지 않고 떠도는 것이다.

이런 와인은 디캔팅이 필요하다. 디캔팅이란 뚜껑 있는 유리병이란 의미의 디캔

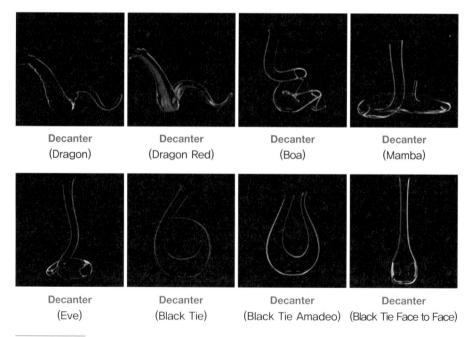

Decanter (Dragon) Decanter (Dragon Red) Decanter (Boa) Decanter (Mamba)

Decanter (Eve) Decanter (Black Tie) Decanter (Black Tie Amadeo) Decanter (Black Tie Face to Face)

출처 : Riedel glass

소믈리에도 즐겨 보는 와인상식사전

터에 와인을 옮겨 담는 것을 말한다. 원래 디캔팅은 와
인병에 있는 침전물을 걸러내기 위해 시작되었다. 오
래된 와인, 특히 카베르네 소비뇽이나 시라 같은 품종
은 오래 묵을수록 주석산이 많이 생기는데 와인을 따
랐을 때 이런 침전물이 같이 떨어지면 와인 맛이 살 리
가 없었다. 그래서 한번 걸러주는 과정을 거치게 되었
는데 디캔팅을 하면서 디캔팅이 침전물만 거르는 것이
아니라 산소와의 결합을 통해 와인 맛도 살린다는 것
을 깨닫게 되었다.

레드 와인의 주석산염

* 주석산(酒石酸)

와인병 바닥이나 코르크 밑에 타르타르산, 혹은 주석산이 붙
어 있는 와인이 더러는 있다. 타르타르산은 수정 같은 모양의
무해한 침전물이며 유리나 얼음사탕처럼 생겼다. 이 수정 같은
침전물은 레드 와인 속에서는 타닌으로 인해 적갈색의 녹빛을
띤다. 와이너리에서는 와인의 온도를 낮춤으로써 대부분의 타르타르산을 제거한
후에 병입한다.

지금은 불순물不純物 때문에 디캔팅을 하기보다는 순전히 와인 맛을 살리기 위해
디캔팅을 하는 편이다. 물론 그렇다고 해서 모든 와인이 디캔팅을 할수록 맛있어지
는 것은 결코 아니다. 오래 숙성된 와인이면서 섬세한 맛을 지닌 와인을 잘못 디캔
팅하면 단시간에 와인이 노화되어 맛과 향이 완전히 달아날 수도 있다.

디캔팅의 덕을 보는 것은 주로 타닌Tannin성분이
강한 거친 맛의 와인들이다. 타닌이 공기 중에 노출
되면 바로 산화되기 때문에 떫은맛이 다소 부드러워
질 수밖에 없다.

와인 전문가들마다 디캔팅에 대한 입장이 조금씩
다르긴 하지만 어쨌든 오래된 와인은 침전물을 걸러
서 오랫동안 잠자고 있었던 향과 맛을 깨우는 목적으
로, 어린 와인들은 거친 맛을 순화시키기 위해, 속된

* Double Decanting용 Breather
Decanter(YouTube 와인 이재술 Tv 참조)

말로 성질을 죽이기 위해 디캔팅을 한다.

어리거나 비싸지 않은 와인은 디캔딩으로 훨씬 맛과 향이 살아난다. 디캔팅은 레드 와인만 할 수 있는 것은 아니고, 샴페인, 풀 바디 화이트 와인도 디캔팅을 하면 풍미가 좋아진다.

디캔팅에서 자유로운 와인은 보통 5년 내에 마시는 와인이다.

* ANSUNGBENEST Golfclub, 2009

이들은 디캔팅을 안 해도 무방하다. 5년 내 와인의 경우 코르크 마개를 감싸고 있는 캡슐에 작은 바늘구멍들이 2~4개 정도 나 있는 것을 볼 수 있다. 이것은 숨구멍이다. 이 구멍을 통하고 코르크를 지나 와인 속으로 조금씩 공기가 흘러 들어간다고 볼 수 있다. 아주 미세한 양이지만 이러한 숨구멍이 와인이 숨쉴 수 있도록 도와준 셈이다. 10년 넘게 보관이 가능한 와인의 경우는 이런 숨구멍이 없다. 이것은 오랜 세월 와인을 구매하면서 터득한 노하우이니 와인을 구입할 기회가 생기면 한번 관찰해 보기 바란다. 이 숨구멍의 또 다른 목적은 병입 후 캡슐을 기계로 씌울 때 속도가 빠르기 때문에 터지지 않도록 공기를 빼주는 장치라고도 볼 수 있다. 따라서

캡슐(호일)을 완전히 벗겨내는 것이 좋다. 고급와인일 경우 금속성분이 글라스로 들어가 마시면 건강에 해로울 수 있기 때문이다.

영화나 드라마에 디캔팅 장면이 많이 노출되면서 와인을 제대로 마시기 위해서는 무조건 디캔팅을 해야 한다고 오해하는 사람들도 있는데 자칫 잘못하면 오히려 비싼 와인

* 와인캡슐 자르기와 와인 숨구멍

의 맛과 향을 잃을 수도 있다는 것을 잊지 말아야 할 것이다.

　고객이 보는 앞에서 디캔팅을 할 때도 있지만 고급와인의 경우 1시간 전에 디캔팅을 해야 할 때도 많기 때문이다. 그래서 요즘은 디캔터에 직접 와인 이름을 쓸 수 있는 디캔터 펜도 인기를 끌고 있긴 하다.

　와인바나 레스토랑에서 이뤄지는 디캔팅 과정은 사뭇 엄숙하기까지 하다. 사실 그 행위 속에는 일 년 동안 잘 키운 포도를 최상의 와인으로 만든 장인에 대한 존경의 의미도 담겨 있다. 디캔팅이란 결국 최고의 품질로 만들었으니 최고의 상태로 마시겠다는 노력의 일환이기 때문이다.

 ## Decanter의 종류

• Young 레드 와인용 디캔터
바닥이 넓고 납작하며 평평하게 생긴 모양을 선택해야 한다.
물론 오리모양의 디캔터가 여기에 가장 잘 맞는다.

• Mature 레드 와인용 디캔터
숙성된(오래된) 와인은 섬세하게 다루어야 하므로 아랫부분이 동그랗게 생긴 모양이어야 하며, 목이 길고 키가 큰 디캔터를 선택해야 한다.

• 화이트 와인용 디캔터
보통 화이트 와인은 디캔팅을 하지 않는 것으로 알고 있지만 그렇지 않다. 화이트 와인을 디캔팅하는 목적은 분자를 산화시킴으로써 향을 방출시키고 와인의 향이 너무 빨리 증발하는 것을 방지하기 위함이다. 키가 크고 날씬해야 하며 목도 길면 좋다. 또한 아랫부분이 라운드 모양이어야 한다. 결국 화이트 와인용은 목이 길고 짧은 것은 Mature 레드 와인 전용으로 보면 된다. 건조시키기 위해 디캔터 홀더도 필요하다.

• 에어레이터
디캔터 대신 사용하는 에어레이터(Aerator)는 와인에 산소를 대량 공급해서 순간적으로 산화가 일어나도록 해준다. 일반적인 와인 디캔팅에 좋다.

디캔팅 순서

1. 와인에 침전물이 있는지 확인하기 위해 병을 빛에 비추어본다.
2. 디캔팅하기 전에 미리 병을 세워둔다.(아주 고급와인일 경우는 하루 전에 세워둔다.)
3. 촛불을 켠다. 대부분의 와인병이 짙은 암록색 유리로 되어 있어서 따를 때 병 안이 잘 안 보인다. 그런데 촛불을 켜서 따르면 어두운 병 속의 와인이 좀 더 잘 보이고, 약간의 극적인 분위기까지 연출된다. 손전등을 이용해도 되지만 촛불을 켜놓고 하는 게 더 수월하고 낭만이 있어 보인다.
4. 코르크를 오픈한다.
5. 디캔터를 와인의 병목에 대고 공기 접촉을 늘리기 위해 안정적으로 유리벽을 타고 내려올 수 있도록 조심스럽게 따른다.(디캔터를 45도 눕혀서 따른다.)
6. 와인이 거의 전부 내려갈 때쯤 침전물이 병목으로 내려가는 것이 보인다. 침전물이 빠져나오기 직전에 와인 따르기를 멈춘다. 이때 와인이 남아 있다면 침전물이 가라앉을 때까지 세웠다가 디캔팅을 계속하면 된다. 풀바디 와인은 최소한 15~30분간 기다렸다 마시는 게 좋다.
7. 디캔터를 가볍게 흔들어준다.

 디캔팅해야 하는 와인

디캔팅은 모든 와인에 하는 것이 아니다. 최근에 출시된 일반적인 데일리 와인들은 대부분 필터로 철저히 걸러내므로 찌꺼기가 거의 없기 때문에 디캔팅할 필요가 없다. 또한 장기숙성용 와인이 아니기 때문에 디캔팅할 경우 와인의 맛과 향이 일찌감치 날아가 버릴 수 있다.

디캔팅은 레드 와인에만 할 수 있는 것은 아니며 샴페인, 풀바디 화이트 와인도 디캔팅을 하면 확실히 효과가 있다. 특히 오래된 빈티지 와인은 아주 민감하기 때문에 조심해야 한다.

디캔팅은 어린 와인에 가장 유용하다. 어린 와인은 병 안에 든 공기가 활동할 충분한 시간이 없기에, 디캔팅을 하면 안의 공기가 빨리 효과적으로 활동하여 적어도 와인이 숙성된 것처럼 느껴진다. 한두 시간이면 닫혀 있던 풍미가 열린다. 바롤로처럼 구조가 단단한 어린 와인은 디캔터에 24시간 놔두면 좋아진다. 보통 어리고 타닌과 알코올이 강한 와인은 오래된 라이트바디 와인보다 빨리 디캔팅하는 것이 좋으며, 어린 와인이 디캔팅에 잘 견딘다. 부르고뉴 화이트나 론 와인처럼 풀바디 화이트 역시 디캔팅 효과를 볼 수 있다. 심지어 디캔터에 담긴 모습도 레드 와인보다 더 매력적이다.

– 바닥에 앙금이 생길 가능성이 있거나, 디캔팅하면 풍미가 좋아질 수 있는 레드 와인들

- 5년 이상 된 보르도 그랑크뤼 클라세와 크뤼 부르주아 레드 와인
- 10년 이상 된 부르고뉴 그랑크뤼와 프리미에 크뤼 레드 와인
- 5년 이상 된 샤또네프 뒤 파프, 에르미따쥬, 그리고 기타 북부 론 지역의 레드 와인
- 5년 이상 된 이탈리아 바롤로, 슈퍼 토스칸 와인
- 7년 이상 된 스페인 페데네스 지역 와인과 보데가 베가 시실리아 와인
- 포르투갈의 강화 와인 중 빈티지 포트, 전통 레이트 바틀드 빈티지 포트, 크러스티드 포트
- 신세계의 프리미엄급 와인들 중 카베르네 소비뇽과 시라로 만든 5년 이상 된 와인

* 20년 이상 된 보르도, 부르고뉴 그랑크뤼 와인은 찌꺼기 중에 앙금이 너무 많을 수 있기 때문에 시음하기 24~48시간 전에 세워서 앙금이 바닥에 완전히 가라앉은 후에 디캔팅해야 한다.

– 찌꺼기는 없지만 시음 직전에 디캔팅하면 풍미가 좋아질 수 있는 화이트 와인들

- 독일의 라인과 모젤 지역의 10년 이상 된 최고급 화이트 와인
- 스페인 리오하 지역에서 오크 숙성된 최상급 화이트 와인
- 프랑스 알자스에서 늦게 수확한 포도로 만든 디저트 와인인 방당쥬 따흐디브
- 루아르 지방의 10년 이상 된 고급 화이트 와인
- 오랫동안 잘 숙성된 프랑스 그라브 지역의 화이트 와인

– 디캔팅하면 안 되는 와인들의 예

- 이태리 토스카나의 키안티 와인들은 대체적으로 앙금이 잘 생기지 않고, 개봉 후 얼마 지나지 않아도 충분히 맛과 향이 좋아지기 때문에 디캔팅할 필요가 없다.

- 샴페인을 비롯한 스파클링 와인들은 디캔팅하는 순간 탄산가스가 빠르게 날아갈 수 있다.
- 숙성기간이 짧은 일반적인 화이트 와인들은 앙금이 생기지 않으며 신선한 맛으로 마시기 때문에 디캔팅할 필요가 없다. 그보다는 오히려 차갑게 마시기 위해 칠링이 필요하다.
- 저가의 레드 와인은 대개 마시기 좋은 상태로 병입하여 출시하고, 힘이 약해 디캔팅하면 빠르게 산화하면서 맛과 향과 날아가 버린다. 이렇게 되면 밍밍한 와인을 마시게 될 수도 있으므로 디캔팅하지 않는다.

 디캔터 청소방법 Know-How

디캔터를 여러 번 사용하면 내부에 와인으로 인한 때(이물질)가 끼게 된다. 처음에는 청소방법을 몰라서 굵은소금, 커피, 세척제, 달걀껍질에 이르기까지 다양하게 시도해 봤지만 청소 후에도 비린내가 나는 등 크게 효과를 보지 못했다. 그러던 중 찾게 된 방법이 바로 쌀이다. 쌀을 디캔터에 넣고 뜨거운 물을 적당량 부은 후 여러 번 흔들어대면 쌀뜨물이 아주 말끔하게 이물질을 제거해 준다.

또 다른 방법
- 소금, 생쌀, 베이킹소다, 약간의 식초를 넣고 약간 뜨거운 물을 붓고 흔들어준다.
- 디캔터 세척 전용구슬을 사용한다.
- 약간 뜨거운 물로 헹군 후 디캔터 건조대에 뒤집어 걸어둔다.
- 남은 와인을 비운 후 따뜻한 물로 채워서 하루 뒤에 비운 후 겉면을 세제로 닦고 극세사(極細絲)로 닦은 후 헤어드라이기로 완전히 물기를 없애준다.
- 마지막으로 디캔터 홀더에 거꾸로 꽂아둔다.

소믈리에도 즐겨 보는 와인상식사전

26

와인을 잘 보관하는 방법 및
와인셀러의 중요성

나는 셰리와인을 홀로 마신다. 왜냐하면,
사치스럽고 축복받으며 에로틱한
감정에 빠질 수 있기 때문이다.

_Sylvia Plath

와인은 사람과 같다. 서 있으면 금방 피로해진다.

와인을 눕혀서 보관하는 이유는 공기가 들어오는 것을 막기 위해서이다. 와인을 막고 있는 코르크는 신축성이 강하기 때문에 마르면 부피가 줄어들고 그 틈으로 공기가 유입되면 와인이 산화된다. 그런데 눕혀 놓으면 코르크 마개의 끝부분이 항상 와인에 젖기 때문에 마를 위험이 없다. 당연히 코르크가 줄어들어 공기가 통할 위험도 사라지는 것이다. 스파클링 와인의 경우 기포까지 빠져나가기 때문에 반드시 눕혀서 보관해야 한다. 공간이 협소해 부득이하게 세워서 진열해야 하는 와인이라면 적어도 일주일에 한 번 정도는 눕혀 놓는 것이 좋다.

와인은 공기 외에 빛과 온도에도 많은 영향을 받는다. 특히 빛은 와인을 변질시키는 데 절대적인 영향을 미친다. 와인 전문점에서 햇볕이 들어오는 진열대에 와인을 진열하지 않는 것은 이 때문이다. 와인은 무조건 직사광선을 피해야 하며 형광등 빛도 와인에 영향을 미치기 때문에 가능한 어두운 곳에 보관해야 한다. 온도 역시 간과해서는 안 된다. 와인 보관에 이상적인 온도는 12~15℃이며 습도는 55~75%이다. 21℃가 넘으면 위험하다.

진동이나 습기도 피해야 한다. 고급와인의 경우에는 작은 진동에도 입자가 흔들려 제맛을 잃을 수 있다. 특히 기온과 습도가 높아지는 여름에 가벼운 레드 와인이나 섬세한 화이트 와인을 함부로 방치하면 위험하다.

와인을 제대로 보관하려면 와인셀러^{Wine Cellar}가 필요하다. 와인을 즐겨 마시다 보면 자연스레 와인셀러의 필요성을 느끼게 될 것이다. 일체형 셀러는 진동이 거의 없는 모터를 쓰고 온도차가 다른 화이트 와인과 레드 와인을 한번에 보관할 수 있도록 온도조절이 섬세하게 설계되었기 때문이다.

간혹 고객들로부터 어떤 와인셀러를 구입하는 것이 좋겠냐는 조언을 요구받는데 그럴 때 내가 하는 말은 딱 한 가지이다. 이왕이면 큰 것으로 구입하라는 것이다. 현재 보유하고 있는 와인의 수가 그리 많지 않다고 해서 작은 것을 구입했다가는 곧 후회하게 된다. 처음에는 작게 시작했다 하더라도 일단 모으기 시작하면 금방 채워지는 것이 와인셀러이기 때문이다. 와인셀러 구입했다는 것 자체가 앞으로 와인을 더 많이 구입하겠다는 의지의 발현이다. 방이 커지면 가구도 많아지는 것처럼 와인셀러를 사면 와인도 덩달아 늘어날 수밖에 없다. 적어도 100병은 소화할 수 있는 와인셀러를 사야 당분간은 새 와인셀러를 구입할 걱정을 안 하게 될 것이다.

와인셀러를 구입하기가 너무 부담스럽다면 김치냉장고의 야채칸을 이용하는 것도 좋은 방법이다. 김치냉장고가 없는 사람은 장롱 속에 와인을 보관하도록 하자. 장롱 속은 빛, 온도, 진동이 없기 때문에 와인을 보관하기에 더없이 좋은 곳이다. 바람이 통하고 서늘하다고 해서 베란다에 보관하면 와인이 변질되기 쉽다.

결국 우리나라같이 사계절이 뚜렷한 곳에서 와인셀러 없이 와인을 1년 이상 두고 잘못 보관하면 거의 변질된다고 보는 것이 맞을 것이다.

와인의 장기보관에 최적의 온도는 12.7도이며 23.8도에서 보관된 와인은 숙성속도가 2배 빨라진다고 한다. 게다가 따뜻한 온도가 와인을 너무 빨리 숙성시키는 것과 마찬가지로, 너무 낮은 온도는 와인을 얼리고 코르크가 밀려 나와서 숙성이 즉각 중단될 소지가 있다. 그래서 여름과 겨울에 아파트 베란다에 와인을 두면 코르크가 빠져나오는 현상은 이와 같은 원리이다.

그날 딴 와인은 그날 마시는 것이 가장 좋다. 코르크를 따면서부터 와인은 공기와 접촉해 조금씩 변하기 시작하고 사흘이 지나면 산화가 일어난다. 그래서 와인을 한 병 땄다면 매일매일, 조금씩, 꾸준히 마시는 것이 가장 좋고, 이왕이면 다른 사람과 함께 마시는 것이 가장 적절한 양을 적절한 시간 안에 해결할 수 있는 방법이다. 대부분의 남은 와인은 산화 과정을 늦추기 위해 냉장보관해야 한다. 레드 와인은 최대 5일, 화이트 와인은 최대 7일, 스파클링 와인은 최대 3일 동안 보관하는 것이 좋다.

와인을 단단히 밀봉하고 냉장고의 다른 음식 냄새가 섞이지 않게 하는 것이 좋다.

남은 와인은 눕혀서 보관해야 한다. 세워 두면 병 내에 산소가 유입되면서 '발효'상태로 바뀌어 맛이 변질되거나 시큼해진다. 눕히면 코르크가 적당히 촉촉한 상태를 유지하며 스크루캡은 세워도 무방하다.

개봉한 와인은 와인셀러보다 일반 냉장고에 보관하는 게 좋다. 와인셀러는 숙성 온도인 12~13℃ 정도로 설정되어 있는데, 이는 남은 와인 보관 온도와 맞지 않기 때문이다. 오히려 일반 냉장고의 야채칸이 4~5℃ 안팎으로 설정되어 있기에 이 온도에서 남은 와인을 최적의 상태로 유지시켜 줄 수 있다.

또 와인은 아무리 좋은 환경에서 보관하더라도 1년에 몇 %씩은 줄어든다. 그 양이 매우 미미하기는 하지만 어쩔 수 없는 현상이다. 이러한 증발을 가리켜 천사들의 몫Angel's Share이라고 한다.

세리Sherry주를 만들 때 통 속에 공기가 들어가게 놔두는데 이 과정에서 와인 중 일부가 증발된다는 것이다. 그래서 매년 최소한 3%의 세리주를 천사들에게 빼앗긴다. 말하자면 증발로 인해 수천 병을 잃어버린다는 말이다. 스페인 세리 사람들은 늘 행복에 젖어 생활한다. 왜냐하면 찬란한 햇빛을 쬘 뿐만 아니라 산소와 세리주를 호흡하며 살기 때문이다.

단독주택일 경우 와인 보관은 지하창고나 다용도실, 베란다의 한 구석 활용이 무난하다. 지하 보일러실은 피하고, 외풍이나 직사광선은 피해야 한다. 남은 화이트 와인은 코르크를 다시 막아 냉장고에 보관하면 된다. 스파클링 와인은 병을 눕혀서 보관할 필요가 없는데, 이는 병목에 있는 CO_2가 코르크를 마르지 않게 하기 때문으로 세워서 보관해도 좋다. 아파트일 경우 서늘하고도 햇빛을 직접 받는 곳을 피하려면 아무래도 북향의 다용도실이나 이와 유사한 공간이 좋다. 다만 습도가 부족한 것이 흠이지만 많은 양의 와인을 저장하는 것이 아닌 이상 이 정도의 문제는 항상 감수해야 한다.

보관시설이 없다면 와인은 적당량을 구입하여 일정기간 내에 소비하는 것이 가장 이상적이다.

5년 이상 숙성시킬 와인을 보관하려면 습도도 중요하다. 습도가 낮으면 코르크가 마를 수 있고, 그럴 경우 와인이 병 밖으로 샐 위험이 있다. 와인이 밖으로 나올 수 있다는 것은 공기가 안으로 들어갈 수 있다는 뜻이기도 하다. 한편 습도가 너무 높으면 라벨이 손상될 위험이 있으므로 라벨을 보호하기 위해서는 비닐로 커버를 씌우면 된다. 와인은 라벨이 중요한 얼굴이기 때문에 특히 고급와인은 반드시 라벨을 잘 보호해야 그 가치를 인정받을 수 있다.

소믈리에도 즐겨 보는 와인상식사전

• 와인 서빙(Serving) 온도

매우 차갑게(3~7℃) : 스파클링 와인, 라이트바디 화이트 와인

차갑게(7~13℃) : 풀바디 화이트 와인, 로제와인

셀러온도(13~16℃) : 화이트바디 레드 와인, 미디엄바디 레드 와인

실내온도(16~20℃) : 미디엄바디 레드 와인, 풀바디 레드 와인, 주정강화 와인

 와인의 3대 적(敵) : 빛, 온도, 진동

와인은 비록 병 속에 들어 있지만 살아 숨쉬고 계속해서 숙성이 진행된다. 그래서 와인은 어떻게 보관하느냐에 따라 향과 맛이 더 개선될 수도 있고, 반대로 나빠질 수도 있으므로 와인을 보관할 때는 기본적으로 다음 사항을 잘 알고 있어야 한다. 특히 화이트 와인은 햇빛에 결정적으로 손상을 입게 된다.

• 온도 : 보통 10~14℃ 유지
• 습도 : 70~80%
• 에어컨 바람에 코르크 상부가 건조해지는 데 주의 필요
• 빛과 진동과 악취가 나는 장소를 피함
• 눕혀서 보관

고온
와인에 적합한 온도는 10~14℃ 정도. 온도가 높으면 빨리 숙성되어 변질되기 쉽고 온도가 너무 낮으면 숙성을 멈춘다.
고가의 숙성목적 온도는 15~16℃가 최적이다.

온도변화
온도변화가 크면 와인은 쉽게 변질된다. 가능한 온도변화가 적은 장소가 적합하다.
가정에서는 빛이 안 들어오는 베란다나 지하창고가 좋다.
온도는 여러 형태의 화학적 반응을 일으키기 때문에 중요하다. 급격한 온도변화나 너무 덥거나 너무 추운 경우 와인의 맛이나 향에 문제가 생길 수 있다. 와인은 가능한 서늘한 곳에 보관하는 것이 좋으며, 이상적인 온도는 7~13℃이지만 최저 −1~2℃에서 최대 20℃까지는 무난하다. 다만 영하의 온도에서 계속 보관하면 병이 터지거나 향을 잃을 소지가 있고, 무더운 온도가 계속되면 지나치게 숙성되어 산화가 진행되어 버린다.

빛
형광등이나 햇빛은 와인의 질을 떨어뜨린다. 와인병에 광선을 차단시키는 물질이 사용되어 있지만 가능한 한 주의할 필요가 있다.

건조
습도가 낮으면 코르크가 건조해져 빼기 어려워지고 미생물 침입이 쉬워진다.
와인에 적당한 습도는 70~80%이다.

냄새
다른 냄새가 있으면 와인에 그 냄새가 옮겨져 와인의 독특한 향기가 사라지고 만다.

진동
병에 진동이 가해지면 숙성속도가 빨라져 와인 질의 저하를 초래한다.
차에 싣고 다닐 때는 가능한 단시간으로 줄이고 타는 자리보다 빛 차단이 가능한 트렁크를 권한다.
가정용 냉장고도 진동이 있으므로 보관에는 좋지 않다.

27

와인병 바닥이 오목한 이유인
펀트(Punt)

와인병을 살펴보면 바닥부분이 오목하게 들
어가 있다. 이렇게 패인 부분을 영어로 Punt라
고 한다. 와인 애호가라면 한번쯤은 왜 punt
를 만들었을까? 왜 오목하게 만들었을까? 하
고 궁금증을 가져봤을 것이다. 그 이유에 대해서는 의견이 분
분하지만 대략 다음과 같이 정리해 볼 수 있다. 펀트의 원래
목적은 와인을 따른 후 침전물을 모으기 위한 장치이다.

* Punt

그중 하나는 과거 유리 공예기술의 미숙함에서 비롯되었다는 의견이다. 옛날에
는 유리기술이 지금처럼 발전되지 못해 병의 모양이 일정하지 못할뿐더러 바닥을
편편하게 만들지 못해 잘 세워지지도 않았을 것이다. 바닥이 울퉁불퉁해서 차라리
밑이 파인 모양으로 만들어 바로 세울 수 있도록 했다는 것이다.

또 한 가지는 밑이 오목하게 들어갈수록 병이 더 단단하기 때문에 그렇게 만들었다
는 주장이다. 또 샴페인의 경우 생산공정 중에 기포발생을 위해 병을 뒤집어 쌓아두
는 과정이 있는데 이것을 쉽게 하기 위해 바닥을 들어가게 만들었다는 이야기도 있다.

또한 샴페인 같은 스파클링 와인의 병 내 압력을 분산시키는 역할을 한다.

와인을 좀 더 우아하게 따르기 위해 이렇게 만들었다는 주장도 있지만 실제로 해 보면 따라하기 힘들다는 단점이 있고, 와인의 침전물이 와인바닥의 테두리에 쌓이 도록 하기 위해 그렇게 만들었다는 주장도 있지만 테두리에 쌓여 있다 해도 따를 때 침전물이 따라 올라오는 것은 매한가지다.

여러 가지 설 중에서 가장 유력한 것은 마케팅 전략의 하나라는 주장이다. 바닥 부분이 오목하게 들어갈수록 와인병에 들어가는 와인의 양은 줄어들기 마련이다. 적 은 양으로도 와인의 양이 많은 것처럼 보이게 할 수 있고 와인병 속의 압력 분산을 통해 와인병이 깨지는 것을 방지한다는 것과 장기간 숙성으로 인해 자연 발생적으 로 생기는 찌꺼기를 한 곳으로 모아 와인이 쉽게 탁해지는 것을 방지하기 위함이다.

원래 와인병 안에 있는 펀트의 주요 목적은 내부에 있는 와인 브랜드의 품질을 반영하는 것이었다. 의도는 펀트가 깊을수록 와인의 품질이 높아지는 것이었지만 더이상 그렇지 않다.

펀트의 디자인 요소는 또한 병이 더 큰 압력을 견딜 수 있도록 한다. 이는 압력으로 인해 파손될 수 있는 프로세코, 샴페인 및 기타 스파클링 와인에 이상적이다.

병을 재사용하려는 경우 때때로 세척하기 어려울 수 있다. 유리병 바닥에 있는 펀트는 물을 더 고르 게 분배하여 전반적으로 더 잘 닦인다. 이는 병을 재활용할 때도 유용하다.

병 바닥의 펀트가 표면적을 증가시키기 때문에 와인이 더 빨리 차가워진다. 표면적이 넓을수록 얼 음이나 차가운 물과의 접촉이 많아져 와인을 식히는 전체 시간이 최소화된다.

펀트의 또 다른 유용한 기능은 와인을 서빙할 때 잔에 쏟아지는 침전물의 양을 줄일 수 있다는 것이 다. 앵글은 바닥에 가라앉은 침전물을 잡아서 이것이 쉽게 쏟아지는 것을 막는다.

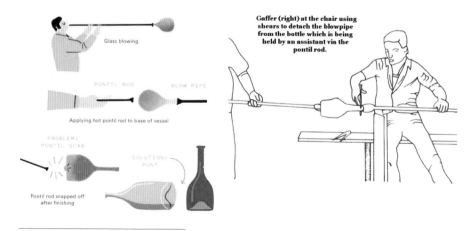

* 블로우 파이프를 이용한 와인병 제작

소믈리에도 즐겨 보는 와인상식사전

이번엔 와인 바닥 말고 와인병 전체의 모습을 보자. 와인병의 모양은 나라, 지방에 따라 조금씩 다르다. 특히 와인의 역사가 깊은 유럽에서는 특유의 병모양이 곧 그 지역을 상징하기도 한다. 따라서 와인병 모양만 보아도 이 와인이 어디서 왔는지를 짐작할 수 있다.

와인 한 병당 600~800개의 포도알(약 1kg)이 들어간다.

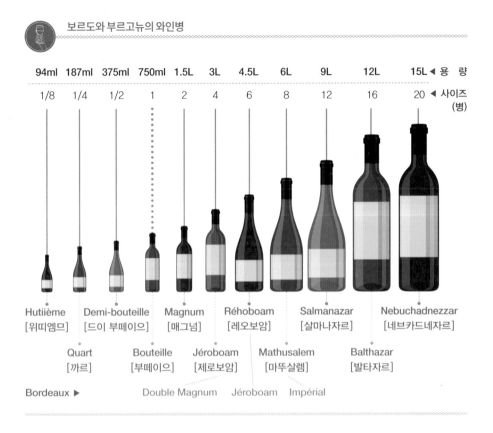

보르도와 부르고뉴의 와인병

94ml	187ml	375ml	750ml	1.5L	3L	4.5L	6L	9L	12L	15L ◀ 용 량
1/8	1/4	1/2	1	2	4	6	8	12	16	20 ◀ 사이즈 (병)

Hutiième [위띠엠므]
Demi-bouteille [드이 부떼이으]
Magnum [매그넘]
Réhoboam [레오보암]
Salmanazar [살마나자르]
Nebuchadnezzar [네브카드네자르]

Quart [까르]
Bouteille [부떼이으]
Jéroboam [제로보암]
Mathusalem [마뚜살렘]
Balthazar [발타자르]

Bordeaux ▶　　Double Magnum　Jéroboam　Impérial

용량별 명칭은 지역마다 상이한데 예를 들면 프랑스만 하더라도 제로보암은 샹파뉴에서는 3L를, 보르도에서는 4.5L를 부르는 이름이다. 같은 용량도 여러 이름으로 불리는데 예를 들면 0.187L는 스플릿, 피꼴로, 까르 등으로 불린다.

일반적으로 마시는 병[0.75L]을 스탠더드라고 부르며, 네브카드네자르[15L]는 예루살렘을 정복하고 솔로몬의 성전을 파괴한 바빌론의 왕이며, 발타자르[12L]는 예수 탄생

때 선물을 들고 온 동방박사 세 사람 중 한 명이고, 살마나자르[9L]는 유명한 정복자 아시리아의 왕이며 제로보암[4.5L]은 솔로몬의 아들로 예루살렘 4번째 왕의 이름이다.

* Champagne Taittinger Cave, 2017

매그넘 와인[Magnum Wine]의 좋은 점을 보면 같은 와인이라도 작은 병보단 큰 병에 들어 있는 와인이 더 맛있다. 이는 산소의 양 때문이다. 스탠더드와 매그넘에 들어간 와인의 양은 2배 차이가 나지만 산소의 양은 같다. 즉, 매그넘에 와인을 병입할 때 들어가는 산소가 더 적다. 그래서 산화 속도도 더디다. 발효주는 산소와 접촉하면서 맛이 변하기 시작하기 때문에 발효주의 일종인 와인의 맛 또한 병입할 때 들어가는 산소의 양과 관련이 깊다.

이유의 첫 번째는 와인을 더 오래 보관할 수 있다.

정확히 말하면 더 느리게 숙성시킬 수 있다고 하는 게 맞을 것 같다.

극단적인 예로, 김치를 상온에서 빨리 숙성시켰을 때와 땅을 파서 겨울 동안 잘 숙성시켰을 때의 차이를 생각해 보면 쉽다.

와인도 똑같다. 천천히 느리게 숙성되었을 때가 훨씬 맛있다.

티냐넬로 2015 빈티지가 750ml 병에서는 15년 숙성시켰을 때가 시음 적기라고 가정하면 1.5L 병에서는 20년 이상 숙성시켰을 때 거의 동일한 숙성 정도가 된다고 볼 수 있다.

3L의 병에서는 25년 이상에서 비슷한 숙성의 정도를 보여줄 것이다.

큰 이유는 와인병으로 숨쉬는 산소의 양에서 결정된다.

750ml 병의 코르크는 보통 지름 24mm 정도를 쓰는 데 반해 3L는 33mm 지름의 코르크를 사용하기 때문에 코르크를 통해 투입되는 산소의 양이 훨씬 적어진다.

750ml보다 3L일 때 와인의 양은 400%가 많아지지만 투입되는 산소의 양은 137%만 늘어난다. 즉, 훨씬 천천히 산화된다.

소믈리에도 즐겨 보는 와인상식사전

그리고 두 번째 이유는 희소성의 가치이다.

남들이 다 가지고 있는 것보다는 생산량이 적어서 희귀한 것의 가치가 당연히 더 높다.

750ml보다 1.5L는 1/100 이하로 생산할 것이고, 3L는 그보다 훨씬 적게 생산할 것이다.

이 2가지 이유가 와인콜렉터들이 큰 병을 선호하는 이유일 것이다. 그런데 우리가 일반적으로 마시는 와인은 수십 년간 보관할 것이 아니기 때문에 사실상 큰 병이 가지는 숙성의 효과와 희소성의 효과를 제대로 발휘하기는 어려울 것이다.

그렇지만 파티처럼 여러 사람이 함께 즐기기 위함이라면 750ml 4병을 서빙할 때와 3L 1병을 서빙할 때의 차이는 상당할 것이다.

큰 와인병은 사람들이 많이 본 적도 없고 실제로 마셔본 사람은 더더욱 적을 것이다. 그래서 결론은 파티에서 큰 병의 와인을 마시면 폼이 난다는 것이다.

펀트 외에도 병 하단을 자세히 보면 양각으로 튀어나온 다양한 표시들이 있는데 점, 숫자, 알파벳 등이며, 이는 병의 제작 정보, 생산연도, 제조지역과 공장, 생산자, 제조기기, 용량, 직경 등을 의미한다.

우리는 와인병 모양을 보고도 그 와인의 산지와 전통 스타일을 가늠할 수 있다.

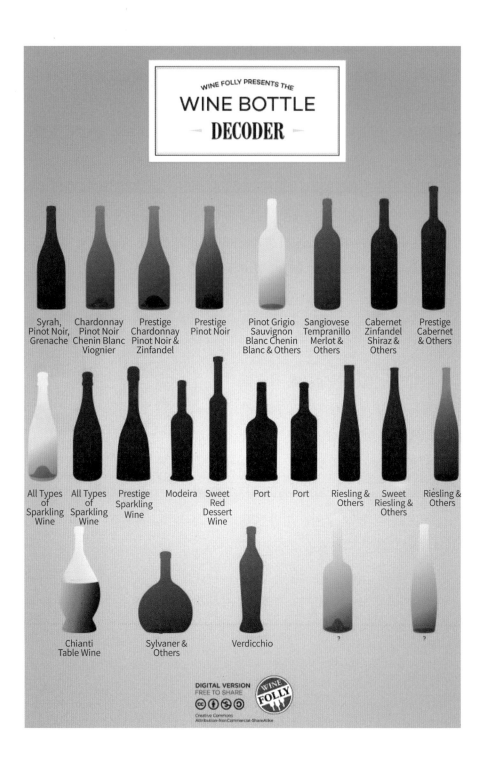

소믈리에도 즐겨 보는 와인상식사전

1) Champagne Style

샹파뉴 지역에서 생산되는 샴페인Champagne에 사용된 와인병인데 대부분의 발포성스파클링 와인들이 이와 유사한 형태를 가지고 있다. 버섯모양의 코르크 마개를 철사로 조여 고정한 후 알루미늄 캡을 씌운 모양이다. 또한 샴페인 병은 다른 와인들보다 훨씬 두껍고 무거우며, 바닥은 다른 와인들보다 더 깊이 파여 있다.

2) Bordeaux Style

프랑스 보르도 지방의 전형적인 와인병 모양으로 시중에서 흔하게 볼 수 있는 와인병 중 하나이다. 남성의 각진 어깨를 보는 듯한 형태의 이 와인병은 보기만 해도 전통적이고 남성적인 느낌이 든다. 보르도에서 주로 사용되는 카베르네 소비뇽Cabernet Sauvignon, 멜롯Merlot, 말벡Malbec 등과 같은 레드 품종이나 보르도풍 화이트 와인에도 사용하고 있다. 이러한 형태를 가진 레드 와인들은 대체로 드라이하고 타닌이 강한 풀바디의 와인들이 많으며 일부 이태리에서도 사용된다.

북부 론은 시라, 단일품종을 만들기에 어깨가 없는 부르고뉴 스타일의 병을 사용하며, 남부 론의 샤토네프 뒤 파프 등은 여러 품종을 블렌딩하는 와인으로 부르고뉴 스타일의 어깨가 없는 병을 사용한다.

3) Bourgogne(Burgundy) + 4) 론 Style

와인병의 어깨가 여성처럼 부드럽게 내려오며 보르도 스타일의 병보다는 좀 더 통통한 모양을 하고 있다. 부르고뉴와 보졸레 지방 와인들의 특징은 비교적 타닌이 강하지 않고 가볍고 부드러운 맛을 보이므로 와인 초보자들이 부담없이 즐길 수 있는 와인들이 많다는 것이다. 프랑스 론 지방의 와인들도 이와 유사한 형태의 와인병을 사용하는데, 타닌이 주는 떫은맛과 함께 좀 더 묵직한 바디감과 스파이시한 느낌을 주는 와인들이 많다. 론 지방 와인들의 대표 품종인 시라Syrah는 호주에서 쉬라즈Shiraz로 불리는데 이 품종으로 만들어진 와인들은 대부분 이러한 와인병을 사용하며 일부 이태리에서도 사용된다.

5) Alsace & Mosel Style

부르고뉴 론 스타일과 유사한 어깨 모양을 하고 있으나 와인병이 전반적으로 좀 더 길다. 독일에 근접한 프랑스 알자스 지방의 화이트 와인과 독일의 리슬링을 이용한 모젤 와인들에서 주로 사용한다. 이들 지역에서는 주로 화이트 와인이 생산되는데 아주 드라이하지 않으며 약간 달콤한 맛을 느낄 수 있다.

6) Bocksbeutel Style

독일 프랑켄Franken 지방의 전통적인 화이트 와인에서 사용하는 스타일로 녹색 병을 많이 쓰고 둥글납작한 형태이다. 프랑켄 지방의 와인들은 독일 다른 지방의 와인들에 비해 매우 드라이하고 묵직한 바디감을 주는 고급 화이트 와인들이 많다. 그리스와 포르투갈에서도 일부는 이러한 형태의 와인병을 사용한다.

7) Port Wine Style

포르투갈의 포트 와인주정 강화 와인, 스페인의 마데이라Madeira와 셰리Sherry의 경우에는 주로 이러한 와인병을 사용한다. 보통 500ml 용량으로 되어 있는데, 병의 마개는 코르크 오프너를 사용하지 않아도 쉽게 딸 수 있도록 만들어졌다. 포트 와인은 발효 도중에 브랜디를 첨가하여 매우 달콤하면서도 알코올 도수18~20%가 높다. 일반적으로 식사가 끝난 후 작은 글라스로 1잔 정도 마시게 되는 디저트 와인이다.

8) Ice Wine Style

독일과 캐나다에서 주로 생산되는 달콤한 디저트 와인으로, 대부분 375ml의 작은 와인병을 사용한다.

9) Provence & South France Style

남프랑스 지역으로 내려가면 특히 로제 와인과 화이트 와인에서 여성스러운 독특한 모양의 와인들을 많이 볼 수 있다.

와인병이 750ml인 이유?

첫 번째는 과거 와인병을 제조할 때 사람이 하나하나 풍선 불듯이 불어서 만들었다고 한다. 그 때 한 사람이 한 호흡으로 불 수 있는 것이 사람의 최대 폐활량인 대략 750ml 정도라고 한다.

두 번째는 와인 한 병을 보통 1kg으로 만들며 여기서 껍질과 씨앗 등을 제거하고 와인 제조과정에서 생기는 가스와 찌꺼기 그 외에 손실되는 모든 것을 제외하면 대략 750ml가 남기 때문이라고 한다.

양파와인 만들기(혈압 조절엔 최고의 방법)

① 양파를 4등분하여 와인에 자박하게 잠기게 한다.
② 2~3일간 상온에 두어 숙성시킨다.
③ 양파를 건져내고 와인을 냉장보관한다.
④ 소주잔으로 하루에 2~3번 정도 마신다.
*와인 한 병에 중간 크기의 양파 4~5개 정도가 알맞다.

효과
1. 당뇨병의 혈당치와 혈압이 정상화됨
2. 얼굴 화끈거림, 갱년기, 수족냉증, 고혈압이 정상이 됨
3. 무릎통증 해소
4. 관절통 완치, 몸무게 10kg 감량
5. 이명증 개선, 침침한 눈이 밝아짐, 비문증(눈에서 모기가 날아다니는 것처럼 보이는 증상) 해소
6. 변비, 소변통, 두통, 백발·주름살 감소
7. 성기능 회복 및 증강
이처럼 거짓말 같은 사실을 일본의 건강잡지 <장쾌(壯快)>에서 명예를 걸고 수십 페이지의 체험과 사례를 소개했다.

• 식후에 소주잔으로 한 잔 정도를 하루에 2~3번 정도 꾸준히 마셔주면 건강에 좋음
• 혈압과 체중 감소   • 서늘한 곳에서 2~3일간 숙성   • 저렴한 와인으로도 가능

* Bourgogne Montrache cave

4
PART

와인
실전
상식
(實戰常識)

28

부케, 아로마의 차이점과
와인 테이스팅 방법

포도주를 감정한다는 것은
천천히 바라보고 느끼고 음미하는 것이다.
식도락은 미각을 즐겁게 하는 사물의 정열적이고
논리정연하며 습관적인 기호를 의미한다.

Jean-Anthelme Brillat-Savarin

스월링Swirling이라 불리는 잔 돌리기는, 병에 갇혀 있던 와인이 잔에서 퍼지면서 공기와 골고루 접촉할 수 있는 기회를 준다. 이렇게 몇 번 돌려주면 향의 입자가 더 골고루 퍼지는 효과를 볼 수 있다.

이 스월링에도 원칙이 있다. 잔에 따르고 처음 마실 때만 가볍게 서너 번 돌려야 한다는 것이다. 공기와 접촉시킨다고 계속 잔을 돌릴 필요는 없다. 잔을 돌린 다음에는 코끝으로 가볍게 향을 맡는다. 물론 향을 맡는다고 코를 쿵쿵대면 안 된다.

스월링에서 잔을 흔드는 이유는 와인에 산소를 공급해 맛과 향이 더 우러나게 하기 위한 것이다. 와인잔을 흔들면 에스테르Ester, 에테르Ether, 알데히드Aldehyde가 나와 산소와 결합하여 와인의 부케가 발산된다. 즉 와인을 공기에 노출시킴으로써 많은 부케와 아로마를 발산시킨다. 스월링하면서 손으로 와인 잔 위를 가리고 하면 더 강한 아로마와 부케를 느낄 수 있다.

그리고 식사 시 담소를 나누다가도 바로 와인을 마시면 와인의 향이 움츠러들어서 제대로 향을 맡을 수 없게 되는데 마시기 전 스월링을 여러 번 하면 향을 되살리게 된다.

와인에서 향이 70%, 맛이 30% 정도를 차지하므로 스월링이 중요하다. 또한 와인은 첨잔이 가능한데 이렇게 함으로써 향이 살아나는 효과를 줄 수 있다.

와인을 마실 때는 바로 목으로 넘기지 말고 잠시 입안에 머금어보자. 입안 구석구석을 와인으로 적셔보는 것이다. 그리고 입을 조금 벌린 상태에서 산소를 조금 흡입한다. 이러면 더 정확한 와인의 맛과 향을 입안 전체로 느낄 수 있다.

스포츠 경기에 관전 포인트가 있는 것처럼 와인에도 와인을 즐기기 위한 포인트가 있다.

첫 번째, 색상(Colour)

와인의 색은 와인의 구성성분이 얼마나 풍부하게 섞여 있는가를 알려준다. 색이

* Red Wine Aroma Wheel

소믈리에도 즐겨 보는 와인상식사전

가벼울수록 성분도 가볍고 짙을수록 성분이 풍부하다. 또 와인 색의 농도는 와인이 얼마나 오래 숙성됐는지도 보여준다. 레드 와인은 젊은 와인에서 시간이 지날수록 색깔이 옅어지고, 화이트 와인은 반대로 색깔이 진해진다.

레드 와인 : 짙은 자주색 〉 루비색 〉 붉은색 〉 붉은 벽돌색 〉 적갈색 〉 갈색

화이트 와인 : 엷은 노란색 〉 연초록빛을 띤 노란색 〉 볏짚색 〉 짙은 노란색 〉 황금색 〉 호박색 〉 갈색

물론 지역에 따라, 품종에 따라 와인 색은 제각각이다. 보통 추운 지방에서 나온 와인일수록 색깔이 연하고 더운 지방에서 나온 와인일수록 색깔이 진하다. 색이 연할수록 더 가볍고 산뜻한 맛이고 색이 어두울수록 무겁고 강한 맛이라 생각하면 이

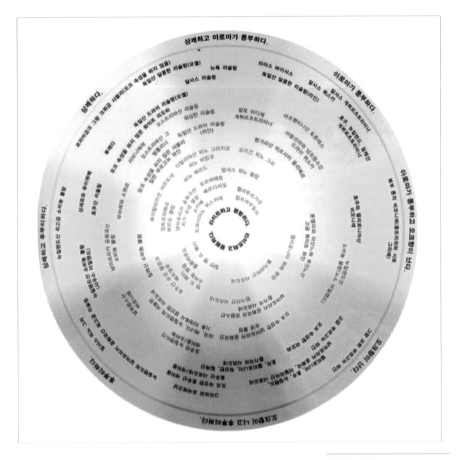

* White Wine Aroma Wheel

해하기 쉽다. 품종으로는 레드 와인 중에는 카베르네 소비뇽이, 화이트 와인 중에는 샤르도네가 특히 색감이 깊은 편이다.

투명도는 와인을 빛에 비춰 와인이 얼마나 투명한지, 미세한 불순물이 떠다니는 건 아닌지 살펴보는 것이다. 물론 오래 숙성한 와인의 경우에는 간혹 주석과 같은 침전물이 떠다닐 수도 있지만 갓 빚은 포도주의 경우는 그렇지 않기 때문에 세심히 살펴보는 것이 좋다. 또 광택이 없는 와인은 산이 부족하거나 숙성이 제대로 되지 않았다는 것을 의미하므로 와인의 질質에도 큰 영향을 미친다. 점도를 파악하기 위해서는 와인 잔을 가볍게 흔들어보면 된다. 와인 잔을 흔들면 와인이 줄무늬를 이루면서 흘러내리는데 이때 흘러내리는 와인의 속도가 느리고 와인의 방울이 굵을

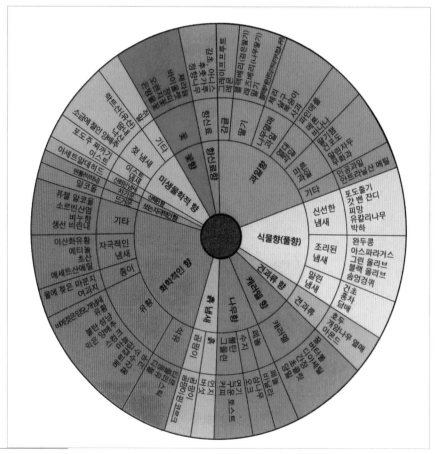

* Aroma Wheel

소믈리에도 즐겨 보는 와인상식사전

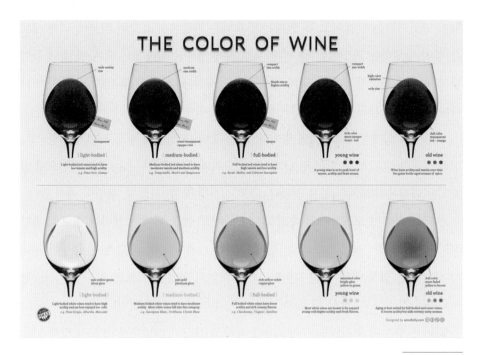

수록 와인에 알코올과 당분이 많이 함유되어 있다는 것을 의미한다. 이렇게 잔의 내벽을 타고 흐르는 것을 '와인의 다리Wine's Leg'나 '와인의 눈물Wine's Tears'이라고 하는데, 알코올 도수가 높고 단맛이 강한 와인이 아닌데도 다리와 눈물이 지나치게 끈적일 경우에는 의심해 보는 것이 좋다.

* Tears of Wine

두 번째, 향(Flavor)

와인은 세상에 존재하는 술 중에 향기가 가장 뛰어난 술이다. 갓 빚은 와인일수록 향이 단순하고, 오래 숙성된 와인일수록 향이 복잡하다. 와인은 숙성되면서 그 향이 몇 번이나 변하기 때문에 같은 품종이라도 빈티지에 따라 다른 향을 맛볼 수 있다.

보통 포도향은 세 단계를 거쳐 형성된다. 첫 번째는 포도 자체에 함유되어 있는, 정확히 말하면 포도의 껍질 안쪽에 붙어 있는 냄새 물질에 의해 향이 만들어지는 단계이고 두 번째는 발효되는 과정에서 효모의 작용에 의해 새로운 향이 발생하는 과정이며 세 번째는 통 속에 저장된 상태에서 혹은 병 속에 들어간 상태에서 화학적 변화에 의해 발생하는 단계이다. 이렇게 세 번에 걸쳐 향이 나타나는 만큼 이름도 두 개나 있다. 하나는 아로마^{Aroma}이고 하나는 부케^{Bouquet}이다.

아로마는 쉽게 말해 1차적인 향이다. 코를 갖다 대었을 때 바로 느껴지는 향으로, 방금 설명한 세 단계 중 앞의 두 단계, 즉 포도 자체에서 우러나오는 향과 와인으로 발효되는 과정에서 생기는 향을 말한다. 주로 신선한 꽃향, 과일향, 풀향이 배어 있다.

부케는 와인이 오크통에서 숙성하거나 병에 들어간 뒤에 발생하는 향으로 복합적이고 미묘하다. 결혼식 때 받는 부케처럼 한 가지로 규정할 수 없는 풍성한 향이라 생각하면 쉽게 이해가 될 것이다. 보통 와인의 향을 맡아보면 처음에는 산뜻한 아로마가 감지되고, 잠시 뒤 좀 더 복합적인 부케가 느껴질 것이다.

와인은 출시된 초기일수록 아로마가 강하고 시간이 지날수록 부케가 강해진다. 샤르도네 와인을 예로 들자면 처음에는 파인애플, 사과, 혹은 다른 열대 과일향이 강하게 나지만 2~3년쯤 지나면 오크 숙성을 통해 발생한 캐러멜^{Caramel}, 토스트^{Toast} 향이 난다.

와인의 역사가 오래된 만큼 와인 향을 표현하는 방식도 다양해졌다. 단순하게 정리하면 꽃향과 과일향, 풀향으로 나눌 수 있고 또 가장 많이 사용되는 표현 역시 이 세 가지 정도지만, 세상에 존재하는 와인 향의 종류를 모두 나열하면 와인의 수만큼이나 다양할 것이다. 그것은 와인 전문가들이 지금도 해마다 새로운 종류의 와인 향을 세상에 발표하고 있기 때문이다.

 고급와인 향(香)의 변화

- 초기엔 꽃, 과일향(백합, 딸기, 베리, 복숭아 등)
- 20년쯤 숙성되면 음식향(Toast, 버터, 바닐라, 후추, 계피, 아몬드 등)
- 더 숙성되면 화학적인 향(고무, 가죽, 말안장 땀냄새, 쇳가루, 연필가루 냄새 등)
- 한 잔의 와인 속에는 1,000여 개의 분자(分子, molecule)가 숨어 있다.

세 번째, 맛(Taste)

와인은 단맛, 신맛, 짠맛, 쓴맛 등의 네 가지 맛을 가지고 있다. 이외에도 우마미^{감칠맛, savory taste}를 느낄 수 있다고 한다. 단맛을 내는 것은 당분과 알코올의 몫이다. 약 4%의 알코올은 설탕 20g과 같은 효과를 가진다. 당분과 알코올은 단맛 외에도 부드러움과 질감을 느끼는 데 도움을 준다. 신맛은 포도에 함유되어 있는 산 성분 때문에 발생한다. 산성분은 처음부터 포도에서 생성되거나 발효가 진행되면서 만들어지는데, 사과산, 젖산^{유산}, 구연산 등이 있다. 짠맛은 구체적으로 느껴지는 맛은 아니다. 다만 산성분의 염도가 높으면 신선한 느낌이 강해지고 타액 분비가 증가되는 정도의, 미미한 짠맛의 효과를 볼 수 있다. 쓴맛은 포도의 껍질, 씨, 줄기를 압착할 때 들어가는 타닌성분 때문에 생긴다. 덜 익은 포도에서는 설익은 듯한 쓴맛이 나지만 숙성된 포도에서 나오는 좋은 타닌성분은 와인의 맛을 훨씬 더 섬세하고 풍부하게 만들어준다. 높은 타닌의 와인은 입안이 마르고 오그라드는 감각을 느끼게 하며, 입안의 단백질을 제거해 준다. 이 '감각'을 "조여준다"라고 묘사^{수렴성, 收斂性, astringency}하는 경우가 있는데 높은 타닌은 지방이 많고 고기·치즈·파스타 음식 등과 함께할 때 입안의 미각을 정돈해 주는 역할을 하기 때문이다. 와인이 음식과 함께 제공되는 것은 이러한 이유 때문이며 와인과 음식 매칭이 중요한 이유이기도 하다.

농밀도는 감칠맛이라고도 표현할 수 있다. 와인의 감칠맛^{주력}은 알코올, 산, 타닌, 잔당, 그리고 그 외 엑기스분 등의 성분에 의해 생성된다. 이러한 감칠맛이 와인의 무게감을 결정한다. 무게감을 결정하는 요소들은 와인마다 다르다. 단맛이 강한 화이트 와인의 경우 무게감을 차지하는 것은 알코올, 산, 잔당, 에탄올^{ethanol}, 글리세롤^{glycerol} 등이고 레드 와인의 경우에는 타닌, 알코올, 산, 그 외의 추출물 등이다. 화이트 와인에는 타닌이 빠졌고, 레드 와인에는 잔당이 빠져 있다. 같은 풀바디 와인이라 해도 구성성분에 따라 감칠맛이 다르게 느껴지는 것은 이 때문이다.

와인 고수(高手)의 Tasting 방법

① 지역 비교 : 지형적인 특징들을 비교하기 위해서 다른 지역에서 생산되는 같은 품종 와인들을 비교 테이스팅

② 빈티지 비교 : 매해 와인이 어떻게 변해가는지를 보기 위해 "같은 생산자"의 동일 와인의 다양한 빈티지를 비교 테이스팅

③ 품질 비교 : 품질이 어떻게 차이가 나는지 가격대별로 다르지만 유사한 스타일의 와인들을 한꺼번에 시음

네 번째, 여운(Finish)

와인을 삼키고 난 뒤에도 와인의 맛과 향은 얼마 동안 입안에 남아 있는데 이것을 가리켜 롱 피니시$^{Long\ finish}$라 부른다. 좋은 와인일수록 삼킬 때 자극이 없으면서 풍부하고 다양한 아로마를 여운으로 남긴다. 모젤^{Mosel}처럼 라이트한 와인은 향기가 좋은 대신 삼키면 그 향이 빨리 시들어버려 여운이 짧은 편에 속한다. 와인의 '피니시^{Finish}'는 질 좋은 와인을 가늠하는 중요한 잣대가 된다. 일부 평가자들은 이 피니시의 길이를 수치화해서 평가에 응용하고 있다. 그 한 예가 '꼬달리^{Caudalie}'라는 측정 단위이다. 꼬달리는 1초의 길이와 같다. 갓 출시된 와인은 대개 꼬달리가 5~6인 데 비해 잘 숙성된 질 좋은 와인은 20꼬달리 이상이다.

다섯 번째, 균형(Blance)

앞서 언급한 포인트가 모두 균형을 이뤄야 하지만 특히 단맛, 신맛, 짠맛, 쓴맛과 향의 적절한 배합이 가장 중요하다. 가령 유럽 북부 한랭지대의 와인은 산이 너무 많아 당분이 부족하기 쉽고 남부의 더운 지방 와인은 알코올과 타닌이 너무 많아 산이 부족한 경향이 있다. 와인마다 신맛이나 쓴맛이 강한 것이 특색으로 작용하기도 하지만 한 가지 맛만 지나치게 도드라지기보다는 다른 맛들과 균형을 가질

수 있도록 제조과정에서 잘 조절하는 것이 중요하다. 이래서 좋은 와인을 생산하기가 어려운 것이다.

첨언하면 양조용 포도에 사용하는 와인에는 아무것도 넣지 않고 순수 포도만 넣어서 제조하는데 1,000여 가지의 맛과 500여 가지의 향이 우러나온다는 사실은 신비스러운 일이기도 하다.

결국 저렴한 와인과 고가 와인의 차이점은 향의 복합미^{Complexity}, 향의 강도, 향의 지속성, 균형미로 결정된다.

"훌륭한 와인을 판가름하는 핵심요소는 밸런스이다. 맛이 좋을 뿐만 아니라 완벽하고 매력적이며 숙성의 가지가 있는 와인을 만들어내는 것은 바로 여러 성분 간의 총합이다"라고 피오나 몰리슨^{Fiona Mollison}이 말했다.

와인의 맛과 향을 살리는 최적의 온도

- 라이트하고 스위트한 화이트 와인 : 5~10℃
- 스파클링 와인 : 6~10℃
- 라이트하고 드라이한 화이트 와인 : 8~12℃
- 미디엄바디의 드라이한 화이트 와인 : 10~12℃
- 풀바디의 스위트한 화이트 와인 : 8~12℃
- 라이트한 레드 와인 : 10~12℃
- 풀바디의 드라이한 화이트 와인 : 12~16℃
- 미디엄바디의 레드 와인 : 14~17℃
- 풀바디의 레드 와인 : 15~18℃

여러 종류의 와인 향

- 꽃향(Floral) : 감귤꽃향, 아카시아향, 장미꽃향, 제비꽃향
- 과일향(Fruity) : 바나나향, 배향, 오렌지향, 사과향, 살구향
- 풀향(Herbal) : 셀러리향, 잔디향, 피망향, 허브향
- 나무향(Tree) : 삼나무향, 코르크향, 참나무향
- 향신료향(Spicy) : 감초향, 고추향, 계피향, 박하향, 후추향
- 태운 향(Brunt) : 구운 빵향, 고무 탄내향, 나무숯향, 담배연기 냄새, 커피향
- 달콤한 향(Sweet) : 바닐라향, 벌꿀향, 버터향, 캐러멜향, 초콜릿향
- 미네랄향(Mineral) : 먼지향, 부싯돌내음, 흙내음
- 동물향(Animal) : 가죽향, 베이컨향, 사향, 동물향
- 스파이시(Spicy) : 계피, 정향, 육두구, 후추 등의 향이 나는 와인을 묘사하는 테이스팅 용어

고가 와인과 저가 와인의 차이점

1. 향의 강도
2. 복합적인 풍미(Complexity)
3. 균형감(Balance)
4. 지속성(Length)
5. 포도품종과 떼루아의 특성 표현

 ## 와인의 맛표현들

- 당도(當到) : 매우 드라이, 드라이, 오프-드라이, 스위트, 매우 스위트
- 산도(酸度) : 낮은, 미디엄-낮은, 보통, 산도 있는, 산도 높은
- 타닌(Tannin) : 낮은, 미디엄-낮은, 보통, 떫은, 매우 떫은
- 알코올(Alcohol) : 낮은, 미디엄-낮은, 보통, 미디엄 높은, 높은
- 바디(Body) : 매우 라이트, 라이트, 미디엄-풀, 풀바디

와인에 묘사되는 전형적인 표현들

- Zinfandel : 스파이시, 블랙베리향
- Cabernet Sauvignon : 초콜릿향, 카시스(블랙커런트)향
- Sauvignon Blanc : 자몽향
- Riesling : 풋사과향
- Pinot Noir : 레드체리향
- Gewurztraminer : 리치향
- Chardonnay : 버터향
- Old Bordeaux : 젖은 낙엽냄새
- Old Bourgogne : 야생고기 냄새, 버섯냄새
- Rhone : 후추처럼 톡 쏘는 향
- Chablis : 철광석 냄새(Minerality)
- Bourgogne White Wine : 분필냄새
- Old Bordeaux : 젖은 낙엽냄새
- Pouilly-Fuisse, Sancerre : 부싯돌 불꽃향

 모범 Tasting 방법

① **보기** : 색감과 빛깔, 선명도와 불투명도, 점성도

② **향 맡기** : 1차적 향, 2차적 향, 3차적 향, 와인의 결함 여부(이상한 향이 나는 경우)

③ **맛보기** : 당도, 산도, 타닌, 알코올, Body

④ **결론내기** : Blance, 주요 특징, 의견(소감)

오감(五感)으로 배우는 와인 시음(試飮)

1. 밝은 광원 아래 눈높이에 맞춰 와인 잔을 들고 흰색 바탕이 뒤에 오도록 한다.

2. 45° 정도 기울여 와인의 색상과 가장자리의 색을 관찰한다.

3. 처음에는 와인 잔을 흔들지 말고 조심스럽게 향을 맡아보고 다시 잔을 크게 소용돌이치게 하여 세 번에 걸쳐서 와인향을 맡는다.

4. 와인을 한 모금 머금고 공기를 흡입해 본다.

5. 와인을 입안에 돌리고 씹어본다.

6. 와인을 평가하기 전에 60초 동안 와인에 집중하는 시간을 갖고 가슴으로 느껴본다.

변질(變質)된 와인 구별법

* 와인은 살아 있는 생명체라서
보관이 까다롭다.

소믈리에가 고객에게 코르크 마개를 보여주는 것은 코르크의 향을 맡으라는 것이 아니라 코르크 마개의 상태를 확인하라는 의미이다. 코르크 마개가 너무 말라 부스러지거나 혹은 너무 물러져 있거나 코르크 마개의 3분의 2 이상이 젖어 있다면 일단 그 상태를 의심해 볼 필요가 있다. 왜냐하면 생산과정이나 유통과정에서 보관이 잘못되는 등의 이유로 변질된 와인이 있기 때문이다.

그런 다음 소믈리에가 테이스팅하도록 약간 따라준 와인의 향을 맡아보고 맛을 보면 더욱 정확하게 와인의 상태를 가늠할 수 있다. 이때 와인의 향에서 마시고 싶지 않을 정도로 역겨운 냄새가 난다면 그 와인은 상했을 가능성이 매우 높다.

이럴 때 소믈리에에게 와인의 향과 맛을 감정해 달라고 요청하면 소믈리에는 그

와인의 총체적 표현

1. **Complex(복합적인)** : 맛과 향뿐만 아니라 질감까지도 좋은 와인에 사용하는 표현
2. **Concentrated(농축된)** : 여러 가지로 풍부한 와인에 사용하는 표현
3. **Crispy(상큼한)** : 신선하고 상쾌한 White Wine에 사용하는 표현
4. **Elegant(우아한)** : 맛이 부드럽고 우아한 와인에 일반적으로 사용하는 표현
   (보통 와인에 있어 최고의 찬사는 우아하다(Elegant)라고 할 수 있다.)
5. **Long(오래가는)** : 맛이 입안에서 오랜 시간 머무는 좋은 와인에 사용하는 표현
6. **Mouth-filling(입안을 가득 채우는)** : 입안 가득히 풍부한 질감과 맛을 지닌 와인에 사용하는 표현
7. **Rich(풍부한)** : 맛이 깊고 다양한 와인에 사용하는 표현
8. **Robust(감칠맛 나는)** : 강한 풀바디의 Red Wine에 주로 사용하는 표현
9. **Silky(실크 같은)** : 부드러운 질감을 지닌 고급와인에 사용하는 표현
10. **Velvety(벨벳 같은)** : Silky와 비슷하지만 그보다 훨씬 풍부한 맛이 나는 와인에 사용하는 표현
11. **Round(무난한)** : 바로 마시기에 무난한 정도의 와인에 사용하는 표현
12. **Closed(닫힌)** : 맛과 향을 내기 위해 충분한 시간이 필요한 Young Wine에 사용하는 표현
13. **Aggressive(자극적인)** : 햇와인이나 잘 숙성되지 않은 와인에 사용하는 표현
14. **Astringent(떫은, 조이는)** : 타닌이나 산이 강한 와인에 사용하는 표현
15. **Earthy(흙냄새가 묻어나는)** : 흙, 자갈, 미네랄 냄새가 나는 와인에 사용하는 표현

와인을 확인하여 상했다고 판단되면 다른 와인으로 바꿔줄 것이다. 그러나 단순히 와인의 맛이 좋지 않다거나 본인의 취향이 아니라는 이유만으로 와인을 바꿔달라고 하면 안 될 것이다.

와인은 다양한 요인들로 인해 변질될 수 있다. 이를 구분하는 방법들을 알아보자.

코르크트(Corked) 와인

프랑스어로 부쇼네^{bouchonné}라고 일컬어지기도 하지만 "코르크트" 혹은 "코르키하다"란 영어식 표현을 주로 사용한다. 이는 곰팡이균의 접촉으로 인해 코르크 마개가 오염되면서 코르크트된 경우의 와인을 일컫는다. 곰팡이균에 장기간 노출되었을 때는 코르크트한 와인의 구분이 매우 명백해지지만 아주 미세하게 영향받은 경우에는 구분하기가 쉽지 않다.

코르크트된 와인의 경우 일단은 와인이 주는 과실의 향기가 떨어지고 맛의 밸런스가 깨지는 경우가 많다. 그리고 기분 나쁜 버섯 냄새, 곰팡이 냄새, 신발 깔창 냄새, 신문지 젖은 냄새, 축축하고 습하며 곰팡이 냄새가 나는 지하실 냄새 등이 느껴지는데 맛을 보면 보통의 와인에서 흔하게 느끼는 고유의 쓴맛이 아닌 기분 나쁜 쓴맛이 강하게 나타나는 경우도 있다. 이러한 와인은 완전히 변질된 것이라 할 수 있다.

신 냄새가 난다면 효모가 스며들었을 가능성이 있으며, 누린내가 난다면 포도 안의 당분이 과다 숙성된 것이다.

독일의 달콤한 와인들 중에는 코르크 마개의 윗부분이 곰팡으로 얼룩진 경우가 있다. 그러나 이러한 와인의 경우 코르크 마개를 따서 살펴보았을 때 접촉된 부분이 깨끗한 상태이고 맛과 향이 좋다면 지극히 정상적인 와인이므로 걱정할 필요가 없다.

산화(酸化)된 와인

와인은 매우 미세한 숨쉬기 작용을 하면서 숙성되는데 장기간 숙성시킬수록 타닌이 약간씩 약해지면서 산화되기 시작한다. 와인에 따라서는 장기간 숙성할수록 더욱 깊은 맛과 풍미를 발산하지만 그와 반대로 맛이 반감되는 와인들도 있다.

보통 보관기간이 짧은 중저가 와인의 경우가 그러한데 이 경우 값싼 세리 와인과 같은 향이 느껴지며 와인의 색을 보면 갈색 톤이 비쳐진다. 이는 오래된 좋은 와인에서도 유사하게 느껴질 수 있으므로 와인에 대한 내공이 부족하다면 구분하는데 혼동이 있을 수 있다.

또한 와인을 장기간 세워두었을 경우에도 산화가 일어나는데 이는 말라버린 코르크 마개를 통해 과도한 공기가 침투하여 와인에 영향을 주었기 때문이다. 와인을 오픈하고 수시간 혹은 수일이 지난 후 맛을 보았을 때 식초와 같은 신맛이 강하게 느껴지는 것도 이 때문이다. 이는 보관이 잘 되지 않은 신김치와도 유사한데 와인에 따라 좀 다를 수 있겠으나 마셨을 때 역겹지 않고 무난하다면 별 무리가 없다고 생각해도 된다. 또한 요리용으로 사용하는 것도 좋다.

산소는 와인의 최고 동반자가 될 수도 있지만, 최악의 적이 될 수도 있다. 소량의 산소는 스월링할 때처럼 와인의 냄새가 발산되도록 해주지만, 산소에 오래 노출되면 오히려 와인에 해가 된다. 특히 오래된 와인일수록 더하다.

침전물(沈澱物)이 있는 와인

장기간 보관해 두었던 와인들의 경우에는 자연발생적으로 침전물이 생길 수 있다. 그래서 수십 년 동안 보관된 오래된 와인의 경우에는 마시기 전에 하루 정도 병을 세워두고 찌꺼기를 가라앉힌 다음 조심스럽게 디캔팅하여 와인의 찌꺼기를 분리해서 마시면 된다. 찌꺼기는 인체에 해롭지는 않으나 최적의 상태에서 와인 맛을 즐기는 데는 방해가 될 수 있다.

화이트 와인에서도 크리스털과 같은 투명한 침전물이 발견될 수 있다. 주로 잘 숙성되어 만들어진 화이트 와인에서 발견되므로 걱정할 필요는 없다. 이러한 침전물은 먹어도 인체에 무해하고 아무런 맛도 느껴지지 않는다.

끓은 와인(Cooked wine)

와인이 불량 코르크의 향을 빨아들이는 것을 말한다. 보관 시 높은 온도에 방치되었을 경우에 와인이 끓었다 영어로는 Cooked wine라고 표현한다. 와인의 보관온도는 15~20℃ 사이를 유지하는 것이 무난하다. 만약 와인이 한번이라도 25℃ 이상으로 올라간 적이 있다면, 장기간 숙성시키는 것은 바람직하지 못하다. 또한 보관온도가 수시로 심하게 변하는 경우에도 주의해야 한다.

이러한 와인들은 코르크 마개를 살펴보면 쉽게 알 수 있다.

만약 외관상으로 볼 때 코르크 마개가 밖으로 약간이라도 빠져나온 듯하거나 와인이 흘렀던 자국이 있다면, 그 와인은 확실히 끓은 와인이라 할 수 있다. 또한 오픈된 와인의 코르크 마개가 반 이상 젖어 있거나 불규칙하게 젖었다면 그 와인도 끓은 와인일 가능성이 높다.

끓어버린 와인의 경우, 와인에서 느껴지는 과실적인 향기는 거의 없고 맛은 밋밋하고 식초와 같은 신맛이 강하다. 그리고 마시고 난 뒤 입안에 남는 여운이 거의 없다. 물론 마시는 데는 문제가 없다. 이러한 와인들은 요리할 때 사용하는 경우가 많다.

햇빛이 드는 곳에 두면 너무 덥거나 추워서 코르크의 마개가 올라올 수 있는데 이 또한 와인이 끓게 되어 맛이 변할 수 있으므로 주의해야 한다.

변질된 와인에서 쉽게 발견되는 대표적인 냄새들

변질된 와인에서는 흙, 고무, 석유, 양배추, 황, 생선, 젖은 모, 시큼한 식초, 매니큐어 에나멜, 젖은 마분지나 카드보드, 강한 코르크 향, 곰팡이 냄새 등과 같은 역한 냄새가 난다. 따라서 이러한 와인들은 마시지 않는 것이 좋다.

그리고 와인은 빛, 온도, 진동 등 보관방법에 따라 변질되기 쉽다. 그래서 고가의 와인을 보관하는 와인셀러가 필요한데 와인보험을 들어두는 것도 좋은 방법이다.

 좋은 와인이란?

색깔과 투명도가 좋아야 하고 1, 2, 3차 향이 풍부해야 하고, 지속성이 오래가야 하고 뒷맛이 깔끔해야 한다. 또한 하모니와 밸런스가 깨지지 않고 독특한 개성을 가지고 있어야 한다. 와인은 신선미가 있고 감칠맛이 나며 잘 숙성되고 고혹적이면서 와인의 다리(Legs, Tears)가 멋지게 떨어지는 것을 최고로 볼 수 있다.

와인 맛에 대한 표현

와인의 맛은 당도(스위트−드라이), 산도, 타닌 함량, 알코올 농도, 바디감이 결정하기 때문에 맛을 표현하는 방법도 굉장히 많다. 오즈 클라크Oz Clarke의 저서인 『와인 이야기』에 소개된 46가지 표현을 적당히 분류하면 아래와 같다.

구분	표현	내용
당도	dry(드라이)	완전히 발효되어 당분이 거의 없는 상태로 단맛이 느껴지지 않는다.
	sweet(스위트한)	당도가 높을 뿐 아니라 감미롭고 농익은 과일향이 난다.
타닌	astringent(떫은)	입안이 쩍 달라붙을 만큼 타닌 맛이 강하다.
	hard(강한)	레드 와인은 타닌 맛이 강하고, 화이트 와인은 신맛이 강해 몸이 쭈뼛거릴 정도
	fat(매끄러운)	풀바디하고 입안을 매끄럽게 감싼다.
	firm(견고한)	조화롭고 확실할 때 쓴다. 약하다는 말과 반대되는 표현이다.
	chewy(씹히는 듯한)	타닌이 많고 맛이 강하지만 억세지 않다.
	soft(부드러운)	거친 타닌이나 강한 신맛이 없어 부담없이 즐길 수 있다.
산도	aggressive(억센)	잇몸이 아릴 정도로 신맛. 또는 타닌이 너무 많아 목구멍 뒷부분이 바싹 마를 정도의 신맛이 난다.
	piercing(쿡쿡 찌르는 듯한)	산도가 아주 높거나 과일향이 진동할 때 느낄 수 있다.
	crisp(상쾌한)	신맛이 적당히 들어 있어 상쾌한 기분이 든다.
	prickly(알싸한)	잔류 이산화탄소 가스로 인해 거품이 약간 일어난다. 깔끔한 화이트 와인에서는 무척 산뜻한 느낌을 준다.
	fresh(신선한)	싱싱한 과일 맛과 신맛이 조화를 이루고 있다.
	flabby(맛이 연약한)	신맛이 부족해서 맛이 분명하지 않다.
	tart(시큼한)	덜 익은 사과처럼 매우 톡 쏘면서 신맛이 난다. 기세가 약하고 과일향이 적으면서 산도가 높아 무척 시다.
알코올	powerful(향이 강렬한)	다양한 맛과 향이 담긴 와인을 표현하지만, 특히 알코올 함량이 높은 경우
	stony(돌처럼 단단한)	드라이하고 미네랄 냄새처럼 분필향이 나지만 활기는 떨어진다.
	rich(감칠맛이 나는)	맛이 무겁고 진하면서도 향이 적당하고 알코올이 가득하다.
	light(라이트한)	알코올이나 바디가 적어 깔끔한 맛이 난다.

소믈리에도 즐겨 보는 와인상식사전

구분	표현		내용
향기	deep(깊이 있는)		향이 풍부하다.
	aromatic(아로마가 그윽한)		모든 와인에는 아로마가 있다. 그러나 아로마가 그윽한 와인은 특히 톡 쏘거나 향기가 진하다.
	rounded(향이 조화로운)		향이 지나치게 자극적이지 않고 만족스럽다.
	neutral(중립적인)		향이 뚜렷하지 않다.
	complex(복잡 미묘한)		여러 가지 향이 함께 느껴진다.
풍미	식물향	grassy(풀 냄새가 나는)	갓 베어낸 풀 냄새가 난다. 고추 열매, 구스베리 또는 라임향이라고 하는 것이 더 정확하다.
		green (풋풋한)	제대로 숙성되지 않아 맛이 기대에 미치지 못하거나, 풀잎 냄새가 난다. 일부 화이트 와인에서는 구스베리나 사과 향이 어우러져 프레시하고 톡 쏘는 맛을 낸다.
	과일향	ripe(농익은)	잘 익은 포도로 만든 와인에서 나는 맛 좋은 과일향이다.
		jammy (잼 같은)	조린 과일향이 난다. 주로 레드 와인에서도 풍긴다.
	향신료향	spicy (향긋한 또는 매콤한)	후추, 계피 등의 향이다. 톡 쏘는 듯한 자극적이고 매콤한 맛
	meaty(육질의)		진한 레드 와인에서 느껴지는 강하고 씹히는 맛으로 고기의 육즙이 연상된다.
	오크 숙성향	oaky(오크향을 풍기는)	새 오크통에서 숙성된 와인은 약간 부드러우면서도 스위트한 바닐라향, 토스트 냄새, 버터 냄새가 난다.
		toasty (토스트 냄새가 나는)	오크 숙성으로 생긴 버터 바른 토스트 냄새이다.
		buttery (버터 냄새가 나는)	오크 숙성을 통해 버터 냄새가 난다.
	광물질	minerally (미네랄 냄새가 나는)	독일 와인과 프랑스 루아르 밸리 와인에서 자주 나는 냄새로 부싯돌이나 분필 냄새가 난다.
		dusty (더스티)	드라이하면서 흙 냄새가 약간 나며, 멋진 과일향과 어우러지면 아주 매력적인 와인이 될 수 있다.
		earthy(흙 냄새가 나는)	축축한 흙 냄새와 향을 풍긴다. 깔끔한 와인에서 아주 좋다.
		petrolly (휘발유 냄새를 풍기는)	리슬링으로 만든 숙성된 와인에서는 향기로운 휘발유 냄새가 난다.

구분	표현	내용
바디감	full(향이 무겁고 진한)	입안에서 무게가 느껴진다.
	steely(쇠같이 단단한)	강한 신맛과 과일향은 적지만 바디가 약하지 않을 때 사용한다.
	big(바디가 가득한)	과일향, 신맛, 타닌, 알코올 등 여러 가지 맛과 향이 어울린 상태
	structured(맛이 짜여진)	신맛과 타닌이 기본을 이루면서 과일향이 적당히 감싸고 있다.
맛	bold(현저한)	산도, 당분, 타닌, 알코올이 균형을 이뤄 향이 뚜렷하고 쉽게 감별할 수 있다.
	upfront(솔직한)	와인의 맛을 있는 그대로 보여준다. 맛이 애매하지 않고 분명하다.
	clean(깔끔한)	박테리아나 화학 불순물이 느껴지지 않아 깔끔하고 산뜻하다.
	supple(순한)	활기차고 연한 느낌으로, 향보다는 와인의 식감을 표현한 말이다.
	dull(맛이 없는)	딱히 무슨 맛이라 할 수 없이 유쾌하지 않은 맛을 말한다. 숙성 도중 공기 노출이 지나쳤다는 증거

와인의 품질을 결정하는 11가지 요소

첫째 : 원료인 포도의 종류 및 상태
둘째 : 포도의 생산지
셋째 : 생산(수확)연도
넷째 : 와인을 만드는 양조기술
다섯째 : 기후조건-지리적 조건(평균기온, 평균 강우량, 평균 일조량 등)
여섯째 : 토양 · 토질(수분의 보유성, 토양성분 등)
일곱째 : 포도품종-기후 적성(항병충해성, 품종의 개성 등)
여덟째 : 재배방법-재배법(재배기술, 경작자 마인드)
아홉째 : 지형-일조조건(배수, 바람이나 서리의 영향 등)
열째 : 그해의 기상조건-기온, 강우량, 일조시간 등
열한째 : 양조조건
　　　　① 양조, 숙성설비(전통적 설비와 근대적 설비)
　　　　② 양조기술(전통적인 기술과 과학기술에 비중을 둔 근대적인 기술)
　　　　③ 양조기술자의 마음가짐 등

 Check Tasting Note

노트를 잘 기억해 놓으면 멋진 와인과 시음 경험을 쉽게 기억할 수 있다. 사진도 찍어두자.

작성 항목은 시각, 향, 맛 총평으로 구분되어 있으며, 총점 20점 만점을 기준으로 시각 점수를 0~3점, 향 점수를 0~6점, 맛 점수를 0~8점, 총평 점수를 0~3점으로 평가한다.

또 어디에서 누구와 함께, 어떤 음식을 곁들여서 와인을 테이스팅했는지 기록한다.

와인명		빈티지		생산자	
테이스팅장소		테이스팅일자		구입일자	
구입가격		구입 장소		기타	
구분	평가		세부설명	평가	점수
시각 (Sight)	• 투명도 : 아주 맑음, 맑음, 흐림, 조금 탁함, 탁함 • 채도 : 아주 진한, 진한, 보통, 묽음, 약발포성 • 점성도 : 오일리한, 진한, 중간, 엷음, 묽음 • 색상도 : (W) - 연초록빛의 노란색, 황금색, 호박색, 갈색 (R) - 자주색, 붉은색, 오렌지색, 호박색, 적갈색, 갈색		• 선명한, 짚색, 호박색, 황갈색, 진홍색, 검붉은색, 흐릿한, 불투명한	[0~3]	
향 (Smell)	• 아로마 향 : 뚜렷한 향, 긍정적인 향, 보통, 미미한 향, 없음 • 부케 향 : 강렬한 향, 복합 향, 기분 좋은 향, 보통, 없음 • 전반적인 향 : 뛰어난, 매력적인, 결점이 없는, 애매한, 변질된		• 삼목향, 코르크향, 나무향, 꽃향, 탄내, 유황 냄새, 레몬향, 향신료, 곰팡이 냄새, 배향	[0~6]	
맛 (Taste)	• 당도 : 매우 스위트, 스위트, 미디엄 스위트, 미디엄 드라이, 드라이, 매우 드라이 • 산도 : 매우 시큼한, 상쾌한, 보통, 산도 없는 • 타닌 : 아주 떫은, 강한, 텁텁한, 약한, 없음 • 밀도 : 매우 진한, 진한, 중간, 가벼운, 가볍고 엷은 • 알코올 : 높은, 중간, 낮은, 매우 낮은		• 능금맛, 강렬한 맛, 카시스맛, 캐러멜맛, 밋밋한 맛, 싱싱한 맛, 달콤한 맛, 금속성 맛, 곰팡이맛, 열매맛, 짠맛, 매끄러운 맛, 자극적인 맛, 싱거운 맛, 쓴맛, 흙맛, 연약한 맛	[0~8]	

29

와인의 매너와 에티켓

와인상식보다 조금 더 중요한 와인 에티켓Etiquette

와인상식과 와인 에티켓의 차이는 무엇일까? 상식은 와인을 좀 더 풍부하게 즐기기 위해 알아두면 좋은 이론이지만, 에티켓은 와인을 마시면서 반드시 지켜야 할 예의를 말한다. 그러니까 상식은 와인을 마시는 나를 위한 것이지만, 에티켓은 함께 마시는 타인을 위한 것이다.

와인 마시는 순서에 맞춰 와인 에티켓을 점검해 보기로 하자.

먼저 와인을 주문할 때는 가능한 손님에게 주문하는 권리를 주는 것이 좋다. 와인을 잘 모른다며 주문권리를 양보할 때는, 손님에게 음식을 고르게 한 다음 거기에 합당한 와인을 골라주는 것이 좋다.

와인을 따를 때는 그날의 주빈에게 첫 잔을, 그다음에는 여성, 남성 순으로 따른다. 우리나라는 연장자에게 술을 먼저 따르는 것이 무조건적인 원칙이지만 와인의 경우에는 모임을 주최한 호스트Host가 와인을 따르는 것이 원칙이다. 그래서 호스트가 제일 연장자라 하더라도 그가 모든 손님에게 와인을 먼저 따르고 자신의 잔은 맨 나중에 따라야 한다.

와인을 마실 때는 호스트의 역할이 매우 크다. 호스트는 술자리를 주도하면서 손님 개개인을 배려하는 역할을 해야 한다. 호스트는 와인이 도착하면 와인의 라벨을 통해 수확연도Vintage나 생산지 등을 확인하고 와인의 품질도 점검해야 한다. 레스토랑이라면 종업원이 코르크 마개를 제거해 주지만 집이라면 호스트가 직접 와인을 오픈하고 코르크 마개가 촉촉한지 확인한다. 보통 레스토랑에서는 서비스맨이 호스트에게 와인을 조금 따라주어 빛깔과 향, 맛을 테이스팅할 수 있는 기회를 주기도 한다.

테이스팅이 끝나 와인을 따를 때, 손님들은 잔을 들지 않고 테이블에 그대로 두어야 한다. 와인 잔은 다른 잔과 달리 Stem부분이 길기 때문에 잔을 들면 따르는 사람이 병을 더 치켜들어야 한다. 그래서 오히려 술을 따르는 데 방해만 될 뿐이다. 와인을 처음 접하는 사람들이 가장 많이 저지르는 실수가 와인을 따를 때 잔을 드는 일이다. 심지어 두 손으로 공손히 잔을 치켜드는 사람도 있는데 윗사람이 따라줄 때도 손가락 끝을 잔의 바닥부분에 가만히 올려두는 정도만 해도 예의는 충분하다.

* "Let's Toast"

와인은 와인 잔의 절반을 넘지 않도록 따른다. 가장 볼록한 부분 아래 선까지 따르는 것이 좋다. 와인을 마실 때는 잔의 바디를 잡지 않고 다리 부분인 Stem을 잡는 것이 원칙이다. 또 한번에 잔을 비우거나 벌컥벌컥 소리내어 마시지도 않는다. 이 부분은 한번에 마시는 것이 미덕인 소주나 시원하게 들이켜는 맥주에 익숙해진 사람들이 두 번째로 많이 저지르는 실수이기도 하다. 와인은 입으로 마시기 전에 반드시 코를 거쳐야 한다고 생각하도록 하자. 이 말은 향을 맡으며 천천히 음미하듯 마시라는 뜻이다.

와인은 두 모금 정도의 양이 남았을 때 다시 따르도록 한다. 우리는 첨잔添盞하는 것이 예의에 어긋난다고 생각해서 상대가 술을 따르려고 하면 바로 술을 비우는데 와인은 예외다. 또 와인 잔이 비었다고 해서 자신의 잔에 스스로 와인을 따르는 것은 예의에 어긋나기 때문에 호스트는 손님의 잔에 와인이 얼마나 남았는지 신경 써

소믈리에도 즐겨 보는 와인상식사전

야 한다. 다시 말해서, 자신이 마시고 싶을 때는 본인 잔에 먼저 따르지 말고 상대방에게 따르면 상대방이 본인의 잔을 보도록 유도하고 따르게 만드는 센스가 필요하다. 외국인들은 절대 본인의 잔에 따르는 경우가 없다.

자신의 잔에 따르기 전에 다른 사람들에게 전해보자. 얼마나 당신이 이타적利他的인지를 보여주는 것이다. 아주 너그러운 사람으로 보일 것이다.

와인을 마실 때 흡연하는 것은 예의에 매우 어긋나는 행동이다. 와인은 향이 매우 섬세한 술이라 조금의 담배연기라도 술자리 전체의 미각을 해칠 수 있기 때문이다.

와인을 마실 때 와인에 대해 지나치게 아는 척하는 것도 꼴불견에 속한다. 상대방의 기를 죽이기 위해 향이나 맛에 관련된 어려운 용어를 남발하는 사람들이 종종 있는데, 이런 행동은 오히려 나쁜 선입견만 낳을 뿐이다. 와인을 마시는 사람들은 잘난 척을 잘한다는 선입견 말이다. 상대가 질문을 하면 아는 한 성심성의껏 대답해 주고 와인 맛에 대한 솔직한 감상을 나누는 것은 좋지만, 와인을 둘러싼 이야기를 장황하게 늘어놓거나 혼자서 대화를 독점하는 행위는 자제하도록 하자.

와인 테이스팅을 하는 자리도 아닌데, 지나치게 킁킁거리며 향을 맡거나, 와인잔을 높이 쳐들어 불빛에 비춰보거나, 소믈리에에게 와인 온도를 묻거나 하는 행동 역시 예의에 어긋난다. 특히 소믈리에를 비롯해 레스토랑 서비스맨Service Man들에게 반말을 하는 사람은 좋은 와인을 마실 자격이 없는 사람이다.

와인을 마실 때 지나치게 하지 말고 편하게 마시자고들 한다. 술자리에서 예의차리면 재미가 없다는 말도 있다. 물론 친한 사람들과 함께하는 자리라면 에티켓이 무슨 소용 있겠는가. 그런데 와인은 공식적인 파티나 비즈니스 모임에서 많이 마시는 술이기 때문에 에티켓도 필요한 것이다. 특히 외국인들과 함께하는 자리에서는 가능한 에티켓을 지키도록 노력할 필요가 있다.

와인 즐겁게 마시기에 대한 제언提言으로 좋은 사람들과 좋은 분위기를 만들기, 각 와인에 맞는 적정 온도에서 마시기, 눈, 코, 입을 고루 느끼며 천천히 마시기, 기회가 있을 때마다 시음회 가지기, 다양한 종류의 와인을 시음하기, 적정량의 와인을 보관하기, 적당히 마시며 취할 때까지 마시지 않기 등이다. 특히 비즈니스 자리일 경우 아주 취하면 안 된다. 차분하고 신속한 판단을 해야 하는 상황에 항상 대비해야 함을 잊지 말아야 한다.

 각 나라의 건배

와인은 서구 상류사회의 고급지식이며, 품위 있는 사교모임에 꼭 등장하는 필수품이기 때문에 와인 지식은 국제사회에서 가장 좋은 사교 수단이 된 것이다.

와인 주도(酒道)의 완성, 건배(乾杯)
축하의 자리를 더욱 빛내는 건배
건배(乾杯)는 술자리에서 주도자의 신호에 의해 함께 술을 마시며 잔을 비우는 행위를 말한다.

한국 : 위하여(爲何汝) / **영국** : Let's Toast
미국 : Cheers / **중국** : 간뻬이(乾杯)
일본 : 간빠이 (乾杯) / **불어** : 아보뜨르 쌍떼(Avotre Sante)
그리이스어 : 야마스 / **스페인어** : 살뤼
스칸디나비아어 : 스콜

*Let's Toast의 의미 : 셰익스피어 시대 때 와인을 따르기 전에 구운 빵조각을 바닥에 넣었는데 Toast가 불순물을 빨아들임으로써 와인을 깨끗하게 해주어 맛을 돋웠다고 한다.
*건배(乾杯) : 잔을 말린다는 의미로 축복하는 마음으로 술을 마시는 일. '건배'라는 행위는 같은 병에 담긴 술을 나눠 마심으로써 독(毒)이 없음을 알리려는 데서 비롯되었다고 하는데, 이 말은 '한 방울도 남기지 않고 마셔서 잔(杯盞)을 깨끗하게 말리자(乾)'는 중국의 풍습에서 나왔다.

소믈리에도 즐겨 보는 와인상식사전

와인 마실 때의 기본 매너

1. 와인을 따를 때 잔을 들지 않는다. 유럽에서는 각 나라의 문화에 맞게 한다.
2. 소믈리에가 따르기 좋은 위치에 와인 잔을 놓아준다.
3. 가능하면 와인 잔의 손잡이 부분을 잡는다.
4. 주인이 먼저 맛을 본다.(Host Tasting)
5. 테이블에 앉은 모든 사람의 와인 잔에 와인이 제공된 후에 마신다.
6. 주인이 건배를 제의한다.(Let's Toast)
7. 와인을 마실 때는 입술을 닦는다.
8. 잔의 같은 위치로만 마신다. 잔에 입술 자국을 덜 남길 뿐 아니라 한 모금 마실 때마다 자신의 입안에서 나는 냄새를 맡지 않도록 해준다.
9. 한번에 비우지 않는다.
10. 벌컥벌컥 마시지 않는다.
11. 와인을 마신 후 와인에 대한 칭찬의 말을 해준다.
12. 어떤 와인인지를 알고 마신다.
13. 많이 마시면 취할 수 있으므로 맛있다고 너무 마시지 않는다.
14. 와인 잔이 더러워지면 수시로 닦는다.
15. 소리내며 마시지 않는다.
16. 맛을 음미하면서 마신다.
17. 가능하면 요리와 궁합을 맞춘다.
18. 잔 돌리기를 하지 않는다.
19. 테이블을 돌면서 따르기를 하지 않는다.
20. 건배를 즐기며 자주 돌려서(스월링) 향이 살아나도록 한다.
21. 건배할 때 와인 잔의 중앙부를 부딪치면 울림소리도 좋고 안전하다.
22. 와인은 첨잔하는 것이 보편적이다.
23. 와인에 이물질이 들어 있을 때는 와인 잔을 바꿔 달라고 조용히 요구한다.
24. 더 마시고 싶지 않을 때는 와인 잔의 가장자리에 손가락을 올려 거절의사를 표시한다.
25. 자신의 잔에 와인을 더 따르기 전에 다른 사람들에게 권하자. 얼마나 이타적(利他的)인지를 보여준다. 매너를 아는 사람은 절대 자작(自酌)하지 않으며, 너그러운 사람으로 보인다.

30

와인과 음식, 그 환상적인 궁합(宮合)

좋은 요리와 포도주,
그것은 지상의 낙원이다.
_프랑스 왕, Henri Ⅳ

한 잔의 와인과 한입의 요리가 어울려 서로가 가진 최상의 맛을 끌어올리는 순간, 식탁의 행복, 역시 최고가 된다.

마리아주Mariage란 '결혼'이라는 의미의 프랑스 말로 음식과 와인의 궁합을 표현할 때 사용하는 용어이다. 마리아주에는 몇 가지 기본 원칙이 있는데, 이것은 음식과 와인의 맛이 화학적으로 일으키는 결과를 바탕으로 만들어진 것이다. 사람마다 입맛이 다르기 때문에 맛있다, 맛없다의 기준으로 삼을 수는 없지만 적어도 객관적으로 이런 결과가 나올 수 있으니 참고할 수는 있다. 이를테면 복잡한 음식과 와인의 세상을 조금이라도 쉽게 구분할 수 있도록 선을 그어주는 것이다. 결국 와인과 음식이 만나서 서로의 맛을 더 살려주는 것이다.

첫째, 달콤한 음식에는 향이 스위트한 와인을 곁들인다. 맛도 스위트한 와인은 맞지 않다. 보통 달콤한 디저트Dessert류에는 더 달콤한 와인을 마시는 것이 정석이지만, 디저트가 아닌 음식을 먹을 때는 단맛과 단맛이 부딪치지 않도록 하는 것이 좋다. 단맛과 단맛이 만나면 둘 다 그다지 달지 않게 느껴지는 결과가 되어 한 가지 맛이 손해를 보기 때문이다.

그래서 달달한 음식을 먹을 경우 맛은 달지 않으면서 향이 달콤한 와인을 선택하는 것이 좋다. 가령 달지 않고 신선하면서 향은 달콤한 샤르도네 품종 와인의 경우 단맛이 살아 있는 음식과 좋은 궁합을 이룬다. 가지고 있는 와인이 달콤한 와인

뿐이라면, 음식의 조리방법을 바꿔 단맛을 조금 덜어내거나 아예 약간 매운맛을 더하는 것도 한 방법이 될 수 있다.

디저트를 먹을 때는 와인이 조금이라도 더 달게 느껴지도록 조절한다. 그래야 와인의 당분을 충분히 느끼면서 와인의 산미가 디저트의 단맛과 잘 어우러지는 효과를 누릴 수 있다. 디저트가 더 달면 와인도 죽고 결과적으로 디저트도 죽는 결과가 나오지만, 와인이 더 달면 디저트도 살고 와인도 사는 결과가 된다.

와인에서 산도는 상큼함이다. 산뜻하거나 시큼한 맛이 나는 이유는 산도 때문이다. 그래서 기름기나 향이 강한 음식과 함께 어느 정도 산도가 있는 와인을 마시면 입안을 개운하게 정리하는 데 도움을 준다. 산도가 높을수록 와인의 바디는 약하고 덜 달게 느껴진다.

둘째, 신맛이 강한 음식에는 신맛은 있되 당분이 없는 와인이 적절하다. 신맛과 신맛이 만나면 또 한쪽의 맛이 파괴될 위험이 있다. 샐러드 드레싱의 신맛을 생각하면 쉽게 상상이 될 것이다. 신맛이 강한 샐러드에다 역시 신맛이 강한 와인을 마시면 어떻게 될까? 와인의 신맛이 더 강하면 그나마 괜찮지만 샐러드의 맛이 더 강하면 와인은 아무 맛도 느낄 수 없게 된다. 그런데 맛의 균형을 깨는 것은 신맛 때문이 아니라 와인 안의 당분이다. 같은 신맛이라도 당분이 적은 신맛은 상대음식의 신맛과 크게 부딪치지 않는다. 보통 아페리티프Aperitif : 서양요리의 정찬에서 식욕증진을 위해 식탁에 앉기 전 대기실에서 마시는 술로 제공되는 와인이 샐러드처럼 신맛이 강한 음식과 궁합이 잘 맞는다. 또 프랑스 알자스 지방의 리슬링Riesling 와인이나 상세르Sancerre 지방의 레드 와인들도 산미가 좋으면서 향이 연해 샐러드에 잘 어울린다.

셋째, 쓴맛이 강한 요리에는 타닌을 적절히 갖춘 와인을 선택한다. 와인의 타닌 성분에서 느껴지는 약간의 쓴맛은 요리의 쓴맛을 부각시키기보다 약간 감춰주는 역

할을 한다. 특히 그릴grill에 구워 탄 부위가 있는 고기요리에는 타닌이 풍부한 레드 와인만큼 적절한 것이 없다. 고기요리에 레드 와인이 적합한 것도 타닌이 단백질을 연하게 하고 기름진 맛을 어느 정도 담백하게 만들어주기 때문이다. 또한 타닌은 떫은맛으로 단백질과 결합하는 성질이 있어 타닌이 강한 와인일수록 육류와 잘 맞는다. 쓴맛에 좋은 와인으로는 프랑스 부르고뉴의 피노 누아 와인이 가장 적절하다. 한 가지 유의할 점은 소스 맛이 강하지 않아야 한다는 것이다.

넷째, 짠맛이 강한 음식에는 알코올 도수가 낮은 화이트 와인이 좋다. 짠맛 요리에 레드 와인은 적절하지 않다. 레드 와인의 타닌이 소금을 만나면 더 강하게 느껴지기 때문에 와인 맛을 잃게 된다. 그런데 화이트 와인은 조금 짠 생선과 함께 마시면 짠맛을 상쇄시켜 주고 냄새까지 가시게 해주어 맛을 월등히 살릴 수 있다.

다섯째, 매운맛이 강한 음식에는 매운맛을 누그러뜨리는 와인이 좋다. 깔끔하면서 부드러운 맛을 내는 와인일수록 매운맛과 적절한 조화를 이룰 수 있다. 화이트 와인으로는 소비뇽 블랑Sauvignon Blanc이, 레드 와인으로는 멜롯Merlot 와인이 적절하다. 매운 음식에 맞는 와인을 고를 때는 반드시 알코올 도수를 확인해야 한다. 매운 음식에 알코올은 그야말로 불에 기름을 붓는 격이기 때문에 맛의 조화는커녕 아예 맛을 느끼지도 못하게 만들 위험이 크기 때문이다. 결국 높은 타닌의 레드 와인은 풍부하고 기름진 음식으로 텁텁한 입안을 헹궈주는 느낌을 준다. 또한 와인의 타닌은 생선 기름과 상극相剋이다. 그래서 일반적으로 레드 와인과 해산물 조합은 어울리지 않는다. 카베르네 소비뇽은 풍미가 진하고 타닌

함량이 높아서 그릴에 구운 기름진 육류, 후추가 들어간 소스 등 맛이 강한 요리와 완벽한 조합을 이룬다.

와인을 말할 때 맛있는 국물이나 자연의 조미료라는 표현을 많이 쓴다. 와인을 즐기는 유럽인들은 취하기 위해 와인을 마시기보다는물론 마시다 보면 취하겠지만 음식을 먹을 때 국물을 떠 넣는 것처럼, 혹은 더 맛있는 요리를 위해 **천연 특급 조미료**天然 特級 調味料로 맛을 내는 것처럼 와인을 즐긴다고 볼 수 있다.

와인 하나로도 충분하지만 음식이 있다면 금상첨화이다. 여기에 와인을 이해하는 셰프의 손놀림으로 탄생한 메뉴에 와인을 곁들여보자. 천상의 마리아주가 어떤 것인지 경험할 수 있게 될 것이다. 즐기기 위해 가장 필요한 요소는 조화이다. 조화의 기본 원칙은 와인이 맛을 압도하는 경우도, 음식이 맛을 압도하는 경우도 없어야 한다는 것이다. 고기는 레드 와인, 생선은 화이트 와인이라는 것이 오랜 원칙으로 내려왔다 하더라도 그것이 조화를 이루지 못해 음식 맛을 해치거나 와인 맛을 해친다면, 그 원칙은 지킬 필요가 없다. 와인은 음식이 부드럽게 섞이면서 서로의 맛을 좀 더 풍부하게 느낄 수 있도록 보완해 주는 역할을 할 때 마리아주는 최고가 된다.

색깔을 맞추기 어려운 음식이 있다면 연어와 참치이다. 해산물이면서 붉은색이니까 이런 경우엔 로제와인이 제격이다. 레드 와인을 꼭 마셔야 한다면 피노 누아를 추천한다. 레드는 보통 투명한 빛깔을 띠면 마시기 적합한 시기가 된 것이다.

색깔별로 맛이 다른 만큼 궁합이 맞는 음식도 상이하다. 널리 알려진 대로 음식의 색깔에 와인을 맞추면 평균은 간다. 다만 꼭 고가일 필요는 없다. 예를 들어 스테이크를 먹을 때 약간의 단맛이 있는 호주 쉬라즈 와인으로도 충분하다.

레스토랑에서 음식에 맞춰 와인을 주문할 때는 또 한 가지의 원칙이 작용한다. 바로 음식 가격과 와인 가격의 조화이다. 주문한 음식의 가격이 십만 원대라면 와인 가격은 십만 원을 넘지 않는 선에서 주문하는 것이 좋다. 음식 가격보다 비싼 와인을 주문해 배보다 배꼽이 더 큰 상황을 만드는 것은 좋지 않다. 다시 강조하면, 와인과 음식을 매칭Matching시킨다는 것은 맛을 보고, 향을 느끼거나 질감을 느끼고, 온도를 확인을 하는 등의 모든 것들에 관심을 기울여 와인과 음식이 잘 어울리는지를 알아가는 과정이다. 와인과 음식은 비슷한 맛을 동일하게 하는 방법이나 상호 보완의 방법으로 매칭이 된다. 동일한 매칭이란 음식과 와인이 합해져서 좀 더 강렬한 느낌을 전달하는 것을 말하며, 보완적인 매칭이란 반대되지만 균형을 이루며 서로 상호작용을 주는 매칭을 말한다.

와인과 음식의 적절한 매칭을 통하여 맛을 극대화시키고 조화로운 맛과 풍미를 전달할 수 있다고 볼 수 있다. 예를 들어 약간의 공통적인 면을 보면, 소고기와 버섯, 코코넛과 라임의 마리아주mariage를 들 수 있다.

Wine & Food Pairing

구분	지역 및 특징
향이 풍부한 드라이 화이트 와인 (Aromatic Dry White Wine)	• 훈제생선(smoked fish) • 석쇠에 구운 숭어요리(grilled mullet) • 부야베스(bouillabaisse 마르세유 명물인 생선스튜) • 햄&살라미(ham&salami), 고기파이(pate) • 타코(tacos : 고기와 양상추를 넣은 튀긴 옥수수빵)
가벼운 드라이 화이트 와인 (Light Dry White Wine)	• 민물생선(fresh-water fish) • 홍합요리(mussels : 민물에서 나는 쌍각류 조개) • 치어(whitebait), 생선 또는 조개 파스타(fish or shellfish pasta)
미디엄 바디 드라이 화이트 와인 (Medium-Body Dry White Wine)	• 생선스튜(fish terrines) • 리조또(risotto) • 시푸드 팬케이크(seafood pancakes)
풀바디 드라이 화이트 와인 (Full-Body Dry White Wine)	• 갑각류(crustaceans 랍스터, 게), 생선(가자미, 넙치), 누벨 퀴진 샐러드 콩포제(Nouvelle cuisine salades composees, 가리비, 참새우) • 화이트 소스를 얹은 닭(chicken in white sauce)
과일향이 나는 감미로운 화이트 와인 (Fruity & Touch of Sweetness White Wine)	• 카나페(canape), 작은 민물새우(little fresh shrimp)
중감미 화이트 와인 (Medium-Sweet & Sweet White Wine)	• 과일 디저트(fruits dessert), 훈제생선 또는 고기파이 (smoked fish or meat pie)
감미 화이트 와인 (Very Sweet White Wine)	• 복숭아나 살구로 만든 디저트(dessert made from peaches or apricot) • 딸기와 크림(strawberry and cream) • 케이크나 아몬드 비스킷(cake or almond biscuits)
감미로운 디저트 화이트 와인 (Luscious Dessert White Wine)	• 익은 배나 복숭아(ripe pears and peaches) • 호두(walnuts)
생기 있는 레드 와인 (Fresh Lively Red Wine)	• 구운 연어 스테이크(grilled fresh salmon steaks) • 구운 소시지(grilled sausages) • 간(liver), 햄버거(hamburger) • 익힌 어린 비둘기(roast young pigeon) • 치즈(fresh cream cheese)

구분	지역 및 특징
미디엄바디 레드 와인 (Medium-Body Red Wine)	• 고기완자(ground meats, meatballs, meat sauces for pasta) • 구운 양(roast lamb) • 삶은 고기(braised meats)
잘 숙성된 레드 와인 (Full, Assertive Red Wine)	• 찜냄비 요리나 스튜(casseroles and stews, goulash) • 자두와 함께 익힌 돼지고기(roast pork with prunes)
힘 있고, 감칠맛 나며, 숙성된 레드 와인 (Powerful, Robust Red & Aged Red Wine)	• 야생오리(wild duck) • 으깬 밤과 함께 익힌 칠면조요리(roast turkey with chestnut stuffing) • 사슴고기(venison), 멧돼지(wild boar) • 체다 치즈(cheddar cheese)
드라이 로제 와인 (Dry Rosé Wine)	• 생선 수프(fish soup) • 지중해 요리(all mediterranean dishes)

국가별 포도품종 & 푸드페어링(food pairing)

세계에서 가장 비싸고 귀한 와인을 꼽을 때 빠지지 않는 부르고뉴의 피노 누아는 극도로 섬세한 풍미와 시간을 두고 숙성하면서 피어나는 다채로운 향으로 전 세계 와인 애호가들의 마음을 사로잡는다. 포도 자체로는 껍질이 얇고 연약하며 병충해에 약해 재배하기 가장 까다로운 품종으로 알려져 있다. 부르고뉴 레지오날Régional 등급의 일부 와인을 제외하곤 다른 품종과 블렌닝노 하지 않아 고고하고 깐깐한 이미지를 갖고 있다.

또한 피노 누아는 가볍기 때문에 가금류 요리나 생선과 환상적으로 잘 어울린다. 일하는 직장인들이 점심 식사 때 가볍게 마시기 편한 스타일의 피노 누아는 수프, 샐러드, 샌드위치 등에 적합하며, 유럽인들은 이것이 거의 일상화되어 보기에도 참 좋은 풍경이었다.

영Young할 때는 체리, 크랜베리Cranberry류의 향이 기분 좋게 도드라지며 숙성될수록 감초, 버섯, 젖은 숲, 담뱃잎 등 다채로운 향이 나타난다. 가벼운 바디감에 산미가 있는 편이라 생각보다 다양한 음식과 페어링Pairing이 가능하다.

부르고뉴산 꽁떼 치즈, 향신료를 가미한 오리고기, 버섯 리조또Risotto, 부르고뉴식 소고기찜 '뵈프 부르기뇽Boeuf Bourguignon', 연어나 랍스터처럼 풍미가 진한 해산물 요리

샤르도네(Chardonnay)

화이트 와인의 여왕이라 불릴 정도로 전 세계적으로 가장 널리 재배되고 소비되는 것이 바로 샤르도네이다. 특히 프랑스 부르고뉴에서 으뜸가는 품종이다. 디종Dijon의 버건디Burgundy대학에서는 수백 년간 재배해 온 샤르도네를 30여 가지의 클론으로 분류해 와이너리들이 각자의 떼루아Terroir에 맞는 클론Clone을 재배할 수 있도록 장려한다. 또한, 같은 샤르도네 품종으로 만들었다 해도 과일향이 화사하고 풋풋한 느낌의 마코네Mâconnais 지역의 와인과 긴장감 넘치는 산미를 지닌 샤블리Chablis 와인은 전혀 다른 캐릭터를 지닌다.

바닷가재 요리, 스테이크와 더없이 잘 맞는 와인이 바로 샤르도네 와인이다.

가벼운 타입의 부르고뉴 블랑 : 화이트 소스 파스타, 담백하게 구워낸 닭고기, 신선한 치즈

과일즙이 풍부한 마코네 와인 : 크랩케이크Crab cake, 버터를 가미한 연어구이, 닭가슴살 시저 샐러드Caesar salad

오크 숙성을 하지 않은 샤블리 와인 : 석화, 스시, 담백하게 요리한 조개류, 대하구이, 야채를 넣어 만든 크림 수프

오크 숙성을 거친 풍부한 타입의 와인 : 에그 베네딕트Egg Benedict, 버섯소스를 곁들인 송아지고기, 단호박 라비올리Lavioli, 숙성한 체다 치즈Cheddar cheese, 푸아그라foie gras, 화이트 트러플White Truffle을 가미한 요리

산지오베제(Sangiovese)

이태리는 토착품종이 수천 가지에 달해 예로부
터 '와인의 땅'이라 불릴 정도로 다양한 와인을 자
랑한다. 이태리를 대표하는 이 품종은 이태리 남
부에서 북부까지 곳곳에서 마치 카멜레온처럼 환
경에 적응하며 프루티한 데일리 와인부터 중후한
장기숙성용 와인까지 다채로운 스타일로 다시 태어난다.

산지오베제 와인은 대개 중간 정도의 바디감과 식욕을 돋우는 프레시한 산미를
지녀 매칭할 수 있는 음식의 스펙트럼이 넓은 편이다. 특히 토마토소스와 허브만
잘 써도 성공이다! 타닌이 많이 함유된 묵직한 와인은 풍미가 진한 육류요리와 찰
떡 궁합이다.

가벼운 스타일의 와인 : 토마토소스를 가미한 다양한 요리. 그릴드 치즈 샌드위
치, 통후추 살라미^{Salami}

타닌이 많은 묵직한 와인 : 티본 스테이크, 로즈마리(로즈메리)와 마늘을 가미한
양갈비구이, 수제 소시지

올드 빈티지 산지오베제 와인 : 숙성한 페코리노^{Pecorino}, 파마산 치즈^{Parmesan Cheese} 등
의 하드 치즈

템프라니요(Tempranillo)

템프라니요는 미국, 호주 등지에서도 재배하지
만 전 세계 생산량의 80%가량이 스페인에서 나온
다. 중저가 데일리 와인부터 스페인의 와인 명산
지 리오하, 리베라 델 두에로, 페네데스 등지에서
만드는 진하고 강렬한 타입의 와인까지 다양한 스
타일로 만들어진다.

체리, 자두, 무화과 등의 진한 과일향과 가죽 같은 동물성 아로마를 갖고 있으며
상반된 두 캐릭터가 얼마나 균형을 이루고 있느냐에 따라 고급와인인지 아닌지 판

소믈리에도 즐겨 보는 와인상식사전

이 갈린다. 짙은 타닌과 비교적 높은 알코올 도수를 갖고 있지만 잘 만든 템프라니요 와인은 촉감이 매끄럽고 은은한 여운을 지녀 다양한 음식과 잘 어울린다.

까르미네르(Carmenere)

까르미네르의 고향은 프랑스 보르도였지만 지금은 백 년 넘게 칠레를 대표하는 포도품종으로 자리매김했다. 1994년 포도재배 전문가가 발견하기 전까지는 칠레에서 이 품종을 멜롯으로 오인하고 재배했을 정도로 멜롯과 비슷한 외양을 가지고 있다.

까르미네르는 '과일 폭탄'으로 불릴 정도로 강렬한 과일향을 가지고 있으며 특유의 스파이시Spicy한 아로마와 허브 계열의 향은 개인에 따라 민트, 그린 페처Green Fetzer, 주니퍼베리Juniper berry, 유칼립투스Eucalyptus, 할라페뇨Jalapeño, 피망 등의 캐릭터로 다가온다. 산도가 높고 허브, 향신료 향이 있어 다양한 문화권의 음식과 무난하게 매칭할 수 있다.

숯불에 양고기, 돼지고기, 소고기를 통째로 오랜 시간 구워낸 아사도Asado, 소금과 허브를 뿌려 구운 돼지고기, 민트소스를 곁들인 양갈비구이, 통후추 스테이크, 렌틸콩Lentil bean을 넣은 소고기 스튜stew, 페퍼 잭 치즈Pepper jack cheese, 염소치즈goat cheese

쉬라즈(Shiraz)

과일 바구니를 통째로 으깬 듯한 짙은 과일향과 은은하고 쌉쌀한 향신료의 느낌을 지닌 쉬라즈는 호주에서 가장 많이 재배하는 레드 품종이다. 특히 바로사 밸리Barossa Valley로 대표되는 호주 남부의 강렬한 태양과 더운 날씨에서 자란 쉬라즈는 잘 익은 블랙

베리Blackberry의 진한 과즙 맛과 볼드한 두께감, 모카와 담뱃잎 등의 스파이시한 풍미를 지녀 파워풀한 타입의 와인을 즐기는 이들에게 변함없는 사랑을 받고 있다.

프랑스의 북부 론이나 미국 워싱턴주의 쉬라즈시라와 달리 호주의 높은 기온에서

재배한 쉬라즈는 대개 오크 숙성을 많이 하는 편이다. 달콤한 과일 풍미와 진한 타닌 맛에 풍부한 텍스처Texture를 더해주고 균형을 잡아주기 위함이다. 매칭하는 음식 역시 풍부한 맛을 지닌 것이 좋다.

천천히 구운 돼지고기 바비큐, 통후추, 스테이크, 향신료를 넣은 동남아풍 요리, 미트파이, 미트소스 스파게티, 소시지 롤, 다크 초콜릿과 라즈베리로 만든 디저트

말벡(Malbec)

쉬라즈는 프랑스 남부가 원산지이지만 아르헨티나 멘도사Mendoza 지방에서 가장 많이 재배되는 품종으로 아르헨티나 와인의 얼굴이다. 이전에는 정치적 문제로 아르헨티나의 와인산업이 정체되어 있었으나 2000년대에 이르러 와인산업이 안정되고 부

흥기를 맞으며, 세계적인 수준에 부합하는 다양한 말벡 와인을 만들고 있다.

진하고 검붉은 빛깔의 말벡은 향과 맛이 모두 진하며 풀바디한 와인을 주로 만든다. 블랙베리, 블랙체리, 자두 등 검은 계열의 과일 캐릭터, 스모키Smoky한 여운은 마치 고급 카베르네 소비뇽이나 시라 와인을 연상케 한다. 밀크초콜릿처럼 감미로운 여운과 제비꽃 가죽, 담뱃잎 등 다채로운 향도 느낄 수 있다. 카베르네 소비뇽에 비하면 미들 테이스트Middle Taste가 강하고 여운이 다소 짧아 풍미가 진한 요리와 잘 어울린다.

풍미가 진한 육류요리, 블루치즈 소스를 곁들인 스테이크, 향신료나 버섯이 들어간 거친 풍미의 음식, 로즈마리와 마늘을 가미한 바비큐 등이 잘 어울린다.

소비뇽 블랑(Sauvignon Blanc)

소비뇽 블랑은 샤르도네 다음으로 세계적으로 가장 많이 재배되는 화이트 품종이다. 워낙 많은 국가에 분포돼 있어 뉴질랜드가 전 세계 소비뇽 블랑 생산량에서 차지하는 비중은 1%가량밖에 되지 않는다. 그러나 뉴질랜드 남섬, 북섬 전역에서 만들어지는 소비뇽 블랑은 풋풋하고 산뜻한 캐릭터로 많은 애호가들의 사랑을 받고 있으며 뉴질랜드는 전 세계 와인업계에서 '소비뇽 블랑의 수도'라는 애칭으로 불

소믈리에도 즐겨 보는 와인상식사전

린다.

뉴질랜드 등의 소비뇽 블랑은 연둣빛 사과의 풋풋하고 상큼한 향과 톡 쏘는 듯한 산미, 허브 혹은 꽃 계열의 아로마를 갖고 있다. 과일 중에서는 구아바, 자몽, 라임, 파인애플 등 열대과일의 향이 짙으며, 레몬그라스Lemongrass, 벨페퍼bell pepper, 토마토 잎, 그린 빈green bean 등 식물성 아로마도 느껴진다.

담백하게 구운 생선이나 해산물요리, 피쉬 앤 칩스와 함께 구운 연어, 태국식 치킨 커리, 치킨 샐러드, 망고 샐러드, 아보카도에도 잘 어울린다.

샴페인(Champagne)

짜거나 튀긴 음식은 신기할 정도로 샴페인과 잘 어울린다. 샴페인을 식전주로만 마셔야 하는 것은 아니다. 메인 코스와도 좋다.

 와인과 음악의 궁합

영국 헤리엇 - 와트 교수팀의 연구에 의하면 와인을 마실 때 듣는 특정음악이 뇌를 자극해서 와인의 맛을 더 좋게 느끼게 한다고 한다.

카베르네 소비뇽과 클래식 음악
어떤 요리와도 잘 맞는 카베르네 소비뇽 와인은 웅장한 클래식 음악을 들으며 마시면 더 강렬하게 느껴진다고 한다.

샤르도네와 경쾌한 대중음악
샤르도네 와인은 경쾌한 음악을 들으며 마셨을 때 만족도가 높게 나온다.

칠레 와인과 재즈음악
가벼움과 강함이 칠레 와인의 특징을 잘 느낄 수 있도록 해준다.

코스메뉴에 따른 음식과 와인의 마리아주 추천

Course	Food	Wine
Aperitif		Dry Sherry, Vermouth, Dry White Wine (Appetizer Course에 계속 마셔도 좋음)
Appetizer	Oyster(굴), Escargots	Chablis(Chardonnay, Sauvignon Blanc)
	Caviar	Dry Champagne, Chilled Vodka
	Smoked Salmon, 송어	Dry White Wine, Rosé Wine
	Goose Liver	Sauternes, Champagne, Gewerztraminer
Soup	Consomme	Dry Sherry, Madeira
	Bisque Soup	Dry Sherry, Dry White Wine
	Chowders	Medium Dry White Wine
Fish	Light Sauce의 Fish	Dry White Wine
	Heavy Souce의 Fish	Full Bodied White Wine, Light Red Wine, Rosé Wine
Salad		와인을 마시지 않음. Dressing 대신 레몬즙이 무난
Meat	Steak	Light Sauce: Light Red Wine Heavy Sauce: Full Body Red Wine
	White Meat	닭고기, 송아지 고기: Light Red Wine Full Body White Wine도 잘 어울림
	Roast Meat	Full Body Red Wine
	Poultry	Chateauneuf du Pape, Heavy Wine
Cheese	Strong Cheese	와인의 향을 소실시키므로 너무 고급와인은 지양. Sweet Wine 이나 Port Wine
	Mild Cheese	Full Body White Wine, Port Wine
	Cheese Fondue	Medium Dry White Wine
Dessert		Champagne, Dessert Wine

오크통의 비밀스토리

와인의 성질을 해치지 않으면서 와인에 은은한 향을 더하기 위해서 어떤 오크통을 사용할 것인지를 결정하는 것은 매우 중요하다. 대체적으로 오크통은 새것일수록 크기가 작을수록 와인에 더 많은 영향을 끼친다. 그 밖에 오크통을 제조할 때의 그을음 정도 또한 와인의 향과 풍미에 직접적인 영향을 미치는 중요한 요소이다.

오크통을 프랑스어로는 바리크Barrique라 부른다. 보르도에서는 225리터(300병)로 날렵한 상태이고, 부르고뉴에선 피에스Piece라고 부르며, 228리터(308병)이지만 높이가 더 낮고 배가 불쑥 나온 모양이고 바리크보다 약간 크다. 이 용량은 한 사람이 하루 동안 만들 수 있는 와인양에 해당된다.

미국산 오크통은 바닐라향과 매력적인 달콤함이 있고, 프랑스 오크통은 미국산보다 타닌이 강하게 드러나지만 오랜 시간에 걸쳐 와인의 맛과 아로마를 강화시켜주는 것이 특징이다.

영어로는 오크 캐스크Oak Cask라고 부르며, 사이즈에 따라 배럴Barrel, 혹스헤드Hogsheads, 벗Butts 등으로 나눈다.

잘 만든 바리크는 수백만 원을 호가할 정도로 매우 비싸며, 이 때문에 바리크를 매번 새것으로 구비할 수 없는 하위 샤토(샤또)들

* American   * French

은 1급 샤토에서 쓰였던 바리크를 구입해서 쓴다. 그렇게 재활용된 바리크는 계속해서 하위 샤토로 넘어가 쓰이고 또 쓰인다. 때때로 저급한 샤토들은 비싼 바리크를 쓰지 못하므로 바리크향을 내기 위해 참나무를 갈아서 나온 가루를 와인에 섞어 참나무향을 내기도 하는데, 원래 바리크를 만들 때 안쪽을 그을리고 장기간 숙성시켜 쓰기 때문에 그냥 가루를 갈아 넣은 것과는 차이가 확연하다고 한다.

1830년, 프랑스의 7월 혁명 때 정부군과 맞서 싸우던 시위군중이 바리크에 흙을 담아 넣고 쌓아서 자신들을 보호한 데서 방해물 또는 장벽이라는 뜻의 바리케이드Barricade, 독일어로는 바리카데Barrikade라는 말이 탄생하기도 했다.

- 양고기- 캘리포니아, 보르도의 풀바디인 카베르네 소비뇽
- 치즈 퐁듀(fondue) - 드라이 화이트 와인
- 수프(Soup) -드라이 셰리(Sherry)
- 조개류 - 미디엄 드라이 화이트 와인
- 로스트 비프(Roast beef) - 부르고뉴 레드 와인
- 회 - 산미가 있고 과일향이 나는 화이트 와인
- 바닷가재 - 알자스 지방의 리슬링, 샴페인
- 연어 - 뜨거운 연어에는 보르도 레드 와인, 찬 연어에는 부르고뉴 화이트 와인
- 토마토소스 파스타 - 레드 와인
- 화이트소스 파스타 - 화이트 와인
- 피자 - 키안티 와인, 시라 와인, 진판델 와인
- 햄 - 보르도 중급 레드 와인
- 감자칩 - 피노 그리 와인
- 견과류 - 과일향이 풍부한 레드 와인
- 팝콘 - 샤르도네 와인
- 중국요리 - 리슬링 와인, 화이트 진판델(Zinfandel) 와인
- 햄버거 - 진판델 와인
- 닭고기 - 와인과 어울리는 최고의 요리, 와인의 풍미를 압도하지 않아 레드, 화이트, 라이트바디, 미디엄바디, 풀바디도 가리지 않고 거의 모든 와인과 두루두루 잘 어울린다.

소믈리에도 즐겨 보는 와인상식사전

31

프랑스인들은 와인 마실 때 무엇을?

'무엇을 먹을 때 와인을 마실까?'가 정확한 말이다.

저자는 이런 습관이 있다. "와인을 마실 땐 음식을 생각하고, 음식을 먹을 땐 와인을 생각한다."

프랑스인은 와인을 맛있게 마시려고 안주를 먹는 것이 아니라 음식을 맛있게 먹으려고 와인을 마시기 때문이다. 굳이 순서를 따져보아도, 우리처럼 소주 한 잔 마시고 안주를 집어먹는 게 아니라, 음식부터 먹고 입맛을 돋우기 위해, 혹은 입을 헹구기 위해 와인을 마신다. 프랑스인에게 와인은 술이나 음료라기보다는 국물이나 천연조미료에 가깝다.

프랑스인들의 식단은 탄수화물 위주인 우리와 달리 고기와 치즈 등 동물성 단백질 식품이 대부분이다. 동물성 단백질 위주의 식사를 하다 보면 몸이 자연스레 산성화될 수밖에 없는데, 몸의 산성화는 활성산소라는 나쁜 물질을 유발시켜 우리 몸을 병들게 한다. 그래서 알칼리성

을 띤 와인이 꼭 필요한 것이다.

어느 민족이나 건강의 균형을 유지하는 방법으로 오랫동안 전해 내려온 식사풍습이 있기 마련인데, 프랑스의 경우에는 그것이 바로 음식과 와인의 조화라 할 수 있다. 프랑스에서는 모든 음식에 와인이 어울린다. 고기와 치즈는 물론 빵과 감자, 과일과 푸딩Pudding에도 와인을 곁들이는데 프랑스 사람들이 특히 좋아하는 것은 역시 자연의 응축물이라고도 불리는 치즈이다.

프랑스 치즈는 특별하다. 특히 우리나라에서도 유명한 치즈인 까망베르camembert 중 '이즈니 생메르Isigny Ste. Mère'에서 만드는 까망베르는 프랑스의 유일한 A.O.C 우유를 사용해서 만들어 특별한 맛을 지녔다.

치즈와 와인의 궁합을 잠깐 살펴보면 일반적으로 생치즈는 와인과 함께 먹지 않고, 흰색의 소프트 치즈는 레드 와인과 화이트 와인 모두에 무난하게 어울린다. 푸른곰팡이 치즈는 아이스 와인처럼 단맛이 강한 와인과 잘 어울리고, 우리가 흔히 먹는 슬라이스 치즈와 비슷한 에담edam치즈와 고소하고 단단한 고다gouda치즈는 오래 숙성시키지 않은 레드 와인과 잘 어울린다.

오래 숙성되어 부드럽고 고소하며 느끼한 맛이 덜한 에멘탈emmental치즈는 화이트 와인이나 과일향이 풍부한 레드 와인과 두루두루 잘 어울린다.

프랑스에는 와이너리에서 직접 레스토랑을 운영하는 곳이 꽤 많다. 와이너리가 운영하는 레스토랑에 가면 크게 고민하지 않고도 그 지방 음식과 가장 잘 맞는 와인을 접할 수 있다. 우리나라의 홍어와 막걸리처럼 오랜 세월 사랑받아 온 궁합의 음식과 와인을 경험하는 것이다. 그리고 기회가 된다면 일반 프랑스 가정집에서 프랑스 가정식과 와인을 함께하는 경험도 가져보기 바란다. 프랑스인들이 좋아하는 빵과 치즈, 고기와 감자로 차려진 식탁에서 그들이 즐기는 중저가의 와인 한 병과 함께해 보면, 프랑스인들이 왜 와인 없이 식사할 수 없는지를 충분히 이해하게 될 것이다.

치즈는 영양가가 높은 식품이며, 단백질과 지방이 주성분이고, 무기질, 비타민

A, 비타민 B의 훌륭한 공급원이다. 단백질은 숙성 중에 분해되어 소화하기 좋은 형태로 되어 있다. 치즈의 단백질에 들어 있는 아미노산 메티오닌^{Methionine}은 간장의 움직임을 강화하는 작용이 있고, 알코올 분해를 원활하게 해주므로 술 마신 뒤 머리가 아프거나 하는 등 뒤끝이 개운치 않은 것을 방지할 수 있다.

음식과 와인의 이상적인 조화는 음식의 느끼함이나 기름기를 제거해 주는 산도가 있기 때문이다. 이는 프랑스인들이 기름진 음식을 더 섭취함에도 불구하고 미국인들보다 덜 비만한 것에 대한 좋은 예라고 할 수 있다.

치즈와 와인은 역사적으로나 만드는 방법으로나 매우 유사해서 가장 좋은 음식의 동반자라고도 한다. 전 세계인이 가장 선호하는 방법은 자신이 좋아하는 와인과 치즈를 함께 먹는 것이다.

우리 몸의 pH는 7.2로 약알칼리성이다. 와인은 pH 3^{산성}이지만 알칼리성 음료라고 불린다. 이유는 산성/알칼리성의 분류가 식품 속 유기산에 의한 것이며 산화되고 남은 무기질의 종류와 함유비율에 따라 구분되기 때문이다. 와인은 알칼리성 식품이 분명하다. 대부분의 술들이 우리 몸에서 산성으로 작용하는 데 비해 포도주만 알칼리성을 나타내는 것은 칼륨, 칼슘, 나트륨 등 무기질이 풍부하기 때문이다.

치즈는 거품이 나는 샴페인과 잘 어울리는데, 특히 희고 부드러운 외피를 지닌 치즈들이 잘 어울린다. 부드럽고 연한 치즈의 질감은 샴페인의 거품과 어울리면 그 부드러움이 더욱 강하게 느껴진다. 샴페인과 최상의 어울림은 이웃한 지역에서 생

산되는 샤우르스^{chaource, 샹파뉴 지방의 AOC 치즈}를 들 수 있다. 샤우르스는 짠맛도 강한 편이어서 아주 적은 양의 치즈를 부드럽게 녹이면서 샴페인을 마시면 다른 곳에서 쉽게 느낄 수 없는 맛을 경험하게 된다.

Cheese & Wine Pairing

치즈	어울리는 와인
고가(高價)(숙성치즈)	리슬링, 레이트 하비스트 리슬링
고르곤졸라(Gorgonzola)	네비올로, 디저트 와인
그뤼에르(Gruyere)	보르도 레드, 카베르네 소비뇽 블렌드, 샴페인, 스파클링 와인
까망베르(Camembert)	숙성된 샤르도네, 샴페인, 스파클링 와인
브리(Brie)	보르도 레드, 부르고뉴 레드, 카베르네 소비뇽 블렌드, 피노 누아, 코드 뒤 론 레드, 샴페인, 스파클링 와인, 디저트 와인
잭드라이(Dry Jack), 모짜렐라(Mozzarella)(훈연)	진판델 블렌드
체다(Cheddar)(숙성치즈)	샴페인, 스파클링 와인
체다(Cheddar)(훈연치즈), 고다(Gouda)	멜롯
파르미지아노 레지아노(Parmigiano-Reggiano)	보르도 레드, 카베르네 소비뇽 블렌드, 바롤로, 아마로네, 키안티 클라시코 리제르바, 브루넬로 디 몬탈치노, 피노 누아
로크포르 치즈	상세르
스틸톤	포트와인

주법(酒法) 17계(戒)

一 無(무) ~ 한 잔 술은 무방하다.
二 無(무) ~ 두 잔 술도 무방하다.
三 夕(석)~ 석 잔이면 기울어진다.
五 適(적)~ 다섯 잔이면 적당하다.
七 過(과)~ 일곱 잔이면 지나치다.
九 狂(광)~ 아홉 잔이면 미치게 된다.
十一 死(사)~ 열한 잔이면 지옥행이다.
十三 土(토)~ 열세 잔이면 땅속으로 간다.
十五 魂(혼)~ 열다섯 잔이면 영혼이 떠돌아다닌다.
十七 生(생)~ 열일곱 잔이면 선한 자는 還生(환생), 악한 자는 宿生(숙생)이다.
분수에 알맞은 생활이 최고♡ ♡

* Clos de Vougeot

32

우리 음식과 어울리는 와인은?

음식 없는 와인이야 좋지만,
와인 없는 음식은 재앙이다.

_Alan Richman

　와인은 한식과 매우 잘 어울린다. 먹어보면 알 수 있다. 와인이 한식과 궁합이 맞는 이유는 한식이 대부분 발효식품에 기초를 두고 있는 것처럼 와인도 발효주醱 酵酒이기 때문이다. 술은 크게 증류주와 발효주로 나뉘는데 소주와 맥주가 증류주라면 와인을 비롯한 각종 과실주는 발효주에 속한다. 유럽인들이 발효주인 와인을 많이 마셔서 건강을 지켜왔다면 우리는 발효식품인 된장, 간장, 김치를 통해 건강을 지켜온 셈이다.

　한식과 안 어울린다는 말은 우리는 국물이 없으면 식사를 못할 정도이며, 와인과 국물은 조화를 이루지 못하기 때문이다. 서양은 스테이크 등을 먹으면 목이 메인다. 그래서 간단한 수프Soup 정도가 있을 뿐이다.

　한식은 너무 맵고 짜기 때문에 와인의 맛과 조화를 이루기 어렵다고 생각할 수도 있다. 실제로 맵거나 짠맛은 단맛이나 신맛보다 맛이 훨씬 더 강하기 때문에 와인의 섬세한 맛에 영향을 미칠 수도 있다. 그런데 또 와인이라는 것이 그리 호락호락한 대

• 우유의 발효식품, 치즈

상이 아니라 강한 맛에 대적할 만한 식품이 없는 것은 아니다.

대표적인 예로 아르헨티나 말벡 와인을 들 수 있다. 말벡은 맛도 진하지만 향도 진하다. 걸쭉한 느낌이 들 정도로 진한 데다 향긋한 흙냄새, 잼 향기, 가죽 냄새들이 뒤섞여 있다. 이 정도의 맛과 향을 지닌 덕분에 고춧가루가 팍팍 뿌려진 매운 음식에도 절대 밀리지 않는다.

짠 음식에 대적할 만한 와인으로는 독일의 리슬링 와인인 게뷔르츠트라미너 Geburztraminer를 들 수 있다. 게뷔르츠트라미너는 산도가 높고 알코올 도수가 낮은 화이트 와인이다. 레드 와인은 타닌성분이 소금과 만나면 쓴맛이 강해지기 때문에 피해야 하고, 화이트 와인 중에도 오크통 숙성이 오래된 것은 향이 복잡해 피해야 하지만 산뜻한 화이트 와인은 그렇지 않다. 산뜻하면서 강한 과일향은 짠맛을 누그러뜨리는 데 더없이 효과를 발휘한다. 각종 젓갈류는 물론 간장게장에도 잘 어울린다.

신맛 위주의 화이트 와인은 대부분의 한식과 잘 어울린다고 볼 수 있다. 산도가 높은 소비뇽 블랑은 독특한 향 덕분에 생선회에도 잘 어울리고 샤르도네의 경우에는 기름기가 많은 장어, 연어와 궁합이 잘 맞는다.

한국의 대표음식 불고기는 어떨까? 불고기는 채소가 많이 들어가고 다른 육류에 비해 달고 고기향이 약하다. 여기에 강한 와인을 마셔버리면 입안에 음식 맛은 사라지고 와인 맛만 남게 될 것이다. 그렇지만 가벼운 레드 와인이나 드라이한 화이트 와인을 곁들인다면 매우 흡족한 식사를 할 수 있다.

우리 음식과 잘 어울리는 와인

한국음식은 대체로 맵고 짜기 때문에 와인과의 궁합을 찾는 데 어려움은 있으나 양념을 좀 더 담백하게 한다면 모든 와인과 잘 어울릴 수 있다.

풀바디한 레드 와인 : 등심, 안심, 갈비, 철판구이, 불고기
미디엄바디의 레드 와인 : 양념 불고기, 주물럭 쇠고기 요리
드라이 화이트 와인 : 생선회, 생선구이, 조개요리, 갑각류, 야채, 버섯 등 나물류
로제 와인 : 생선이나 낙지볶음, 닭고기, 해물탕, 특히 해물파전과 찰떡 궁합
스위트 화이트 와인 : 케이크, 초콜릿, 과자, 한과류 등 단맛이 많은 음식

마시 캄포피오린은 매우 향긋하고 상큼한 타입의 레드 와인으로 불고기의 단맛을 잘 살려준다.

양념이 많이 들어간 닭고기나 오리고기에는 이탈리아 북부 토스카나 지방의 전통 와인인 키안티Chianti와 키안티 클라시코Chianti Classico가 적당하다. 이탈리아 대표 와인이기도 한 키안티는 새콤하고 향긋해 닭고기나 오리고기의 맵고 달콤한 양념과 잘 어우러지며 약한 타닌성분이 고기의 약간 느끼한 맛을 지워주기도 한다. 이러한 궁합을 증명이라도 하듯 키안티 클라시코에는 길드Guild; 협회, 중세시대 기능인들의 조합 문양인 수탉마크가 그려져 있고 키안티 클라시코와 브루넬로 디 몬탈치노 협회가 있다. 이탈리아 와인은 와인만 마시면 안 되고, 음식과 함께 마셔야 제맛을 느낄 수 있다.

* 키안티 클라시코 수탉 문양(레드 와인)　　* 키안티 클라시코 수탉 문양(화이트 와인)

부침개에 어울리는 와인을 꼽으라면 오크통 숙성을 한 무거운 화이트 와인이나 가벼운 레드 와인을 들 수 있다. 부침개에는 채소와 해물이 많이 들어가긴 하지만 기름을 많이 쓰기 때문에 기름지고 텁텁한 맛이 나는 편이다. 그래서 걸쭉한 막걸리가 제격이라 생각한다. 그렇다면 와인도 걸쭉한 것이 가장 잘 맞을까? 그렇지는 않다. 너무 진하고 무거운 맛의 레드 와인은 부침개 고유의 맛을 느끼지 못하게 만들 위험이 있어서 가벼운 레드 와인이나 떫은맛이 약간 있는 무거운 화이트 와인, 혹은 로제 와인이 적당하다.

Korean Food & Wine Pairing

갈비찜 - 타닌이 강한 보르도 카베르네 소비뇽, 미국의 진판델 와인

삼겹살 - 새콤한 이탈리아 키안티 와인, 보르도의 그라브 무감미 화이트 와인, 마고, 뽀이약, 생 줄리앙, 부르고뉴의 보졸레, 마꽁, 물레아방, 루아르의 상세르, 프로방스, 샤토네프 뒤 파프 같은 타닌이 적당한 와인, 전반적으로 가볍고 섬세한 레드 와인과 잘 어울린다.

삼계탕 - 깔끔한 맛의 독일의 리슬링, 과일향이 풍부하고 부드러운 멜롯 와인

닭볶음 - 새콤한 이탈리아 키안티 와인

아구찜 - 맛이 진한 아르헨티나 말벡 와인

보쌈 - 산도가 높고 산뜻한 독일의 리슬링 와인

생선회 - 깔끔한 소비뇽 블랑 와인

장어구이 - 산뜻하고 부드러운 샤르도네 와인

불고기 - 이탈리아의 마시 캄포피오린, 멜롯 와인

부침개 - 뉴질랜드의 소비뇽 블랑 와인

튀김류 - 이탈리아 화이트 와인

잡채 - 타닌이 거의 없는 레드 와인

감자전 - 모든 와인에 어울림

 와인과 어울리지 않는 음식들

음식 본연의 성분이나 첨가되는 재료에 의해 와인과 어울리지 않는 것으로, 고등어 같은 기름진 생선, 계란요리, 식초를 주재료로 사용한 샐러드류, 자몽이나 레몬 등의 산도가 높은 과일들이다.

호두와 타닌이 강한 레드 와인
고등어, 멸치는 모든 와인과 맞지 않는다.
카레는 향이 강해서 와인의 향을 약화시킨다.
냉면 같은 차가운 음식이나 국물이 많은 음식
아주 매운 음식은 맛의 어울림을 느낄 수 없다.

※ 언제나 그런 건 아니지만, 기름진 소스를 곁들인 고기와 화이트 와인, 생선과 가벼운 레드 와인 조합은 꽤 괜찮다. 타닌이 강한 레드 와인과 해산물, 달지 않은 화이트 와인과 디저트, 달콤한 와인과 요리는 피하며, 와인과 식초는 상극(相剋)이다. 맵고 짠 한식과의 조합도 어렵다.

하루 와인 한두 잔, 골다공증 막아준다

2012년 7월 11일

술 끊으면 악화, 음주 재개하면 곧바로 호전

하루 와인 한두 잔씩 마시는 여성들은 골다공증에 걸릴 위험이 낮다. 그런데 이런 여성들이 음주를 중단하면 2주 만에 뼈의 밀도가 낮아지기 시작하는 것으로 나타났다. 놀라운 것은 금주했다가 와인을 다시 마시기 시작하면 곧바로 뼈의 재생률이 예전 상태로 돌아온다는 것이다.

미국 오리건 주립대학 연구팀이 폐경 초기단계에 있는 여성 40명을 대상으로 금주가 골밀도에 미치는 영향을 조사한 결과다. 이들은 규칙적으로 하루 한두 잔씩 술을 마시는 습관이 있었고 폐경에 따른 호르몬 대체요법을 받지 않았으며 골다공증으로 뼈가 부러진 일이 없었다. 연구팀은 뼈의 재생속도를 알려주는 혈액 속의 인자를 측정해서 금주→골밀도 감소, 음주 재개→뼈 재생속도 회복을 확인했다.

적당한 음주가 뼈의 건강에 좋다는 것은 이미 알려진 사실이다. 하지만 금주와 음주 재개가 이처럼 빠르고 직접적인 영향을 미친다는 사실은 처음 확인됐다. 연구팀은 적당한 알코올이 여성 호르몬 에스트로겐과 유사한 역할을 하는 것으로 추정했다. 폐경 여성은 뼈의 건강에 핵심 역할을 하는 에스트로겐 호르몬이 줄어들어 골밀도가 낮아진다. 이번 연구는 '폐경(Menopause)' 저널 7월호에 실렸으며 영국 데일리메일이 11일 보도했다.

출처 : 코메디닷컴(http://kormedi.com)

※ 하루에 한두 잔의 와인을 추천하는 이유는 폐경 전 음주를 하지 않는 여성보다 제2형 당뇨병에 걸릴 확률이 40% 낮은 것으로 나타났기 때문이다. 이는 당뇨 환자의 인슐린 저항성을 감소시키는 것으로 보인다.

레드 와인, 두통(頭痛)이 생겼을 때 대처요령

- 알레르기는 '회피 요법'이 최선이다. 레드 와인을 마실 때마다 두통에 시달린다면 마시지 않거나 양을 줄이도록 한다. 만일 마셔도 아무렇지도 않은 레드 와인을 발견하면 잘 기억해 둔다.
- 두통이 심할 경우 와인을 마시기 전 항히스타민제인 아스피린이나 이부프로펜, 아세트아미노펜(타이레놀 등) 성분의 진통제를 복용하면 통증을 줄일 수 있다.
- 레드 와인을 마실 때마다 두통에 시달린다면 와인을 마시기 전과 마시는 도중에 홍차를 자주 마시면 도움이 된다. 홍차에 풍부하게 들어 있는 퀘르세틴 같은 식물성 항산화제 성분이 히스타민으로 인해 유발되는 두통이나 발적 등을 억제해 주기 때문이다. 또한 가능하면 탈수로 인한 두통 예방을 위해 와인을 한 잔 마실 때마다 물을 한 잔씩 마시는 게 좋다.

와인 첨가물 – 이산화황, SO$_2$, Sulphur Dioxide 혹은 Sulphite

이산화황을 첨가하는 이유에는 여러 가지가 있는데, 가장 큰 이유는 와인의 급격한 산화 방지를 위해서이다.

극단적으로 식초로 변해버리는 것이나 그렇지 않아도 산화로 인해 향, 색깔, 맛 등에 미치는 나쁜 영향을 막을 수 있다.

또한 이산화황은 마치 소독제나 방부제와 같이 와인의 발효와 보관과정에서 나타날 수 있는 미생물들의 생장을 억제하는 것이다.

포도 발효과정이나 와인 속에 든 다른 미생물을 억제하는 역할을 하는 이산화황은 사과산–유산 발효에 관여하는 유산균의 활성을 억제한다는 것이 밝혀졌다.

강력한 방부제와 달리 이산화황은 대부분의 사람들에게 안정적인 물질이지만 소수의 사람들에게는 '알레르기 반응'이나 '천식과 비슷한 기침을 유발'하기도 한다. 주된 목적은 산화 방지, 갈변 방지, 잡균 방지 역할을 한다.

와인병 속에는 방부제가 첨가되어 있다. 이는 유황물질이 대기 속에서 연소할 때 발생되는 기체로서 기호는 SO$_2$이다. 법 허용 최대치는 350ppm이고 보통 50~150ppm이 포함되어 있다.

방부제의 첨가는 레드 와인이 제일 적고, 다음은 화이트 와인, 가장 많은 경우는 스위트 와인이다.

따라서 와인을 오픈하자마자 바로 코로 냄새를 맡는 것보다 이산화황(Sulphite)이 날아갈 때까지 잠깐 기다렸다가 몇 번 스월링한 후에 Tasting을 시작하는 것이 이롭다.

일반인의 1% 정도는 이산화황에 반응한다. 와이너리에서는 한 병에 10ppm(Parts Per Million : 미량 함유 농도 100만분율로 나타내는 기호) 이상의 이산화황이 포함되면 의무적으로 라벨에 이산화황 포함을 표기해야 한다.

미국에서 와인은 350ppm 이상을 포함시킬 수 없고, 오가닉 와인은 100ppm 이상의 이산화황을 포함시킬 수 없다.

33

프랑스인의 장수비결,
프렌치 패러독스(French Paradox)

와인 한 잔이
사람을 제대로 알게 한다.

_a French proverb

프랑스 요리는 맛있기로 유명하다. 세계 최고의 미식가美食家들은 대부분 프랑스 사람들이다. 요리를 말할 때 프랑스를 빼놓고는 이야기가 안 된다. 그런데 맛있는 음식이 많은 나라의 국민들은 대부분 심혈관질환을 비롯해 다양한 성인병에 시달릴 확률이 높다. 맛있는 음식을 자제하지 못한 대가인 셈이다.

심장병, 동맥경화 등의 심혈관질환을 일으키는 원인에는 여러 가지가 있지만 육류에 많이 들어 있는 콜레스테롤과 흡연이 주된 이유에 속한다. 콜레스테롤과 니코틴이 혈관에 쌓이면 혈액의 흐름을 방해해 문제를 일으키기 때문이다. 물론 육류에만 콜레스테롤이 들어 있는 것은 아니다. 버터나 크림 같은 동물성 지방, 새우와 오징어, 바닷가재 등에도 콜레스테롤이 많이 함유되어 있다.

레드 와인에는 타닌 외에 레스베라트롤 Resveratrol이 함유되어 있는데, 레스베라트롤

은 여러 의학 연구를 통해 그 항암 효능이 밝혀지고 있다.

대서양과 지중해를 접하고 있는 프랑스는 이런 음식들의 천국이라 할 수 있다. 간혹 프랑스 영화를 보면 식탁을 가득 채운 산해진미를 구경할 수 있는데, 그것들이 결국은 콜레스테롤 덩어리들이라 보면 된다. 게다가 프랑스인들의 흡연율 역시 세계 최강이다. 평소에 담배를 피우지 않는 사람도 프랑스에 가면 담배 한 대 정도는 피워야 한다는 말이 있을 정도이다.

이러한 현상에도 불구하고 아이러니하게도 프랑스 사람들은 대부분 날씬하고 심장병의 발생률도 매우 낮다. 이웃인 영국과 비교해 봐도 콜레스테롤 수치에 있어서 영국이 프랑스보다 4, 5배 정도 더 높다는 결론이 나왔다.

이렇게 콜레스테롤이 많이 함유된 음식을 즐김에도 불구하고 심혈관질환 발생률이 현저히 낮은 이유, 즉 이러한 현상을 가리켜 프렌치 패러독스라 한다.

가장 먼저 프랑스인들의 건강에 주목한 것은 미국 사람들이었다. 미국 CBS의 인기 시사프로인 '60분^{60Minutes}'에서 프랑스 사람들이 건강한 이유를 추적하기 시작했고 그들은 그 비결을 프랑스인들의 식탁에서 발견했다.

정확하게 말하면 프랑스인들의 식탁에 빠지지 않고 등장하는 레드 와인이 건강의 숨은 핵심이었다. 부자건 가난하건, 비싼 와인이건 싼 와인이건, 어쨌든 그들의 식탁 위에는 늘 와인이 올라와 있었고 이것이 바로 고^{高}콜레스테롤을 섭취하면서도 건강을 유지할 수 있는 비결이었던 것이다.

와인은 85%의 수분과 10% 내외의 알코올, 나머지는 비타민, 각종 미네랄, 유기산, 당분, 그리고 폴리페놀 등으로 이뤄져 있다. 이 중 가장 주목해야 할 성분은 폴리페놀이다. 폴리페놀이란 화합물질은 우리 몸안에 있는 활성산소를 제거하는 항

산화제 역할을 한다. 세포의 노화와 손상을 일으켜 몸을 늙고 병들게 만드는 주범인 활성산소를 억제시키고 심혈관질환의 원인인 콜레스테롤의 산화도 억제하니 몸에 좋지 않을 수가 없다.

결국 프랑스인들은 먹고 싶은 음식을 양껏 먹으면서도 와인을 통해 매일매일 콜레스테롤을 적당히

　　　　　　　　　　　　　소믈리에도 즐겨 보는 와인상식사전

제거하며 건강을 관리하고 있었던 것이다. 프렌치 패러독스의 비밀을 깨달은 발 빠른 미국인들은 프랑스인들의 습관을 쫓아 와인을 즐기기 시작했다. 이 덕분에 미국인들의 식생활은 완전히 뒤바뀌게 되었고 미국 와인산업도 갈수록 부흥하고 있다.

물론 몸에 좋다고 너무 많이 마시면 오히려 해가 될 수 있다. 남성은 하루에 2~3잔, 여성은 하루에 한두 잔 정도를 넘지 않는 것이 좋다. 가장 적절한 양은 한 병을 네 사람이 나눠 마셨을 때 나오는 양인 1잔 반이다. 더욱 건강하려면 균형 있는 식사와 운동도 같이 해야 할 것이다.

장수(長壽)

와인이 건강과 미용에 좋다는 말이 와인을 마시는 사람이 건강하기 때문인지 식사와 함께하는 와인이 좋은 것인지 와인의 항산화작용 때문인지 아니면 이 모든 것이 작용하는지 모르지만 와인이 건강식품인 것은 확실하다. 요약하면 젊었을 때부터 와인을 마신 사람은 날마다 식사와 함께 와인을 들면서 인생을 즐기고 건강하게 오래 살 수 있는 축복을 누릴 수 있다는 점이다.

와인은 확실히 저혈압은 올려주고, 고혈압은 내려주는 밸런스가 좋은 신(神)이 내린 최고의 음식이다.

와인은 지방과 콜레스테롤이 전혀 없다. 알코올을 적당히 섭취하면 몸에 좋은 HDL 콜레스테롤은 늘리고, 좋지 않은 LDL콜레스테롤은 줄여준다. 포도는 세계에서 가장 많이 재배하는 과일이다. 이탈리아에서 맛의 고장으로 유명한 에밀리아 로마냐Emilia-Romagna 주를 중심으로 남북으로 나눈다면, 북부는 유제품 치즈가 많고, 남부는 양젖으로 만든 치즈가 많다. 그 이유는 더위에 약한 소는 북쪽 지방에서 방목되고, 더위에 강한 양은 남쪽 지방에 많기 때문이다.

미국 암 학회에서 남성은 하루 2잔(주 14잔), 여성에게는 하루 1잔 이하를 권장한다. 가능하면 금주일禁酒日을 정해 일주의 섭취량을 조절하는 것이 좋다.

PART

와인
응용
상식
(應用常識)

34

1865와인, '18홀에 65타 치기' 스토리의 주인공은?

이 스토리의 주인공은 이재술 와인소믈리에이다.

언제부턴가 비즈니스 모임에서 와인을 마시는 것은 결혼식 피로연에서 국수를 먹는 것만큼이나 당연한 일이 되었다. 또 그만큼 비즈니스 파트너에게 와인을 선물할 기회도 많아졌다. 넓은 의미로 비즈니스 파트너라고 이름 붙였지만 실제로는 동등한 동업자라기보다는 신경 쓰고 잘 보여야 하는 상사의 비중이 더 크다. 아니 상사가 아니라 하더라도 거래처에 선물을 해야 할 때는 고민이 많아진다. 내 성의 혹은 의욕이 너무 커 상대에게 부담을 주는 것  은 아닐까? 혹은 그 반대로 내 표현이 너무 부족해 상대가 기분 나빠 하지 않을까?

개인적으로 선물하는 경우, 팀의 이름으로 선물하는 경우, 혹은 회사의 이름으로 선물하는 경우 등 입장이나 상황에 따라 다르긴 하지만, 비즈니스 파트너에게 선물하기 좋은 와인을 꼽으라고 한다면 일단 공식적으로 비싼 와인보다는 그보다 한 단계 낮은 와인을 선택하는 것이 가장 무난하다. 내가 주로 권유하는 것은 프랑스 보르도 와인 크뤼 부르주아 엑셉시오넬Cru Bourgeois Exceptionnels 정도이다. 엑셉시오넬은

* Chile, San Pedro, 2007. 3
1865 Story의 시초(始初)

대중적으로 잘 알려진 와인이라기보다는 와인을 정말 잘 아는 사람만이 선택할 수 있는 와인이다. 따라서 상대가 와인에 대해 어느 정도 해박한 지식을 갖고 있다면, 실용적이면서 수준 있는 와인을 잘 골랐다고 생각할 것이다. 여기에 구입한 와인에 대한 설명을 적은 편지를 동봉한다면, 그 효과는 더 높아진다.

또 하나 추천하고 싶은 와인은 칠레 산페드로San Pedro사의 1865 와인이다. 비즈니스 파트너들이라면 골프를 즐기는 사람이 많을 텐데, 1865가 바로 골프 애호가에게 선물하기 좋은 와인이라 할 수 있다. 1865는 산페드로사의 설립연도이지만, 이것을 골프에 비유하면 '18홀을 65타 치기'로 해석할 수 있기 때문이다.

저자 이재술 소믈리에가 안양베네스트골프클럽현 안양 컨트리클럽, 1968년 개장에 근무했던 2004~2006년, 2004년 경 호텔신라와 삼성에버랜드 때 모셨던 허태학 사장님이 자주 오셨는데 라운딩 전에 꼭 디캔팅을 말씀하셨다. 곰곰이 생각하다 안양베네스트골프클럽이 18홀임을 고려해 와인 디캔터에 디캔터 펜으로 '18홀에 65타 치기'로 기록해 뒀는데 이를 보시고 "말이 되는 스토리다."라고 말씀하셨다. 이 바람에 7언더18홀에 65타 치면 7언더 친 사람을 조사해 봤으며, 1865는 골프장에서 아주 인기 있는 와인으로 자리 잡았다. 이 유명한 와인의 스토리텔링은 저자가 처음 만든 작품이다. 덕분에 2007년 3월 아르헨티나, 칠레의 San Pedro사에 와인투어를 가는 호사를 누리기도 했다.

2007년, 와인산지인 칠레 산페드로를 방문했을 때 이곳의 마케팅 담당자로부터 한국에서 특히 1865의 인기가 높다는 이야기를 듣고 내가 바로 1865의 홍보대사라고 밝혀 산페드로 관계자들을 놀래키기도 했다.

1865는 안데스산맥의 작열하는 태양 아래서 재배된 카베르네 소비뇽 와인으로 가격에 비해 품질이 좋고 향이 강해 한국인들이 특히 좋아할 만한 맛이다.

소믈리에도 즐겨 보는 와인상식사전

비즈니스 파트너에게 와인을 선물할 때는 한 가
지만 명심하면 된다. 기회가 된다면 같이 마시고 싶
은 와인을 선물한다는 마음으로 와인을 고르는 것
이다. 그리고 이왕이면 내가 마셔보고 그 진가를 확
인한 와인을 선물하는 것이 좋다. 비즈니스 업계에
서 와인 선물이 유행하면서 터무니없이 비싼 와인

* San Pedro Winemaker, 2007

들이 선물용으로 대거 팔리는 경우가 자주 있는데, 와인 선물은 일부 비싼 선물들
처럼 그 가치를 전달한다는 의미보다는 즐거운 경험을 전달한다는 의미로 하는 것
이 올바르다고 본다. 그만큼 내가 아는 와인, 내가 경험한 와인을 선물하는 것이 예
의라는 말이다.

* 저자의 멘토이신 삼성그룹
  허태학(許泰鶴) 사장님

* 1865 스토리를 처음 만든 기념으로 San Pedro 방문, 2007.3

소믈리에도 즐겨 보는 와인상식사전

산 페드로 와이너리의 드넓은 포도밭

KWC 2021에서 가장 크게 기여한 산 페드로

칠레 와인은 한국이 와인 문화를 받아들여 새로이 글로벌 트렌드에 합류할 무렵 가장 일찍 우리 와인 시장에 영향을 끼쳤다. 이런 가운데 한국의 와인 시장에서 매우 폭넓게, 그리고 가장 많이 소비된 칠레 와인이 바로 산 페드로의 와인이다. 특히 이 와이너리는 우리나라 소비자에게 익히 알려진 1865 라벨의 와인을 빚고 있다.

글 최훈 본지 발행인 사진 제공 금양인터내셔널, 장영수

칠레의 와인 생산자

칠레에는 2개 카테고리의 와인 생산자가 있다. 하나는 19세기 세계 시장에 일찍부터 칠레 와인의 모습을 드러내 보였던, 이른바 전통적 선두주자 그룹이다. 이 그룹에 까르멘(1850)을 위시해 산 페드로(1865), 에라주리즈(1870), 산타 카롤리나(1875), 산타 리타(1880), 콘차이토로(1883), 운두라가(1885), 발디비에소(1879) 등이 있다. 이른바 전통적 명문 그룹이다. 한참 세월이 흘러 새로이 와인 산업에 참여한 생산자에 루이스 펠리페 에드워드(1976), 몬테스(1988), 그라시아(1989), 오드펠(1991), 벤티스께로(1998) 등이 있다.

한 마디로 산 페드로는 칠레 와인이 세상에 문을 두드리고 그들의 입지를 다질 때 맨 앞장선 와인 생산자이다. 창업 이후 오늘날까지 변함없이 칠레 와인 산업계에 간판 스타로 입지를 마련하고 흔들림 없이 이날까지 그들의 브랜드를 세계 와인 시장에 각인시키고 있다.

산 페드로의 와인 세계

산 페드로는 1865년 쿠리코 밸리(Curicó Valley)에서 코레아(Correa) 형제에 의해 창업되었다. 다음은 현재 산 페드로를 지칭하는 말이다.

- 세계 20위권 글로벌 와인 생산자의 한 멤버(연 생산량 1천 8백만 박스)
- 새로 진출한 아르헨티나 시장에서 탑 10위권의 생산자 중 하나
- 한국 시장에 가장 많은 와인을 판매하는 생산자
- 한국 와인 시장에서 1865의 브랜드가 Storytelling Marketing의 표본이 된 생산자

산 페드로의 까브

1865와 프리미엄 와인

프리미엄급 와인을 즐기는 많은 사람 중에는 그린 필드의 골퍼들이 있다. 또한, 이들은 와인 소비를 견인하는 오피니언 리더들이기도 하다. 한국 와인 시장에서 골프장 그릴의 와인 소비는 시장 전반에 영향을 미치는 매개체 역할을 한다. 특히 그린 필드의 골퍼들한테 1865는 매우 흥미로운 브랜드로 받아들여지고 있다. 이유는 간단하다. 골퍼들의 염원이기도 한 18홀의 65타의 성취가 1865의 브랜드가 이에 걸맞다고 믿는 데서 비롯된다.

사실 1865는 이 와이너리의 설립연도를 가리키고 있다. 그러나 한국 시장에서 이 수치는 골퍼들의 염원과 직결되어 있다. 한국에서 명문 골프장 가운데 하나인 안양 컨트리클럽이 있다. 이 골프장은 삼성 그룹의 소유이면서 그룹의 창업자인 고(故) 이병철 회장이 즐겨 라운딩했던 곳으로도 유명하다. 1865 브랜드가 18홀 65타와 결부해 처음으로 스토리텔링을 펼친 당사자는 당시 골프장의 매니저이던 이재술 씨로 알려져 있다. 이후 이 스토리텔링을 마케팅에 접목시켜 산 페드로의 1865는 한국 시장에서 엄청난 바람을 일으키게 되고 모든 골프장의 그릴에서는 1865가 필수적 프리미엄 와인으로 자리 잡기도 했다.

구체적 시장 조사는 가지지 못하였으나 〈Wine Review〉의 브랜드별 소비 추정으로는 1865가 최상위에 랭킹 되는 것으로 보고 있다. 올해 열린 제17회 코리아와인챌린지에 참가한 세계의 여러 나라, 그리고 숱한 와이너리 가운데 가장 많은 와인을 참가시킨 생산자는 93종을 선보인 산 페드로였다. 전무했던 케이스이다. 이 그룹이 참가시킨 개별 브랜드에는 '1865'를 비롯해 'Tarapaca', 'Gato Negro', 'Leyda' 등이 있다.

이에 더해 이 그룹은 13차례나 거의 해마다 빠트리지 않고 그룹의 훌륭한 와인을 보내 KWC의 성가를 올려 주었다. 어느 면에서는 가장 큰 기여를 한 Great Contributor이기도 하다. KWC를 주관하고 있는 〈Wine Review〉는 이 그룹의 기여에 보상하는 차원에서 기회가 닿는 대로 그들의 훌륭한 와인을 우리나라 와인 소비자한테 널리 알리고자 한다. \\\

❶ 1865 Selected Blend Heritage Blend _금양인터내셔널
❷ 1865 Selected Collection Desert Valley Syrah _금양인터내셔널
❸ 1865 Selected Vineyards Syrah _금양인터내셔널

35

와인생활의 품격을 더하는
와인 액세서리

와인을 좋아하는 사람들의 소장 욕구를 불러일으키는 와인아이템들이다.

와인 액세서리는 그 종류도 매우 다양하고 가격도 천차만별이다. 필수 액세서리
는 와인병을 따거나, 남은 와인을 보관하는 등 와인생활에 매우 실용적으로 쓰이며
와인글라스 폴리싱 클로스Wine Glass Polishing Cloth 등이 있다.

와인 잔과 스크루 다음으로 많이 하는 선물로는 디캔터Decanter를 들 수 있다. 오
래된 와인의 침전물을 거르기 위해서, 혹은 단단한 풀바디 와인을 부드럽게 만들기
위해서 와인을 한번 옮겨담는 데 필요한 디캔터는 와인상품을 판매하는 곳에서 쉽
게 구입할 수 있다. 가격은 몇 만 원에서 수십만 원에 이르기까지, 그 형태나 크기에
따라 가격대가 다양하게 형성되어 있다. 디캔터에 무슨 와인인지 글씨를 쓰기 편하
도록 만들어진 디캔터 펜과 디캔터를 사용하지 않고 보관할 때 이물질이 들어가지
않도록 거꾸로 걸 수 있는 디캔터 홀더Holder도 있다.

와인 맛에 좀 더 민감한 사람들을 위해서는 와인 온도계와 와인 쿨러가 좋다. 와
인 온도계는 지금 마시려는 와인이 적정한 온도인지, 그래서 최상의 맛을 낼 수 있
는지 확인하기 위해 필요한 것인데 대개 허리띠처럼 와인병 중간에 둘러 온도를 측

정하도록 되어 있고 최근에 나온 신상품 중에는 와인 잔에 와인을 따른 뒤 와인과 1인치 정도 떨어진 거리에 펜 모양의 온도계를 넣고 클릭해 와인의 온도를 감지하는 제품도 있다.

또 야외에서 와인을 즐기는 사람이 늘어나다 보니 동시에 와인이 외부 충격을 덜받도록 안전하게 담아갈 수 있는 와인토트백Wine Tote bag과 와인을 차갑게 유지시켜주는 와인쿨러Wine Cooler도 덩달아 인기를 끌고 있다.

남은 와인을 보관할 때 와인의 향이 사라지지 않도록 외부의 접촉을 막아주는 스토퍼Stopper나 진공펌프Vacuum Saver로 병 안의 공기를 뽑아낸 뒤에 스토퍼처럼 병을 막아주는 세이버도 있다.

• Wine Saver(Vacuum Saver)

와인진공 펌프와 마개. 마시다 만 와인을 좀 더 안전하게 보관하기 위한 장치 혹은 레드 와인을 페트병에 넣고 찌그러트려 공기를 뺀 뒤 냉장고에 보관, 마실 때는 글라스에 따뜻한 물을 붓고 온도를 올린 후 와인을 부어 16~17℃로 맞춰서 마시면 도움이 된다.

• Drop Stop

* 호주 와인박물관. 2016

* 엔틱 와인스크루(온메이드 토탈미트 쇼핑몰. 정택주 대표 수집)

소믈리에도 즐겨 보는 와인상식사전

Wine Art Accessory

와인 얼룩을 지우는 가장 효과적인 방법

레드 와인 자국은 화이트 와인을 부어서 문지르면 어느 정도 지워지기도 하며, Wine Eraser 도 유용하다.

소믈리에도 즐겨 보는 와인상식사전

* 저자가 수십 년간 수집한 와인 액세서리

* 와인도사(道士)가 되는 방법, 와인매거진 구독
  국내 유일 월간지 Wine Review

36

와인의 독(毒) 검사를 했던
소믈리에란?

소믈리에Sommelier는 물을 마실 때도 일단 물잔을 흔들어본 뒤에 마신다.

내 이야기다. 일종의 직업병이랄까? 스월링Swirling을 너무 많이 하다 보니 나도 모르게 습관이 되어버렸다.

소믈리에라는 직업이 사람들의 관심을 끌게 된 것은 그리 오래되지 않았다. 와인의 인기가 급속도로 높아지면서 와인을 다루는 직업인 소믈리에 역시 대중의 관심을 받게 되었다. 소믈리에는 중세 유럽에서 식품보관을 담당하는 솜Somme이라는 직책에서 유래한 이름으로 와인을 전문적으로 서비스하는 사람을 가리키는 말이다.

그동안은 소믈리에가 '와인 감별사'라는 의미로만 번역되었기 때문에 사람들은 소믈리에가 하는 주된

Taste-Vin

은빛 잔 속에 넘실대는 와인, 따스뜨뱅! 오랜 Wine Maker의 친구이다.

나폴레옹 시대에는 상대 정적(政敵)들을 초대해서 음식과 와인에 독(毒)을 넣어 독살시키는 경우가 많았다. 이 따스뜨뱅에 독이 있는 와인을 부으면 시퍼렇게 변한다. 그래서 아이들 돌 때 은수저를 선물한다.

따스뜨뱅 안쪽 진주 모양의 움푹 파인 8개의 면은 레드 와인을 판별할 때 사용하고, 맥싱이라 불리는 길고 오목한 부분은 화이트 와인을 눈으로 구분할 때 사용한다.

또한 원형 주변에 작은 진주 모양으로 14개가 오목하게 새겨져 공기를 빠르게 접해서 와인의 향을 발산시키는 작용을 한다.

따뜨뱅(tâte-vin) 또는 따스뜨뱅(Taste-Vin)은 특히 부르고뉴 지방에서는 쿠폴(Couple)이라고도 불리며 그 모양은 지역에 따라 다양하다.

* Taste-Vin(빛이 잘 반사되도록 수공으로 제작되었다.)

업무가 블라인드 테이스팅Blind Tasting을 통해 와인 맛을 감별해 내는 것이라 생각했다. 그러나 실제로 소믈리에가 하는 일은 블라인드 테이스팅이 아니라 레스토랑에서 손님들을 접대하는 것이다.

물론 손님들보다 먼저 다양한 와인을 맛보고 와인의 수준을 판단하기도 하지만, 소믈리에의 진정한 능력은 와인 감별이 아니라 와인에 대한 정보를 전달하는 능력에 있다.

소믈리에의 정보 전달능력이 필요한 이유는 고객들이 와인에 대해 잘 모르기 때문이다. 그리고 국내 레스토랑이나 와인바 와인 리스트Wine List의 와인 정보 역시 부족하다. 이름, 빈티지, 품종, 가격만 적혀 있을 뿐 어떤 품종이 블렌딩되었는지, 향이 어떤지, 어떤 맛을 좋아하는 사람에게 어울리는 와인인지 등의 정보는 얻을 수 없다. 와인 리스트가 전달해 주지 못한 나머지 정보를 전해 주는 역할이 바로 소믈리에의 역할이다. 소믈리에 한 사람이 와인의 맛과 향을 비롯해 엄청난 정보를 저장하고 관리하는 셈이다.

레스토랑이나 와인바에서 구비해야 할 와인을 선택하고, 와인 구매품목을 결정하고, 와인 리스트를 짜는 일 역시 소믈리에의 몫이다. 물론 와인과 음식의 마리아주Mariage에도 관여한다. 소믈리에의 의견은 손님이 주문할 때만 필요한 것이 아니라 레스토랑 전체 메뉴를 짤 때도 필요하다.

그래서 소믈리에는 늘 오감을 열고 와인을 접하고 와인을 공부해야 한다. 와인의 역사와 문화적 배경에 관한 해박한 지식은 기본이고 최근 와인 시장의 트렌드가 어떤지도 꿰고 있어야 한다. 새로 출시되는 와인을 먼저 맛보고 새 와인의 정보를 모으는 역할도 당연히 소믈리에 몫이다. 레스토랑의 와인들을 관리하고 재고와인들을 처리하는 것도 소믈리에의 일이다. 그달의 이벤트 와인을 결정해 와인 매출을 관리하는 것 역시 소믈리에가 해야 할 일이다.

* La Confrérie des Chevalier du Tastevin
(Clos de Vougeot에서 매년 11월 와인 발전에 기여한 인물에게 작위를 수여한다.)
콩프레리 데 슈발리에 뒤 따스뜨뱅(La Confrérie des Chevaliers du Taste-vin)

결국 소믈리에는 와인과 관련된 거의 모든 일을 도맡아 하는 사람이다. 와인을 관리하면서 동시에 손님들을 관리하고 와인을 끊임없이 공부하면서 동시에 그것을 손님과 나누어야 한다. 소믈리에는 철저한 서비스정신이 필요하기 때문에 와인을 다루면서 동시에 사람을 다룰 줄 알아야 한다. 그만큼 쉽지 않은 직업이다.

와인을 실컷 맛보고 싶다면 와인 제조업자가 되든지, 아니면 그저 행복한 와인 마니아로 살아가는 것이 더 낫다. 소믈리에는 좋아하는 와인을 실컷 마시기보다는, 한 모금이라도 새로운 와인을 맛보기 위해 한몸 다 바쳐 노력해야 하는 사람이기 때문이다.

소믈리에가 되기 위한 방법에는 여러 가지가 있다. 국내에 소믈리에를 양성하는 1년 과정의 대학과 와인 전문 대학원이 있다. 또 사설 학원에서 3개월, 6개월, 1년 과정으로 소믈리에 과정을 이수할 수도 있다. 물론 프랑스, 이탈리아, 미국, 일본 등의 와인 전문학교로 유학을 떠날 수도 있다.

프랑스에는 프랑스소믈리에협회가 있으며, 등록 회원은 200여 명이다. 매년 개최되는 '프랑스 최고청년 소믈리에대회'와 2년에 1번 열리는 '프랑스 최고 소믈리에대회'를 통해 유능한 소믈리에를 발굴, 육성한다.

또한 소믈리에는 와인이 식사할 때 분위기를 돋워주면서 삶의 여유를 느끼게 하고 삶에 풍요로움을 주는 매력이 있다는 사실도 알아야 할 것이다.

와인소믈리에 외에 채소소믈리에, 워터소믈리에 등의 표현은 잘못된 표현이다.

* 오베르뉴 지방에서 사용하던 따스뜨뱅
출처 : Wines-world.over-blog.com

* 레드 와인(좌)과 화이트 와인(우)을 위한 따스뜨뱅

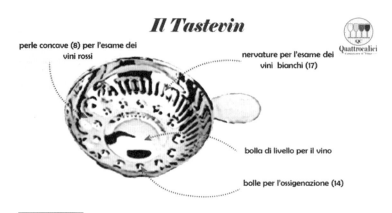

출처 : wine21.com

소믈리에도 즐겨 보는 와인상식사전

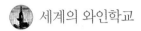 세계의 와인학교

미국과 호주, 영국의 프로그램

1. University of California, Davis

Website : universityextension.ucdavis.edu

2. Culinary Institute of America

Website : ciachef.edu

3. Cornell CALS(College of Agriculture and Life Science)

Website : https://cals.cornell.edu/education/degrees—programs

4. University of Adelaide

Website : http://www.adelaide.edu.au/programfinder/pgcw/ag/

5. Brock University

Website : brocku.ca

프랑스를 중심으로 유럽에 위치한 교육기관

1. Bordeaux University

Website : https://www.isvv.u—bordeaux.fr/en/

2. INSEEC MBA Wine Marketing & Management

Website : https://www.wine—institute.com/en/mba—marketing—manage
ment—vins/

CAFA의 소믈리에 양성 프로그램

3. CAFA Wine school

Website : https://www.cafawine.com/#1480429532871—28515a96—9ba8

4. Kedge Business School

Website : https://wine.kedge.edu

출처 : EvalMoon

* 저자 2011~2012, '와인 & 아날로그' LP바 운영

* 프랑스 보르도 대표 와이너리 오너, Sir. Andre Lurton, 안양베네스트골프클럽 갈라 디너, 2005

* 안양베네스트골프클럽, 조용필 대표와 함께, 2005

소믈리에도 즐겨 보는 와인상식사전

몬도비노	구름 속의 산책	프렌치 키스	작업의 정석
악마는 프라다를 입는다	007 카지노 로얄	카사블랑카	와인이 흐르는 강
범죄의 재구성	어느 멋진 순간	부르고뉴, 와인에서 찾은 인생, 2018	

* Sideways의 의미는 와인을 옆으로 눕혔다는 뜻이다.

"와인의 일생을 생각하곤 해요. 그 포도들이 자라던 해에는 어떤 일이 있었을까… 햇볕은 어땠을까… 비는 내렸을까… 포도를 가꾼 사람들… 그 포도를 따서 와인을 담근 사람들은 누구였을까… 그들 중 몇 명은 이미 이 세상에 없고 와인만 남아 있겠죠… 와인이 끊임없이 변화한다는 사실이 좋아요. 같은 와인이라도 오늘의 맛은 다른 어느 날의 맛과도 다르죠. 왜냐면 와인은 살아 있거든요. 병 속에서 와인은 끊임없이 성장하고 숙성되죠. 절정에 도달할 때까지… 그러다가 절정이 지나면, 피할 수 없는 타락이 시작되죠. 끝내주는 맛을 남겨주고 말예요."

— 영화 Sideways(2004) 중에서 —

37

마시다 남은 와인의
최고 활용법(活用法)

낡고 닳은 근심을 씻어내도록
내게 포도주를 주오.

_Ralph Waldo Emerson

와인은 제때 마시는 것이 가장 좋지만, 어느 집이나 타이밍을 놓쳐 마실 수 없게 된 와인이 조금씩 있기 마련이다. 그냥 버리자니 아깝고 마시자니 식초를 마시는 것 같다. 그런데 걱정할 필요가 없다. 몰라서 그렇지 와인은 정말 활용할 곳이 많기 때문이다.

마시고 남은 소주는 고기를 재우고, 맥주는 화분의 잎을 닦거나 청소용으로 사용하는 등 그 용도가 제한적이지만 와인은 활용범위가 매우 방대하다. 활용범위가 넓은 것보다 더 놀라운 것은 효과가 매우 높다는 점이다. 그래서 와인을 활용한 생활에 익숙해지면 와인을 한 병 딸 때마다 일부러 남기게도 될 것이다.

와인, 그중에서도 레드 와인은 여성들의 화장품으로 활용할 수 있다. 와인 속에 들어 있는 AHA성분클레

• 마릴린 먼로는 돔페리뇽을 350병씩 부어서 목욕했다고 한다.

오파트라의 비단결 같은 피부 비결은 AHA라고 알려져 있다. 그녀가 풍미

했던 시대는 기원전이니 그 효과가 가장 오래 입증된 화장품이 바로 AHA라고 할 수 있다. 클레오파트라는 여행길에도 당나귀들을 수십 마리씩 끌고 다니며 나귀 젖으로 목욕을 했다고 한다이 피부의 각질층을 제거하고 피부 혈액순환을 도와주기 때문이다.

마릴린 먼로는 돔페리뇽을 350병씩 부어서 목욕했다고 하고 그녀의 전기를 쓴 베리스에 의하면, 그녀는 "마치 산소를 들이마시듯" 샴페인을 즐겼다고 한다.

먼저 알로에즙과 레드 와인을 이용하는 방법이다. 두 가지를 1대1 비율로 섞은 다음 밀가루로 농도를 맞춰 세안 후 얼굴에 발라준다. 팩이 마르면 깨끗이 제거한 다음 물과 와인을 2대1로 희석한 미용수를 만들어 세안 마지막 물로 사용한다. 이렇게 해주면 얼굴의 트러블을 진정시키는 데 효과를 볼 수 있다.

또 세안한 얼굴에 거즈를 덮고 화장솜을 와인에 적셔 얼굴에 몇 개 겹쳐 얹어둔 다음, 거즈가 마르면 벗겨낸 후 찬 와인을 화장솜에 적셔 안에서 밖으로 닦아내듯 바른다. 미지근한 물로 헹구고 찬물로 마무리하면 얼굴이 팽팽해진 느낌을 받을 수 있다.

레드 와인과 벌꿀을 섞는 것도 좋다. 1대1 비율로 섞은 뒤 시중에서 판매하는 글리세린을 첨가하고 소독한 용기에 담아 냉장고에 넣는다. 하루에 한두 번 정도 용기를 흔들어주면서 일주일을 기다리면 훌륭한 와인 에센스를 얻을 수 있다.

고기요리를 와인으로 재워 구우면 와인 특유의 향이 더해져 누린내도 없애주고 연한 육질을 즐길 수 있다. 청주 대신 사용해도 좋다. 레드 와인은 붉은 고기류(소고기)를 재우거나 조리 시 진한 요리, 파스타의 토마토 소스를 만들 때 사용하며, 화이트 와인은 닭고기, 돼지고기를 재우거나 조리 시 퐁듀(퐁뒤), 각종 해산물 요리, 크림 소스나 각종 상큼한 소스를 만들 때 사용하면 좋다.

어느 회장님 사모님이 수백만 원짜리 와인에 고기를 재워 회장님 혈압을 올렸다는 에피소드도 낯설지 않을 만큼 와인은 고기를 재우는 용도로 오랫동안 사랑받아 왔다. 고기 한 근에 와인 한 숟가락만 넣어도 효과를 볼 수 있다.

화이트 와인은 스파게티에 넣어도 좋다. 올리브 오일과 마늘, 바지락 같은 단순한 재료에 화이트 와인만 넣어도 맛있는 스파게티가 탄생한다.

와인식초를 일부러 만드는 사람도 있으며, 발사믹식초Balsamic vinegar를 만들어봐도 좋다. 가능하면 오래될수록 좋다. 시큼한 맛이 도는 와인에 식초를 1대3 비율로 섞어 일주일 더 발효시키면 집에서 간단하게 만든 발사믹식초가 탄생하는 것이다. 발사믹식초는 올리브 오일과 섞으면 샐러드 드레싱으로도 좋고 빵을 찍어 먹어도 좋다.

남은 와인은 음료에 넣어도 좋다. 와인과 오렌지 주스를 1대5로 섞어 칵테일을 만들어도 좋고, 화이트 와인과 소다수를 섞은 다음 얼음을 넣어 스프리처Spritzer를 만들어도 좋다. 레드 와인 2컵, 오렌지 주스 반 컵, 생수 한 컵, 탄산수 반 컵을 섞고 과일과 얼음을 띄우면 상그리아Sangria가 탄생한다.

레드 와인은 기름때가 끼기 쉬운 가스레인지 주변을 닦을 때도 유용하다. 청소 용도로 사용할 경우는 변질된 와인도 가능하며, 닦은 후에는 개미나 벌레가 낄 수 있으니 젖은 수건으로 다시 한번 깔끔하게 닦아준다.

저자는 와인목욕을 시작한 지 수년이 지났다. 와인목욕을 하면 혈액순환이 활발해져 피부의 노폐물이 쉽게 빠지고 그래서 피부가 매끈해지고 온몸의 피로감도 함께 풀린다. 많이 피곤할 때는 욕조의 뜨거운 물에 와인 1병을 붓고 몇 잔 마시면 몸이 원상태로 돌아오며 이것이 건강의 비결이라고도 할 수 있다.

내가 유난히 피부가 좋다는 말을 듣는 것은 순전히 와인목욕 덕분이다. 목욕이 어려울 때는 족욕足浴만 해도 효과를 볼 수 있다.

이것은 피부 노화 방지를 위한 레스베라트롤성분과 피부에 매우 순하게 작용하는 포도씨앗에서 추출한 포도수, 그리고 젊은 피부를 회복시키는 폴리페놀성분 덕분이다.

* 저자 이재술의 건강비법

와인목욕

와인목욕 방법

1. 욕조에 따뜻한 물을 1/3 정도 채운다.
2. 와인을 반 병 혹은 1병 붓는다.
   (마시다 남은 와인이나 저렴한 와인도 좋으나 고급일수록 좋다.)

와인목욕의 효능

1. 와인은 혈액순환을 돕기 때문에 몸이 차거나 순환이 안 되는 사람에게 좋다.
2. 피로가 빨리 풀린다.
3. 피부에 수분과 윤기를 더해준다.
4. 기미나 주름, 트러블 개선, 노화방지 등에 효과가 있다.
5. 지방이 쌓이는 것을 막아주어 다이어트 효과도 탁월하다.

세탁할 때 화이트 와인을 한 컵 넣으면 세탁물이 부드러워지는 효과도 볼 수 있고 마지막 헹굼물에 넣으면 살균효과까지 있다. 나만의 와인 활용법을 찾아보는 것도 와인을 즐기는 또 다른 재미가 될 것이다. 그래도 역시 가장 좋은 것은, 와인을 바르고 요리하고 욕조에 붓는 것이 아니라 마시는 것이다.

비법秘法 한 가지를 추가하자면 라면 삶을 때 와인을 한 컵 정도 넣으면 폴리페놀성분의 영향으로 면발이 아주 쫄깃쫄깃해서 맛이 좋아진다.

프랑스 보르도 샤토 스미스 오 라피트Chateau Smith Haut Lafitte는 1999년 와이너리 옆, 온천 부지에 시골풍의 부티크 호텔과 스파 꼬달리Spa Caudalie를 지었다. 스트레스 많은 도시인을 겨냥, 와이너리를 바라보며 편안한 휴식을 취할 수 있는 '웰빙 호텔'을 선보였던 것이다. 포도씨 화장품 '꼬달리'를 이용한 '비노테라피vinotherapy'라는 스파도 있다.

소믈리에도 즐겨 보는 와인상식사전

Wine diet

- 레드 와인의 포도 속에 라스베라트롤 성분이 살을 빼는 효과가 있다는 연구 결과 발표
- 저녁식사를 하되 평소의 ½로 줄이고 와인을 1~2잔 함
- 와인으로 다이어트를 하는 가장 큰 이유는 소화작용을 돕는다는 것. 또한 각종 비타민, 무기질 등 다이어트 시 부족할 수 있는 영양소를 흡수할 수 있다는 점

☞ 치킨 반 마리에 맥주 한 잔(500cc)의 열량이 1,400칼로리(쌀밥 4공기 분량)에 해당돼 야식으로 먹기에는 지나치게 고칼로리, 즉 비만의 원인이 될 수 있음

　　*생맥주 한 잔은 약 185칼로리, 레드 와인·화이트 와인은 약 73칼로리

와인류의 칼로리(kcal)(1잔 기준)
피노 누아 121
샤도네이(샤르도네) 123
로제 와인 126
스위트 와인 165
소비뇽 블랑 119
카베르네 소비뇽 122
리슬링 118
진판델 129

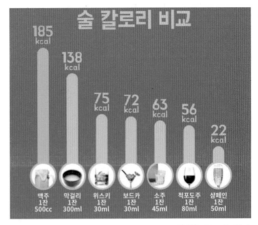

출처 : Devil diet

38

멋진 날을 기념하기 위한
생년(生年)와인 컬렉션

신(神)은 물을 만들었지만
인간은 포도주를 만들었다.

_Victor Hugo

와인을 즐기고 공부한다면 이런 기쁨을 가져보는 것이 어떨까? 유럽에서는 딸이 태어난 해의 와인생년와인을 박스로 구입해서 와인셀러에 보관해 두었다가 자녀들이 결혼할 때 하객들에게 내놓는 것이 최고의 결혼 선물이라고 한다. 이처럼 와인과 조금씩 친해지다 보면 우리도 이런 작은 기쁨을 누릴 수 있다. 태어난 자녀의 생일을 기념하기 위해 2002년 빈티지의 샤또 라뚜르Chateau Latour를 한두 박스 구입했다고 치자.

샤또 라뚜르와 같은 그랑크뤼Grand Cru는 최적의 와인 수명이 20~30년은 되며, 샤또 디켐Chateau d'Yquem 등 스위트 화이트 와인높은 알코올 도수와 귀부 와인은 30~50년 정도 된다.

어떻게 보면 부담스러울 정도의 금액일 수 있으나 중요한 것은 와인이 숙성되기를 기다리는 인내의 시간이다.

자녀가 성년의 첫 생일이 되었을 때 그 와인을 개봉한다면 자녀들은 부모의 사랑을 가슴속 깊이 새기게 될 것이다.

구입한 와인이 오래 간직되어 우리의 생애에 걸쳐 아주 특별한 매 순간마다 코르크를 끌어올릴 수 있다는 것은 얼마나 매혹적이고 감동적이겠는가? 군대에 입대할 때, 첫 직장에 입사했을 때, 결혼할 때, 주위의 좋은 사람들을 초청하여 근사한 파티를 연다면 이보다 좋은 일이 어디 있을까? 또 여기서 초대한 분들에게 이 와인에 대한 사연을 소개한다면 그들은 또 한 번 놀랄 것이다. 꼭 비싸다고 좋은 와인은 아니지만 항상 빛나고 좋은 자리에 뜻있는 와인이 자리하면 더욱 빛날 것은 분명한 사실일 것이다. 그래도 수십 년을 고이 간직하려면 고급와인으로 구입하는 게 좋을 것이다. 비싼 와인을 구매해서 보관하거나 선물할 때는 와인 전문가의 도움을 받거나 전문 소믈리에를 통해 조언을 듣는 것이 좋다. 와인마다 좋은 생산연도^{빈티}^{지,} Vintage가 다르고 보관상태가 천차만별이기 때문이다. 좋은 와인셀러나 지하 까브 Cave가 있으면 장기보관이 가능하지만 그렇지 못할 경우에 해당 생산연도 와인을 구매하기 위해서는 전문숍을 이용하자. 비록 정성은 부족하겠지만 좋은 상태의 와인을 특별한 날 마시기엔 적격이다. 어떤 분은 라벨을 직접 그려 기념일 와인을 만들기도 하는데 이런 와인을 결혼기념일 때마다 마시면 그 맛이 배가된다고 한다. 와인을 사랑하는 사람들은 말한다. 아무리 좋은 와인이라도 혼자 외로이 마신다면 그냥 과실주에 불과할 것이고, 제 아무리 뛰어난 전설적 와인도 홀로 마시면 평범한 와인과 같고, 보통 테이블 와인도 사랑하는 사람, 마음이 통하는 이웃들과 마신다면 그것이 바로 명품이고 좋은 와인인 것이다.

소믈리에도 즐겨 보는 와인상식사전

전 세계의 모든 와인 중 90% 이상은 1~2년 안에 마셔야 하며, 5년 이상 숙성시켜야 하는 와인은 1%도 되지 않는다. 와인은 숙성되면서 변하는데 더 좋아지는 와인도 있지만 대개는 그렇지 않다. 그래도 다행인 것은 이 1%의 와인이 매 빈티지별로 3억 5,000만 병 이상 생산된다는 것이다.

10년 이상 숙성 가능한 와인들을 보면, 보르도 그레이트 샤토 와인들, 캘리포니아, 카베르네 소비뇽의 최고 생산자들이 빚은 와인들, 빈티지 포트 최상급 생산자들이 만드는 와인들이며 이런 와인들을 수집하여 좋은 날을 준비하는 기쁨이 있다.

와인은 아무 때나 마시는 술이 아니다. 맛있는 음식을 앞에 두었을 때, 마음이 통하는 사람과 아름다운 풍경 앞에 있을 때, 모두 한마음으로 참가하는 축제의 중심에 있을 때, 와인이 함께라면 기억은 더 오래간다.

10년 이상 숙성 가능한 와인들을 보면 보르도 그레이트 샤토 와인들, 캘리포니아, 카베르네 소비뇽의 최고 생산자들이 빚은 와인들, 빈티지 포트 최상급 와인들이다.

와인은 이렇게 좋은 사람들, 마음 맞는 친구들과 함께 나눌 때 가장 아름답고 뜻깊은 진가를 발휘하는 것이 아닐까?

레드 와인의 병입부터 숙성 기대 수명(期待壽命, Life Expectancy)

빈티지 포트 와인 > 에르미타주 > 등급 높은 보르도 와인 > 마디랑(Madiran) > 바롤로 > 바르바레스코 > 알리아니코(Aglianico) > 브루넬로 디 몬탈치노 > 코트 로티 > 고급 부르고뉴 레드 > 샤토네프 뒤 파프 > 키안티 클라시코 레제르바 > 리베라 델 두에로(Ribera del Duero) > 호주 쉬라즈 > 캘리포니아 카베르네 소비뇽 > 리오하 > 아르헨티나 말벡 > 진판델 > 신대륙 메를로, 피노 누아

같은 조건일 때 병에서 오래 숙성할 수 있는 화이트 와인 순서

토카이 > 소테른 > 루아르 슈냉 블랑 > 독일 리슬링 > 샤블리 > 헌트 밸리 세미용 > 스위트 쥐랑송(JURANÇON) > 코트도르 화이트 > 보르도 드라이 화이트

바디(Body) 값으로 분류한 Wines

- 진판델 > 모나스트렐 > 말벡 > 카베르네 소비뇽 > 템프라니요 > 산지오베제 > 네비올로 > 몬테풀치아노 > 메를로(멜롯) > 그르나슈 > 돌체토 > 바르베라 > 카리냥 > 발폴리첼라 > 까르미네르 > 피노 누아 > 람브루스코 > 가메 > 브라케토
- 샤르도네 > 비오니에 > 루산 > 마르산 > 게뷔르츠트라이너 > 세미용 > 소비뇽 블랑 > 피노 그리 > 베르데호 > 리슬링 > 코르테제
- 샴페인 > 크레망 > 카바 > 프로세코
- 포트 > 빈산토 > 마르살라 > 마데이라 > 아이스 와인 > 셰리(쉐리)

와인 종류별 최적 수명(壽命)(보르도 기준)

화이트, 로제 와인	와인의 최적 수명
로제 와인	3~4년, 구조가 좋을 경우 5년
드라이 화이트 와인 (가볍고 신선, 산도가 높은 과일향 와인)	4~5년
레드 와인(오크통에서 숙성한 화이트 와인)	8~10년, 그랑크뤼는 15~20년 가능
스파클링 와인	4년
스위트 와인	**최적의 와인 수명**
세미 스위트 화이트 와인 (약한 알코올 도수와 당도를 가진 와인)	8~10년
스위트 화이트 와인 (높은 알코올 도수와 귀부 와인)	50년 또는 그 이상
레드 와인	**최적의 와인 수명**
뱅 프리뫼로 (보졸레 누보 와인처럼 생산 즉시 마시는 와인)	1년
가볍고, 유연하며 산도가 약한 레드 와인	3~4년
유연성과 산도 밸런스가 맞고, 적당한 구조의 와인	5~8년
과일향 풍부, 타닌이 용해돼 조화가 잘 맞는 와인	15년, 그랑크뤼는 20~30년 가능
진한 과일과 동물향, 구조와 짜임새가 강한 와인	30~50년

* 남상기 후배님의 선물, 58년 저자의 생년와인. 65년간 인고(忍苦)의 세월을 기다린 Barolo(천사의 몫이 보인다)

* Nappa Valley Shafer Winery

Appendix

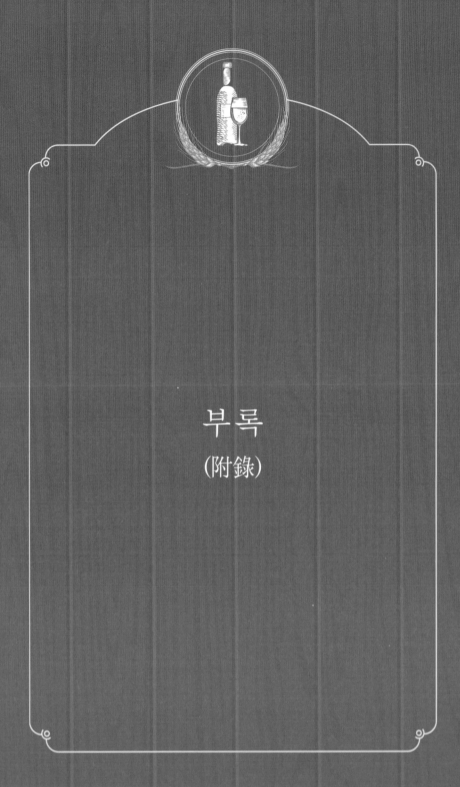

부록
(附錄)

와인 속담, 격언, 명언

✿ 포도주에 관한 속담과 격언

진실은 술에 있다. 오늘날 진실을 이야기하려면 취해야 한다.

_Friedrich Ruckert

술은 아무것도 발명하지 않는다. 다만 비밀을 누설할 뿐이다.

_Schiler

와인은 신이 인간을 사랑하고 인간이 행복하길 바란다는 것을 보여주는 변치 않는 증거다.

_Benjamin Franklin

신은 인류에게 포도를 선물했고, 악마는 인류에게 포도주 담그는 방법을 선물했다.

_Talmud

커피는 지성知性을 올려주고, 와인은 감성感性을 높여준다.

좋은 그림, 훌륭한 음악, 빼어난 시와 소설에 감사하는 것처럼, 와인을 마시는 것은 하나의 예술작품을 음미하는 것이다.

_프랑스 와인 생산자, 디디

와인은 사람을 충동질하는 마력이 있어, 아무리 지각 있는 사람이라도 노래하고 실실 웃게 하며 춤을 추고 입 밖에 내지 않는 편이 좋은 말들을 내뱉도록 부추긴다.

_Homer

신이 인류에게 부여해 준 것 중에서 와인보다 더 훌륭하거나 더 값진 것도 없다.

_Platon

와인 한 잔은 하나의 음표와 같다.

_Franz Peter Schubert

페니실린은 인간을 치료하고
와인은 인간을 행복하게 한다.

_Alexander Fleming

혼자 마시는 와인은 아무런 흔적을 남기지 않는다.

_프랑스 속담

와인은 정신을 일깨우게끔 던지는 돌멩이와 같다.

_영국 속담

좋은 와인을 수확한 해는 많은 자녀를 얻은 것과 같다.

_프랑스 속담

좋은 와인을 마신 사람은 하느님도 안다.

_속담

많은 친구들과 예쁜 마누라 그리고 해묵은 와인이 최고다.

_불가리아 속담

처음 따는 와인병이 항상 최고다.

_속담

와인은 왕처럼 귀하게 마시고 물은 황소처럼 느긋하게 마셔라.

_속담

남자는 그의 여자와 함께 와인을 마실 때 더욱 즐거워진다.

_코르시카 속담

좋은 와인 한 잔은 의사의 수입을 줄게 한다.

_프랑스 속담

와인을 천천히 오랫동안 마시는 사람이 더 오래 산다.

_유럽 격언

와인은 사랑과 같다. 그것이 찾아왔을 때 알아차려라!
와인이 없는 곳에는 사랑도 없다.
와인을 좋아하는 것은 인간의 타고난 본성일 것이다.
와인은 인간에게 달콤하거나 행복 그 자체이다.

_속담

내 삶은 평범하다. 양고기와 와인 한 잔이면 그만이다. 나에게 이 이상을 기대한다면
후회할 것이다.

_George Washington

와인은 가장 건전하며 위생적인 음료이다.

_Louis Pasteur

승리했을 때는 샴페인을 터트릴 가치가 있지만, 패배했을 때도 위로의 샴페인이 필요하다.

_Savarin

영혼에는 웃음이, 몸에는 와인이 필요하다.

_Francois de Verville

와인을 마시면 근심은 잠이 든다.

_은자

와인이 있는 곳에는 슬픔과 걱정이 날아간다.

_Louis Pasteur

와인은 늙은 남자를 위한 우유다.

_Antonio Perez

와인은 물속에 숨어 있는 불이다.

_Paul Claudel

와인은 태양과 대지의 아들이다. 더불어 인간의 노력이라는 조산원이 필요하다.

_Paul Claudel

와인은 시간이 흐를수록 더 좋아지며, 사람은 나이를 먹을수록 와인을 더 좋아하게 된다.

_작자 미상

와인, 여자 그리고 노래 중에 하나를 포기해야 한다면 노래를 포기하라.

_작자 미상

와인은 술잔 속의 시다.

_Georges Rion

좋은 와인이란 무엇인가? 미소로 시작해서 미소로 끝나는 와인이다.

_Williams Sokolin

나는 지금 별을 맛보고 있다!

_Dom Pérignon

와인을 마셔라, 시를 마셔라, 순수를 마셔라.

_Charles Baudelaire

와인 없이 사는 것은 죽음과 같다.

_Jean-François Regnard

와인은 사람의 마음을 즐겁게 해주며 이 즐거움은 모든 미덕의 어머니다.

_Goethe

위기와 재난이 닥쳤을 때, 샴페인을 한잔 마시고 대응하는 것이 좋다.

_Paul Claudel

보졸레처럼 젊도록, 그리고 부르고뉴처럼 늙을 수 있도록 힘써야 한다.

_Robert Sabattier

♋ 와인 명언

"Nothing more excellent or valuable than the juice of grape was ever granted by the gods to man."
신이 선물한 포도주스보다 더 위대한 것은 없을 것이다.

_Platon

"The flavor of wine is like delicate poetry."
와인의 맛은 섬세한 시와도 같다.

_Louis Pasteur

"One not only drinks wine, one smells it, observes it, tastes it, sips it and one talks about it."
와인은 단순히 마시는 것이 아니다. 냄새를 맡고 관찰하고 맛을 보고 음미하는 대상일 뿐만 아니라 이야기를 나누는 대상이기도 하다.

_Edward Ⅶ

"God in his goodnees sent the grapes to cheer both great and smells; Little fools will drink too much and great fools not at all."
바보는 포도주스를 너무 많이 마시겠지만 그렇다고 아예 안 마시는 건 더한 바보일 것이다.

_작자 미상

"Wine is history, comfort and strengh, food and drink, art and commerce. You cann't say that about much else."

와인은 역사, 편안함과 힘, 음식과 음료, 예술이자 상업이다. 너는 다른 많은 것에 대해 말할 수 없다.

_에바다 바

"We could, in the United States, make as great a variety of wine as are made in Europe, not exactly the same kinds, but doubtless as good."

유럽에서와 마찬가지로 미국도 좋은 와인을 만들 수 있다. 정확히 같은 종류는 아니지만 확실히 좋은 와인이다.

_Thomas Jefferson

"Water is for quenching the thirst, wine according to its quality and the soil where it was grown, is a necessary tonic, a luxury, and a titting tribute to good food."

물이 갈증을 없애기 위해 마신다면 토양의 영향을 얻은 와인은 기분을 북돋우며 사치로 마신다. 또한 음식의 맛까지도 끌어올린다.

_Collett

"A glass of good wine is a gracious creature and reconciles pure mortality to itself, and that is what few things can do."

한 잔의 좋은 와인은 우아한 창포물과도 같다. 우리의 유한성까지도 보듬으니 그럴 수 있는 것은 흔하지 않다.

_Sir Walter Scott

"Eat the bread with joy and drink thy wine with a merry heart,..."

빵은 즐겁게, 와인은 기쁜 마음으로 마시자.

_성경, 전도서

"Drink no longer water, but use a little wine for thy's stomach and thing after in-firmmities."

이제부터는 물만 마시지 말고 위장과 잦은 병을 생각해서 포도주를 조금씩 마셔라.

_성경, 전도서

꿈을 밀고 나가는 힘은 이성이 아니라 희망이며, 두뇌가 아니라 심장이다.

_Dostoevskii

나를 발기시키기 위해서는 이제 와인밖에 없다.

_Gerard Depardieu

그루지아 와인은 맛이 뛰어나다. 특히 카헤티아산은 프랑스 버건디산의 몇몇 와인과 유사하다.

_Pushkin

행복을 우리는 단지 그 유명무실한 이름밖에 알지 못한다. 그러나 우리의 가장 오랜 친구는 새 포도주이다. 그대의 따스한 시선과 손길로 우리의 유일한 행복을 어루만지자. 우리를 결코 실망시키지 않는 것은 바로 피가 가득찬 항아리가 아니겠는가?

_Omar Khayyam

포도주 애호가는 모두 지옥에 떨어진다는 이야기가 있으나 그것은 진실이 아니라 새빨 간 거짓말이라네. 만일 연애와 포도주 애호가가 전부 지옥에 가 있다면 아마도 천국은 텅 비어 버릴 것일세.

_Omar Khayyam

포도주여! 나의 병든 가슴이 이 만병통치약을 갈구하노라. 사향맛이 나는 싱그러운 포 도주여! 오 포도주의 고운 장밋빛 색깔이여! 나의 슬픔의 걱정을 고요히 잠재우는 포도주 여! 포도주와 명주 류트 아랍인이 들어와 16~18세기에 유행한 현악기여! 그리고 나의 사랑스런 이여!

_Omar Khayyam

모든 삼라만상과 마찬가지로 포도주에는 한 가지 비밀이 있다. 그러나 그 비밀은 영영 지켜지지 않는 비밀이다. 왜냐하면 사람이 자꾸 그것을 말하도록 시키기 때문이다. 그냥 단지 포도주를 사랑하는 것만으로 충분하다. 포도주를 마시고 자신의 내면 속에 가만히 놓아두면 제 스스로 이야기하기 때문이다.

_Francis Ponge

죽음의 그림자가 내게 길게 드리워질 때 내 생애는 꽃다발처럼 꽁꽁 동여매지리니, 오 친애하는 벗이여! 나는 그때 그대를 부르리니, 나를 데려가시오. 나의 시신이 먼지가 되어 있을 때 나의 재로 술잔을 만들어주시오. 그대들이 그 술잔에 포도주를 가득 채운다면, 아마도 내가 다시 부활하는 모습을 볼 수 있으리니.

_Omar Khayyam

포도의 모든 포도알에는 악마가 있다.

– Kuran

와인을 좋아하는 것은 인간의 타고난 본성일 것이다.
와인은 인간에게 달콤하거나 행복 그 자체이다.
와인은 슬픈 사람을 기쁘게 하고, 오래된 것을 새롭게 하고, 싱싱한 영감을 주며, 일의 피곤함을 잊게 한다.

_Byron

와인과 여자와 노래에 너무 젖어 있으면 노래를 포기하라.
와인은 신이 남자에게 준 선물 가운데 여자 다음으로 좋은 것이다.
와인을 마시는 경우는 오직 두 가지이다. 저녁을 위한 게임이 있을 때와 게임이 없을 때이다.

_Winston Churchill

지구는 물이 필요하다. 당신이 마시는 와인이 마실 물을 보존해 주는 것에 감사하라.

_Paul-Emile Victor

와인은 일상의 생활을 편하게 하고, 침착하게 하고, 긴장하지 않게 하고, 인내를 준다.

_Benjamin Franklin

와인은 시간이 흐를수록 좋아진다. 나는 나이를 먹으면 먹을수록 와인이 더 좋아진다.

와인이 없으면 계약도 없다.

와인을 좋아하는 것은 인간의 타고난 본성일 것이다.

와인은 인간에게 달콤하거나 행복 그 자체이다.

와인과 음악은 사랑의 묘약이다.

포도주의 향기는 섬세한 시와 같다.

_Louis Pasteur

자기 인생의 자취를 아는 사람은 자신이 마신 포도주도 안다.

_Arnold Joseph Toynbee

포도주는 꾸준하고 우아하게 구애하는 남자에게 두둑한 지참금을 가져오는 신부다.

_Evelyn Waugh

포도주는 모든 식사를 특별하게 하고 모든 식탁을 우아하게 만들며 매일 문명의 삶을 살게 해준다.

_André Simon

포도주 좋아하는 사람치고 한 잔 청했을 때 인색한 사람이 없더라.

_클리프텁 패디먼

파리의 심판은 프랑스 와인이 우월하다는 신화를 깨고 와인 세계의 민주화를 이루었다. 이는 와인 역사에서 중대한 분기점이 되었다.

와인과 음악은 사랑의 묘약이다.

우리 미국도 어러 가지 포도주를 유럽만큼 뛰어나게 만들 수 없다.

유럽의 포도주와 똑같지는 않겠지만 그만큼 좋다는 건 분명하다.

_Thomas Jefferson

포도주를 마시면 곧 닥쳐올 밤을 벗어나 우리에게로 온 꿈을 발견한다.

_Lawrence

소믈리에도 즐겨 보는 와인상식사전

프랑스 포도주의 살아 있는 맛은 프랑스인의 뛰어남을 말해준다.

_Voltaire

캘리포니아 와인산업의 역사는 200년 정도에 불과하지만 정말로 가슴 뛰는 변화가 일어나고 있다.

_해리 워

신이 인간에게 허락한 것들 가운데 포도주만큼 훌륭하고 가치 있는 것은 없다.

_Platon

와인의 숙성에 관한 진실을 말하지만, 와인 숙성에 대해서는 제대로 헤아릴 수도, 파헤칠 수도 없으며, 제대로 이해하기도 예측하기도 힘들다는 것이다.

_캘리포니아 와인메이커 Zelma Long

와인의 맛, 시기, 시, 신문 등에 대해서는 기준이 없다. 다만 사람마다 가지고 있는 취향이 그 기준일 뿐, 대다수의 의견이라도 어떤 사람에게 결정적인 것은 아니며, 그 사람 고유의 판단기준에 지극히 적은 정도라도 영향을 끼칠 수는 없다.

_Mark Twein

와인과 여인, 행복과 웃음을 갖게 해주오. 설교와 탄산수는 내일로 미뤄주오.

_Byron

포도주는 예수의 현현과도 같다. 포도주에는 신성과 인간성이 함께 담긴다.

_Paul Tillich

와인을 맛보는 사람은 와인을 마시는 것이 아니라 와인의 비밀을 맛보는 사람이다.

_Salvador Dali

네가 흘러들어가는 행복한 배!
너에 의해 혀는 잠기고,
너에 의해 입은 젖고!
오, 한없이 행복한 입술이어!

_작가 미상

Wine and friends make a great blend with wonderful memories.

와인과 친구들은 멋진 추억과 잘 어울린다.

_프랑스 속담

한 잔의 와인이 없는 하루는 햇빛이 없는 날과 같다.

_Maximilian J. Riedel

와인은 모든 진리와 지식과 철학으로 영혼을 가득 채울 권능을 가지고 있다.

_Fracois Rabellais

와인은 우리에게 자유를 주지만, 사랑은 자유를 앗아간다. 와인은 우리를 왕자로 만들지만, 사랑은 우리를 거지로 만든다.

_William Wicherley

와인에는 진실이 있다. 즉, 오늘날 진실을 말하고 싶다면 취해 있어야 한다.

_Friedrich Ruckert

예술이 빵은 아니지만 인생에서의 와인이다.

_Johann Paul Friedrich

그 어느 것도 한 잔의 샹베르탱을 통해서 보이는 장밋빛 미래를 만들 수는 없다.

_Alexandre Dumas

소믈리에도 즐겨 보는 와인상식사전

와인 한 잔의 여유를
가르치는 사람

이재술
Sommelier

Q1. Sommelier가 된 계기

이름이 자신의 운명을 좌우한다는 말이 있는데 제 이름에는 '술'자가 있으며 반대로 읽으면 '술정이 자'가 됩니다. 천상 저는 와인 소믈리에가 되려고 부모님에서 직업을 해 주신 듯 합니다. 1984년 호텔 신라 근무 때부터 와인을 가까이 했지만 본격적인 와인 공부는 회사의 배려로 2002년 호텔신라 와인 소믈리에 과정을 수립하면서 부터 입니다. 저에게 와인은 읽어 읽을수록 매력을 뿜어 내는 매력을 발산하는 대상인 듯 합니다. 와인에는 절대 지쳐버 질리지 않는 매력이 있습니다. 와인은 마시면서도 지식 와인은 역시 공부, 지식 등 부단부단히 공부를 하면서 마시야 하기 때문입니다. 그래서 아마도, 제가 Sommelier 란 역할을 사랑하고 길이 이 일을 하 려는 것 같습니다.

Q2. 개인적으로 좋아하는 와인을 소개해 주신다면?

Q3. 와인에 대한 자랑을 해 주신 다면?

건강을 생각할 때 술이라는 단어는 일반적으로 부정적인 의미로 다가오지만 와인은 예외입니다. 하지만 이 또한 적당히 마셔야겠죠. 많은 술이면서 와인은 건강이라는 막적에서 사람들에게 긍정적인 느낌을 더 많이 줍니다.

Q4. 소믈리에를 하면서 가장 기억 에 남는 일이 있다면?

EVERLAND FOOD SERVICE

Korea Forbes

와인과 골프와 음악과 비즈니스의 마리아주를 위하여

이재술 소믈리에

흔히들 와인을 세계 문화의 공통어라 칭한다. 글로벌 비즈니스 무대에서 빠지지 않는 술이기에 더 그렇다. 하지만 와인 한 잔을 마시고 맛에 대해 표현하는 건 쉬운 일이 아니다. 그래서 이재술 소믈리에가 와인 활용법과 와인에 좀 더 친숙하게 대할 노하우 등을 담은 책 한 권을 내놨다.

김황병 대기자/중앙콘텐트랩 whanyung@joongang.co.kr 사진 김현동 기자

"와인에 진실이 있노라(In vino veritas)."

이재술 소믈리에가 최근 펴낸 『소믈리에도 즐겨 보는 와인 상식 사전』을 관통하는 명제를 요약하는 말이다.

이재술 소믈리에를 인터뷰하러 그가 일하고 있는 서원밸리컨트리클럽으로 갔다. 최동규 대보그룹 회장이 운영하는 국내 10대 골프장이다. 박인비 프로골퍼가 결혼한 곳이다.

경민대 호텔외식서비스학과 겸임교수인 이재술 소믈리에는 기업과 대학으로 와인 출강을 간다. 이재술 교수는 LP 마니아다. 우리 추억을 담고 있는 가요를 좋아한다. 안방과 거실을 가득 채운 LP 1만3000장 중에 가요가 70%, 나머지는 팝·클래식이다. 나훈아·남진 사진들 다 모으고 있다. 나훈아에 대해서는 자그마한 박물관을 만들 수 있을 정도다. 이 교수는 이렇게 말한다. "디지털 시대를 살아가는 사람들은 너무 바쁘다. 우리는 좀 느리게 살아가야 한다. 아날로그, 자연으로 돌아가야 한다. LP도 골프도 와인도 손으로 하는 아날로그다."

이 소믈리에는 고객에게 포타블 전축으로 그가 소장한 LP를 들려준다. 추억에 잠기어 눈물을 감추지 못하는 고객들도 있다. 세상에는 별의별 고민이 많다. '와인 고민'도 있다. 소주파·위스키파 최고경영자(CEO)도 와인을 피할 수 없다. 와인의 세계

는 무궁무진하다. 그러기에 더욱, 자칫 잘못하면 '무식하다'는 소리를 들을 수도 있다. 『소믈리에도 즐겨 보는 와인 상식 사전』은 와인 고민을 털어내는 작은 백과사전이다. 이재술 소믈리에의 깊은 은퇴 조언, 기막힌 조언, 마리아주를 5시간 반 보도 마운담한다. 식사하면서 좋은 음악을 배경으로 와인 한두 산하면 기분이 좋아진다. 그때 본격적으로 비즈니스 이야기를 하는 식이다. 의외로 많은 분이 와인에 대해 잘 모른다. CEO에게는 와인이 필수다. 학교에서 강의할 때 '자기 전공 외에 와인을 공부하면 남달리 강직 못한 무기를 갖게 된다. 글로벌로 거리면 와인을 모르고는 아무것도 안 된다'고 강조한다. 로마에 가면 로

포브스코리아 독자들은 CEO이거나 미래 CEO를 꿈꾼다. 우리 독자들에게 특히 강조할 말은.

나쁜 와인을 역사기엔 인생이 너무 짧다. 내가 좋아하는 경영 주제다. 이건희 회장은 "세계를 정복하려면 와인을 알아야 한다"고 2003년에 말했다. 비즈니스를 할 때도 골프와 와인과 음악이 함께해야 한다. 기막힌 조화, 마리아주(mariage)다.

와인을 마실 때 좋은 안주는.

와인의 빵이나 치즈와 잘 어울린다. 빵이나 치즈는 같은 발효식품이라 좋다. 멸치는 와인의 향을 잡아 없애버린다. 와인은 향이 70%를 차지한다. 맛은 30%다.

와인도 스트레스의 와인이 필요 하다.

삼성경제연구소에서 빌herr 한 10여 년간 연구를 했다. CEO 가운데 84%가 와인 때문에 스트레스를 받는다고 한다. 이 시대에 와인이 필요하고, 와인을 마셔야 하는지, 얼마나 마셔야 하는지 전문가들에게 전체적으로 내용을 한번 들어야 한다. 와인에 왕도는 없다. 즐기면 된다. 즐기다 보면 어떤 와인인지 궁금해지고 신문을 보게 스크랩하게 된다. 그래서 와인 실력이 조금씩 올라가게 된다. 폼은 비즈니스를 하려면 반드시 와인을 알아야 한다.

즐기게 된다. 건강을 위해서 신이 내린 최고의 음식이라고 할 수 있다.

고기 요리에는 레드와인, 생선 요리는 화이트와인이라고 하는데 '규칙'을 꼭 '준수해다'고 한다.

생선을 먹을 때 화이트와인을 마시면 드라이한 맛이 생선 비린내를 잡아주고 확실히 식욕을 돋운다. 생선 요리에 레드와인을 마시면 쟌 찰은근 아무래도 덜 어울린다. 고기에 레드와인을 마시면 고기도 부드러워지고 씹는 질감이 더 나아진다. 그래서 어울린다고 한다.

민장바깨에는 화이트와인이나 레드와인인가.

한국 음식은 꼭 국물이 있어야 하는데 국물과 와인은 잘 어울린다. 서양 사람들은 플로르스로 식사할 때 국물은 수프 코스밖에 없다. 화이트와인은 전(煎)과 잘 어울린다. 스파게티와 탕수육도 화이트와인과 잘 맞는다.

'소믈리에도 즐겨 보는 와인 상식 사전' 표지

유효기간이라기보다는 마시는 시기가 있다. 5대 그랑크뤼는 한 20~25년 정도다. 그 후에는 맛이 떨어진다. 정점에서 마셔야 한다.

책에서 '결국 소믈리에는 와인과 관련된 거의 모든 일을 도맡아 하는 사람이다'고 했다. 소믈리에는 '종합 예술인'인가.

그렇다. 소믈리에는 '마인드 엔터테이너'다. 인공지능(AI) 시대에는 '로봇 소믈리에'도 나올 수 있을까.

와인은 아날로그다. 커피만 해도 기계에서 에스프레소·카푸치노·아메리카노가 다 나온다. 와인은 그렇지 않다. 소믈리에는 와인을 일일이 설명해야 하고, 오픈해야 하고, 마셔보고 음미해야 한다. 아날로그 작업이라서 절대 없어지지 않을 것이다. 사람이 해야 한다. AI는 사람의 감정을 표현할 수 없을 것이라고 본다.

와인에 대한 대표적인 오해가 있다던데.

초보시가 100만원 넘는 5대 그랑크뤼를 마시면, '왜 이렇게 떫지?' '이런 걸 왜 마시지' 하며 포기하는 경우가 많다. 초보자들에게는 호주·뉴질랜드·아르헨티나·칠레 와인을 추천한다. 마시기에 아주 편하게 돼 있다. 남녀해서 알고, 쉽게 접근할 수 있는 와인이다. 음악의 깊은 오해라, 도미의 깊은 정마장, 와인의 깊은 삼페인이라고 한다.

아무리도 비싼 와인이 좋은가.

비싼 것이 가치는 있다. 3000만원짜리도 있다. 하지만 1만원에서 3만원짜리를 식사할 때마다 한 잔씩 즐기는 것도 좋다. 1만원 이하는 두통이 생길 수 있다. 최고의 와인은 마음 맞는 사람들끼리 만나서 정다운 대화를 나누면서 좋은 분위기에서 마시는 와인이다. 비싸다고 좋은 와인은 아니다.

책에 와인과 관련된 명언도 실었다. 헬프 에머슨이 '음악과 와인은 하나다(Music and Wine are one).'라고 했다는데 과장한 것 아닌가.

과장이 아니다. 사람은 감정의 동물이라 와인만 마시면 절간에서 마시는 것처럼 딱딱하다. 나훈 곡을 듣고 그때 재즈나 보사노바 음악이 알리면 분위기가 훨씬 업(up)된다.

마지막으로 포브스코리아 독자들에게 강조할 게 있다면.

포브스 독자라면 반드시 와인을 알아야 한다고 생각한다. 와인을 알면 남들이 갖지 못한 무기를 가진 것이다. 와인을 알면 맛과 멋과 낭만까지 알 수 있다. ∎

이재술의 **Wine in Art**

■ ■ ■

와인과 LP음악의
마리아주

감미롭고 아름다운 음악이 흐르는 곳에서 마음 맞는 이와 함께 한 와인과 정적이 흐르는 곳에서 혼자 마신 와인. 같은 와인을 마셨다고 했을 때 이 두 와인의 맛은 과연 똑같을까? 아마 와인을 잘 모르는 사람이라 하더라도 이 두 와인의 맛이 결코 똑같지 않을 것이라는 데에는 이의가 없을 것으로 생각된다. 음악이 와인 맛에 영향을 미친다는 학설까지 있으니 말이다. 영국 텔레그래프 보도에 따르면 영국 에든버러 소재 헤리엇 와트대학의 에이드리언 노스 교수팀과 칠레 몬테스(Chile Montes) 와이너리(Winery)의 공동연구

로 음악이 와인 맛에 영향을 미친다는 학설을 처음으로 수립했다고 한다. 250명의 성인을 대상으로 와인을 무료로 마시게 한 뒤 설문을 진행한 결과 사람들은 특정음악을 들었을 때 해당 와인의 품질을 최대 60%까지 높게 평가했다고 한다. 까베르네 쇼비뇽(Cabernet Sauvignon) 품종 와인은 웅장한 클래식 음악, 샤르도네(Chardonnay) 품종으로 만들어진 와인은 생동감 있고 경쾌한 곡이 나올 때 높은 점수를 얻었으며 음악을 정반대로 들려줬을 경우에는 만족도가 25%가량 떨어지기도 했다. 이 실험의 결과는 음악이 인간의 지각에 영향을 미쳐 와인의 맛을 다르게 인식할 수 있다는 점을 과학적으로 증명한 사례다. 음악을 들으며 와인을 마실 때의 감정상태에 따른 호르몬 분비와 입안의 타액분비량, 인체 감각기관의 반응상태에 따라 와인의 맛을 다르게 느낄 수 있다는 것이다. 그래서 와인이 가지고 있는 특성과 잘 맞는 음악을 함께 한다면 더 맛있게 와인을 마실 수 있다.

나의 유일한 취미는 LP음악을 감상하며 와인을 마시는 것이다. 그것도 낭만 있는 LP음악으로, 나는 와인을 마실 때 LP 음악을 듣는다. 개인적으로 음악은 역시 LP로 들어야 제맛이 난다고 생각한다. LP의 지직 거림이 너무나 매력적이고 가지런하게 꽂혀있는 LP판을 보기만 해도 감성이 충만해짐을 느낀다.

1977년 대학시절부터 LP를 수집하기 시작했으며 어느새 벌써 40여 년 동안 1만 장 이상을 모았다. 요즘도 쉬는 날에는 LP를 구하러 여러 곳을 찾아다닌다. 음악에는 여러 종류의 재즈, 팝, 클래식 등이 있는데 그 중에서도 우리들의 아련한 추억이 서려있는 가요 LP판을 많이 수집하는 편이다. LP판을 통해 듣는 음악의 끝에는 여운이 있는데, 이는 커팅녹음을 하는 CD나 MP3로 재생된 음악에서는 느끼기 어려운 맛이기도 하다. CD등은 차갑고 기계음이며 잡음은 없으나 금방 싫증을 느낄 수도 있다. 그 유명한 스티브 잡스도 집에서는 턴테이블에 LP로 음악을 감상하곤 했었다. 요즘 사람들은 이어폰으로 음악을 감상하는데 이는 뇌에 나쁜 영향을 준다고 실험에서도 나와 있다. 1시간 이상 감상했을 경우 반드시 휴식을 취한 후 다시 들어야 하는 반면, LP는 몇 시간을 들어도 귀에 거슬리지 않는다. LP에서 CD로, CD에서 USB로 점점 작아지고, 편리해지는 추세이지만 개인적으로는 CD음보다 LP음악을 좋아한다. LP는 하나의 작품이며 문화적 가치가 크다고 평가 받을 수 있다. 사람은 누구나 나이 들게 되며 목소리가 변하기 마련인데 그 가수의 최고 전성기의 목소리를 간직한 LP, 취입 연도, 그 시절, 그때의 모습을 생각나게 하는 것은 LP가 가지고 있는 최고의 매력이다.

아날로그의 감성을 능가하는 디지털은 없다고 생각한다. 아날로그가 주는 편안함과 즐거움을 무엇과도 바꿀 수 없는 것이다. 디지털 시대가 깊어질수록 아날로그에 대한 향수도 깊어진다. 세대의 흐름에 따라 70~80년대는 발라드, 트로트, 고고, 디스코가 유행을 했지만 요즘의 테크노, 힙합, 랩송 등은 사람을 정신 못 차리게 만드는 것 같다. 그 만큼 세상의 흐름이 빨라졌고 빠르지 않으면 남과의 경쟁에서 뒤처지는 것 같다. 70년대의 노래는 가사적인 측면을 보면 얼마나 서정적이고 낭만적인가. 지금은 이러한 가사, 리듬 등을 찾아 볼 수 없다.

세상이 이렇게 빠르게 돌아가다 보니 우리 사람들도 빠르지 않으면 살 수가 없는 세상이 온 것이다. 때로는 느리게, 천천히 살아가는 방법도 필요한 때가 왔다. 현대인들은 바쁘게 살다 보니 그 전에 없던 병들이 생기는 것 같다. 즉 아날로그적 삶이 필요한 것이다.

건강한 삶을 위해서는 느림의 미학이 필요한 것이다. 너무 앞만 바라보고 달려온 것은 아닌지, 너무 디지털시대를 살고 있는 것은 아닌지. 가끔은 자신에게 쉼표를 찍어 줘야하고, 때로는 아날로그적 감성이 주는 기쁨과 균형 있는 삶을 자연을 벗 삼아 살아야 하지 않을까?

와인, LP, 골프 등은 모두 손으로 해야 하는 아날로그라는 공통점을 가지고 있다. LP음악은 음질에서는 CD보다 떨어지고 편리성에서는 MP3보다 훨씬 불편하다. 그러나 LP음악을 듣고 있으면, 마치 친구의 초대를 받아 과거로 여행하듯 그 시대의 감성으로 들어가게 된다. 난 LP음악을 들을 때마다 그 시절, 그 때로 돌아가 추억을 되새김질하며 와인 한 잔을 기울이곤 하는데, 이때의 와인 한 잔의 맛은 최고이며 나를 가장 행복하게 만든다. 와인의 맛을 높이는 데는 무엇보다도 즐기는 마음이 우선이다. 결국 음악은 와인의 맛을 좋게 할 수 있으며, 좋은 사람들과 함께 했을 때 최고의 와인이 된다. 와인은 즐거움이며 기쁨이다. 와인을 마시는 순간을 즐기고 와인과 함께 듣는 음악, 그리고 와인을 마시면서 나누는 마음을 즐겨야 한다. 그럴 때 비로소 와인은 그것을 즐기는 사람에게 기쁨을 줄 것임에 틀림없을 것이다. 이 때문에 2년간 운영했던 와인바(와인&아날로그)에서 여러 사람들과 같이 했을 때 그 큰 기쁨은 아직도 잊을 수가 없다. 언젠가 다시 오픈해서 그런 날이 오기를 고대하고 있다.(웃음)

와인바나 레스토랑에서는 서로의 대화에 귀에 거슬림이 없는 재즈나 보사노바가 다른 음악보다 가장 잘 어울린다고 볼 수 있다. 와인과 음식, 그리고 음악이 있어야 최고라고 볼 수 있으며 음악이 없으면 조용한 절간에서 식사를 하는 것과 같다고 할 수 있다. 국내에서도 많이 알려진 몬테스 와인, 몬테스의 창립자이자 와인메이커인 아우렐리오 몬테스(Aurelio Montes) 씨는 와인 생산 과정에 이미 음악을 활용한 바 있다. 그의 펑 쉬(Feng Shui) 와인 저장고의 오크통 옆에서 수도사의 합창음악을 연주하기도 했다. 이제 몬테스 씨는 생산되는 와인의 백 라벨에 추천 음악을 기재할 생각이다. 와인과 음악은 공부하지 말고 즐기고 느끼면 자연적으로 도사(道士)의 경지에 오를 수 있다. 와인과 음악을 알면 비즈니스에서 반드시 성공할 수 있다. 삶에 있어서 빠지지 않는 것이 바로 와인과 음악이기 때문이다. 특히 나와 같은 LP음악에 깃든 추억이 있는 독자들이라면, 와인 한 잔과 함께 LP음악을 들으며 그때 그 시절을 추억하길 권한다. LP음악과 함께라면 가장 행복한 한 잔을 즐길 수 있을 것이다.

이재술
서원밸리컨트리클럽 와인엔터테이너

호텔신라와 삼성에버랜드 안양베네스트골프클럽에서 와인소믈리에로 근무했으며 경기대학교 관광전문대학원에서 〈계층간 소비태도가 와인구매행동에 미치는 영향 연구〉로 관광학 석사학위를 받았다. 또한 중앙대학교 국제경영대학원 와인소믈리에 1년 과정, 프랑스 보르도 샤토마뇰 와인전문가 과정(Connaisseur)을 수료했다. 2004~2006년 안양베네스트골프클럽 근무 때는 안양베네스트가 18홀임을 감안해 1865와인의 '18홀에 65타 치기' 스토리텔링을 처음으로 만들어서 와인문화를 보급하는데 앞장서기도 했으며, 현재는 서원밸리컨트리클럽에서 와인으로 고객들에게 즐거움을 선사하는 와인소믈리에이다.

● (사)한국베버리지마스터협회(한국바텐더협회) 주관 소믈리에 자격증 취득요강

(1) 응시 자격

- 만 19세 이상
- 대학의 와인관련 학과 및 식음료학과 재학 또는 졸업자
- 대학 및 교육기관에서 음료관련 과목을 2과목 이상 이수한 자
- 사단법인 한국바텐더협회 및 한국소믈리에협회가 공인하는 와인교육과정을 이수한 자
- 와인관련 서비스업레스토랑, 와인샵, 수입사 등에서 2년 이상의 실무경력이 있는 자
- 관광관련 고등학교에서 와인관련 과목을 2과목 이상 수강하고 와인관련 서비스업레스토랑, 와인샵, 수입사 등에서 2년 이상의 실무경력이 있는 자
- 사단법인 한국바텐더협회의 공인인증교육기관에 속한 대학 및 교육기관

(2) 검정 과목

필기시험	실기시험	합격기준
1. 와인의 분류 2. 포도품종 3. 와인의 양조 4. 세계의 와인 5. 와인 보관조건 6. 와인 서비스 7. 와인과 음식 8. 와인 매너	1. 와인서비스 - 와인오픈 - 디캔팅 - 고객 서비스 2. 블라인드 테이스팅 - 레드 1종 - 화이트 1종	1. 필기시험 - 100점 만점 - 60점 이상 합격 2. 실기시험 - 100점 만점 - 60점 이상 합격

(3) 평가기준

평가기준	1차 필기, 2차 실기 각각 60점 이상 합격
1차 필기 100% 2차 실기 100%	2차 실기 : 화이트 1종, 레드 1종 블라인드 테이스팅, 와인서비스 실기평가

(4) 접수 및 문의

(사)한국베버리지마스터협회(한국바텐더협회)

서울시 동작구 사당로 30길 133, 서원빌딩 3층

(02-581-2911, kaba1117@naver.ocm)

(5) 실기시험 주요 항목

블라인드 테이스팅 [30점]	세부항목
White 와인 1종 Red 와인 1종	생산국가, 빈티지, 포도품종, 색상, 미각 체크

와인 서비스 [70점]	세부항목
White 와인 1종 Red 와인 1종	생산국가, 빈티지, 포도품종, 색상, 미각 체크
자세 및 표정 관리	서비스과정 중의 올바른 자세와 밝은 표정 관리
와인서비스 준비상태	트레이를 활용한 기물준비 등
바스켓을 이용한 와인의 올바른 파지 및 설명	생산국가, 포도품종, 빈티지, 와인명 설명
와인 오픈	캡슐 제거 및 촛불 점화 부문 절단된 캡슐 및 코르크 상태 와인병의 흔들림 여부 소믈리에나이프 사용의 숙련도 코르크 호스트 제공 부문 병목 주위 청결 부문
소믈리에 시음	시음용 글라스 사용 부문 시각, 후각, 미각적 시음 부문 시음 후 표현 부문
디캔팅	와인병의 흔들림 최소화 부문 디캔팅 시 균형감 있는 자세 촛불과 병목의 적당한 거리 와인이 디캔터 벽을 따라 흐르는지 여부 와인의 적정한 잔량 여부
고객에게 와인서비스	호스트시음 여부 적정량 및 균등한 양 서브 부문 서비스 순서에 맞는지 여부 안정적인 디캔터 파지법 서비스 냅킨 사용 여부 호스트 서빙여부
서비스 테이블 정리정돈	서비스 테이블 정리정돈 상태 서비스 자세 유지 여부 끝인사 여부
시간준수	규정시간 : 10분 [15분 이후 실격] 10분 이후 15분까지 10초당 1점 감점

자료 제공 : 동원와인 plus

● 와인 라벨 읽는 방법
Reading Wine Label

구대륙

프랑스, 이탈리아, 스페인, 포르투갈, 독일 등의 구대륙에서는 와인 레이블에 표기해야 할 내용을 법령으로 규정하고 있다. 필수적으로 표기해야 하는 내용에는 프랑스의 AOC, 이탈리아의 DOCG와 같은 원산지 보호 명칭, 와인 등급, 알코올 함유량, 병입 용량, 병입자의 주소, 생산자명 등이 있다. 구대륙 와인 레이블에서 가장 중요하게 취급하는 내용은 지역명, 포도밭명 등이다. 따라서, 생산지의 차이를 이해하는 소비자라면, 지리적 명칭에 따라 그 와인의 품질이 어느 정도에 위치하는 지 알 수 있다.

• 이 레이블에서는 미셸린치 와이너리가 언제부터 와인을 생산했는지 표시
• MEDOC은 생산지역임과 동시에 와인등급(지방단위 아펠라씨옹)임

신대륙

미국, 칠레, 아르헨티나, 호주 등의 신대륙에서는 기본적으로 와인 생산 시설을 해당 지역에 갖추기만 하면, 해당 지역 이외의 포도를 사용하는 것을 유동적으로 허용한다. 만약 레이블에 하나의 포도 품종만 써져 있다 하더라도, 실제로는 여러 품종이 블렌딩된 것일 수 있다. 생산자의 입장에서는 그들의 창의성과 개성이 부각된 와인 스타일로 만들 수 있는 장점이 있다. 신대륙 역시 지리적 명칭 제도를 적극 도입해서 사용하고 있지만, 아직까지는 레이블의 명칭만으로 와인의 품질이 대변될 수 있는 체계를 지니고 있다고 보기는 어렵다.

● 와인의 선택 방법
How to Choose

와인을 마시는 것이 일반화되고 있는 요즘, 봇물 쏟아지듯 밀려드는 숱한 와인들 가운데 어떤 것을 골라야 제대로 마시는 것인지 자신감을 가지기 쉽지 않다. 낯선 지명, 처음 들어보는 이름과 화려한 레이블들이 혼란스럽게 느껴지지만 몇 가지 기본 개념과 고르는 방법을 익히게 되면 훨씬 나아질 수 있다.

1 원산지에 따른 와인 고르기

지구상에서 와인을 생산하는 나라들을 크게 구세계(Old World)와 신세계(New World)로 나눈다. 전자에 해당하는 국가에는 프랑스, 이탈리아, 스페인, 포르투갈, 독일, 헝가리, 오스트리아 등 유럽의 여러 나라들이며, 후자에 해당하는 국가에는 미국, 호주, 칠레, 아르헨티나, 뉴질랜드, 남아공 등이다. 유럽보다 훨씬 늦게 양조를 시작한 신세계 와인 지역의 스타일은 현대 양조 기술을 동원하여 같은 품종이라도 일반적으로 더 바디감이 있고, 더 후루티하고, 더 알코올이 높다. 구세계 와인 생산자들 역시 대중들이 좋아하는 스타일을 추구하지만, 구세계 와인 생산자들은 긴 세월 지속되어 온 '연속성'의 틀 안에서 변화를 추구한다.

2 가격으로 와인 고르기

사실 가장 손쉬운 방법의 하나가 가격에 의한 선택이다. 와인의 품질은 가격에 연계되어 있다. 바꾸어 말하면, 가격은 와인의 질을 측정하는 잣대가 된다는 사실이다. 가성비는 소비자의 입장에서 양보할 수 없는 질문이다. 하지만 가격이 훨씬 저렴하면서 떼루아를 더 반영할 수는 없다. 만들 때 의도하지 않았는데, 우연히 좋은 와인이 생산되는 경우는 극히 드물기 때문이다. 사람들마다 좋은 와인에 대한 기준은 다 다를 수 있지만, 와인 맛보기를 이미 시작했고 와인의 폭을 넓히기가 원하는 소비자라면 격에 따른 비용의 지출도 감안해야 한다.

3 스타일에 따른 와인 고르기

여기서 말하는 스타일이란 와인을 입안에 한 모금 넣었을 때 전해지는 질감을 말한다. 매우 가볍게 느껴지는 와인이 있는가 하면, 입안에서 적절한 무게감을 전해주는 와인이 있다. 전자는 라이트 바디 와인(light-bodied wine)이라고 하고, 후자는 풀바디 와인(full-bodied wine)이라고 한다. 개개인마다 다른 기호의 차이 이전에, 마시는 장소, 함께 마시는 사람들의 취향, 곁들여지는 음식에 따라 적합한 와인은 달라지게 마련이다. 예를 들어, 야채 샐러드나 해물류와 곁들이는 경우에는 라이트 한 와인을, 육류 음식이 준비된 경우에는 미디엄 또는 풀 바디 와인을 곁들이는 것이 제격이라 하겠다.

4 용도에 맞게 와인 고르기

와인을 고르는 데 있어 또 다른 중요한 기준은 무엇에다 어떻게 쓸 것인가 하는 문제이다. 동료들과 한잔할 때에는 경제적인 수준의 값도 무방할 것이다. 그러나 신경 써야 하는 예의를 갖추는 자리에서는 질 좋은 와인(quality wine)을 선택하는 것이 바람직하다. 일반적으로 질 좋은 와인의 경우 대체로 구세계의 와인을 선호하지만, 앞서 언급한 바와 같이, 신세계 와인 중 프리미엄급의 수준 높은 와인들 역시 아주 매력적이다

5 레이블을 통해 와인 고르기

와인의 레이블은 그 와인에 대한 모든 정보를 담고 있다. 와인을 선택할 때 레이블에서 찾아보아야 할 아주 중요한 요소는 바로 포도의 품종이다. 와인을 만드는 재료가 되는 포도 품종은, 와인의 맛과 향, 기본 틀을 결정하는 데 매우 중요한 요소이기 때문이다. 몇 차례 마시다 보면, 자신이 선호하고 선호하지 않는 포도 품종에 대해 알 수 있게 된다. 프랑스를 제외한 거의 모든 나라의 와인 레이블에는 포도 품종이 명시되어 있다.

● 와인 적정 시음 온도
Tasting Temperature

와인을 제대로 즐기는 데 있어서 온도는 굉장히 중요한 요소이다. 와인은 차가울수록 향기가 덜해지고 따뜻할수록 향기가 많아진다. 하지만 이 규칙은 시음 온도가 섭씨 20도 이상으로 올라가면 한계에 다다른다. 화이트 와인은 물론이고 레드 와인이라고 하더라도 일반적인 방 안의 온도에서, 소위 '실온'에 보관되어 있던 와인을 그대로 마시는 것은 적절하지 않다.

산도와 탄닌은 와인 구조의 뼈대를 이루는 중요한 요소이다. 일반적으로 온도가 낮아지면, 산도와 탄닌이 강조된다. 적정 시음 온도보다 높은 온도에 있는 어떤 와인을 조금 식혀서 구조감이 훌륭한 상태에서 즐길 수 있다면, 온도에 예민해지는 것은 충분히 가치 있는 것이라고 생각한다. 무조건 차갑게 마시는 것 역시 조심해야 한다. 풀바디 와인이나 탄닌이 많이 함유된 레드, 혹은 마실 시기가 이르지 않은 어린 와인은 적정 온도보다 낮아질 때 맛과 향기가 줄고 거칠어 진다. 이 경우 온도가 조금 높아진 상태에서 시음하면 확실히 달라진 모습을 발견할 수 있게 된다.

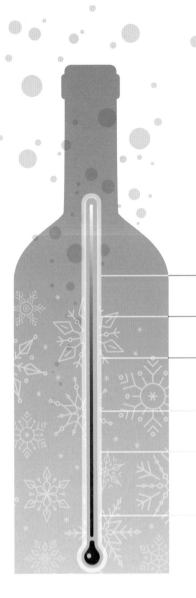

17~18℃ FULL BODIED RED WINE
탄닌이 많은 풀 바디 레드 와인도 서늘한 곳에 보관해야 한다.

15~16℃ LIGHT BODIED RED WINE
라이트 바디 레드 와인은 풀바디 레드 와인보다 시원하게 마신다.

12~14℃ MEDIUM~FULL BODIED WHITE WINE
오크 숙성 미디엄 바디 화이트 와인은 너무 차가우면 느낌이 살지 않으니 주의해야 한다.

9~11℃ LIGHT BODIED WHITE WINE
라이트 바디 화이트 와인은 냉장고에 넣어 차갑게 제공해야 한다.

7~9℃ SPARKLING WINE
스파클링 와인은 얼음 버킷 속에 한참 넣어두고 꼭 차갑게 해서 마신다. 향기를 머금고 있는 귀한 버블, 즉 이산화탄소의 방출을 저온에서는 더 늦출 수 있다.

5~7℃ SWEET WINE
스위트 와인은 스파클링보다도 더 차갑게 마신다.

● 와인 시음하기
Tasting Wine

다음의 4단계 시음법은 와인 전문가들이 사용하는 방법이다. 아래 단계를 반드시 거쳐야만 맛을 음미할 수 있는 것은 아니지만, 와인을 제대로 이해함에 있어 아주 좋은 습관임이 분명하다. 반복된 연습으로 자연스러워 질수록 더 큰 자신감을 가지고 와인을 대하게 된다.

STEP 1

시각적 평가

목표 포도 품종에 따른 와인의 전형적인 색깔이 있다. 또한 같은 품종이라도 오크통 사용의 여부, 그리고 숙성 기간에 따라 투명도와 색상이 변하기 때문에, 시각적으로도 와인을 이해할 수 있다.
방법 광택이 없는 흰 종이를 배경에 두고, 잔을 약간 기울여서 색깔을 판단한다.

STEP 2

후각적 평가

목표 와인을 입으로 맛보기 전에 코로 향을 맡는 것은 매우 중요하다. 와인이 드러내는 향기는 와인과 가까워지는 데에도 절대적인 역할을 하며, 와인이 품고 있는 개성을 발견해 내는 방법이기도 하다.
방법 가만히 와인 잔을 들어서 우선 향을 맡아보고, 잔을 스월링(swirling)하여 공기를 충분히 만났을 때 드러내는 향기를 놓치지 않는다.

STEP 3

미각적 평가

목표 드라이한 와인인지 아니면 달콤한지, 입 안에 가득 차는 바디감인지 아니면 가벼운 느낌인지, 그리고 산도, 탄닌, 알코올 등을 느껴본다. 피니시(Finish)의 길이감을 느껴보는 것도 중요하다.
방법 와인은 벌컥벌컥 물처럼 마시는 술이 아니다. 와인 문화에도 맞지 않고 예의도 아니다. 한번에 조금씩 음미하며 마셔야 한다. 혀와 입 전체를 통해서 머금을 때 느껴지는 맛을 종합해 본다.

STEP 4

품질 평가

목표 와인의 품질과 숙성 잠재력, 향기의 풍성함과 매력도 등을 종합적으로 고려해 와인을 평가한다.
방법 품종 및 지리적 특성 등에 연관성이 있는 비슷한 와인끼리 함께 비교하는 것이 가장 바람직하다. 한번 맛 본 와인의 맛을 다 기억할 수 없기 때문에, 자신만의 시음 노트를 작성하는 것도 좋은 방법이다.

● 와인의 양조 방법
How to Make Wine

Red Wine

① 포도 수확
수확의 적기보다 일찍 수확하면 신맛이 도드라지고, 늦게 수확하면 당도가 높아지는 경향이 있다.

② 포도 압착, 줄기 제거
양조자는 줄기를 제거할지 혹은 포도 송이째 발효할지 결정한다.

③ 알코올 발효
효모는 포도에 있는 당을 알코올로 변화시킨다.

④ 압착
발효가 끝나면 압착하여 껍질을 제거하기 위해 프레스에 넣는다.

⑤ 숙성
오크통 혹은 스테인리스 스틸 탱크 등 다양한 저장 용기에서 시간을 들여 숙성을 진행한다.

⑥ 병입
정화 과정을 거친 와인은, 가능한 한 산소에 노출되지 않은 상태에서 병입한다.

White Wine

① 포도 수확
수확의 적기보다 일찍 수확하면 신맛이 도드라지고, 늦게 수확하면 당도가 높아지는 경향이 있다.

② 포도 압착, 줄기 제거
수확한 포도는 즉시 와이너리의 와인 프레스로 들어간다.

③ 침전
프레스에 의해 포도 송이와 줄기가 제거된 포도 주스에서 쓴맛이 나는 고형물을 침전시킨다.

④ 알코올 발효
섬세한 향기를 보존하기 위해 화이트 와인은 레드 와인보다 낮은 온도에서 발효된다.

⑤ 숙성
오크통 혹은 스테인리스 스틸 탱크 등 다양한 저장 용기에서 시간을 들여 숙성을 진행한다.

⑥ 병입
정화 과정을 거친 와인은, 가능한 한 산소에 노출되지 않은 상태에서 병입한다.

● 스파클링 와인의 양조 방법

How to Make Sparkling Wine

1. 전통적 방식(Champagne Method)

병 안에서 2차 숙성을 진행되면서 풍성한 거품과 향과 맛이 풍부해지는 특징을 얻기 위해서 사용한다. 2차 발효 후 죽은 이스트와 오랜 기간 접촉(Lees contact)하게 하여 와인의 질감, 맛의 복잡미묘함을 얻는다. 샴페인, 까바, 크레망, 젝트 등

2. 샤르마 방식(Charmat Method)

2차 발효를 탱크 안에서 진행하기 때문에, 병 속 숙성 과정이 생략된다. 전통적 방식보다 더 상큼하게 만들 수 있는 장점이 있고, 양조 비용을 획기적으로 절감할 수 있다. 프로세코 등

START

❶ 뀌베(cuvée)
품종별로 1차 발효가 완료된 드라이한 상태의 와인을 블렌딩하여 뀌베를 만든다.

❷ 2차 발효
뀌베를 병입할 때 이스트와 당을 함께 첨가, 병 속에서 2차 발효를 진행한다.

❸ 병입숙성
이 수년간의 기다림은 와인 맛과 개성에 영향을 미치는 중요한 과정이다.

❹ 르미아쥬(Remuage)
병을 반복적으로 돌려서 죽은 이스트들을 병 목 부분을 향해 이동시킨다.

❺ 데고르쥬망(Dégorgement)
병 목을 냉각시켜 죽은 이스트들을 고체 상태로 제거한다.

❻ 도사쥬(Dosage)
손실된 양만큼 와인을 채울 때, 추가되는 설탕양에 따라 당도가 결정된다.

❼ 출시
새 코르크로 막아 놓으면 출하 준비는 끝나지만, 이 상태로 추가 숙성을 하기도 한다

START

❶ 뀌베(cuvée)
품종별로 1차 발효가 완료된 드라이한 상태의 와인을 블렌딩하여 뀌베를 만든다.

❷ 2차 발효
베이스 와인, 이스트, 설탕의 혼합물을 병이 아닌 대형 압력 탱크에 넣는다.

❸ 압력
탱크에 압력을 가해, 2차 발효 과정 중 생기는 이산화탄소가 와인에 강제로 들어가게 한다.

❹ 필터링
별도의 추가 숙성 없이, 2차 발효 후 바로 필터를 통과시켜 죽은 이스트를 걸러낸다.

❺ 병입
필터링 후 바로 병입한다. 이 방식은 신선하고 포도 자체의 아로마를 유지하는 데 도움이 된다.

● 알아두면 좋은 와인의 기후 이야기
Climate for Wine

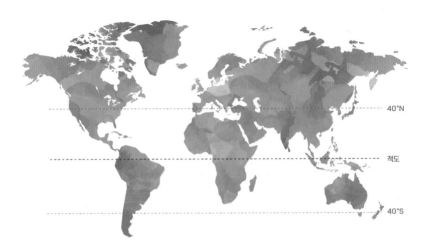

40°N

적도

40°S

대륙성 기후

정의 내륙에 위치하여 고기압의 영향을 주로 받고 해양의 영향을 받지 않아 강수량이 적고 건조하다. 겨울철은 혹독하게 추우며 여름철은 더워 기온의 연교차가 큰 지역이다.

와인 특징 서늘한 기후대인 대륙성 기후에서 생산된 와인은 과일의 풍미가 섬세하며 맛이 부드럽고 산미가 돋보이는 와인이 주로 생산된다.

대표적 와인 산지 프랑스 부르고뉴, 알자스, 샹파뉴, 이탈리아 피에몬테, 독일 모젤, 뉴질랜드 센트럴 오타고 등

지중해성 기후

정의 위도 30~40도 부근의 대륙 서쪽에 위치한 지역으로 대체로 온화하며 일교차가 낮은 지역이다. 여름은 아열대 고압대의 영향으로 기온이 높고 건조한 건기가 지속되고, 겨울에는 다소 따뜻한 우기가 지속되는 비교적 온난한 기후를 띤다.

와인 특징 와인 생산에 최적인 기후대로 포도 재배기 동안의 풍부한 일조량과 따뜻한 기온은 포도가 당도를 충분히 끌어 올리게 하며, 각종 향미 성분들이 잘 성숙하게 하여 과일 풍미가 풍부한 와인이 양조된다.

대표적 와인 산지 프랑스 론, 랑그독-루시옹, 이탈리아, 스페인, 포르투갈, 그리스 등 지중해 연안 지역, 미국 캘리포니아, 칠레, 남호주, 남아프리카 공화국 등

해양성기후

정의 위도 30~40도를 제외한 지역 중 바다, 호수, 강 등의 수원이 근처에 있는 기후대이다. 온난 다습하고 연중 고르게 비가 내리는데, 편서풍의 영향으로 습도를 머금은 바람이 내륙에 비를 뿌려 상대적으로 높은 강수량을 보인다.

와인 특징 해양성 기후의 지역은 비교적 습하므로 곰팡이에 취약한 품종들은 재배가 적합하지 않다. 보르도의 경우 단일 품종 보다는 품종 간 블렌딩을 통하여 장기 숙성이 가능하며 복합적인 향과 맛을 포함한 와인이 생산된다.

대표적 와인 산지 프랑스 보르도, 호주 헌터 밸리, 뉴질랜드

● 와인 스펙테이터 TOP 100
World Award Winners

Wine Spectator

와인계 미슐랭 스타라 불리는 와인 전
문 평가 기관 Wine Spectator.
1988년부터 점수, 가격, 생산양, 미
국 내 수입양, X-펙터(흥미도)를 고려
하여 매년 올해의 TOP 100과 TOP
10 와인을 발표, 전세계 와인 애호가
는 물론 와인 시장에 큰 영향을 펼치고
있다.

TOP 100
2016

TOP 100
16/08/01/92

WS 95
2015

1 팔메이어 에스테이트 샤도네이

2 펠시나 이시스트리   3 펠시나 끼안티 클라시코 베라덴가

● 로버트 파커 고득점 와인
World Award Winners

역사상 가장 영향력 있는 와인 평론가, 와인 황제 Robert Parker. 그가 만든 매거진 Wine Advocate는 전세계 막강한 영향을 미치며, 100점 점수제를 최초 도입, 새로 출시된 보르도 와인의 가격을 결정하는 주요 요인으로까지 작용하고 있다.

1 로랑페리에 그랑 시에클 N°25　2 로랑페리에 알렉산드라 로제　3 웨이페어러 피노 누아　4 웨이페어러 샤도네이　5 웨이페어러 골든민 피노 누아　6 웨이페어러 마더릭 피노 누아 7 웨이페어러 더 트레블러 피노 누아　8 팔메이어 에스테이트 멜롯　9 팔메이어 에스테이트 샤도네이　10 팔메이어 에스테이트 레드　11 퀸테사　12 파우스트 더 팩트　13 펠시나 끼안티 클라시코 리제르바 란차　14 펠시나 마에스트로 라로　15 펠시나 폰탈로로　16 펠시나 찰로니아 끼안티 클라시코 그랑 셀렉지오네　17 피토리아 데이 바르비 브루넬로 디 몬탈치노 리제르바 레드 라벨　18 칼레스케 그리녹 쉬라즈　19 칼레스케 에두아르드 쉬라즈　20 칼레스케 요한 게오르그 쉬라즈　21 도마스 어리어　22 까사까스띠요 삐에 프랑코

● TPO에 맞는 추천 와인
TOP Recommended Wine

결혼식 For Wedding

1   2   3   4

5   6   7   8

❶ **피오르 다란치오** *Italy* 피오르 다란치오는 오렌지 꽃이라는 뜻으로, 저알코올의 달콤한 스파클링 와인으로 상큼함이 더해져 데이트 분위기를 무르익게 하는 와인

❷ **로랑페리에 하모니 드미섹** *France* 두 사람이 만나 한 가정을 이루는 결혼의 자리에서 '하모니'라는 이름과 달달한 맛이 분위기를 더욱 무르익게 해 줄 샴페인

❸ **폴 루이 마르땡 블랑 드 누아** *France* 오로지 적포도로만 양조한 샴페인, 블랑 드 누아. 진득한 풍미 만큼 진한 애정을 표현하는 와인으로 결혼의 순간을 축복으로 빛내줄 것이다.

❹ **그랑 세르 따벨 '라 로제 에메'** *France* 아름다운 핑크빛을 품고 있는 로제, Aimee는 'My Love' 라는 뜻으로 사랑을 표하는 와인

❺ **루숀 포티** *Spain* 스페인어 'Por Ti'는 'For You'라는 뜻, 우리가 사랑하는 사람들에게 느낄 수 있는 모든 사랑과 경탄을 반영한 표징이 레이블에 그려저있다. 라벨의 눈물은 회색이었다가 시음 최적기 온도가 되면 파란색으로 변한다.

❻ **타리마** *Spain* 타리마 레이블의 꽃은 '시계초'로, 1년에 한 번 피고지는 꽃으로 '성스러운 사랑' 이라는 꽃말을 가지고 있다. 세계적인 와인 평론가들로부터 90점 이상을 획득한 와인(로버트 파커, 젭 더넉 등)이자 와인리뷰 '웨딩 와인'으로 선정(2019년8월)된 바 있다.

❼ **파소아파소 뗌프라니요** *Spain* 스페인어로 'step by step'을 의미. 한 단계 한 단계 서로를 알아가며 호감을 쌓는 연인들에게 추천하는 와인으로 중앙일보 와인 컨슈머 리포트 시즌 3에서 일반인 선정 Top5 1위!

❽ **르 꼬르틴 그랑 리저브** *France* 서로를 보호하는 견고한 성벽과 아름다운 궁전을 의미하는 '르 꼬르틴'. 함께 즐기는 이들의 견고하고 끈끈한 관계를 상징하는 와인

가족 For Family

❶ 까사 세코 모스카토 다스티 *Italy* 온 가족 모두, 달달하게 까사 세코는 세코의 집 이라는 뜻이다. 가족 경영 와이너리로 가족이 함께 일궈낸 포도밭과 와이너리를 라벨을 통해 볼 수 있다. 봄을 통째로 갈아 만든 것과 같이 오렌지와 흰 꽃향의 달달함을 온 가족 모두 기분 좋게 즐길 수 있다.

❷ 파토리아 데이 바르비 비냐 델 피오르 화이트 라벨 *Italy* 꽃의 포도밭, 감사함을 담은 와인. 비냐 델 피오르는 꽃의 포도밭 이라는 뜻으로 16세기부터 경작되어진 가장 오래된 포도밭 '비냐 델 피오르'에서 나온 포도를 이용해 만들어진다. 꽃의 포도밭 답게 다양한 꽃향과 허브향이 어우러진 아로마를 느낄 수 있다.

❸ 도멘 드 로스탈 에스티발 *France* '로스탈'은 프랑스 남부 프로방스의 고대 언어로 '집', 그리고 '가족'을 뜻하는 말로, 잊지 말아야 할 가족의 소중함을 강조하는 의미를 담고 있다.

❹ 볼베르 *Spain* 볼베르는 스페인어로 '돌아오다', '귀향'을 의미. 볼베르는 와인계의 두 거장의 드림 프로젝트로, 가족, 동문 등과 함께 즐기면 의미를 더 발하는 와인이다.

❺ 플라워스 피노누아 *U.S.A.* 부부가 설립한 와이너리로 가정의 달 남편이 아내에게 꽃과 함께 플라워스 와인을 선물해 같이 마신다면 금상첨화

생일 For Birthday

Celebrate!

❶ 로랑페리에 라 퀴베 *France* 세계 5대 샴페인 하우스 로랑페리에. 100군데 이상의 포도원에서 엄선한 포도로 만든 샴페인으로, 항상 동일한 퀄리티를 유지한다. 어느해나 최고의, 행복한 생일을 맞이하는 의미를 담은 선물로 제격이다.

❷ 본상스 모스카토 골든 에디션 *Spain* 'Bonne Chance'는 프랑스어로 '행운을 빌어요'라는 뜻! 생일날 행운 가득한 행복한 하루를 기원하는 스파클링 와인이다.

❸ 타리마 모스카텔 *Spain* 레이블의 '시계초'는 1년에 한 번 피고 지는 꽃으로, 1년에 단 한번뿐인 생일날 마시기에 좋은 스파클링 와인이다.

❹ 코하 소비뇽 블랑 *New Zealand* 자연을 선물한다. 코하는 마오리어로 선물을 의미한다. 뉴질랜드 말보 지역의 떼루아를 그대로 담은 와인으로 자몽, 토마토 잎사귀 향을 느낄 수 있다. 일상에서 특별한 자연을 선물한 코하. 와인&스피릿, 주목해야 할 뉴질랜드 와인 선정되었다.

❺ 몽그라스 데이원 까베르네 소비뇽 *Chile* 포도가 최상의 품질을 갖는 날을 뜻하는 Day One은 오직 하루뿐인 생일의 특별함을 더해준다.

비즈니스 For Bussiness

❶ **지라드 까베르네 소비뇽** *U.S.A.* 트럼프 대통령과 시진핑 주석의 만찬 주로 사용된 와인. 정상들의 와인으로 유명해 비즈니스에 추천

❷ **퀴베 디즈네 까베르네소비뇽** *France* 라틴어로 '성취하다, 표현하다'라는 뜻을 담은 디즈네이. 남프랑스의 철학과 장인정신을 담아내겠다는 신념을 표현한 와인으로 노력끝에 정상에 선 이들의 선물로 안성맞춤이다.

❸ **오 리지** *France* 사회적 성공을 의미하는 오 리지는 현재는 물론 앞으로의 성공대로를 의미하는 와인으로, 승진한 사람에게 선물하기 좋은 와인이다.

❹ **샴부 그랑 리저브** *France* 현대에 이르러 가장 성공적인 개발품종이라 불리우는 마르슬란. 'Champ'은 빈야드·들판을, 'Beau'는 아름다움을 뜻하며, '아름다운 도전정신'과 '시대를 이끄는 리더'를 상징하는 와인이라 불리우고 있다.

❺ **그랑 세로 지공다스** *France* `La Combe des Marchands`는 '만남의 장소'를 의미한다. 새로운 시작을 이끄는 비즈니스용 선물로 어울리는 와인이다.

❻ **몽그라스 막시마** *Chile* 막시마는 '최고 중의 최고'라는 의미로 최고의 성과를 낸 이들에게 어울리는 와인이다.

❼ **펠시나 마에스트로 라로** *Italy* 승진자 와인, 마에스트로. 마에스트로(Maestro)는 지휘자와 리더를 의미한다. 최고의 반열에 오른 전문가에게 선사하는 마에스트로의 선율같이 잘 짜여있는 묵직한 와인이다.

❽ **트룰리 미레아 프리미티보 디 만두리아** *Italy* 새로운 시작, 승진 축하. 미레는 태양의 여신을 의미한다. 60~70년 수령의 오래된 포도나무로 만들어 농축된 풍미와 탄탄한 구조감을 보여준다. 오랜 경험과 노하우를 바탕으로 승진한 분께 떠오르는 태양처럼 시작을 축하할 때 적합한 와인이다.

❾ **타리마 힐** *Spain* 스페인어로 타리마는 '단'을 의미, 힐은 '언덕'을 의미. 한단 한단 올라 언덕에 이른다는 뜻으로, 노력하여 정상에 선 승진자에게 선물하기 좋은 와인이다.

❿ **세인트 할렛 페이스 쉬라즈** *Australia* 페이스는 믿음이라는 뜻을 갖고 있다. 동료, 고객 및 비즈니스 파트너와 같이 비즈니스 관계에서 가장 중요한 것은 단연코 믿음이다. 바로사 밸리의 떼루아가 보여주는 잠재력에 대한 믿음, 신의를 보여주는 와인이다.

캠핑·피크닉 Camping & Picnic

❶ 360 루아르 소비뇽 블랑 *France* 360도 어느방향에서 보아도 아름다운 루아르 벨리라는 의미를 지닌 이 와인은 그 모습처럼 상쾌하고 화사한 풍미를 지녔다. 여유로운 오늘 하루의 모든 요소를 아름답게 만들어줄 피크닉와인으로 어울린다.

❷ 플라티노 블루 *Spain* 바다를 닮은 블루빛 와인으로 색으로 이목을 끌고, 청량감과 달콤함이 더해저 캠핑, 피크닉에 적격인 모스카토 스파클링이다.

❸ 몰 와인즈 바이올렌토 *Argentina* 캠핑에 어울리는 곤충 라벨 디자인과 친환경 농법으로 내추럴 아로마가 가득하다.

데일리 Daily

❶ 도멘 뒤 프레 클로 로제 당주 *France* 비비드한 분홍빛 컬러, 딸기와 라즈베리의 아로마틱한 과실 풍미를 지닌 로제는 언제어디서나 산뜻하게 즐길 수 있다.

❷ 군트럼 리슬링 *Germany* 2020 치킨앤와인페어 대상 수상! 화려한 풍미와 기분좋은 달콤함을 지닌 누구나 편안하게 즐길 수 있는 퀄리티 리슬링

❸ 낙낙 레드블랜드 *Spain* 레이블의 강렬한 레이블과 매력적인 블렌딩으로 언제 어디서든 즐기기 좋은 데일리 와인, App다운로드로 즐길 수 있는 컨텐츠가 있어 혼술로도 재미있게 즐길 수 있는 와인이다.

홈파티 Home Party

❶ 소마리바 프로세코 슈페리오레 브룻 *Italy* 연말에는 기분좋게 소마리바로! Decanter 선정 1등급 프로세코로 끊임없이 올라오는 미세한 버블이 파티의 분위기를 지속시켜주며 톡톡튀는 레몬과 사과향이 파티의 분위기를 업시켜준다.

❷ 호메 세라 브뤼 *Spain* 국내에서도 다수의 메이저 호텔에서 하우스 와인으로 사용되었고, 국내 유명 클럽들이 선택한 까바

❸ 아이언+샌드 *U.S.A.* 미국에서 온천으로 가장 유명한 곳은 파소로블이다. 그중 Spring 로드에 위치한 Iron Spring과 Sand Spring에서 이름을 따온 아이언+샌드는 호캉스, 온천 여행에 어울린다.

연말연시 Year-end & New Year

❶ 폴 루이 마르땡, 그랑크뤼 엑스트라 브룻 *France* 샴페인 그랑크뤼 포도원인 Bouzy 에서 선별해 만든 RM 샴페인은 한 해 동안의 여정을 위로하고 새로운 시작을 축복해줄 것이다.

❷ 파이퍼 소노마 브룻 *U.S.A.* 연말연시 빠질 수 없는 스파클링와인, 파이퍼 하이직에서 설립한 소노마 스파클링 하우스로 추천

❸ 군트럼 리슬링 베르크기르혜 아우스레제 *Germany* 시간을 품은 달콤한 아우스레제. 최고의 작황에만 극소량 탄생되는 이 와인은 꿀을 머금은 것과 같은 풍미처럼 자리를 황금빛으로 빛내줄 것이다.

● 비건 오가닉 와인
Vegan Organics ● 오가닉 와인 ● 비건 와인

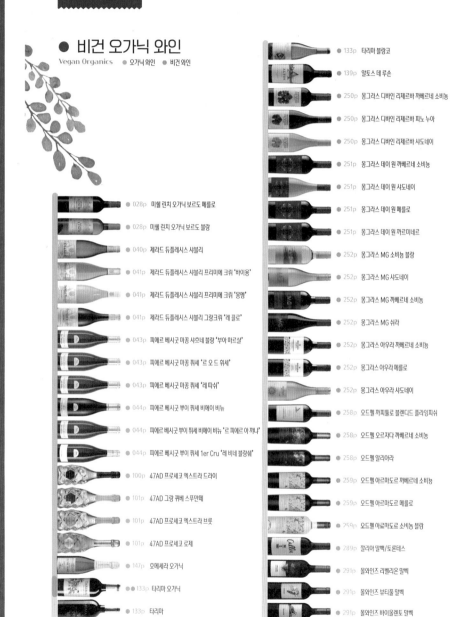

- ● 028p 미쉘 린치 오가닉 보르도 메를로
- ● 028p 미쉘 린치 오가닉 보르도 블랑
- ● 040p 제라드 듀플레시스 샤블리
- ● 041p 제라드 듀플레시스 샤블리 프리미에 크뤼 '바이용'
- ● 041p 제라드 듀플레시스 샤블리 프리미에 크뤼 '몽멩'
- ● 041p 제라드 듀플레시스 샤블리 그랑크뤼 '레 끌로'
- ● 043p 피에르 베시굿 마꽁 샤흐네 블랑 '부아 마르샬'
- ● 043p 피에르 베시굿 마꽁 퓌세 '르 오 드 위세'
- ● 043p 피에르 베시굿 마꽁 퓌세 '레 따쉬'
- ● 044p 피에르 베시굿 뿌이 퓌세 비에이 비뉴
- ● 044p 피에르 베시굿 뿌이 퓌세 비에이 비뉴 '르 피에르 아 까나'
- ● 044p 피에르 베시굿 뿌이 퓌세 1er Cru '레 비녜 블랑쉐'
- ● 100p 47AD 프로세코 엑스트라 드라이
- ● 101p 47AD 그랑 뀌베 스푸만떼
- ● 101p 47AD 프로세코 엑스트라 브룻
- ● 101p 47AD 프로세코 로제
- ● 147p 호메세라 오가닉
- ●● 133p 타리마 오가닉
- ● 133p 타리마

- ● 133p 타리마 블랑코
- ● 139p 알토스 데 루손
- ● 250p 몽그라스 디바인 리제르바 까베르네 소비뇽
- ● 250p 몽그라스 디바인 리제르바 피노 누아
- ● 250p 몽그라스 디바인 리제르바 샤도네이
- ● 251p 몽그라스 데이 원 까베르네 소비뇽
- ● 251p 몽그라스 데이 원 샤도네이
- ● 251p 몽그라스 데이 원 메를로
- ● 251p 몽그라스 데이 원 까르미네르
- ● 252p 몽그라스 MG 소비뇽 블랑
- ● 252p 몽그라스 MG 샤도네이
- ● 252p 몽그라스 MG 까베르네 소비뇽
- ● 252p 몽그라스 MG 쉬라
- ● 252p 몽그라스 아우라 까베르네 소비뇽
- ● 252p 몽그라스 아우라 메를로
- ● 252p 몽그라스 아우라 샤도네이
- ● 258p 오드펠 까피톨로 블렌디드 플라잉피쉬
- ● 258p 오드펠 오르자다 까베르네 소비뇽
- ● 258p 오드펠 알리아라
- ● 259p 오드펠 아르마도르 까베르네 소비뇽
- ● 259p 오드펠 아르마도르 메를로
- ● 259p 오드펠 아르마도르 소비뇽 블랑
- ● 289p 깔리아 말벡/토론테스
- ● 291p 몰와인즈 리벨리온 말벡
- ● 291p 몰와인즈 뷰티풀 말벡
- ● 291p 몰와인즈 바이올렌토 말벡

● 명사들의 와인
Wine of Celebrities

📍 **지라드 까베르네 소비뇽, 초크힐 샤도네이** 트럼프 대통령, 시진핑 주석

2017년 4월 6일 플로리다 팜비치 마러라고 리조트에서 열린 미-중 정상회담 공식 만찬장. 이때 트럼프 대통령이 시진핑 주석에게 대접한 2가지 와인은 바로 소노마 지역의 초크 힐 샤도네이와 나파 밸리의 지라드 까베르네 소비뇽이었다. 출시와 동시에 와인 스펙테이터 TOP100에서 3위를 차지하면서 명성을 쌓게 된 초크 힐은 현재 소노마 전역과 초크 힐AVA의 대표 와인으로 자리잡았고, 지라드 까베르네 소비뇽은 나파 밸리 이주민 중 프랑스 보르도 스타일을 계승하고 있는 와인이다.

📍 **보글 샤도네이** 벨기에 국왕 펠리페

2018년 10월 아시아유럽정상회의 갈라 만찬에서 제안된 약속에 따라 벨기에 펠리페 국왕은 27년만에 대한민국을 방문하게 되었다. 양국의 우호관계와 상호 협력관계를 구축하기 위한 방한으로 벨기에 국왕은 몇가지 사회 공헌 활동과 문화활동을 진행 했는데 그 중 서울의 모 아트센터에서 벨기에 국왕 초청 음악회에 참석했다. 보글 샤도네이는 이 음악회의 서비스 와인으로 선택된 와인으로, 열대과일과 부드러운 오크터치가 인상적인 와인으로 누구나 즐기기 좋은 밝고 싱그러운 스타일의 화이트 와인이다.

📍 **로랑페리에 그랑시에클** 샤를 드 골 대통령

2차 세계대전에 참전해 큰 공을 세운 로랑 페리에의 오너 Bernard de Nonencourt와의 친분으로 샤를 드 골 대통령이 직접 시음한 뒤 지어진 이름이다. "Grand Siecle, obviously, Nonencourt!" 라는 샤를 드 골 대통령의 감탄사가 그대로 이름이 되었으며, 그랑 시에클은 '찬란한 시대'를 뜻해 뛰어난 3가지의 빈티지를 선별해 양조한 그랑 시에클의 독보적인 복합미를 그대로 보여주고 있다.

📍 **로랑페리에** 영국 찰스 황태자

영국 왕실 어용 상인 로열 워렌티를 받은 총 9곳의 샴페인 하우스 중 오직 로랑 페리에만이 찰스 황태자로부터 교부 받은 샴페인이다. 로열 워렌티는 영국 국왕이 왕실에 상품과 서비스를 제공하는 상인들에게 부여하는 공식 인증 제도로 현재 교부자는 엘리자베스 여왕과 그녀의 남편 에든버러 공작, 아들 찰스 황태자다. 최소 5년 연속으로 상품을 왕실에 제공한 이들에게 신청 자격이주어지며 심사는 매 5년마다 갱신, 언제든지 자격이 박탈될 수 있다.

📍 **펠시나 끼안티 클라시코 리제르바 란챠** 대한민국 VVIP 에어포스원 & 펠시나 란챠

대통령 전용기 서브 와인으로 유명한 펠시나 란챠는 펠시나의 프리미엄 와인으로 1983년 출시부터 로버트 파커를 93점을 받으며 전 세계 와인애호가들에게 호평을 받은 와인이다. 로버트 파커 96점 ('16), 와인 스펙테이터 95점('16)

📍 **군트럼 니르슈타인 드라이 리즐링** 요한 볼프강 폰 괴테

"맛없는 와인을 먹기엔 인생이 너무 짧다."라는 말을 남겼던 독일의 대문호 요한 볼프강 폰 괴테(Johann Wolfgang von Goethe)가 사랑한 라인 와인(Rhine Wine)니르슈타인 리즐링. 외딴섬에 단 한가지만을 들고간다면 이 산지의 와인을 말할정도로, 대희곡〈파우스트〉에도 라인의 니르슈타인 산 리즐링을 세상에서 제일 좋은 와인이 생산되는 곳이라 등장시켰을 정도로 그 사랑이 대단했다.

● 와인페어링
Wine Pairing

삼겹살

기름기 많은 삼겹살을 묵직한 바디감을 지닌 레드 와인과 매칭했을 때 기름기를 잡아주며 육즙의 풍미를 올려준다. 레드 와인의 타닌감은 육질을 부드럽게 해 줄 수도 있다.

❶ 지라드 까베르네 소비뇽 보르도블랜딩 스타일+나파밸리의 진득함이 묻어 숯불향 가득한 배달 구이음식과 궁합이 잘 맞는다. ❷ 앙시앙 땅 그랑 리저브 2021 와인앤한우 페어링 페스티벌, 한우와 어울리는 와인 수상! 묵직한 블랙베리 풍미와 은은한 오크향은 숯불에 구운 고기와 어우러져 기름기를 잡아주며 좋은 조화를 보인다. ❸ 타리마 타닌이 육질을 부드럽게 해주는 동시에 깊은 맛을 잘 살려주고 기름진 고기가 주는 느끼함을 제거하여 적당한 향과 당도를 느낄 수 있다. 미디엄 바디감의 레드와인으로 삼겹살에 제격이다.

족발·보쌈

간장향신료 소스에 오랫기간 달인 족발은 풍미가 진한 레드 혹은 쉬라즈와 매칭했을 때 조화를 이룰 수 있다. 보쌈과 같이 담백한 육류 요리는 과실풍미가 강하고 타닌감이 부드러운 와인과 좋은 궁합이다.

❶ 한 까베르네 소비뇽 캘리포니아 까베르네 소비뇽 특유의 달큰함과 묵직한 바디감이 어우러져 강렬한 맛의 족발과 매칭했을때 좋은 페어링 궁합을 보여준다. ❷ 그랑 셰르 샤또 네프 뒤 빠쁘 '라 구르 데 빠쁘' 2021 와인앤한우 페어링 페스티벌, 한우와 어울리는 와인 수상! 강인한 타닌감과 Earthy한 풍미를 지닌 CDP는 족발의 향을 잡아주며 특유의 과실미로 육류의 풍미를 더욱 올려줄 것이다. ❸ 파소 아 파소 티지 타닌이 육질을 더욱 부드럽게 느끼게 해주는 동시에 깊은 맛을 잘 살려주고 미디엄 바디감과 단맛이 잘 어우러지게 해준다.

아시안푸드

향신료를 즐겨쓰는 아시안 푸드는 독특한 풍미를 지녔거나 비교적 아로마가 강한 와인과 매칭하는 것이 음식과 와인 모두를 조화롭게 먹을 수 있는 길이다.

❶ 볼베르 진한 자두와 체리, 허브, 오크의 향이 느끼한 튀김옷과 소스와 어우러져 최고의 궁합을 선사한다. ❷ 깔리아 토론테스 토론데스의 상큼한 과실향과 시트러스함이 아시안 푸드의 향신료의 풍미와 밸런스가 좋다. ❸ 투 올드 독 소비뇽블랑 상쾌한 소비뇽블랑의 특징과 나파밸리 특유의 과실감이 잘 표현되어 칠리 새우 등 새콤달콤한 음식과 페어링이 좋다.

떡볶이

매콤한 소스는 어를 중화시켜줄 수 있는 달콤한 와인 혹은 중성적 뉘앙스, 캔디같은 풍미를 지닌 와인과 매칭했을 때 좋은 궁합을 보인다.

❶ 미셸린치 보르도 로제 은은한 캔디향과 꽃향은 떡볶이의 매콤한 소스와 어우러지며 입안에서 좋은 조화를 보인다. ❷ 호메세라 브뤗 까바 매콤하게 얼얼해진 혀를 호메세라의 작고 보석 같은 버블이 자극적인 맛을 완충시켜 주고 기분좋게 마사지 해줍니다. ❸ 깔리아 말벡 떡볶이와 어울리는 합리적인 가격과 매운맛을 잡아주는 달콤한 타닌이 좋다.

중식

향신료 향이 강하거나 매콤한 요리에는 달달한 풍미의 화이트 혹은 향미가 진득한 레드와 매칭함이 정석적인 마리아주라고 할 수 있다.

❶ 군트럼 니르슈타인 드라이 리즐링 2021 중식앤와인페어링 전문가 컨테스트, 중식과 어울리는 와인 수상! 복숭아, 패트롤의 풍미가 풍부한 드라이 리즐링은 매콤한 중식 튀김요리와 어우러지며 풍미를 한껏 올려준다. **❷ 루이 에슈너 보르도 므왈레 2021** 중식앤와인페어링 전문가 컨테스트, 중식과 어울리는 와인 수상! 부드럽고 은은한 달콤함을 지닌 므왈레는 향신료풍미를 지닌 중식과 매칭할 경우 서로를 중화시켜주는 작용을 한다. 입안의 느끼함을 제거하고 기분좋은 여운을 남길 것이다. **❸ 트룰리 루칼레 프리미티보 뿔리아 아파씨멘토** 탕수육, 동파육을 먹을 때 이탈리아 프리미티보를 추천한다. 트룰리 루칼레 프리미티보는 와인 앤 중식 페어링에 수상한 와인으로 달짝 지근하면서도 과실풍미가 있는 프리미티보가 맛의 감칠맛을 더해준다.

치킨

치킨 같은 튀김 요리는 바삭한 풍미를 살려주는 스파클링 와인이나 소스의 뉘앙스를 살려줄 수 있는 화이트 와인과 매칭했을 때 완벽한 조화를 보인다.

❶ 군트럼 리즐링 2020 치킨앤와인페어링 전문가 컨테스트 대상! 은은한 달콤함과 진한 과실 풍미는 치킨의 기름기를 잡아주면 특유의 고소함을 한껏 올려준다. **❷ 시에로 에 떼라 뀌베 프리베 엑스트라 드라이** 와인앤푸드 페어링 페스티벌 후라이드 치킨 페어링 와인부문 수상한 와인이다. 깨끗한 스파클링이 기름기 있는 치킨을 잡아주며 톡톡 터지는 탄산이 튀김옷의 크리스피함과도 잘 어우러진다. 차갑게 칠링해 후라이드 치킨과 함께 먹는 것을 추천한다. **❸ 벨리스코 까바** 약간의 느끼함을 산미가 잘 잡아주고, 짠맛을 잘 중화시켜 주기에 치킨과 즐기기에 적합합니다.

피자

정석적으로는 스파클링와인이나 향긋한 풍미의 화이트와 매칭하기 편하다. 다만 소스가 가득한 피자는 토핑에 따라 제각기 다른 맛을 보이기 마련이다. 이에 맞추어 복합적 풍미를 지닌 레드와인과의 매칭을 선택한다면 보다 좋은 궁합이 두드러질 것이다.

❶ 몰 와인즈 리벨리온 말벡 3가지 지역의 말벡을 블랜드해 균형미가 좋기 때문에 다양한 토핑이 올라간 피자의 맛을 하나로 잡아준다. **❷ 오크릿지 진판델** 달콤한 뉘앙스의 향이 가득한 로다이의 진판델은 피자와 만났을때 최고의 궁합을 보여준다. 실제 미국 현지에서 많이 페어링되는 조합! **❸ 마지오 까베르네 소비뇽** 강렬하고 달콤한 양념이 가득한 피자 메뉴에 잘 어울리는 과실감과 묵직함이 조화로운 캘리포니아 까베르네 소비뇽

해산물

섬세한 회는 마찬 가지로 섬세한 와인과 매칭함이 정석이다. 음식과 와인의 풍미를 동시에 살릴 수 있는 프레시한 화이트와인과 매칭하기 편안하며, 기름 기가 많은 붉은살 생선회일 경우 피노 누아와 매칭하는 것도 좋은 조합이다.

❶ 페로13 더 레이디 피노그리지오의 깨끗하고 가벼운 맛은 회를 묻히게 하지 않으며 적당한 산도가 입맛을 돋구아준다. **❷ 오드뮐 아르마도르 소비뇽 블랑** 바다의 와인 오드뮐의 화이트 와인으로 고급스러운 미네랄감이 회와 잘 어울린다. **❸ 한 피노누아** 진한 과실감이 묻어나며 섬세하지만 그 속에 심지가 느껴지는 스타일의 피노누아로 연어, 참치로 구성된 메뉴와 페어링시 궁합이 좋다

● 닐 베케트 추천 '죽기 전에 꼭 마셔봐야 할 와인 1001'
Wine for Must Taste

닐 베케트는 높은 평가를 받고 있는 와인지 『The World of Fine Wine』에서 휴 존슨, 앤드류 제포드와 함께 편집자로 일하고 있다. 그는 와인에 대한 글로 많은 상을 받았으며 그랑 쥐리유로펜(Grand Jury Europ`pen)의 테이스팅 멤버기도 하다.

1   2   3

1
로랑페리에 그랑시에클
처음엔 샤도네이 품종이 백합, 브리오슈, 구운 아몬드의 아로마를 안긴다. 진수라 할 수 있는 우아한 레몬향 밑으로 피노 누아의 파워가 든든하게 느껴진다.' 라고 평가받은 그랑 시에클은 여타의 샴페인 하우스에서 생산하는 프레스티지 샴페인과는 다르게 뛰어난 세 가지의 빈티지를 사용하여 힘, 섬세함, 밸런스 모두 완벽을 추구한다. 그랑 시에클은 '찬란한 시대'를 뜻하는 것으로 샤를 드 골 대통령이 시음 후 내뱉은 감탄사 첫 마디가 그대로 이 샴페인의 이름이 되었다.

 86p

2
까사 까스티요 삐에 프랑코
마시는 사람을 수 세기 전, 모나스트렐이 스페인 동부를 떠나 낯선 땅에서 무르베드르나 마타로 같이 유명해진 레드 품종으로 알려지기 이전으로 데려가 준다.

 474p

3
세인트 할렛 올드블록 쉬라즈
바로사 쉬라즈의 벤치마킹이 되는 와인으로 가격 대비 뛰어난 가치를 지닌다' 라고 평가받은 바로사 밸리 대표와인. 1944년 설립되어 바로사의 위대한 인물 밥 맥린에게 영감을 받은 올드바인 쉬라즈로, 바로사의 스타 와인메이커 스튜어트 블랙웰의 터치로 탄생한 바로사의 진정한 가치를 표현하는 와인이다.

548p

참고문헌 (參考文獻)

동원와인플러스, 아영 FBC

진로하이트

신세계 L&B, 나라셀라

Wine Folly, 나파걸의 와인다이어리

월간 Wine Review, Naver

마주앙을 개발한 소믈리에, 김준철

KAMA, (사)한국바텐더협회, (사)한국베버리지협회

호텔신라 서비스교육센터

소믈리에 타임즈, 청주호족

와인&커피 용어해설, 허용덕·허경택, 백산출판사

Super Toscana(슈퍼 토스카나), Wine Study

월간 호텔앤레스토랑, Google.co.kr

CVM(메독와인협회), Sopexa(소펙사)

전설의 100대 와인, 실비 지라르-라고르스, 최재호, AL Dente Books

Wine Bible, 케빈즈 랠리 지음, 정미나 옮김

www.pinterest.com

나무위키

와인과 음식, 김대철

wine21닷컴 & 미디어, Oz clake의 와인이야기

Profile

이재술(李在戌)

1958년 개띠생, 경북 칠곡군 약목면 출생, 본관은 경주(慶州), 호는 금오(金烏). 1984년 호텔신라에 입사해 12년간, 삼성에버랜드 안양베네스트골프클럽 등에서 14년을 근무했다. 전 경민대학교 호텔외식서비스과 겸임교수, 현재 삼성그룹, 고려대학교 최고위과정 등 기업체 와인특강을 하며, 서원밸리컨트리클럽 수석 와인소믈리에로 근무 중이다.

용인대학교 관광경영학과를 졸업하고 경기대 관광전문대학원에서 "계층 간 소비태도가 와인구매 행동에 미치는 영향 연구"로 외식산업경영 석사학위를 받았다.

2002년 중앙대학교 국제경영대학원 와인소믈리에과정 1년 수료, 2003년 프랑스 샤또 마뇰 와인 전문가과정(Connaisseur), 2017년 프랑스 Gerard Bertrand Master Class를 수료하였다.

2004~2006년 안양베네스트골프클럽 근무 시 1865와인 '18홀에 65타 치기' 스토리텔링을 최초로 만들었고 칠레, 아르헨티나, 프랑스, 이태리, 호주, 뉴질랜드 등 10개국의 와인투어를 통하여 얻은 재미난 이야기들을 서원밸리컨트리클럽에서 고객들에게 전파 중이다.

LP 레코드판을 수집하는 취미가 있으며, 은퇴 후 수십 년간 수집한 삼만여 장의 LP로 가득찬 낭만적인 아날로그 분위기의 'Wine & Analogue' 와인바를 리오픈하는 꿈을 가진 멋진 중년 신사이다.

2022년 3월 KBS '주접이 풍년' 나훈아편 주접단으로 출연했으며 2001년 나사모(나훈아를 사랑하는 모임) 창립멤버이다. 현재 와인과 LP 레코드의 낭만과 재미난 이야기를 유튜브에 게시 중이다.

Wine Tour

2002. Italy Piemonte, France Provence, Rhone, Beaujolais, Bourgogne Wine Tour

2003. France Bordeaux Ch. Magnol, Kirwan, Carbonnieux 외

2007. Chile 1865 San Pedro, Argentina Trapiche 외

2016. Austrailia Torbreck, New Zealand Villa Maria 외

2017. France Gerard, Bertrand, Francois Villard, Alex Gambal, Taittinger

2018. Italy Castello Fonterutoli, Medici Ermete, BAVA

2019. Italy Piemonte Fontana Fredda, Toscana San Felice 외

2023. 6. Napa Valley Jackson Famliy(Kendall-Jackson, Freemark Abbey 외)

- YouTube: [와인이재술Tv]
- Blog: https://blog.naver.com/yagmog2
- Facebook: https://www.facebook.com/people/이재술/100001850190530
- Twitter: https://twitter.com/wine_brucelee
- Instagram: wine_sommelier_jae_sool_lee
- NAVER: [이재술]
- 와인특강 문의: yagmog2@naver.com

저자와의
합의하에
인지첩부
생략

소믈리에도 즐겨 보는 **와인상식사전**

2020년 1월 15일 초 판 1쇄 발행
2023년 4월 25일 제4판 1쇄 발행
2024년 1월 10일 제5판 1쇄 발행

지은이 이재술
펴낸이 진욱상
펴낸곳 (주)백산출판사
교 정 성인숙
본문디자인 신화정
표지디자인 오정은

등 록 2017년 5월 29일 제406-2017-000058호
주 소 경기도 파주시 회동길 370(백산빌딩 3층)
전 화 02-914-1621(代)
팩 스 031-955-9911
이메일 edit@ibaeksan.kr
홈페이지 www.ibaeksan.kr

ISBN 979-11-6567-735-0 13590
값 36,000원